# 建筑碳排放计算

Computation of Building Carbon Emissions

吴　刚　欧晓星　李德智　等　编著

中国建筑工业出版社

**图书在版编目（CIP）数据**

建筑碳排放计算 = Computation of Building
Carbon Emissions / 吴刚等编著 . — 北京：中国建筑
工业出版社，2022.12
　　ISBN 978-7-112-27997-5

　　Ⅰ.①建…　Ⅱ.①吴…　Ⅲ.①建筑业 – 二氧化碳 – 排
气 – 计算方法　Ⅳ.① X511

　　中国版本图书馆 CIP 数据核字（2022）第 178596 号

　　2021 年 12 月中国建筑节能协会建筑能耗与碳排放数据专业委员会发布的《2021 中国建筑能耗与碳排放研究报告》显示，2019 年全国建筑全过程碳排放总量为 49.97 亿 t $CO_2$，占全国碳排放的比重为 50.6%。"十四五"规划纲要中明确要求"深入推进建筑领域低碳转型"，建筑物温室气体排放是我国温室气体排放的主要领域之一，也是未来城市温室气体排放的主要组成部分，因此控制建筑物温室气体排放是抑制温室气体排放的有效手段。

　　本书阐述了国内外的研究背景及基础，分析建筑物全生命周期碳排放的构成及因子库的构建，详细论述了建筑各阶段碳排放的计算方法，并对建筑装饰装修及装配式建筑碳排放计算进行了专题介绍；结合软件类型、软件设计等知识的介绍，论述了 BIM、区块链在碳排放计算中的应用；整合建筑物碳排放计算方法及软件设计，对东禾建筑碳排放计算分析软件及案例应用进行了全过程分析。

　　本书适用于建筑行业研究人员、建筑全生命周期阶段相关人员参考使用，也可供高校土木建筑和城市环境相关专业师生教学和科研参考。

责任编辑：赵　莉　吉万旺
责任校对：孙　莹

**建筑碳排放计算**
Computation of Building Carbon Emissions
吴　刚　欧晓星　李德智　等　编著
\*
中国建筑工业出版社出版、发行（北京海淀三里河路 9 号）
各地新华书店、建筑书店经销
北京雅盈中佳图文设计公司制版
天津翔远印刷有限公司印刷
\*
开本：787 毫米 ×1092 毫米　1/16　印张：$27\frac{1}{2}$　字数：502 千字
2022 年 12 月第一版　2022 年 12 月第一次印刷
定价：128.00 元
ISBN 978-7-112-27997-5
　　（40134）

# 前言

PREFACE

建筑业是我国的支柱产业,在国民经济发展和社会民生保障等方面发挥着重要作用。作为资源消耗、能源消耗和废弃物排放的大户,建筑业是我国碳排放的主要来源之一。根据中国建筑节能协会发布的《2021 中国建筑能耗与碳排放研究报告》,2019年我国建筑全过程碳排放为 49.97 亿 t,占全国碳排放的 50.6%。因此,减少建筑领域碳排放是我国实现"双碳"战略的"国之大者",任务重,难度高,潜力大。对此,我国出台了《关于完整准确全面贯彻新发展理念做好碳达峰碳中和工作的意见》等多项政策文件,将建筑领域的低碳转型作为重点,强调了建筑碳排放计算工作的重要性、基础性和紧迫性。

建筑碳排放计算工作在全世界范围内一直广受关注,如国际标准化组织(International Organization for Standardization, ISO)制定了《建筑物和土木工程的可持续性 – 现有建筑在使用阶段的碳度量 – 第 2 部分:验证》(ISO 16745-2: 2017),世界资源研究所(World Resources Institutes, WRI)和世界可持续发展工商理事会(World Business Council for Sustainable Development, WBCSD)历经十余年合作开发了温室气体核算体系(Greenhouse Gas Protocol)。许多发达国家也纷纷提出各自的建筑碳排放计算工具,包括相关方法、模型、体系及软件平台,如美国的 Scout 模型和 EnergyPlus 软件、英国的 SAP 模型和 SBEM 模型、德国的 DGNB 体系和 GaBi 软件。但是,由于国际组织和发达国家的建筑碳排放计算方法尚未统一、国情不同、存在被"卡脖子"的风险等众多因素,国外这些工具只能参考,不宜在我国直接使用。

我国的碳排放计算工作始于 2014 年出版的中国工程建设标准化协会标准《建筑碳排放计量标准》CECS 374:2014。在此基础上,经过众多专家学者的反复论证与研究,国家标准《建筑碳排放计算标准》GB/T 51366—2019 于 2019 年 12 月 1 日正式实施。该标准给出了新建、扩建和改建民用建筑的运行、建造及拆除、建材生产及运输阶段的碳排放计算的准则，基本统一了建筑物全生命周期碳排放计算的边界、对象和方法，具有重大原始创新和突破性价值。住房和城乡建设部、国家市场监督管理总局于 2021 年 9 月 8 日联合印发的《建筑节能与可再生能源利用通用规范》GB 55015—2021，要求自 2022 年 4 月 1 日起，建设项目可行性研究报告、建设方案和初步设计文件应包含建筑碳排放分析报告，进一步提高了建筑碳排放计算工作的重要性。然而，经过两年多的应用，现有建筑碳排放计算方法也暴露出了一些问题，主要体现在 4 个方面：1）未考虑新型建筑方式的碳排放计算方法，如装配式建筑、3D 打印等；2）未考虑特殊建筑阶段的碳排放计算方法，如建筑前期、建筑装饰装修、建筑竣工后的核算等；3）未考虑建筑碳排放计算的实现方法，如建筑碳排放因子库构建、建筑碳排放软件工具开发等；4）未考虑最新的信息技术辅助应用，如区块链技术、BIM 技术等。

为弥补上述不足，我国各级政府与科研单位在建筑碳排放计算领域积极发力，如广东省住房和城乡建设厅于 2021 年发布了《建筑碳排放计算导则（试行）》；江苏省财政厅、科学技术厅于 2022 年批准建设重大创新载体"江苏省建材与建筑碳排放核算与监测技术公共服务平台"；江苏省住房和城乡建设厅也于 2022 年立项科技支撑示范项目"建筑碳排放计算软件平台建设与示范推广"。我国许多学者也开展了建筑碳排放计算相关研究，研究成果呈爆炸式增长，但大部分成果均是在建筑碳排放全生命周期的某一研究点上进行了突破，尚未见兼具针对性、系统性、科学性、原创性、前瞻性的专著。

本团队依托东南大学土木工程、建筑学、计算机科学与技术、动力工程及工程热物理、环境科学与工程等优势学科群，以及基于这些多学科交叉设立的"智慧建造与运维国家地方联合工程研究中心"等相关科研平台，按照我国建筑领域"双碳"相关政策文件要求，遵循《建筑碳排放计算标准》GB/T 51366—2019 和《建筑节能与可再生能源利用通用规范》GB 55015—2021 等相关标准规范，持续开展了绿色低碳建筑相关研发工作，主编 / 参编《建筑节能与碳排放量计算核定标准》《装配式建筑全生命周期碳排放量计算技术规程》等多项建筑碳排放计算相关标准规范，获批 10 余项建筑碳排放计算相关软件著作权，研发自主可控的国内第一款轻量化建筑碳排放计算分析软件"东禾建筑碳排放计算分析软件"，并在 2022 年 3 月底发布的 2.0 版中率先使用区块链、Web-BIM、准稳态能耗模拟等先进技术，得到社会各界普遍好评。

在此基础上，本团队梳理在建筑全生命周期碳排放计算理论、方法、软件及其应用等方面原创性工作成果，辅以国内外建筑碳排放计算领域实践和理论前沿进展，共同完成本书。本书编写人员包括从事教学、科研、实践的教师和软件研发一线的工程师，专业背景包括建筑学、结构工程、工程管理、暖通空调等，具体分工为：第 1 章，吴刚、欧晓星；第 2 章，朱蕾；第 3 章，苏舒；第 4 章，郑赛那；第 5 章，欧晓星、吴刚；第 6 章，欧晓星、吴刚；第 7 章，张林锋、颜承初、吴刚；第 8 章，张宏、黑赏罡、张睿哲；第 9 章，李德智；第 10 章，袁竞峰、张华、吴刚；第 11 章，徐照；第 12 章，林艺馨；第 13 章，袁竞峰、张华、吴刚。全书由吴刚、欧晓星、李德智进行了统稿。

本书由江苏省碳达峰碳中和科技创新专项资金（重大科技示范）项目"低碳未来建筑关键技术研究与工程示范"（编号 BE2022606）资助。在编写过程中，参考了众多国内外建筑碳排放计算相关文献资料，在此向原作者表示衷心感谢。江苏东印智慧工程技术研究院、黄冠英、陈思、沈伶佳、李培培等也为本书做了一些辅助性工作，在此一并致谢！本书作为国内第一本系统性阐述建筑碳排放计算的专著，希望能为不同用户进行碳排放计算分析提供指导，为建筑领域早日实现"双碳目标"做出贡献。同时，也希望读者能将使用过程中发现的问题和建议及时反馈给我们，以便日臻完善。

《建筑碳排放计算》编著团队

2022 年 10 月 3 日

# 目录
CONTENTS

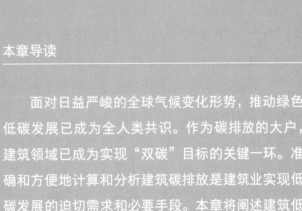

# 第 1 章
# 绪论

## 本章导读

面对日益严峻的全球气候变化形势，推动绿色低碳发展已成为全人类共识。作为碳排放的大户，建筑领域已成为实现"双碳"目标的关键一环。准确和方便地计算和分析建筑碳排放是建筑业实现低碳发展的迫切需求和必要手段。本章将阐述建筑低碳发展的背景和建筑碳排放计算的重要性，介绍国内外建筑碳排放计算研究现状，并分析我国建筑碳排放计算的研究不足和应用前景。

# 1.1 全球气候变化与人类建造活动

## 1.1.1 全球气候变化趋势与应对措施

地球外围所形成的大气层（又称大气圈）是因重力关系而围绕着地球的一层混合气体，大气圈没有确切的上界，在离地表 2 000~16 000km 高空仍有稀薄的气体和基本粒子。在地下，土壤和某些岩石中也会有少量气体，它们也可被认为是大气圈的一个组成部分。太阳短波辐射可以透过大气射入地面，而地面增暖后放出的长波辐射却被大气中的二氧化碳等物质所吸收，留下了太阳给予地球的热量。全球大气层和地表这一系统就如同一个巨大的"玻璃温室"，使地表始终维持着一定的温度，产生了适于人类和其他生物生存的环境，这种现象被称为温室作用或温室效应。大气中能强烈吸收地面长波辐射、阻止热量向宇宙散失的气体被称为温室气体（Greenhouse Gas，GHG）。《京都议定书》明确规定了需要管控的温室气体包括二氧化碳（$CO_2$）、甲烷（$CH_4$）、氧化亚氮（$N_2O$）、氢氟碳化物（HFCs）、全氟化碳（PFCs）、六氟化硫（$SF_6$）和三氟化氮（$NF_3$）共 7 种。

地球表面吸收了大约 48% 的入射太阳能，大气吸收了 23%，其余部分被反射回太空。自然过程确保了进入和流出的能量相等，使地球的温度保持稳定。然而，与氧气和氮气等其他大气气体不同，温室气体不但不会吸收红外辐射，反而反射红外辐射。由于人为排放，大气中温室气体的浓度增加，地表辐射的能量被困在大气中，无法逃离地球。这部分能量返回到地表被重新吸收。由于进入地球的能量多于离开地球的能量，地球表面的温度会上升，直至达到新的平衡。这种温度上升会对气候产生长期影响，并影响到无数的自然系统。自 19 世纪 50 年代以来，全球工业发展及其生产过程中燃烧化石能源，不断产生温室气体，导致大气中的温室气体浓度增加，加剧了"温室效应"对地球的影响，使地球发生可感觉到的气温升高，如图 1-1 所示。

20 世纪 80 年代以来，人类逐渐认识并日益重视气候变化问题，为了采取有效措施减少人为产生的温室气体，世界气象组织（World Meteorological Organization，WMO）及联合国环境规划署（United Nations Environment Programme，UNEP）于 1988 年联合建立了联合国政府间气候变化专门委员会（Intergovernmental Panel on Climate Change，IPCC），对气候变化及其对社会、经济的潜在影响以及如何适应和减缓气候变化的可能对策进行评估。

《联合国气候变化框架公约》（United Nations Framework Convention on Climate Change，UNFCCC）于 1992 年 5 月 9 日在美国纽约联合国总部通过，并于 1994 年 3 月 21 日生效，

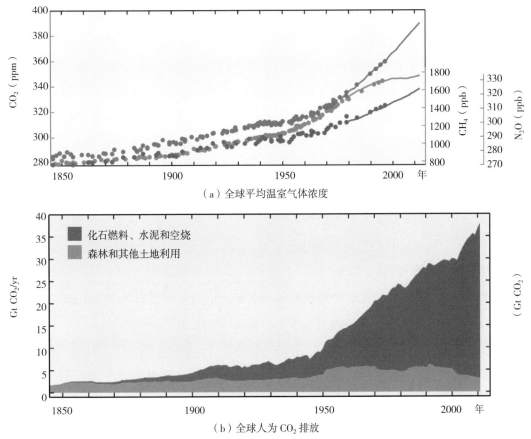

（a）全球平均温室气体浓度

（b）全球人为 $CO_2$ 排放

图 1-1　观测到的全球平均陆地和海表温度距平变化

资料来源：气候变化 2014 综合报告决策者摘要，IPCC（2014）。

确定了 4 个核心内容：

1）确立应对气候变化的最终目标是将大气温室气体的浓度稳定在防止气候系统受到危险的人为干扰的水平上，这一水平应当在足以使生态系统能够可持续进行的时间范围内实现。

2）确立国际合作应对气候变化的基本原则，主要包括"共同但有区别的责任"原则、公平原则、各自能力原则和可持续发展原则等。

3）明确发达国家应承担率先减排和向发展中国家提供资金技术支持的义务，附件一国家缔约方（发达国家和经济转型国家）应率先减排。附件二国家（发达国家）应向发展中国家提供资金和技术，帮助发展中国家应对气候变化。

4）承认发展中国家有消除贫困、发展经济的优先需要，发展中国家的人均排放仍相对较低，因此在全球排放中所占的份额将增加，经济和社会发展以及消除贫困是发展中国家首要和压倒一切的优先任务。

为加强 UNFCCC 实施，1997 年 UNFCCC 第三次缔约方会议通过《京都议定书》。2020年 10 月，《〈京都议定书〉多哈修正案》通过，确定了部分国家整体在 2008~2012 年间应将其年均碳排放总量在 1990 年基础上至少减少 5%，欧盟 27 个成员国、澳大利亚、挪威、瑞士、乌克兰等 37 个发达国家缔约方和一个国家集团（欧盟）参加了第二承诺期，承诺在2013~2020 年期间将碳排放量在 1990 年水平上至少减少 18%。发达国家可采取"排放贸易""共同履行""清洁发展机制"三种"灵活履约机制"作为完成减排义务的补充手段。

2015 年 11 月 30 日至 12 月 12 日，UNFCCC 第 21 次缔约方大会暨《京都议定书》第 11 次缔约方大会（气候变化巴黎大会）在法国巴黎举行。包括中国国家主席习近平在内的 150 多个国家领导人出席大会开幕活动。巴黎大会最终达成《巴黎协定》，对2020 年后应对气候变化的国际机制作出安排，标志着全球应对气候变化进入新阶段。《巴黎协定》主要内容包括：

1）长期目标。重申 2℃的全球温升控制目标，同时提出要努力实现 1.5℃的目标，并且提出在 21 世纪下半叶实现温室气体人为排放与清除之间的平衡。

2）国家自主贡献。各国应制定、通报并保持其"国家自主贡献"，通报频率是每五年一次。新的贡献应比上一次贡献有所加强，并反映该国可实现的最大力度。

3）减缓。要求发达国家继续提出全经济范围绝对量减排目标，鼓励发展中国家根据自身国情逐步向全经济范围绝对量减排或限排目标迈进。

4）资金。明确发达国家要继续向发展中国家提供资金支持，鼓励其他国家在自愿基础上出资。

5）透明度。建立"强化"的透明度框架，重申遵循非侵入性、非惩罚性的原则，并为发展中国家提供灵活性。透明度的具体模式、程序和指南将由后续谈判制订。

6）全球盘点。每五年进行定期盘点，推动各方不断提高行动力度，并于 2023 年进行首次全球盘点。

我国政府参加了可持续发展理念形成和发展过程中具有里程碑意义的斯德哥尔摩人类环境会议、里约环境与发展大会和南非约翰内斯堡可持续发展首脑峰会，是最早提出并实施可持续发展战略的国家之一。

作为负责任的发展中国家，我国根据 UNFCCC 和《京都议定书》的有关规定，结合可持续发展战略的总体要求，逐步健全应对气候变化的体制机制。从 1990 年始相继成立了国家气候变化对策协调小组、国家应对气候变化领导小组、国家发展改革委应对气候变化司、国家气候变化专家委员会等机构。1994 年 3 月，发布《中国 21 世纪议程——中国 21 世纪人口、环境与发展白皮书》，将可持续发展上升为国家战略并全面推进实施。

2006 年，我国首次发布了《气候变化国家评估报告》，总结了我国在气候变化方面的科学研究成果，提出了我国应对气候变化的立场和原则主张及相关政策。2007 年，国务院颁布《中国应对气候变化国家方案》，明确了应对气候变化的指导思想、主要领域和重点任务。

2012 年 6 月 1 日，我国对外正式发布《中华人民共和国可持续发展国家报告》，提出全面开展低碳试点示范、完善体制机制和政策体系、综合运用优化产业结构和能源结构、节约能源和提高能效、增加碳汇等多种手段，降低温室气体排放强度，积极应对气候变化。

2014 年 6 月 2 日，我国常驻联合国副代表王民大使向联合国秘书长交存了中国政府接受《〈京都议定书〉多哈修正案》的接受书。2016 年 9 月 3 日，全国人大常委会批准我国加入《巴黎气候变化协定》，成为 23 个完成了批准协定的缔约方。

2020 年 9 月 22 日，国家主席习近平在第七十五届联合国大会上宣布："中国力争 2030 年前二氧化碳排放达到峰值,努力争取 2060 年前实现碳中和目标。"2021 年 5 月 26 日，碳达峰碳中和工作领导小组第一次全体会议在北京召开，明确了实现碳达峰、碳中和是我国实现可持续发展、高质量发展的内在要求,也是推动构建人类命运共同体的必然选择。

2021 年 10 月 24 日，《中共中央  国务院关于完整准确全面贯彻新发展理念做好碳达峰碳中和工作的意见》发布，作为碳达峰碳中和"1+N"政策体系中的"1"，为碳达峰碳中和这项重大工作进行系统谋划、总体部署：到 2030 年，经济社会发展全面绿色转型取得显著成效，重点耗能行业能源利用效率达到国际先进水平；到 2060 年，绿色低碳循环发展的经济体系和清洁低碳安全高效的能源体系全面建立，能源利用效率达到国际先进水平，非化石能源消费比重达到 80% 以上；降低二氧化碳排放水平，提升生态系统碳汇能力。

## 1.1.2　人类建造活动与建筑碳排放

人类建造史中，原始人类利用山洞或树木来营造住所；古代人类利用雕凿和科学拼接来营造木屋和石屋；近代人类不再单纯地依靠天然材料，而是采用钢筋水泥等人工材料来建造房屋；现代人类的建造活动成果不再是单纯的庇护所，而是包括生产、科研、艺术创作等一切现代文明的场所。作为高耗能产业，全球建筑业消耗了世界 40% 的能源，排放了全球 38% 的碳排放，是世界三大温室气体来源之一，建筑碳排放给全球环境带来了严重的问题。2019 年联合国气候变化大会（COP25）强调，随着新兴经济体和发展中国家人口的持续增长以及购买力的快速攀升，与现阶段相比，2060 年的建筑终端能耗预计至少增加 49.8%。同时全世界建筑存量在 21 世纪中叶将增加 100%，从而导致将来建筑与建筑业能源消费和碳排放的进一步增加。虽然建筑使用等相关部门与建筑业贡献了近 40 % 的全球二氧化碳排放，但与工业、交通部门相比，建筑的相关节能减排举措始终滞后于所能把握的减排机会，现阶段的建筑相关部门是全社会经济活动中资源消耗和环境负荷占比最大的领域，联合国政府间气候变化专门委员会（Intergovernmental Panel on Climate Change，IPCC）第六次评估报告显示，自下而上的研究表明，全球建筑碳排放量可以减少高达 61%，其中能源和材料消耗的优化可减少 10%，提高能效可减少 42%，可再生能源利用可减少 9%。新建筑的缓解潜力中最大的份额是在发展中国家，而在发达国家，缓解潜力最高的是在对现有建筑的改造中。由此可见，建筑业的节能减排是助力实现碳中和非常重要的一环，需从建筑材料生产、施工建造、运营维护全生命周期推动建筑业全产业链绿色低碳化发展，深入发掘建筑的节能减排潜力，以缓解日益严峻的全球气候变化问题。

随着中国经济迅速发展和生产活动快速增长，碳排放量也呈上升趋势，改革开放以来，我国经历了世界历史上规模最大、速度最快的城市化进程，城市化进程伴随着与人民生产生活相关的基础设施建设活动，城市建筑建造及其运行维护消耗大量的资源能源等，伴随着大量的碳排放。根据世界银行统计，到 2019 年中国碳排放占世界总碳排放量的 29%。2019 年全球城乡建设领域（建筑行业）的碳排放占全球总碳排放量的 38%，在中国这一比例高达 50.6%，如图 1-2 所示。因此，城乡建设领域低碳转型是实现全球 2℃温控目标与我国实现"双碳"目标的重要保障与关键环节。

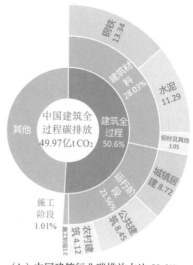

（a）全球建筑行业碳排放占比 38%　　　　（b）中国建筑行业碳排放占比 50.6%

图 1-2　全球与中国建筑行业碳排放占比

资料来源：2020 年全球建筑建造业现状报告、2021 年中国建筑能耗与碳排放研究报告。

### 1.1.3　建筑碳排放计算必要性

建筑全生命周期涉及的活动构成复杂，通过建筑碳排放计算和定量分析，可以准确获取建筑项目相关的碳排放数据，确定合理的碳减排目标，制定科学的低碳发展路径。

（1）碳排放计算是建筑设计的重要环节

建筑设计过程中，通过对空间类型、建筑构件与自然环境等交互机理的挖掘，并对建筑和各项设施的构成进行综合分析，可以从源头减少能耗和碳排放的需求，构建低碳空间，营造低碳建筑。住房和城乡建设部已发布国家标准《建筑节能与可再生能源利用通用规范》GB 55015—2021，要求从 2022 年 4 月开始，建设项目可行性研究报告、建设方案和初步设计文件应包含建筑能耗、可再生能源利用及建筑碳排放分析报告，并且新建的居住和公共建筑碳排放强度应分别在 2016 年执行的节能设计标准的基础上平均降低 40%，碳排放强度平均降低 7kg $CO_2/（m^2·a）$以上，因此应要对建筑碳排放进行准确的定量计算分析。在生态文明建设与"碳达峰"和"碳中和"的战略导向下，低碳建筑设计成为了应对中国新型城镇化转型发展中绿色发展的有效手段。

（2）碳排放计算是检验低碳建造技术的量化手段

根据全生命周期理论，建筑低碳化发展需要对建材生产及运输、建造及拆除、建筑运行等各个阶段进行技术创新。在建筑材料领域，研发和应用新型绿色建材已成为当前建筑行业节能减排的重要抓手。在低碳建造领域，聚焦建筑机器人、BIM 数字化、新型建筑工业化等产品的研发、生产与应用，打造新型建筑施工组织方式，可以大幅提高建造效率，减少资源消耗，降低碳排放。在建筑运行阶段，建筑能源系统能效提升、建筑产能、建筑电气化三大方向均可为未来低碳/零碳建筑提供支撑。在建筑拆除处置过程中，材料的回收再利用技术可减少资源浪费。完善建筑碳排放计算方法有助于对建筑全生命周期的碳排放进行精准的定量分析，以定量检验各种低碳技术的减碳成效。

（3）碳排放计算是建筑行业进入碳交易市场的必要过程

碳交易是温室气体排放权交易的统称，《京都议定书》把市场机制作为解决以二氧化碳为代表的温室气体减排问题的新路径，即把二氧化碳排放权作为一种商品，从而形成了二氧化碳排放权的交易，简称碳交易。在基于项目的碳交易方式中，交易对象是减排抵消量，建筑交易主体可通过加入建筑的减排项目取得额外的减排量而进行减免。在建筑碳交易市场中，若某建筑实际的碳排放量低于初始预测数量，其排放额度会出现剩余，交易主体可出售剩余排放额度而获得收益；若建筑实际的碳排放量超过初始设定的排放上限量，则可购买市场上碳排放额度进行排放量减免。建筑碳排放量作为核算的基础和约束值，直接关系到核算结果的代表性和可比性。因此，建筑领域碳排放计算边界的定义、建筑碳排放数据的核算问题是建筑碳交易中应首要关注的问题。

# 1.2 国外建筑碳排放计算研究现状

建筑碳排放是国际组织、各国政府和专家学者等长期关注的热点问题，已形成相关计算方法、计算工具和标准规范，对我国的建筑碳排放计算具有参考价值和指导意义。

## 1.2.1 国际组织碳排放计算标准

### （1）《IPCC 国家温室气体清单指南》

为了定量计算碳排放量，IPCC 组织编写了《IPCC 国家温室气体清单指南》，UNFCCC 要求所有缔约方将其作为"估算温室气体人为源排放量和汇清除量的方法"。1995 年和 1996 年分别发布了第 1 版和修订版，分为《报告说明》《工作手册》《参考手册》三卷，包括汇编国家清单数据的操作过程、温室气体的计算方法、排放源类型等内容。IPCC 的清单方法学指南，是世界各国编制国家清单的技术规范和参考标准。《2006 年 IPCC 国家温室气体清单指南》纳入了以前的清单编制优良做法并进行了改进，为所有部门提供了碳排放计算所要求的各个参数和排放因子的缺省值，保持各国之间的兼容性、可比较性和一致性。日本京都 IPCC 第四十九次全会上通过了《2006 年 IPCC 国家温室气体清单指南（2019 修订版）》，为世界各国建立国家温室气体清单和减排履约提供最新的方法和规则，提出了温室气体清单和其他清单的关系，认为协同建设国家温室气体和大气污染物清单具有重要意义。

《2006 年 IPCC 国家温室气体清单指南（2019 修订版）》是对 2006 年版本的修订、补充和完善，因此两个版本在结构上完全一致，均分为 5 卷，分别为第 1 卷（总论）、第 2 卷（能源）、第 3 卷（工业过程和产品使用）、第 4 卷（农业、林业和其他土地利用）和第 5 卷（废弃物），主要修订内容如图 1-3 所示。该指南的主要内容是国家温室气体清单方法学中的共性问题，例如排放因子和活动水平获取，清单质量以及清单管理等，并在活动水平获取以及不确定性分析等方面都做出了较大修订，完善了活动水平数据获取方法，强调了企业级数据对于国家清单的重要作用。

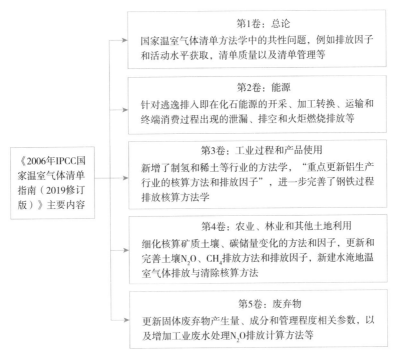

图 1-3　《2006 年 IPCC 国家温室气体清单指南（2019 修订版）》主要内容

（2）《温室气体核算体系》

世界资源研究所（World Resources Institutes，WRI）和世界可持续发展工商理事会（World Business Council for Sustainable Development，WBCSD）历经十余年合作开发了《温室气体核算体系》，其中《温室气体核算体系企业核算和报告标准》是《温室气体核算体系》中最核心的标准之一，主要作用有以下几点：

①帮助公司运用标准方法和原则编制反映其真实排放的温室气体清单；

②简化并降低编制温室气体清单的费用；

③为企业提供用于制定管理和减少温室气体排放的有效策略的信息；

④提高不同公司和温室气体计划之间温室气体核算的一致性和透明度。

《温室气体核算体系》提供几乎所有的温室气体度量标准和项目的计算框架，例如国际标准化组织（International Organization for Standardization，ISO）和气候注册联盟（The Climate Registry，TCR）所要求的部分内容，同时也包括由各公司编制的上百种温室气体目录，创建了一个全面的全球标准化框架，用于衡量和管理来自私营和公共部门的排放，以实现全面的温室气体减排。

该核算体系涵盖了《京都议定书》中的 6 种温室气体，并将排放源分为三种不同范围，即直接排放、间接排放和其他间接排放，分别称为范围一、范围二、范围三，如图 1-4

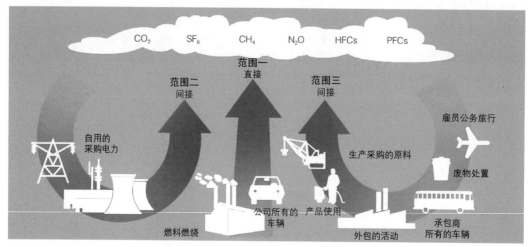

图1-4 《温室气体核算体系》的碳足迹范围

资料来源：世界可持续发展工商理事会，世界资源研究所（2012）；罗智星（2016）。

所示，避免了大范围重复计算的问题，提供了温室气体核算的标准化方法，从而降低了核算成本。

（3）ISO 14000 系列标准

ISO 发布了 ISO 14000 环境管理系列标准，其中 ISO 14064（1-3）标准是以生命周期评价 ISO 14040 标准为基础形成的碳足迹相关量化标准。2006 年国际标准化组织发布 ISO 14064 系列标准，并于 2018 年和 2019 年进行修订。作为一个实用工具，ISO 14064 使得政府和企业能够按统一标准核算温室气体排放量，同时服务于碳排放交易。

ISO 14064-1 详细规定了设计、开发、管理和报告组织或公司温室气体排放清单的原则和要求。组织温室气体排放包括直接排放和间接排放，其中对间接排放进行量化，一方面要考虑这些排放在所有排放中的比重，另一方面也要考虑是否能够实现的问题。对此，标准提出了"显著的间接排放"概念，即组织设定准则识别出什么是显著的排放并将它们纳入温室气体清单中。设定准则时可以考虑排放的数量级、碳源/碳汇的影响程度、数据信息的可获得性、风险（财政的、法规的、供应链的）或机遇等。

ISO 14064-2 着重讨论旨在减少温室气体排放量或加快温室气体清除速度的项目（如碳吸收和储存项目）。直接清除是组织可在财务或运行上拥有或控制的温室气体的吸收。值得注意的是，标准考虑到直接清除不易量化的问题，对直接排放和清除的量化进行了区别对待，即应（shall）对直接排放予以量化，宜（should）对直接清除予以量化。

ISO 14064-3 阐述了实际验证过程，规定了核查策划、评估程序和评估温室气体等要素，适用于组织或独立的第三方机构进行报告验证及索赔。与之前版本的标准相比，不再给出具体步骤和三种方法，也没有对排放因子的选择提供指导，只是要求组织应选择量化模型（例如活动数据与排放因子的乘积），并提供了选择量化模型的原则，包括模型是否准确反映了排放和清除、应用局限性、不确定性、结果再现性、模型来源和认可程度、与目标用户需求保持一致等。

### 1.2.2　部分发达国家建筑碳排放计算研究

（1）英国建筑物碳排放计算

英国曾经是执行欧盟《建筑能效指令》（Energy Performance of Buildings Directive，EPBD）比较积极的欧盟成员国之一。英国政府采纳《居住建筑能效标识标准评估程序》对居住建筑的能耗和碳排放进行计算，根据住宅面积、形状尺寸、围护结构传热系数、热水用量、照明、家用电器设备、室内设计温度等计算能耗及单位建筑面积年碳排放量。同时，采纳由英国社区与地方政府管理局制定的《英格兰及威尔士地区除居住建筑外建筑国家计算方法建模导则》（National Calculation Methodology Modeling Guide，NCM）和与之配套的《简化建筑能源模型技术导则》（A Technical Manual for Simplified Building Energy Model，SBEM）对公共建筑的能耗和碳排放进行计算。

NCM为计算碳排放目标值和实际建筑的碳排放提供了相关信息和技术要求，为供政府使用SBEM和其他得到批准的软件提供详细技术指导。基于NCM的要求，各软件公司可开发不同的建筑碳排放计算分析软件，如英国建筑研究院（The British Research Establishment，BRE）开发的SBEM、克莱菲尔德技术研究中心开发的TAS系列软件、South Facing Services公司开发的"Carbon Checker"、Hevacomp公司开发的"Hevacomp Interface"等，这些软件都可进行建筑环境与设备系统的模拟和碳排放计算，目前在英国应用最广泛的是SBEM。SBEM依据英国相关建筑法规计算设计建筑物碳排放，并依据NCM中基于参照建筑计算得出的目标碳排放限值（Target Emission Rate，TER）判断新建建筑是否满足建筑法规的要求。SBEM依据已有数据库中提供的20种建筑类型和68种建筑功能分区数据对建筑物能耗所产生的碳排放和可再生能源及清洁能源系统的碳减排进行综合计算，最终计算出设计建筑物的碳排放。

（2）美国建筑物碳排放计算研究

2007年，美国暖通空调制冷工程师学会（American Society of Heating，Refrigerating and Air-Conditioning Engineers，ASHRAE）组织召开了"建筑碳排放研讨会"，会议由ASHRAE、美国绿色建筑委员会（U. S. GREEN Building Council，USGBC）、美国环保局（U.S. Environmental Protection Agency，USEPA）、美国国家可再生能源实验室（National

Renewable Energy Laboratory，NREL）等众多机构的专家参加，会议主要议题为在建筑设计阶段如何量化建筑物全生命周期的碳排放，以减少建筑物全生命周期的碳排放为目标进行优化设计。会议专家一致认为，在未来几十年中，通过改善建筑设计使建筑物降低 50% ~ 80% 的碳排放是可能的，如何在建筑设计阶段开发一种"工具"，使建筑师和暖通空调工程师可以在建筑物使用功能等条件相同的情况下，快速并相对准确地判断和比较建筑物不同设计方案在运营过程中可能产生的碳排放差异，然后对其设计方案进行改善从而达到提高能效、节能减排、减少能源花费是建筑物碳排放计算研究的最终目的。

2007 年，ASHRAE 启动了"ASHRAE 专项研究项目——碳排放计算工具"（ASHRAE Special Project：Carbon Emissions Calculation Tool），此工具可以计算、表达、比较建筑用能、室内空气品质、声、光等因素，从而计算建筑物的碳排放总量。考虑到建筑物运营是建筑全生命周期中产生碳排放的最主要阶段，项目组决定将研究主要集中在建筑运行阶段，而非全生命周期。另外，研究中也不包括非电力的其他燃料运输至建筑所产生的碳排放，只考虑与能耗相关的碳、甲烷、氮氧化物的排放。例如制冷剂泄漏等造成的碳排放不考虑在内，建筑给水排水、水处理、垃圾处理造成的碳排放也不考虑在内。

（3）德国建筑物碳排放计算

2008 年，德国可持续建筑协会（The German Sustainable Building Council，DGNB）推出了 DGNB 可持续建筑评估技术体系，以每年单位建筑面积的碳排放量为计算单位，提出了建筑碳排放完整明确的计算方法，建立了建材和建筑设备碳排放的数据库。此评估技术体系将建筑全生命周期划分为建材生产与建筑建造、建筑使用、建筑维护与更新、建筑拆除和重新利用 4 大阶段。各阶段相应的计算方法分别为：

1）建材生产与建筑建造：考虑原料提取、材料生产、材料运输、建造等各过程中的碳排放，根据德国建筑体系将建筑分解，按结构与装修的部位及构造区分对待，计算所有应用在建筑中的建材及建筑设备的体积，考虑材料施工损耗及材料运输等因素，与相关数据库进行比较，得出不同材料和设备在其生产过程中相应产生的 $CO_2$ 当量。材料碳排放的计算时间按 100 年考虑。

2）建筑使用：主要包含建筑供暖、制冷、通风、照明等维持建筑正常使用功能的能耗。根据建筑在使用过程中的能耗，区分不同能源种类，计算其一次能耗，然后折算出相应的碳排放数据。

3）建筑维护与更新：指在建筑使用生命周期内，为保证建筑处于满足全部功能需求的状态，进行必要的更新、维护、设备更换等。计算所有建筑使用周期内（按 50 年计算）需要更换的材料设备的种类和体积，对比相关数据库，得到建筑在使用周期内维护与更新过程中的碳排放数据。

4）建筑拆除和重新利用：将建筑达到使用周期终点时的所有建材和设备进行分类，分为可回收利用材料和需要加工处理的建筑垃圾。对比相应的数据库，可以得到建筑拆除和重新利用过程中的碳排放数据。

### 1.2.3　部分发达国家建筑碳排放计算软件应用现状

建筑全生命周期涉及活动种类繁多，计算过程复杂。为应对碳排放核算需求，部分发达国家已开发相关计算软件，除了前文中提到的英国的 SAP、SBEM 等，影响较大还有美国的 BEES、德国的 GaBi 以及荷兰的 SimaPro，本章仅做简单介绍，详细构成及使用见本书第 10 章。

（1）美国国家标准与技术研究院（National Institute of Standards and Technology，NIST）于 1994 年启动了 BEES（Building for Environmental and Economic Sustainability）项目，专门针对建筑领域研发了用于评价建筑环境性能的软件。该软件通过采用 ISO 14040 系列标准中规定的生命周期评估方法来衡量建筑产品的环境性能，使用美国材料与试验协会（American Society for Testing and Materials，ASTM）的标准生命周期成本方法进行经济性能分析，包括初始投资、更换、运行、维护和维修以及处置的成本。软件分析了产品使用周期中的所有阶段：原材料的获取、制造、运输、安装、使用、回收和废物管理。根据建筑地板、墙壁等构成计算 $CO_2$、$CH_4$ 和 $N_2O$ 三种温室气体的排放量，将其排放量数值与美国每人每年释放的温室气体总量进行比较，作为建筑性能评价的指标之一。

（2）GaBi 软件是由德国 PE 国际集团和斯图加特大学联合研发的软件系统，该软件是一款全面适用于各产业及其供应链的可持续化发展软件。针对建筑评价和认证，GaBi 按照全生命周期评价来分析建筑，消耗的能源越少，建筑的能效越高，其建造以及材料的选择和加工就越重要。GaBi 通过一个广泛适用的建筑全生命周期模型，为每种类型和规模的建筑提供了全面的分析，不仅提供建筑优化所需的信息，也是获得 DGNB 可持续认证的重要组成部分。GaBi 软件提供简便的庞大数据库访问功能，例如 Ecoinvent 数据库、US.LCI 数据库、EF 数据库等。通过庞大的数据库可以获得原材料或制造件具体的能源和环境资源信息，在产品制造、流通、分销、回收再生等方面，为建筑物全生命周期碳排放计算分析提供更多的基础数据。

（3）SimaPro 软件由荷兰 PRé Sustainability 开发，可用于执行生命周期评估（Life Cycle Assessment，LCA）和环保产品认证（Environmental Product Declaration，EPD），全

部符合 ISO 标准，30 多年来，SimaPro 一直是领先的 LCA 软件解决方案之一，被 80 多个国家的公司、咨询公司和大学使用。SimaPro 软件基于 LCA，以系统和透明的方式建模、分析，可避免暗箱操作，在性能和环境效益方面收集、分析和监控产品和服务，评价产品和服务对环境的影响，提供可持续发展绩效数据和解决方案。该软件可用于多方面的应用，如可持续性报告、碳足迹和水足迹、产品设计，从原材料提取到制造、分销、使用和处置等环节，生成环保产品证明和确定关键绩效指标。

# 1.3 国内建筑碳排放计算研究现状

国内关于建筑碳排放计算的研究起步较晚，但是也取得了很多研究成果，并发布了相关政策和标准，本节将介绍国内建筑碳排放计算的标准、相关研究成果和计算软件。

## 1.3.1 建筑碳排放计算相关标准

（1）国家标准《建筑碳排放计算标准》

《建筑碳排放计算标准》GB/T 51366—2019 由中国建筑科学研究院有限公司和中国建筑标准设计研究院有限公司担任主编单位，自 2019 年 12 月 1 日起实施，是我国第一部建筑碳排放计算国家标准。标准编制组经广泛调查研究，认真总结实践经验，在广泛征求意见的基础上进行编制。主要内容分为总则、术语和符号、基本规定、运行阶段碳排放计算、建造及拆除阶段碳排放计算、建材生产及运输阶段碳排放计算六个部分，适用于新建、扩建和改建的民用建筑的运行、建造及拆除、建材生产及运输阶段的碳排放计算，计算对象可以是单栋建筑，也可以是建筑群。该标准规定了建筑碳排放计算的基本原则，根据不同需求按阶段进行碳排放计算，再将分段计算结果累计为建筑全生命周期碳排放。

《建筑碳排放计算标准》GB/T 51366—2019 强调活动数据的构成和碳排放计算方法，规定了建筑运行阶段、建造及拆除阶段、建材生产及运输阶段三个部分的碳排放计算。其中建筑运行阶段碳排放计算范围包括暖通空调、生活热水、照明及电梯、可再生能源、建筑碳汇系统在建筑运行期间的碳排放量；建筑建造阶段碳排放包括完成各分部分项工程施工产生的碳排放和各项措施项目实施过程产生的碳排放；建材碳排放包含建材生产阶段及运输阶段的碳排放。针对建筑碳排放计算，该标准碳排放因子定义为"将能源与材料消耗量与二氧化碳排放相对应的系数，用于量化建筑物不同阶段相关活动的碳排放".强调了能源和材料是建筑碳排放活动中的主要计算部分,结合不同阶段的活动对象,按照碳排放因子法给出了相应的计算公式。

考虑不同阶段建筑碳排放活动类型对碳排放因子的需求,《建筑碳排放计算标准》GB/T 51366—2019附录分别给出了主要能源碳排放因子、建材碳排放因子和建材运输碳排放因子,以及建筑物运行特征、常用施工机械台班能源用量数据等,作为建筑碳排放计算的主要依据。

### （2）国家标准《建筑节能与可再生能源利用通用规范》

《建筑节能与可再生能源利用通用规范》GB 55015—2021自2022年4月1日起实施,是一部建筑节能与可再生能源利用领域强制性规范。主要内容分为总则、基本规定、新建建筑节能设计、既有建筑节能改造设计、可再生能源建筑应用系统设计、施工、调试及验收、运行管理,并系统地给定不同气候区新建建筑平均能耗指标、建筑分类与参数计算、建筑维护结构热工性能权衡判断。

该标准强调项目要做碳排放分析,新建、扩建和改建建筑以及既有建筑节能改造均应进行建筑节能设计。建设项目可行性研究报告、建设方案和初步设计文件应包含建筑能耗、可再生能源利用及建筑碳排放分析报告。施工图设计文件应明确建筑节能措施及可再生能源利用系统运营管理的技术要求;明确计量、监控等内容。既有建筑节能改造设计应设置能量计量装置,并应满足节能验收的要求。该标准强调被动节能措施,建筑节能应以保证生活和生产所必需的室内环境参数和使用功能为前提,遵循被动节能措施优先的原则,对能耗水平的要求进一步提升:新建居住建筑和公共建筑平均设计能耗水平应在2016年执行的节能设计标准的基础上分别降低30%和20%;严寒和寒冷地区居住建筑平均节能率应为75%,其他气候区居住建筑平均节能率应为65%,公共建筑平均节能率应为72%。该标准明确了碳排放强度要求,新建的居住和公共建筑碳排放强度分别在2016年执行的节能设计标准的基础上平均降低40%,碳排放强度平均降低7kg $CO_2$/（$m^2 \cdot a$）以上。

《建筑节能与可再生能源利用通用规范》GB 50015—2021规定新建建筑应安装太阳能系统,太阳能热利用系统中的太阳能集热器设计使用寿命应高于15年,太阳能光伏发电系统中的光伏组件设计使用寿命应高于25年。在建筑能耗统计方面,要求建筑能源系统应按分类、分区、分项计量数据进行管理,可再生能源系统应进行单独统计,建筑能耗应以一个完整的日历年统计,能耗数据应纳入能耗监督管理系统平台管理。此外还强调加强能耗比对,对于20 000$m^2$及以上的大型公共建筑,应建立实际运行能耗比对制度,并依据比对结果采取相应改进措施。

（3）地方性建筑物碳排放计算标准和指导

我国香港地区关于碳排放计算的研究及规范要早于国家标准，香港环保署制定了《香港建筑物（商业、住宅或公共用途）的温室气体排放及减除的计算和报告指引》，该指引为香港首部为建筑物进行"碳审计"的指引，于 2008 年 7 月被正式推出，主要借鉴了《温室气体排放清单》和 ISO 14604 标准的定义和方法，针对住宅及公共建筑物在使用阶段的碳足迹计量方法提供指导，旨在协助建筑物管理人审计其温室气体排放量并制定减排措施。在对于建筑物碳排放边界的界定中，该指引鼓励尽量为整幢建筑物的碳排放撰写报告，如果某些特定部分的统计在技术上存在实际困难，可选择省略该部分。该指引将碳排放源分为直接碳排放及减除、使用能源间接引致的碳排放、其他间接碳排放三类，另外还考虑到了新种植树木的温室气体减除。

1999 年我国台湾地区颁布绿建筑评估指标系统（Ecology，Energy，Waste，Health，EEWH）有 9 项具体指标：生物多样化、绿化、基地保水、日常节能、碳减排量、废弃物减量、水资源利用、污水及垃圾改善、室内健康环境指标。其中碳减排量的指标包括简洁的建筑造型与室内装修、合理的结构系统、结构轻量化与木构造，该指标主要是评估建筑物化阶段的碳排放量，通过建筑设计简约化、结构设计合理化、选择环境影响小的建构体系和绿色建材等策略减少建筑物化阶段的碳排放。2013 年，我国台湾地区成立了"低碳建筑联盟"（Low Carbon Building Alliance，LCBA），该组织以成大建筑科技研究与设计中心、成大产业永续发展中心等成功大学研究团队为技术核心平台，建立一个低碳建筑的技术与知识的整合平台。

2021 年 12 月，广东省住房和城乡建设厅组织编制的《建筑碳排放计算导则（试行）》发布，指导建筑碳排放计算。该导则按照建筑领域碳排放计算边界，给出了建造、运行、拆除三个阶段的碳排放核算方法以及碳汇的核算方法，在计算建筑全生命期的碳排放时，建材生产及运输阶段的碳排放仍参考国家标准《建筑碳排放计算标准》GB/T 51366—2019 的规定。导则适用于设计阶段的建筑碳排放估算和已建成建筑的碳排放计算。

## 1.3.2 建筑碳排放计算分析研究

### （1）建筑行业或区域建筑碳排放计算分析

行业或区域层面的建筑碳排放分析，一般而言都是基于大量历史统计数据，对碳排放总量进行测算，并将碳排放与宏观经济因素进行一定关联。例如，赵荣钦等（2010）采用了 2007 年中国各省区不同产业能源消费的平板数据构建能源消费碳排放和碳足迹模型，对各省区化石能源和农村生物质能源的碳排放量进行估算，建立了农业、生活与工商业、交通产业、渔业与水利业、其他产业五类产业空间与能源消费碳排放的对应关系，对各省区不同产业空间碳排放强度和碳足迹进行了对比分析。宏观层面的研究基本上都是基于大量的时间序列或面板统计数据计算碳排放量，并与经济社会中的各种要素相关联，得出实证研究结论，其结论主要用于反映地区和产业的碳排放和能耗现状，指导低碳发展政策制定的方向。

### （2）建筑碳排放计算与评价研究

建筑全生命周期活动构成复杂，影响碳排放的因素众多，建筑碳排放计算既有从全生命周期所有构成进行全面计算的研究，也有针对不同组成或阶段的详细研究。罗智星（2016）对建筑生命周期碳排放计算方法与减排策略进行研究，针对建筑碳排放评价特点，提出了建筑碳足迹核算体系框架，明确了建筑碳足迹核算体系的核算目的、核算范围以及生命周期清单分析方法；针对建筑物化阶段、建筑使用阶段和建筑运行阶段的清单分析和计算公式，建立了不同核算目的下的清单分析模型，并提出了基于 BIM 的"建筑物化"碳足迹统计计算方法。

李蕊（2013）以面向设计阶段为出发点，建立了完整的建筑 LCA 碳排放计算方法，包括生命周期划分和每个生命周期阶段碳排放计算公式。整理了公开发表的我国主要建筑材料碳排放清单数据，比较分析了不同来源的清单数据的合理性和差异性，并提出了清单数据的修正方法。对其他计算过程中所需碳排放因子等关键数据也给出了明确的参考数值和取值依据，从而构建了较为完整且经过合理修正的建筑 LCA 碳排放计算基础数据库。

针对建筑建造过程，张孝存（2018）围绕建筑碳排放量化分析计算和低碳建筑结构评价方法的主题，从省域建筑、单体建筑和建筑结构体系等多维度开展相关研究，对包含 140 余种常用建筑材料的碳排放数据清单进行了研究，根据铁路、公路、水路及航空运输的平均耗能对相应碳排放系数进行了分析，并以投入产出数据为基础对产业部门的隐含碳排放强度进行了估计。从结构性能、经济性和碳排放等方面对比了配筋砌块砌体结构与混凝土剪力墙结构，分析得出了配筋砌块砌体结构的低碳特征。

从建筑业节能降耗的问题研究的角度，张铮燕（2016）将 LCA 与数据包络分析理论（DEA）相结合，以建筑业能源效率为研究对象，运用 Super Efficiency-SBM 模型，计算了我国建筑业全生命周期的能源经济效率和能源环境效率，并通过 Malmquist 指数对我国建筑业全生命周期的能源经济效率和能源环境效率进行了动态分析评价。

### 1.3.3 国内建筑碳排放计算分析软件应用现状

为应对建筑碳排放计算要求，我国自主研发的建筑碳排放计算分析软件主要有东禾建筑碳排放计算分析软件、PKPM建筑节能与绿色建筑系列软件和斯维尔碳排放计算软件等。

（1）东禾建筑碳排放计算分析软件是由东南大学自主研发的一款轻量化建筑碳排放计算分析软件。用户在线输入建筑面积、建筑功能、地理位置、材料使用和运输数据、围护结构性能、室内空间构成等数据，可迅速获取建筑全生命周期碳排放量及各阶段的计算分析结果。该软件按照《建筑碳排放计算标准》GB/T 51366—2019将计算过程分为建材生产及运输阶段、建造与拆除阶段、建筑运行阶段等几个部分，用户可以根据使用需求选择全生命周期或其中部分阶段进行计算。

（2）PKPM与斯维尔建筑节能与绿色建筑系列软件依据我国现行《公共建筑节能设计标准》GB 50189和《绿色建筑评价标准》GB/T 50378，可进行节能计算和绿建分析。要求建立设计情况模型，输入材料信息、房间名称、照明和暖通空调设计参数等，对应设计规范要求提供分析报告。软件也包含碳排放计算模块，可利用绿建分析的建筑模型和设计参数计算建筑物全生命周期的碳排放量。

## 1.4 建筑碳排放计算方法与应用分析

通过对国内外建筑碳排放计算研究现状的梳理可以发现，国内外建筑碳排放计算的逻辑和方法已形成一些共识。计算方法方面，碳排放因子法的应用比较广泛。但是由于建筑业及建筑的复杂性，建筑碳排放计算实践、建筑碳减排的技术及管理创新也面临诸多的问题和不足，需要进一步研究解决。

### 1.4.1 建筑碳排放计算的主要方法

根据不同的研究对象和研究目的，建筑物及建筑产业中碳排放量计算所采用的方法主要有实测法、投入产出法、物料衡算法和碳排放因子法等，如表1-1所示。

（1）实测法

在环境污染控制方面，实测法已有较为广泛的应用。通过对某个污染源现场测定，得到污染物的排放浓度和流量，然后计算出碳排放量。这种方法只适用于使用过程的污

建筑碳排放计算主要方法对比　　　　　　　　　　表 1-1

| 计算方法 | 方法简介 | 优点 | 缺点 |
|---|---|---|---|
| 实测法 | 在确定边界范围内，通过测量建筑物实际产生的各类气体排放情况以计算二氧化碳排放量 | 对于计算使用阶段二氧化碳排放量很准确，反映实际情况 | 实验的可操作性较难，受环境影响大 |
| 投入产出法 | 将建筑相关各部门的直接碳排放系数与经济投入产出表相结合，利用投入产出模型得到直接和间接碳排放量 | 能将各部门有机结合，衡量直接和间接两个层面的碳排放 | 数据来源广泛，要获取精确的数据有较大困难 |
| 物料衡算法 | 依据质量守恒定律，根据原料与产品之间的定量转化关系，对排放主体的投入量和产出量中的含碳量进行平衡计算，得到产品生产过程中的碳排放量 | 能得到比较精确的碳排放数据 | 对投入物与产出物进行全面的分析研究，工作量大，过程复杂 |
| 碳排放因子法 | 用建筑物全生命周期中各阶段的建材用量、设备运行能耗等乘以相应的碳排放系数，求和得到总的二氧化碳排放量 | 便于计算，不会出现较大偏差 | 碳排放因子差异较大，对于地域性和时效性要求较高 |

染源测量，且一定要充分掌握取样的代表性，否则用污染源实测结果统计污染源排放量就会有很大误差。

（2）投入产出法

投入产出法一般用于宏观研究，是研究经济体系中各个部分之间投入与产出的相互依存关系的数量分析方法。是将一定时期内的投入与产出去向排成表格，根据此表建立数学模型，计算消耗系数，并据以进行经济分析和预测的方法。在建筑领域的碳排放研究中，一般在材料生产部门，可建立产业部门的投入产出模型，得到相关制造业的碳排放量，并根据产品数量从而推断出行业部门该产品的平均内含碳排放量，宏观层面的碳排放量核算可作为产业低碳经济发展的评判指标。微观层面建筑物碳排放的研究，涉及材料生产、建筑施工、建筑使用者等众多部门，投入产出模型的建立涵盖面广，难度较大，且对于建筑设计成果即虚拟建筑物的评价，由于实际投入尚未发生，仅通过设计模型进行预测，难以采用该方法对建筑物全生命周期碳排放量进行预算。

（3）物料衡算法

物料衡算是从工业设计中衍生出的计算方法，依据质量守恒定律，投入物质量等于产出物质量，根据原料与产品之间的定量转化关系，对生产过程中使用的物料情况进行定量分析，计算原料的消耗量、各种产品及中间产品和副产品的产量、生产过程中各阶段的消耗量以及组成。在温室气体排放计算中，则是通过对排放主体的投入量和产出量中的含碳量进行平衡计算。采用物料衡算法计算污染物排放量时，必须对生产工艺、物理变化、化学反应及副反应和环境管理等情况进行全面了解，掌握原料、辅助材料、燃料的成分和消耗定额、产品的产收率等基本技术数据。这种方法虽然能得到比较精确的碳排放数据，但是需要对全过程的投入物与产出物进行全面的分析研究，工作量很大，过程也比较复杂，适用于生产部门对具体产品碳排量的精确核算，建筑物生命周期活动涵盖内容广泛，投入材料类型复杂，不适合采用该方法计算建筑碳排放量。

（4）碳排放因子法

碳排放因子法（也称为碳排放系数法）是对某项活动以确定的因子来计算其所产生的碳排放量，此处所采用的因子是单位数量的该项活动所产生的碳排放量。获取产生碳排放的活动数量，按照碳排放因子确定该部分活动所产生的碳排放量，是碳排放因子法的基本原理。建筑全生命周期活动构成复杂，持续时间长，在建筑碳排放计算时间中，结合工程量分析及能耗使用监测数据，采用碳排放因子法对建筑全生命周期碳排量进行计算的可行性大，也是目前国内外各种评价标准普遍采用的计算方法。可根据建筑设计估算值或实际建造运行中的实测值获取各项活动数值，包括建筑材料的投入量、施工阶段工程量、使用阶段采暖能耗等数据，乘以对应的碳排放因子，例如单位材料内含碳排放量、机械设备单位台班碳排放量、单位能耗碳排放量等数值，分别计算建筑物生命周期中的各项活动和总投入物质所产生的碳排放量。

## 1.4.2 我国建筑碳排放计算方法研究的不足

（1）建筑碳排放计算方法的详细度不足

我国于2019年发布了《建筑碳排放计算标准》GB/T 51366—2019，从建筑全生命周期碳排放构成的层面对各组成部分的碳排放计算进行了规定，并给出了相应的计算公式，具有一定的普适性。但是由于建筑构成复杂、生命周期长、标准的详细度不足，仅作为建筑碳排放计算的原则性指导文件，具体实施操作过程的指导性不强。尚无建筑碳排放计算详细方法的学术专著，使得建筑从业相关人员在碳排放管理过程中缺少技术支撑和应用指导。

（2）建筑碳排放计算方法的可操作性不强

《建筑碳排放计算标准》GB/T 51366—2019确定了基本的边界和计算对象，但数据获取方式没有详解，可操作性不足。缺少建设前期可行性研究及方案设计阶段无详细数据时的计算方法。现有的计算软件多以《建筑碳排放计算标准》GB/T 51366—2019的基本要求为依据，按照全生命周期进行阶段划分，计算结果的分析不够精准，对建筑各阶段碳排放组成缺少分类细化，不足以应对设计及低碳建造技术的分析。

（3）建筑碳排放因子数据库不完整

《建筑碳排放计算标准》GB/T 51366—2019 中的碳排放因子数量较少，并未考虑到装配式构件、装饰装修材料等类别，亟须完善。发达国家的建筑节能减排以运行阶段为重点，而现阶段我国建筑业由于施工体量大，建材生产与建筑建造过程对碳排放总量的贡献亦十分突出。建筑结构与构造优化设计是控制建筑碳排放的重要手段，需要完善建筑材料碳排放因子。随着装配式建筑的发展，还需要对装配式构件的碳排放因子进行研究计算。建筑设备部分只有少量线路电缆等材料的碳排放因子，但各种机电设备如配电箱、风机、电梯等设备，在生产过程中也消耗了大量的能源和材料，各种设备隐含碳排放量较大，需要根据设备的生产过程及回收率计算建筑设备碳排放因子。

## 1.4.3　建筑碳排放计算的应用前景

### （1）不同阶段建筑碳排放计算的精准计算分析

建筑设计阶段对建筑各属性的限定基本确定了建筑全生命周期的碳排放，但尚未进入实体构件的组合或使用，建筑碳排放的实际产生过程与材料生产、建造施工及运行阶段的相关部门直接相关，建筑材料生产关联众多制造业，建造过程减碳直接影响建筑业的低碳转型，而建筑运行阶段基本与所有行业相关，未来建筑碳排放的计算不再局限于设计阶段的全生命周期计算，各利益相关方需要从自身产业的发展需求进行更为精准的计算分析。例如碳排放因子将成为未来建筑材料以及施工机械的一个必要指标，通过分阶段或分类别的精准计算不断完善包括材料、能源、施工机械等在内的碳排放因子库。

### （2）数字化和信息化技术应用拓展

建筑设计建造和相关管理部门所依据的建筑图纸，已逐步由二维图形信息向多维及数字化方向发展，数字化设计参数可以大幅度提高计算分析的效率和精确度，将数字化设计与建筑碳排放计算分析相结合，有助于开发高效的计算工具。信息技术应用在建筑碳排放计算的微观和宏观方面都将得到拓展。例如建筑行业碳排放数据的真实性和可靠性一直被公众所质疑，不透明的碳数据管理阻碍了碳交易市场的健康发展，随着信息化技术例如区块链的介入，注册和结算平台、构建监测与核定研究机构，可保证数据源头的可信和有效，实现建筑碳交易的良性和有序发展。

### （3）碳排放核算、评价与优化的集成化平台

建筑碳排放核算与低碳管理是方兴未艾的国际学术热点，也是与建筑相关各行业实现"双碳"目标的必要条件。未来建筑碳排放计算领域将会研发"设计 – 建造 – 运

维 – 拆除"全流程的碳监测系统与碳追踪技术，研发针对城乡、社区和建筑等不同层级的碳排放测算分析工具，提出低碳建设评价指标体系，构建碳排放评估分析综合模型，全面支持动态评估与管控。在管控方面，基于数字建模，结合人工智能、优化控制等智能技术建立城乡建设碳排放的智能管控及优化平台，实现城乡建设碳排放可测、可评、可管、可降，提升城乡建设领域减碳控碳的智能化、高效化、科学化，推进城乡建设绿色科学发展。

## 本章小结

　　本章详细阐述了全球气候变化趋势和应对措施，分析了人类建造活动和建筑碳排放的关系，并提出建筑碳排放计算的必要性。通过分析国内外建筑碳排放计算研究现状，总结明确现阶段建筑碳排放计算的主要方法，提出我国建筑碳排放计算需要解决的几大问题，并指出建筑碳排放计算的应用前景。

# 第 2 章
# 建筑全生命周期的
# 碳排放机理研究

本章导读

　　建筑碳排放的机理包括建筑碳排放量化的边界、建筑相关碳源碳汇及其碳排放、碳减排的原理。借鉴主流温室气体排放量化边界界定，本章研究提出从产品和组织两个角度对建筑碳排放计算边界进行界定。从产品的角度，以建筑全生命周期碳排放为边界进行量化；从组织的角度，量化建造相关组织的直接排放和间接排放。此外，本章研究并详细阐述建筑相关的碳源与碳汇及其碳排放、碳减排原理，可以为后续章节测定碳排放因子、选定碳排放计算方法及探寻节能减排相关的技术和管理措施提供理论依据。建筑碳排放计算的根本目的并非碳交易，而是为节能减排的技术创新和良好实践提供依据。

本章主要内容及逻辑关系如图 2-1 所示。

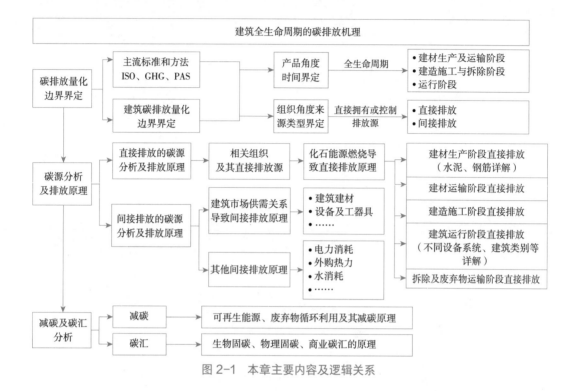

图 2-1　本章主要内容及逻辑关系

## 2.1　建筑全生命周期碳排放量化边界界定

碳源（Carbon Source）是指自然界中向大气释放碳的母体，现有研究更多关注人类活动导致的碳源。碳汇（Carbon Sink）是指自然界中碳的寄存体，例如自然界森林、海洋、草地等均具有吸收并储存二氧化碳的能力。国内外学者大多应用全生命周期理论（LCA理论），针对建筑的全寿命周期或某一阶段，研究建筑的碳源碳汇，计算建筑碳排放量，评估建筑对周围环境的影响。在建筑领域应用 LCA 理论一般分为 4 个步骤：定义研究目标和范围，创建全生命周期（排放）清单，评价影响和分析解释结果。基于此，本节旨在梳理主流温室气体排放量化方法及边界界定的基础上，分析及界定建筑全生命周期碳排放量化的边界，鉴别主要碳源碳汇及其计算方法。

### 2.1.1　主流温室气体排放量化边界界定

国际已发布多部温室气体量化与报告的标准。下面对主流标准的适用范围、核算原理及方法进行了梳理。

（1）国际标准化组织的 ISO 14064 系列

组织是经济社会的重要组成部分，必须要承担起保护环境的社会责任，同时也面临着国内外针对环保制定的各种要求和标准。国际标准化组织于 2006 年发布的 ISO 14064 系列标准应用于组织量化、报告和控制温室气体的排放和消除。ISO 14064 标准规定了国际上最佳的温室气体资料和数据管理、汇报和验证模式。由于增强了组织温室气体排放数据的一致性和公开性，提高了可信度和透明度，组织可以更加有效地管理与其温室气体资产或负债相关的风险。标准共分如下三个部分：《组织层面温室气体排放及消减的量化及报告指导性规范》（ISO 14064-1）、《项目层面对温室气体减排和清除增加的量化、监测和报告规范及指南》（ISO 14064-2）、《温室气体声明审定与核查的规范及指南》（ISO 14064-3）。

ISO 14064-1 详细规定了一个组织温室气体清单（An Organization's GHG Inventory）的设计、开发、管理、报告和验证的要求。组织温室气体清单的开发有三个关键的方面，包括设定清单的边界、量化和报告温室气体。温室气体清单的边界包括组织边界和运营边界。组织边界是指哪些设施被视为组织的一部分，应包括在温室气体清单库中。组织边界通过控制方法（Control Approach）和股权分享法（Equity Share Approach）进行界定。根据控制方法，组织核算其有控制权的设施的所有温室气体排放量；根据股权分享法，组织仅对其拥有部分股权的所有设施的排放量进行核算。

运营边界是指哪些设施运营活动包括在温室气体清单库中。在 ISO 于 2018 年修订的版本中，对于温室气体的量化，以核算组织是否拥有或控制排放源为原则，将组织温室气体排放划分为直接排放（Direct Emissions）和间接排放（Indirect Emissions）。直接排放是指直接温室气体排放，是由组织（企业或者公司）直接控制的活动所产生的温室气体排放。例如，企业直接使用柴油、汽油等化石燃料直接导致温室气体排放。间接排放是间接温室气体排放，是由组织的活动所导致的，但发生在其他组织拥有或控制的排放源所产生的温室气体排放。例如，企业外购的电力、蒸汽、热力或冷力等产生的温室气体排放，企业职员出差、购买原材料产生排放、产品使用后的排放等。越来越多的组织认识到间接排放的重要意义，并开放了包括整个价值链上多种间接排放类型的温室气体清册，ISO 的新版本对这种趋势进行了回应。

ISO 14064-2 规定了旨在减少温室气体排放或清除排放量的活动的量化、监测和报告的原则和要求，并在项目层面提供了指导。指南包括规划温室气体项目（例如风力发电、碳吸收和碳存储项目等），与项目和基准线情景相关的温室气体排放源的识别和选择，监测、量化、记录和报告温室气体项目绩效以及管理数据质量等要求。

ISO 14064-3 阐述了实际验证过程，规定了核查策划、评估程序和评估温室气体等要素。

（2）温室气体核算体系 GHG Protocol

世界资源研究所（WRI）和世界可持续发展工商理事会（WBCSD）于 2013 年 5 月修订并发布了《温室气体核算体系：企业核算与报告标准（修订版）》（GHG Protocol）。这套体系在北美和欧洲各国得到了广泛的运用，帮助企业清晰地梳理了温室气体排放情况、设定了合理的减排目标并最终帮助企业减少了温室气体排放，是温室气体核算体系最有影响力的标准之一。

与 ISO 14064-1 类似，GHG Protocol 也包括设定温室气体清单的边界（组织边界和运营边界）、量化和报告温室气体。从相关性的角度出发，边界应当反映该企业业务关系的本质和经济状况，包括组织边界、运营边界、业务范畴边界等，其规定与 ISO 14064-1 类似。对于运营边界，也以企业是否拥有或控制排放源为依据，将温室气体排放分为直接排放和间接排放。为了对温室气体进行有效、创新的管理，设定综合的包括直接与间接排放的运营边界，有助于企业更好地管理所有温室气体排放的风险和机会，因为这些风险和机会都存在于公司价值链内。

直接排放是由企业或者公司直接拥有或控制的排放源所产生的温室气体排放，被划分为范围一排放（Scope 1）。间接排放是由企业或者公司的活动所导致的，但发生在其他公司拥有或控制的排放源所产生的温室气体排放。间接排放被进一步划分为范围二排放（Scope 2）和范围三排放（Scope 3）。范围二排放是指企业外购的电力、蒸汽、热力或冷力产生的温室气体排放；范围三是除了范围二以外的所有间接排放，如职员出差、购买原材料产生排放、产品使用后的排放等。

（3）英国标准协会 PAS 2050 & PAS 2060

2008 年英国标准协会（BSI）发布了全球首个产品碳足迹方法标准 PAS 2050，是为评价产品生命周期内温室气体排放的一套规范。PAS 2050 是唯一确定的、具有公开具体的计算方法的规范，在全球被企业广泛用来评价其商品和服务的温室气体排放，也是人们咨询最多的评价产品碳足迹的标准。PAS 2050 计算一个产品的碳足迹时需要包含产品的整个生命周期，包括原材料、制造、分销和零售、消费者使用、最终废弃或回收，即所谓的"从摇篮到坟墓"。企业到企业 B2B 碳足迹为企业产品运到另一个制造商时截止，即所谓的"从摇篮到大门"。

以 PAS 2050 和现有的 ISO 14000 环境管理系列标准等为基础，2009 年 BSI 协同英国能源及气候变化部等多部门共同开发制定了公共可用规范 PAS 2060。PAS 2060 是证明碳中和的国际适用规范。碳中和也称碳补偿（Carbon Offset），是指现代个人、企业或组织计算抵消其直接或间接导致的二氧化碳排放所需的经济成本，然后付给专门企业或机构，由他们通过植树造林或其他环保项目抵消大气中相应的二氧化碳量，以消除个人、企业或组织的碳足迹。

PAS 2060 适用于各种类型的组织（例如商业组织、地方政府、社区、学术机构、会所和社会团体、家庭和个人）及各种主题（例如活动、城镇或城市、建筑或产品）。碳中和的第一步就是进行碳足迹的计算。对于组织，PAS 2060 推荐采用 ISO 14064-1 或者 GHG Protocol 和 PAS 2050 的产品或服务生命周期碳足迹。以组织是否控制排放源为原则，温室气体排放量应该包括直接排放（范围一）和间接排放（范围二和范围三）。间接排放中，排放源的碳足迹若大于全部碳足迹的 1% 应该计入碳足迹的计算。无论估算何种温室气体，都应排除任何低估的可能性。

对以上主流温室气体量化标准的分析可知，温室气体排放量化边界应从两个方面进行界定：一是从产品的角度应该量化产品全生命周期的温室气体排放；二是从组织的角度应该量化包括直接排放和间接排放的所有排放。

## 2.1.2　建筑碳排放量化边界界定

根据 2.1.1 节分析结果，本节旨在清晰界定建筑全生命周期碳排放量化的边界（即范围），包括从产品角度的界定和从组织角度的界定。

### （1）产品角度的边界界定

依据 PAS 2050 和 ISO 14067，作为产品的建筑应该核算其整个生命周期的碳排放。建筑全生命周期包括建材生产及运输阶段、建造阶段、运行阶段、拆除及废弃物处理阶段。在这种划分之下，还可以将某一阶段进行进一步细分，例如将运行阶段分为建筑日常运行和建筑维护修理；把建筑拆除阶段分为拆除施工和材料回收处置。从建筑全生命周期的角度，并参考中国建筑节能协会（2021）对建筑能耗相关概念范围的界定，建筑碳排放的范围界定如图 2-2 所示。

从时间的角度，建筑全寿命周期碳排放是指建筑作为最终产品，在其全寿命周期内所消耗各种能源、资源等导致的碳排放总和，包括建筑材料生产及运输（C1）阶段、建造施工（C2）阶段、建筑运行（C3）阶段、建筑拆除处置（C4）阶段导致的碳排放总和。为了详细阐述建筑全生命周期碳排放的计算，本书第 5~ 第 7 章从不同阶段对建筑的碳排放计算逻辑及步骤进行阐述。

由于建筑的复杂性，建筑涉及诸多行业，其中制造业和建筑业是两大关键行业。根

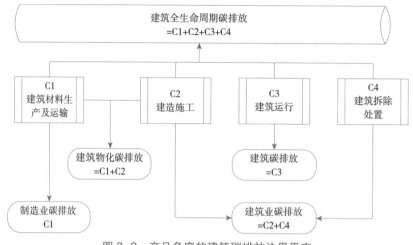

图 2-2 产品角度的建筑碳排放边界界定

据国民经济行业分类（《国民经济行业分类》GB/T 4754—2017），建筑材料生产及运输（C1）阶段导致的碳排放属于制造业碳排放。而建造施工（C2）、建筑拆除处置（C4）阶段导致的碳排放属于建筑业碳排放。建材是建筑建造的必备条件，因此从全寿命周期的角度考虑，建筑碳排放应包括建材生产及运输导致的碳排放。从这个角度来说，建筑的节能减排需要行业间的相互配合，非一行一业可以独立完成。

由于建筑运行阶段的能源消耗比较大，因此建筑能耗得到的关注度最大。建筑运行阶段能源消耗导致碳排放也称为建筑能耗碳排放，简称建筑碳排放（C3），包括维持建筑环境和支撑各类建筑内活动的终端设备能源用量导致的碳排放。行业和学术界习惯以建筑能耗为坐标，将建材生产及运输、建造施工能源消耗导致的碳排放称为建筑物化能耗导致的碳排放（C1+C2）。如果将建筑物作为建筑工程的最终产品，在其建造过程中原材料的开采、生产及运输，构配件、设备的生产（例如装配式构件）及运输，建筑建造施工等过程所消耗的各类能源、资源导致的碳排放总称为建筑隐含碳排放（Embodied Carbon Emission）。隐含碳排放具有相对性，界定某项碳排放是否为隐含碳排放必须首先界定碳排放的研究阶段。

现阶段，建筑运行阶段能耗模拟以及碳排放测算与预测方法体系比较成熟。但是，随着我国城乡建设持续大规模推进，建筑材料的生产、建筑施工环节消耗了大量能源资源，产生了大量的碳排放。现阶段对这部分的能源消耗和碳排放缺乏系统研究和可靠的数据支撑。中国建筑节能协会直接根据《中国能源统计年鉴》中建筑业的能源消费量，测算了 2018 年全国建筑全寿命周期能耗及碳排放，如表 2-1 所示。

结果显示，2018 年全国建筑全生命周期能耗总量为 21.47 亿 tce（吨标准煤当量），

2018 年全国建筑全寿命周期能耗及碳排放测算统计　　　　表 2-1

| 建筑阶段 | 能耗总量（亿 tce） | 能耗占比（%） | 碳排放总量（亿 t $CO_2$） | 碳排放占比（%） |
|---|---|---|---|---|
| 建材生产 | 11 | 51.3 | 27.2 | 55.2 |
| 施工建造 | 0.47 | 2.2 | 1.0 | 2.0 |
| 运行 | 10 | 46.6 | 21.1 | 42.8 |
| 全生命周期 | 21.47 | 100 | 49.3 | 100 |

资料来源：中国建筑节能协会（2021）。

排放 49.3 亿 t $CO_2$。建材生产、施工建造、运行阶段碳排放占比大约为 55.2%、2.0%、42.8%，建材生产阶段占比最大。tce 是按标准煤的热值计算各种能源量的换算指标。为了便于相互对比和在总量上进行研究，设定标准煤低位发热量 7 000kcal/kg 的能源标准。煤当量迄今尚无国际公认的统一标准，联合国、中国、日本、西欧大陆等均按 1kg 煤当量的热值 7 000kcal（29.3MJ）计算。

（2）组织角度的边界界定

在建筑物的全生命周期中，各种与建筑相关的活动的实施在满足人类各种需求的同时消耗了大量的能源资源。活动是由组织或者个人实施的。从组织或者个人的角度，对碳排放量化的范围界定，设定具有可操作性的边界，可以帮助相关组织或者个人识别出全维度的碳排放风险和机遇，进行有效的和有创新性的碳排放管理。根据 ISO 14064-1 或者 GHG Protocol，以组织是否拥有或者控制排放源为原则，碳排放量应该包括直接排放和间接排放。依据以上原则对建筑碳排放量化范围做界定，如图 2-3 所示。

首先，建筑碳排放不仅涉及相关企业（组织），建筑在运行阶段还涉及建筑的使用者（个人）。此外，借鉴我国香港碳排放计算边界设定的原则，宜以整幢建筑物的排放为

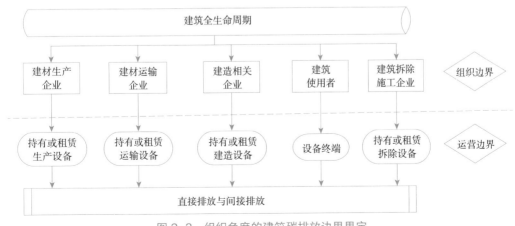

图 2-3　组织角度的建筑碳排放边界界定

边界进行核算。因此，建筑直接碳排放定义为，在单项工程（单体建筑）的全生命周期内，与建筑相关的企业或个人直接拥有或控制的排放源所产生的碳排放，即化石燃料燃烧活动和工业生产过程中化学反应等产生的碳排放。例如机械设备运行需要消耗各种柴油、汽油等液体燃料燃烧所产生的排放；建筑运行阶段的热水供应、厨房烹饪等使用天然气等气体燃料所产生的排放等。建筑间接碳排放定义为，在单项工程（单体建筑）的全生命周期内，与建筑相关的企业或个人的活动所导致的，但发生在其他公司拥有或控制的排放源所产生的碳排放。例如因使用外购的电力、热力、材料、设备、水等导致的排放，因施工相关人员通勤活动所产生的排放等。

## 2.2 建筑直接碳排放的碳源及其排放原理

本节对建筑生命周期内导致二氧化碳直接排放的碳源及其排放原理进行分析。首先分析建筑全生命周期涉及的主要企业和个人。然后分析与建筑相关的直接排放，包括与建筑相关的活动、碳源及其排放原理。

### 2.2.1 直接碳排放的碳源分析

建筑全生命周期涉及诸多企业和个人。各方的活动会消耗能源、资源，导致二氧化碳直接排放。建筑全生命周期导致直接排放的相关组织和个人、相关活动及主要碳源的汇总如图 2-4 所示。

（1）直接碳排放活动的特点及其碳排放

建材生产及运输阶段涉及诸多原材料开采企业，例如石灰石和黏土等水泥生产相关原材料开采企业、铁矿石等钢材生产相关原材料开采企业。原材料的开采燃烧化石能源，如柴油、汽油等，也可能会产生一些化学反应，从而导致直接碳排放。原材料由物流企业运输到建材生产企业，而原材料运输机械使用的化石能源也导致直接碳排放。建材生产商通过各种机械设备将原材料制备成建筑材料，消耗各种化石能源；建材在生产的过程中也会伴随化学反应。如上两种活动都直接导致二氧化碳排放。建筑材料由建材生产商或者物流企业运输到施工现场，建材运输机械使用的化石能源也导致直接碳排放。

建材（设备）制造及运输属于制造业，生产厂商众多，比较分散。但是企业是一个相对稳定的实体，其施工工艺相对比较固定，碳排放量化程序简单。依据抓大放小的原则，至 2015 年，国家发展改革委已经分三批发布了 24 个重点行业企业温室气体排放核

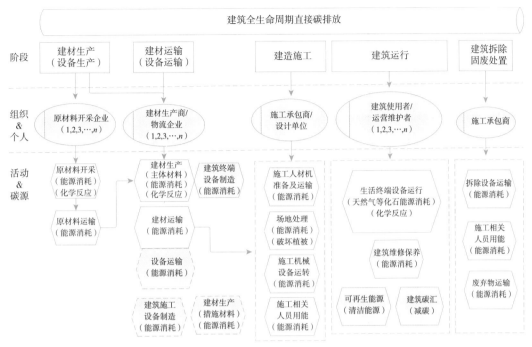

图 2-4 建筑直接碳排放的碳源

算方法与报告指南,其中与建筑密切相关的企业包括钢铁、化工、电解铝、镁冶炼、平板玻璃、水泥、陶瓷等。在现有标准和学术研究中,针对建材生产(尤其是建筑所需主体材料)及运输的碳排放研究很多。但是在一定程度上忽略了建筑终端设备制造、建筑施工设备制造及其运输产生的碳排放。建筑终端设备安装在建筑中,也构成建筑的实体,例如暖通空调设备、照明和电梯设备等,应该与建材具有同等的作用和地位,其生产制造阶段的直接碳排放也应该被计算。

建造施工阶段涉及诸多施工承包单位,其能源消耗活动基本限定在建筑工地范围内,相对比较集中。直接排放包括施工人、材、机准备及运输、场地处理、施工机械设备使用、施工相关人员用能等活动所需化石燃料燃烧导致的碳排放。建造施工是以项目为单位的临时性活动,建造施工阶段的碳排放受到施工方案等的影响比较大,施工过程中的不确定性因素也比较多。建筑拆除阶段相关企业及其活动与建造阶段具有类似的性质。

建筑运行阶段涉及众多的建筑使用者和建筑维修保养企业(例如物业管理公司)。以民用建筑的使用者为例,居住者的活动如果是通过燃烧天然气等化石能源提供热水、烹饪等,则会导致直接碳排放。使用者生活习惯与用能习惯会直接影响能源消耗量。建筑运行阶段如果使用清洁能源会达到降碳的效果;建筑绿地会带来碳汇,也降低碳排放。

（2）化石能源燃烧导致直接碳排放的基本原理

化石燃料分为固体燃料、液体燃料、气体燃料。固体燃料包括各种煤炭和焦化产品；液体燃料包括原油、燃料油、汽油、柴油等；气体燃料主要指天然气。化石燃料燃烧产生热能（内能），同时直接导致碳排放。建筑相关企业或个人在多个阶段均有化石燃料的燃烧，直接导致碳排放。

化石燃料燃烧产生的碳排放量不仅与燃料类型有关，也与燃料燃烧时的氧化率有关。首先，化石燃料燃烧提供热能时，由于含碳量（化学简写 C）不同，单位化石燃料燃烧产生的碳排放量各不相同。其次，各个组织、各种能源利用方式的碳氧化率不同，相同燃料燃烧提供的热能和排放的二氧化碳也不同。因此化石燃料的碳排放因子取决于碳氧化率和单位热值含碳量。最后，碳排放因子有按碳量计算的，也有按二氧化碳量计算的。由于碳的分子量为 12，二氧化碳的分子量为 44（1 个碳原子重 12 和 1 个氧原子重 16），因此二氧化碳量约为碳量的 44/12=3.6 倍，所以讨论碳排放量时要说明是碳量还是二氧化碳量。一般不做特别说明时，通常指二氧化碳排放。下述内容对三类化石燃料燃烧直接排放的原理进行阐释，并以最常用的化石能源进行举例说明。

1）液体燃料燃烧产生碳排放

以消耗比较多的液体燃料柴油、汽油燃烧为例阐释碳排放原理。柴油燃烧过程中化学能转化为内能（热能），驱动机械运行。柴油是许多烃类（碳氢化合物）物质的混合物，其中含有 $C_{16}H_{34}$。柴油燃烧的化学方程式如下所示：

$$2C_{16}H_{34}+49O_2 \overset{燃烧}{=\!=} 32CO_2+34H_2O \tag{2-1}$$

根据《建筑碳排放计算标准》GB/T 51366—2019 提供的数据，当柴油的碳氧化率为 98%，柴油的单位热值含碳量为 20.20t C/TJ，柴油燃烧热值的平均值约为 46.04MJ/kg，单位质量的柴油燃烧产生的碳量可以采用如下公式计算：

$$20.20 \times 10^3kg\ C/TJ \times 46.04MJ/kg \times 10^{-6}TJ/MJ=0.93kg\ C/kg \tag{2-2}$$

即每千克柴油燃烧可以产生 0.93kg 的碳量。由于二氧化碳量约为碳量的 3.6 倍，则单位质量的柴油燃烧产生二氧化碳量为 0.93 × 3.6=3.348kg $CO_2$/kg。

《建筑碳排放计算标准》GB/T 51366—2019 也直接提供了柴油的二氧化碳排放因子为 72.59t $CO_2$/TJ，也可以直接根据碳排放因子计算单位质量的二氧化碳排放量，如下式所示：

$$72.59 \times 10^3kg\ CO_2/TJ \times 46.04MJ/kg \times 10^{-6}TJ/MJ=3.34kg\ CO_2/kg \tag{2-3}$$

汽油的主要成分为辛烷（$C_8H_{18}$），经过燃烧产生二氧化碳和水蒸气，化学方程式如下所示：

$$2C_8H_{18}+25O_2 \xrightarrow{\text{点燃}} 16CO_2+18H_2O \qquad （2-4）$$

根据《建筑碳排放计算标准》GB/T 51366—2019，当汽油的碳氧化率为 98%，汽油燃烧热值的平均值约为 43.11MJ/kg，汽油的二氧化碳排放因子为 67.91t $CO_2$/TJ，单位质量的二氧化碳排放量计算公式如下：

$$67.91 \times 10^3 \text{kg } CO_2\text{/TJ} \times 43.11\text{MJ/kg} \times 10^{-6}\text{TJ/MJ}=2.93\text{kg } CO_2\text{/kg} \qquad （2-5）$$

由以上公式可以看出，每千克柴油排放约 3.34kg $CO_2$；每千克汽油排放约 2.93kg $CO_2$；单位质量的柴油碳排放比汽油碳排放要高。

2）固体燃料燃烧产生碳排放

以燃煤为例，煤的主要成分是碳，碳燃烧产生二氧化碳，其化学方程式如下：

$$C+O_2 \xrightarrow{\text{点燃}} CO_2 \qquad （2-6）$$

以烟煤为例，根据《建筑碳排放计算标准》GB/T 51366—2019，烟煤热值的上下限值大约为 20.93~33.50MJ/kg，当烟煤的碳氧化率为 93% 时，烟煤的二氧化碳排放因子为 89.00t $CO_2$/TJ，单位质量的二氧化碳排放量计算公式如下：

$$89.00 \times 10^3 \text{kg } CO_2\text{/TJ} \times \frac{（20.93+33.5）}{2} \text{MJ/kg} \times 10^{-6}\text{TJ/MJ}=2.42\text{kg } CO_2\text{/kg} \qquad （2-7）$$

3）气体燃料燃烧产生碳排放

天然气属混合物，主要成分为甲烷，含有少量的乙烷、丙烷。天然气完全燃烧产生二氧化碳和水，不完全燃烧产生一氧化碳和水。完全燃烧时的化学方程式为：

$$CH_4+2O_2 \xrightarrow{\text{点燃}} CO_2+2H_2O \qquad （2-8）$$

根据《建筑碳排放计算标准》GB/T 51366—2019，天然气燃烧热值的平均值大约为 36.22MJ/$m^3$，当天然气的碳氧化率为 99% 时，二氧化碳排放因子为 55.54t $CO_2$/TJ，单位质量的二氧化碳排放量计算公式如下：

$$55.54 \times 10^3 \text{kg } CO_2\text{/TJ} \times 36.22\text{MJ/kg} \times 10^{-6}\text{TJ/MJ}=2.01\text{kg } CO_2\text{/m}^3 \qquad （2-9）$$

### 2.2.2　主要碳源的直接碳排放原理

本节深入分析建筑全生命周期各个阶段导致直接排放的碳源及其排放原理。明晰碳排放原理可以为建筑相关企业核算碳排放、提出减排策略提供理论依据和支撑。

（1）建材生产阶段消耗能源的直接碳排放

建筑建造阶段消耗大量的建筑材料，例如砂石、水泥、钢筋、木材等。其中只有少量建筑材料直接来源于大自然，例如少量砂石经过极少的人工处理或者直接用于建造；其余绝大部分材料都经过不同生产厂家的加工之后再用于建筑物的建造。对于建筑业而言，建筑材料生产导致的碳排放量称为建筑材料隐含碳排量。理解建材生产阶段直接排放的原理对于精确核定建材碳排放因子以及提出降低建材生产阶段碳排放的相关举措具有重要的意义。

根据对建筑全生命周期气体排放的文献分析，七大主要建筑材料包括混凝土、水泥、钢材、铝材、玻璃、砂石、木材。基于投入产出表与过程法相结合测算方法，中国建筑节能协会测算并分析了 2005~2018 年全国建筑全寿命周期能耗和碳排放数据。根据统计结果，2018 年全国建材生产阶段能耗为 11 亿 tce，排放 27.2 亿 t $CO_2$。其中三大主材钢材、水泥、铝材的能耗及碳排放量如表 2-2 所示。能耗综合碳排放系数是碳排放总量与能耗总量的比值，数值越大说明单位能耗的碳排放强度越大，因此数值越大越不利。

2018 年全国三大主材能耗量与碳排放量 表 2-2

| 类别 | 能耗总量（亿 tce） | 能耗占比（%） | 碳排放总量（亿 t $CO_2$） | 碳排放占比（%） | 能耗综合碳排放系数（kg $CO_2$/kgce） |
|---|---|---|---|---|---|
| 钢材 | 6.3 | 57.3 | 13.1 | 48.2 | 2.08 |
| 水泥 | 1.3 | 11.8 | 11.1 | 40.8 | 8.54 |
| 铝材 | 2.9 | 26.4 | 2.7 | 10.0 | 0.93 |
| 其他建材 | 0.5 | 4.5 | 0.3 | 1.0 | — |

注：水泥碳排放包含水泥生产工艺中所产生的二氧化碳。
资料来源：中国建筑节能协会（2021）。

依据主要建材进行能耗和碳排放测算是一种普遍的做法。例如中国建筑节能协会的基于建材消费量测算方法的建材生产、运输能耗主要根据钢材、水泥等主要建材在建筑领域的消费量及主要建材的综合能耗强度来进行测算。建材种类繁多，借鉴以上做法，本书仅对主要建材的碳排放原理及计量原理进行分析，起到抛砖引玉的作用，为其他建材的碳排放原理及计算原理提供分析思路和方法。

从建材的开采和加工的过程来看，建筑材料隐含碳排量包括以下三部分：原材料采集碳排量或原材料内含碳排量，原材料运输碳排量，建筑材料生产过程碳排放。全过程的碳排放存在机械设备使用化石能源直接产生碳排放和化学反应释放直接产生碳排放两种类型。原材料运输使用的机械设备直接消耗能源，其产生的碳排放计入建材生产阶段碳排放。对于原材料采集及工厂生产加工，因各种材料特性及生产工艺的不同，其碳排放原理不尽相同。

1）水泥生产碳排放原理

水泥作为一种重要的凝胶材料，广泛应用于土木建筑、水利、国防等工程。由表 2-2 可知，水泥的综合能耗碳排放系数最大，即消耗单位能耗的碳排放量最大。要了解水泥的碳排放原理，必须了解水泥的生产流程，如图 2-5 所示。

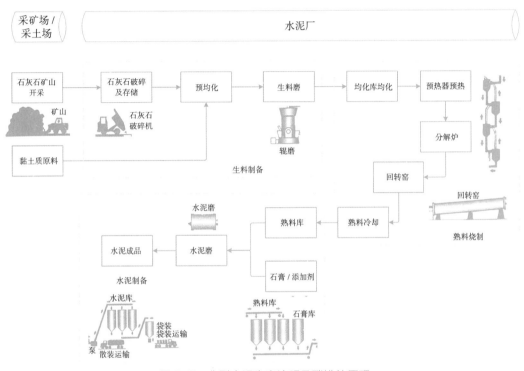

图 2-5　典型水泥生产流程及碳排放原理

常见的硅酸盐水泥的主要原料包括石灰石和黏土。这些主要原料先从原产地中开采出来，然后被运送到水泥加工厂。这个过程涉及原材料开采过程中的劳动力消耗、开采机械设备消耗、运输机械消耗。其中开采和运输机械燃烧化石能源，包括柴油、汽油等，会导致直接碳排放；直接消耗电能等会导致间接碳排放。原材料的开采及运输导致的碳排放受到很多因素的影响，例如石灰石的开采存在露天开采和地下开采两种，取决于石灰石矿产的深浅程度以及矿产周围的地理环境。相较于地下开采，露天开采在开采设备以及运输设备方面的能源消耗要低，碳排放量小；但是露天开采存在破坏大量植被等环境破坏问题。

水泥的原材料经过高温煅烧形成水泥熟料会产生大量的 $CO_2$ 排放。主要原材料石灰石和黏土经过破碎、配料、研磨制成生料，之后送入水泥窑或锅炉（回转窑）中高温煅烧形成熟料（温度约大于 1450℃），再加适量石膏磨细而成。水泥生料制备、熟料煅烧的过程中会消耗大量的电力间接导致大量的 $CO_2$ 排放、消耗大量的化石能源直接产生大量的 $CO_2$ 排放。目前在熟料煅烧阶段，我国主要使用煤作为燃料。固体燃料煤的主要成分是碳，碳燃烧产生 $CO_2$。水泥厂用的燃料煤发热量约为 22MJ/kg 时，约含有 65% 的固定碳；碳完全燃烧，每吨煤约产生 2.38t $CO_2$。

　　除了直接燃烧化石燃料产生 $CO_2$ 外，在水泥熟料的制备过程中，主要原料石灰石中的碳酸盐（碳酸钙和碳酸镁）分解生成水泥熟料必需的氧化钙，同时释放出 $CO_2$。例如碳酸钙煅烧化学方程式如下：

$$CaCO_3 \overset{点燃}{=\!=\!=} CaO+CO_2 \tag{2-10}$$

　　根据《建筑碳排放计算标准》GB/T 51366—2019 提供的建材碳排放因子，普通硅酸盐水泥（市场平均）的碳排放因子为 735kg $CO_2$e/t。通过对国内近百条代表性较强的水泥生产线上的样品进行化学成分的定量分析，魏军晓等测算了我国水泥行业熟料煅烧阶段碳酸盐矿物分解释放 $CO_2$ 的碳排放因子。测算结果显示，新型干法窑的碳酸盐矿物分解释放 $CO_2$ 的系数多集中在 500~520kg $CO_2$e/t，立窑的碳酸盐矿物分解释放 $CO_2$ 的系数多集中在 480~500kg $CO_2$e/t。如果以水泥的平均碳排放因子 753kg $CO_2$e/t、碳酸盐矿物分解释放的系数 500kg $CO_2$e/t 进行计算，那么矿物分解释放 $CO_2$ 占比约 68%，燃料燃烧和电力等消耗释放 $CO_2$ 占比约 32%。中研研究院《2021—2025 年中国水泥行业全景调研与发展战略研究咨询报告》亦指出在水泥生产过程中原材料碳酸盐分解产生的碳排放占到 60%~70% 左右。

　　明晰了水泥生产的碳排放原理后就很容易理解现阶段水泥行业节能减碳的主要研究方向和相应措施。水泥行业减碳主要从两个方面入手。一方面是对水泥原材料的替换，减少水泥煅烧所需要的燃料。例如在新型水泥基材料中使用氧化镁水泥（MgO）或者使用 MgO 水泥固化土，主要减碳原理就是氧化镁水泥煅烧的温度低于普通硅酸盐水泥（温度约小于 750℃），并且活性 MgO 提取过程中的反应会少释放 $CO_2$。另一方面是对水泥煅烧过程产生的 $CO_2$ 进行碳捕捉、纯化，并且用于在混凝土生产中固化 $CO_2$，达到快速固碳的效果。

　　2）钢材生产碳排放原理

　　钢材是建筑建造的重要基础原料，有着不可替代性。与水泥生产类似，钢铁生产主要原料铁矿石的开采和运输过程会产生碳排放。除此之外，钢铁生产阶段会产生大量碳排放。钢铁生产是将含铁矿石经炼铁、炼钢后生产成钢材产品的过程，其基本工艺流程如图 2-6 所示，主要由炼铁、炼钢、连铸、轧钢和生产产品这几部分组成。钢铁生产的每个过程均会有二氧化碳的产生。

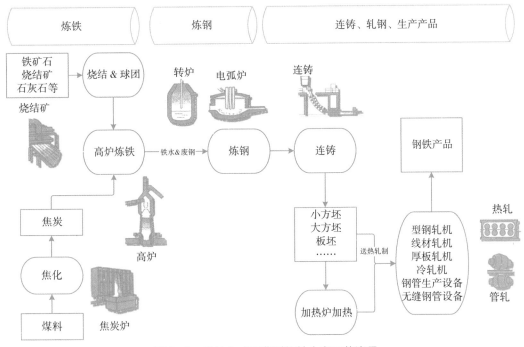

图 2-6　转炉方式下典型钢铁生产工艺流程

钢铁生产需要的能源种类繁多，主要包括煤、燃料油、轻柴油、天然气、液化石油、煤气（高炉煤气、焦炉煤气、转炉煤气、发生炉煤气）、电力、蒸汽等。在炼铁的过程中，烧结是将粉状铁矿石和钢铁厂二次含铁粉尘通过烧结机的烧结，加工成颗粒度符合高炉要求的人造富块矿（烧结矿）的过程。该过程中的主要 $CO_2$ 排放是由烧结原料中燃料燃烧引起的，点火煤气的燃烧也会产生相当的 $CO_2$。球团是将铁矿加适量水和胶粘剂制成黏度均匀、具有足够强度的生球，经干燥、预热后在氧化氛围中焙烧，使生球结团，制成球团状的过程。该过程产生的 $CO_2$ 主要是球团焙烧所需燃料燃烧导致的。焦化是将配好的煤料装入焦炭的炭化室，通过燃料燃烧加热制成具有一定强度的焦炭的过程。该过程产生的 $CO_2$ 主要是由加热用燃料燃烧导致的。

炼铁是将铁矿石和焦炭及溶剂在高炉内冶炼还原出铁水的过程。该过程 $CO_2$ 除了燃料燃烧产生外，还包括焦炭产生的 CO 还原铁时产生的 $CO_2$。炼钢是将铁水脱硫、脱磷、脱碳和脱氧合金化炼成钢水，然后将钢水浇铸成钢坯的过程。该过程除了燃料燃烧产生的 $CO_2$ 外，还包括铁水中的碳氧化成的 $CO_2$。连铸、轧钢和生产产品这几个过程都是在钢铁处理的过程中消耗燃料产生 $CO_2$。

德国蒂森克虏伯钢铁公司提出了钢铁工业各工序 $CO_2$ 排放量所占比重；政府间应对气候变化专委会（IPCC）发布的《2006 年 IPCC 国家温室气体清单指南》提出了钢铁行

（企）业 $CO_2$ 排放因子。相关数据总结如表 2-3 所示。

钢铁工业各工序排放所占比重及排放系数 表 2-3

| 各工序 $CO_2$ 排放所占比重 | | | | | |
|---|---|---|---|---|---|
| 工序 | 烧结 | 焦化 | 高炉 | 炼钢 | 轧钢及下游加工 | 发电 |
| 比重 | 11.5% | 4.4% | 73.6% | 8.7% | 1.7% | 0.1% |

| $CO_2$ 排放因子 | | | | | |
|---|---|---|---|---|---|
| 工序 | 烧结<br>（吨 $CO_2$/ 吨烧结矿） | 焦炉<br>（吨 $CO_2$/ 吨焦炭） | 铁生产<br>（吨 $CO_2$/ 吨生铁） | 电炉<br>（吨 $CO_2$/ 吨钢） | 钢铁生产<br>（吨 $CO_2$/ 吨钢） | 钢铁工业<br>（吨 $CO_2$/ 吨粗钢） |
| 强度 | 0.20 | 0.56 | 1.35 | 0.08 | 1.46 | 2.50 |

资料来源：《2006 年 IPCC 国家温室气体清单指南》。

由表 2-3 可知，钢铁生产工艺流程中，高炉炼铁产生的 $CO_2$ 最多，烧结、炼钢、焦化次之。钢铁生产中 $CO_2$ 排放主要由燃煤产生。我国钢铁工业用能结构中，约有 80% 是煤炭。用煤炭的生产工序主要是烧结、球团、高炉炼铁。而工业发达国家以短流程电炉为主，用电较多，用碳量少，企业 $CO_2$ 排放少。我国钢铁企业之间产品结构、生产规模、技术装备水平、用能结构、管理水平等方面还存在较大差距。因此，计算考核各类钢材 $CO_2$ 排放系数，要按生产条件的不同，分几个层次、不同类型，而不是全国用一个系数，这样才符合实际情况。根据表 2-3 中 IPCC 发布的数据，钢铁工业的碳排放因子是 2 500kg $CO_2$e/t；《建筑碳排放计算标准》GB/T 51366—2019 提供的普通碳钢（市场平均）碳排放因子为 2 050kg $CO_2$e/t。

（2）建材运输阶段消耗能源的直接碳排放

建材生产企业可以自己组织运输或者将运输业务外包给物流企业。从范围界定来说，建材运输的碳排放应包含建材从生产地到施工现场或工地仓库（合同指定地点）的运输导致的碳排放。而建材在生产阶段的运输导致的碳排放应该属于建材生产阶段的碳排放。建材的使用和运输通常遵循就近原则。例如江苏省南京市的项目就近选择在南京生产的建材。这些建材的工厂通常位于江宁、浦口、六合等郊区。

建材运输可以采用公路运输、铁路运输、空运、水运 / 海运等运输方式，例如火车、卡车和船舶的运输。从全寿命周期的角度出发，运输设备的总二氧化碳排放被分为燃料周期碳排放和车辆周期碳排放。其中，燃料周期碳排放包括燃料生产阶段碳排放和燃料使用周期碳排放；车辆周期碳排放包括车辆生产所用材料、零部件的碳排放、车辆生产及维修保养的碳排放。根据中国汽车技术研究中心 2021 年的研究数据，以汽车为例，目前来自燃料周期的碳排放占汽车总二氧化碳排放量的 70% 以上。

从燃料周期的碳排放角度出发，建材运输设备燃烧化石燃料提供动力，例如燃烧汽油、柴油等，导致直接排放。现阶段，在《建筑碳排放计算标准》GB/T 51366—2019 中也仅是计算燃料周期的碳排放。在中国运输业造成的燃油消耗和碳排放中，货运车辆占有重要的比重，而卡车是建筑材料的主要运输方式。卡车常用的燃料包括汽油、柴油、混合动力等，在能源使用的过程中会产生碳排放。在《能源研究前沿》（Frontiers in Energy Research）杂志上发表的论文中，瑞士洛桑联邦理工学院的研究人员建议从排气系统捕获 $CO_2$，并将其转化为液体储存在车内，然后将液态 $CO_2$ 输送到服务站，利用可再生能源，将其转化为燃料。这样可以将卡车的碳排放量减少近 90%。

单位质量的建材运输导致的二氧化碳排放量与以下四个方面的因素有主要关系：①使用燃料的类型；②燃料的碳排放因子；③机械能源使用情况；④建材运输距离。此外，材料运输还应考虑距离使用率，以及计算油耗时车辆是满载、未满载还是空载，均会影响碳排放量。《建筑碳排放计算标准》GB/T 51366—2019 不仅设定了默认情况下混凝土和其他建材的运输距离，还提供了常用的各类运输方式的碳排放因子，例如中型汽油货车运输（载重 8t）的碳排放因子为 0.115kg $CO_2$e/（t·km）。但是主要建材的运输距离宜优先采用实际的建材运输距离。

从车辆周期碳排放角度出发，除运输行驶时化石燃料的直接碳排放外，还有车辆上游、车辆维修等的碳排放，特别是电力、电池和材料供应等产生的碳排放。从建筑全生命周期碳排放的角度，既然建材生产阶段的碳排放被包含在建筑碳排放内，那么理论上，车辆生产阶段、维修保养阶段产生的碳排放应该随着车辆的使用被摊销到建材运输阶段。这种摊销的思维在工程造价的机械台班单价中有体现，但是在建材运输阶段的碳排放原理及计算方面暂未被学术界和实务界所考虑。现阶段针对建筑碳排放的计算结果都显示运输阶段碳排放占比较小，其中一个重要原因就是仅计算燃料周期碳排放而不包括车辆周期碳排放。

现阶段暂未有不同燃料类型施工机械设备生命周期碳排放的数据，但是可以参考不同燃料类型乘用车的全生命周期碳排放的数据和比例。根据中国汽车技术研究中心 2021 年的统计报告，国内 5 种不同燃料类型（汽油、柴油、常规混合动力、插电式混合动力、纯电动）乘用车的生命周期碳排放范围为 146.5~331.3g $CO_2$e/km。不同燃料类型车辆不同阶段的单位距离碳排放如图 2-7 所示。由图可以看出，柴油车单位距离碳排放最高，纯电动车最低。插电式混合动力车和纯电动车的碳排放量的降低主要贡献来自于燃料周期碳排放降低。由以上分析可知，运输阶段机械燃料使用的多少是相对的，

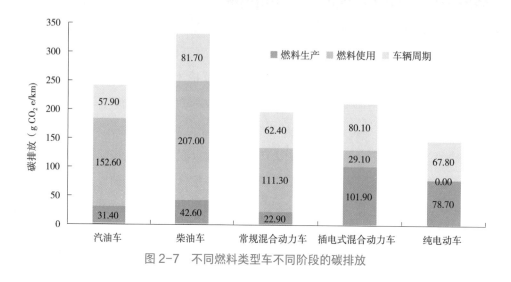

图 2-7　不同燃料类型车不同阶段的碳排放

仅统计燃料燃烧导致的碳排放会低估建材运输阶段的碳排放。

（3）建造施工阶段消耗能源的直接碳排放

建筑业虽然是劳动密集型行业，但是建造施工也很大程度上依赖机械设备，例如运输设备、吊装设备、钢筋切削和焊接、泵送混凝土的泵送及浇筑等。随着人口老龄化、人口红利的消失，以及智能建造的发展，机械设备在建造施工方面的应用比例会逐步增大。依据中国建筑节能协会 2021 年统计，2018 年全国建筑施工阶段能耗为 0.47 亿 tce，产生 1 亿 t $CO_2$ 排放，占全国能源消费和碳排放的比重均约为 1%。

施工机械设备使用导致碳排放的原理与建材运输阶段运输车辆的碳排放原理类似。从全寿命周期的角度出发，施工机械设备的总碳排放被分为燃料周期碳排放和设备周期碳排放。那么理论上，除了燃料周期碳排放外，施工机械设备生产阶段、维修保养阶段产生的碳排放应该随着施工机械设备的使用被摊销到设备使用阶段，进而被包含进建筑的全生命周期碳排放。这种摊销的思维在工程造价的机械台班单价中有体现，但是在施工机械设备的碳排放原理及计算方面暂未被学术界和实务界所考虑。

对于燃料周期碳排放，施工现场的施工区和生活区均会消耗燃料和电能，导致直接和间接碳排放。现阶段针对建筑碳排放的计算更多关注施工区的施工建造活动导致的碳排放。在建造施工区域，包括二氧化碳在内的空气排放物主要是化石燃料燃烧活动和操作设备用电的结果。因此，建造施工使用的能源主要包括柴油、汽油、电。《建筑碳排放计算标准》GB/T 51366—2019 给出了施工阶段常用施工机械设备的台班能源用量的参考值。机械设备的运转需要消耗化石能源和电，化石能源消耗导致直接碳排放，电力的使用导致间接碳排放。例如土方工程中的挖掘、移土、填埋、土方运输等主要以燃烧柴油、汽油等化石燃料提供动力，同时直接排放碳；起重机、打桩机、电焊机、吊车等主要以消耗电能提供动力，同时间接导致碳排放。依据建造顺序，建筑施工碳排放一般以分部分项工程碳排放和措施项目工程碳排放进行核算。除了建造施工外，施工现场办公、生活相关设备运行用能、用电、用天然气等也会导致碳排放。

化石能源和电的消耗量需要在施工前估算和施工后统计。在施工前，施工现场的用能和用电量可以根据分部分项工程、措施项目工程定额消耗量汇总来进行估算。实际消耗量的统计通常可以通过施工报表来确定。化石燃料的排放系数可以参考国家标准；电的排放系数可以根据全国电网平均排放因子确定。由于不管是在概预算体系还是市场交易体系，施工机械进行交易一般是以机械台班或者工作日为单位进行核算。一般规定，施工机械工作 8 小时为一个台班。因此，将施工机械的台班燃料消耗量与单位燃料碳排放因子进行结合，可以转化为施工机械的台班碳排放因子，方便二氧化碳的估算和核算，如下公式所示：

$$C_{JZ\text{-}ki}=R_{ki} \times EF_i \tag{2-11}$$

其中，$C_{JZ\text{-}ki}$ 是 $k$ 机械设备消耗 $i$ 能源的台班二氧化碳排放量；$R_{ki}$ 是 $k$ 机械设备 $i$ 能源的台班能源用量；$EF_i$ 是 $i$ 能源的碳排放因子。例如依据《建筑碳排放计算标准》GB/T 51366—2019，75kW 功率的履带式推土机、250kN·m 夯击能量的电动夯实机、4t 载重汽车每个台班（工作 8 小时）分别消耗 56.50kg 柴油、16.60kW·h 的电量、25.48kg 汽油。依据机械台班能源消耗量与能源碳排放因子，可以方便计算这三种机械设备的台班的碳排放因子，如下公式所示：

$$56.50\text{kg}/ \text{台班} \times 3.34\text{kg } CO_2/\text{kg}=188.83\text{kg } CO_2/ \text{台班} \tag{2-12}$$

$$16.60\text{kWh}/ \text{台班} \times 0.7921\text{kg } CO_2/\text{kWh}=13.14\text{kg } CO_2/ \text{台班} \tag{2-13}$$

$$25.48\text{kg}/ \text{台班} \times 2.93\text{kg } CO_2/\text{kg}=74.60\text{kg } CO_2/ \text{台班} \tag{2-14}$$

施工阶段的水平运输造成的碳排放很容易与建材生产及运输阶段产生的碳排放相混淆，会造成重复计算。各种构件材料运输至施工现场产生的碳排放量应计入建筑材料运输产生的排放量。各种机械和材料在施工现场产生的其他运输排放，如混凝土模板、场地开挖或回填土方、大型机械和设备的场外运输等，应计入施工建造碳排放。

（4）建筑运行阶段消耗能源的直接碳排放

建筑运行阶段消耗大量能源，也称为建筑能耗。能源消耗主要包括维持建筑环境的终端设备能源消耗（如供暖、制冷、通风、空调和照明等）和各类建筑内活动（如办公、炊事等）的终端设备能源消耗。在建筑运行阶段，包括二氧化碳在内的空气排放物主要来自于使用化石燃料燃烧消耗和日常生活中的电力消耗，例如空调、照明、烹饪、洗涤和电气设备。在建筑运行阶段的维修保养也需要材料运输和使用，从而导致碳的排放。依据中国建筑节能协会 2021 年的统计，2018 年全国建筑运行阶段能耗为 10 亿 tce，占全国能源消费总量的 21.7%；产生 21.1 亿 t $CO_2$ 排放，占全国能源碳排放的比重为 21.9%。

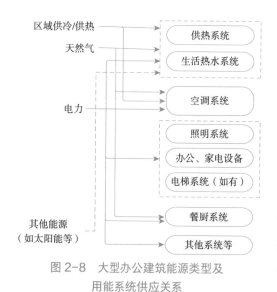

图 2-8　大型办公建筑能源类型及用能系统供应关系

1）建筑不同设备系统运行能耗

不同建筑类型其用能系统及使用能源类型不尽相同，但是基本都包括暖通空调系统、生活热水系统、照明系统、电梯系统（如有）、餐厨系统（民用较多）、动力系统（如有）等。建筑能源类型包括电力、燃气（天然气）、石油、市政热力（外购热力）等，其中电力是最主要的能源类型。天然气的消耗直接导致碳排放；而电力、外购热力等的消耗间接导致碳排放。以大型办公建筑为例，其能源类型及用能系统供应关系如图 2-8 所示。

各类用能系统的能源消耗比例及碳排放不尽相同，其占比如表 2-4 所示。文献 [26] 通过软件模拟计算了单栋办公建筑的碳排放和能耗；文献 [29] 实地调研分析了 453 栋办公建筑的能耗。由表可以看出，暖通空调系统的能耗占比最大，因此导致的碳排放占比也最大。除了各种设备终端的性能先进性以外，从建筑业的角度来说，建筑设计对运行阶段的能耗和碳排放影响巨大。

用能系统的能源消耗百分比　　　　　　　　　　表 2-4

| 参考文献 | 各用能系统占总能耗的比重（%） | | | |
|---|---|---|---|---|
| [26] | 空调 | 照明 | 电梯、办公室和电气设备 | 其他 |
| | 55 | 20 | 25 | |
| [29] | 暖通空调 | 照明 | 动力系统 | 特殊电耗 |
| | 41.9 | 26.4 | 18.3 | 13.4 |

暖通空调系统一般消耗电力间接导致碳排放。暖通空调系统的能源消耗包括冷源能耗、热源能耗、输配系统及末端空调处理设备能耗等。暖通空调能源消耗量的多少影响因素众多，例如建筑面积、室内环境要求、建筑围护结构类型、热工性能、构造

做法等。除此之外，暖通空调系统中由于制冷剂的使用而产生温室气体排放。任何物质在液化后都要释放热量，在气化时都要吸收热量。暖通空调利用这个原理，其制冷剂液化释放热量，然后再蒸发吸收热量。常使用在常温或较低温度下能液化的制冷剂，例如氟利昂（饱和碳氢化合物的氟、氯、溴衍生物，如 R12、R22）、碳氢化合物（丙烷、乙烯等）、氨等。

为了满足人们对生活热水的需要，一般需要消耗化石燃料（例如天然气）和电力进行加热，进而直接或者间接导致碳排放。生活热水系统一般消耗电力，但是很多民用建筑在生活热水供应、冬季采用地暖供暖等方面也转向使用天然气，导致直接碳排放。近些年，我国煤炭占能源消费的比重呈现下降的趋势，而天然气能源消费总量所占的比重在持续增长。天然气仍是化石能源向非化石能源过渡阶段的最优选择之一。

建筑照明是建筑运行的最基本的要求。照明系统需要消耗电力从而导致二氧化碳间接排放。自然采光、照明控制方式和使用者习惯等都是照明系统能源消耗的关键因素。存在电梯的高层建筑或者有电梯要求的其他建筑存在电梯能耗。电梯系统消耗电力，存在间接碳排放。电梯能耗与电梯速度、载重量、特定能量消耗、运行时间等诸多因素有关。

建筑设计对运行阶段的能耗和碳排放影响巨大。很多软件可以进行运行阶段能源消耗的模拟，例如 Autodesk 公司提供的 Ecotect® Analysis 等。Ecotect® Analysis 可以提供热、照明和声学分析，包括每小时热舒适度、每月空间负荷、自然和人工照明水平、声学反射、混响时间、项目成本和环境影响，进行每种关键影响因素对运行阶段能源消耗的影响分析或敏感性分析。根据文献 [26] 和 [30] 通过使用 Ecotect 和 BIM 模型计算了一所大学建筑的生命周期能耗和碳排放。研究结果表明整个建筑生命周期的性能受关键设计参数的影响很大。

为了降低能耗，我国《近零能耗建筑技术标准》GB/T 51350—2019 颁布实施，标志着我国的超低能耗 / 近零能耗建筑发展进入一个崭新阶段。超低能耗、近零能耗建筑的突出特点为低建筑能耗、高室内环境品质、建设成本可控，在降低能耗的同时降低碳排放。对零能耗办公建筑运行能耗数据进行分析可以为该类建筑在我国的发展提供实例数据支撑。

2）不同建筑类别及区域建筑运行能耗

不同建筑类别其功能需求不一样，导致其设备终端构成、能源使用结构等均存在差异，因此碳排放量会存在不同。根据中国建筑节能协会 2021 年的统计，三类建筑能源消耗及碳排放情况如表 2-5 所示。从数据可以看出，公共建筑的能源消耗和碳排放量最大。

2018 年三类建筑能源消耗及碳排放量

表 2-5

| 类别 | 面积<br>（亿 m²） | 人均面积<br>（m²） | 能耗总量<br>（亿 tce） | 单位面积能耗<br>（kgce/m²） | 碳排放总量<br>（亿 t CO₂） | 单位面积碳排放<br>（kg CO₂/m²） |
|---|---|---|---|---|---|---|
| 全国 | 674 | — | 10.00 | 14.84 | 21.1 | 31.3 |
| 公共建筑 | 129 | 9.24 | 3.83 | 29.73 | 7.84 | 60.78 |
| 城镇居住建筑 | 307 | 37.00 | 3.80 | 12.38 | 8.91 | 29.02 |
| 农村居住建筑 | 238 | 42.30 | 2.37 | 9.98 | 4.37 | 18.36 |

资料来源：中国建筑节能协会（2021）。

通过对超过 1500 栋既有公共建筑运行能耗的研究，李以通等研究了不同气候区域和不同年代的商场类、办公类、旅馆类、医院类、学校类建筑的能耗水平及特点。结果表明不同时间段建造的公共建筑全年能耗强度不同，因为随着对建筑能耗的约束水平提升，建筑能耗呈现逐年降低的趋势。2006 年及之后建造的建筑全年能耗强度由高到低依次是医院类 [159kW·h/（m²·a）]、商场类 [134kW·h/（m²·a）]、办公类 [131kW·h/（m²·a）]、旅馆类 [121kW·h/（m²·a）]、学校类 [62kW·h/（m²·a）]。

医院建筑较高的全年能耗强度与其较高的医疗设备使用强度有关。同时部分医院空调系统运行时间较长，也增加了整体能耗强度。商场类建筑较高的全年能耗强度与建筑的特殊使用性质有关。商场类建筑由于人员流动量较大，建筑设备需求高，因此具有较高的能耗强度。2006 年之后建造的办公类建筑中，能耗较高的建筑均为高档办公楼，一方面是对建筑使用的舒适性要求较高，能源需求大；另一方面，为了建筑美观需要而大量增加的玻璃幕墙等也增加了建筑耗热因素，导致通过能耗增加来实现制冷降温。针对民用建筑，张晓厚运用灰色关联度方法分析了各种因素指标与建筑运行能耗的关联程度，结果显示年末全社会房屋竣工面积、人均生活用能、居民人均住房建筑面积与北京市民用建筑运行能耗具有高相关度，是关键影响因素。

除了建筑类别外，气候区域会严重影响建筑运行阶段的用能情况。例如，北方寒冷地区在冬季需要耗费巨大的能源和电力进行供暖；相反，南方地区，如广州、厦门等，一年多数时间需要耗费巨大的能源和电力进行制冷。李以通等从严寒地区、寒冷地区、夏热冬冷地区、夏热冬暖地区以及温和地区五大气候区的典型城市选取代表性公共建筑，通过现场测试的方式研究分析不同气候区的既有公共建筑的建筑能效水平。数据显示，在严寒地区各类公共建筑的能耗值都比较高。鉴于对严寒地区绿色、超低能耗建筑的能耗研究比较少，侯磊采用数值模拟计算的方法对超低能耗建筑的高性能围护结构和新风热回收在高寒高海拔地区的节能效果和对建筑负荷的影响进行模拟，并给出多组模拟分析结果。梁虹采用实测和建模计算的方法对寒冷地区绿色建筑的一次能源消耗和水消耗量的关键影响因素进行对比分析，包括建筑面积、使用能源组合、营业时间、竣工年代等因素，并给出模拟分析结果。

（5）建筑拆除和废弃物运输消耗能源的直接碳排放

拆除阶段产生的碳排放包括拆除过程和建筑废弃物处理过程中产生的碳排放。拆除项目由于建筑自身特点、施工工艺及管理方法的不同，其拆除方案和废弃物处理方式等都有差异。然而拆除废弃物都始于建筑物的拆除，终于废弃物的最终处理完成，期间还包括对拆除所产生的废弃物的现场管理和处理，废弃物的回收利用，以及废弃物的运输等。因此，可以将建筑拆除阶段分为建筑拆除废弃物产生、废弃物现场管理、废弃物运输、废弃物处置处理 4 个相互联系的阶段。其中废弃物处置处理阶段涉及材料的处置和循环利用。如果方法得当，其实可以起到提升材料循环利用水平和降低碳排放的目的，国家《"十四五"循环经济发展规划》提出到 2025 年建筑垃圾综合利用率达到 60% 的目标，并且部署了将建筑垃圾等大宗固废综合利用的重要任务。因此应该加大建筑废弃物循环利用技术和管理创新。4 个阶段的相关活动如图 2-9 所示。

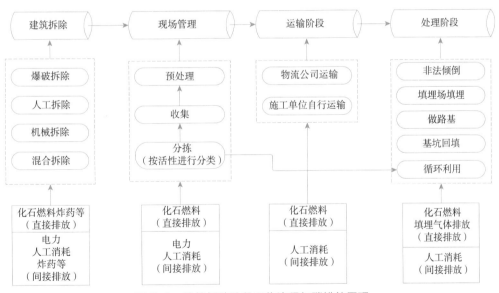

图 2-9 建筑拆除阶段工作流程与碳排放原理

在拆除阶段，首先需要将建筑物进行切割和破碎，然后对废弃物进行清理。在建筑拆除和废弃物处置处理阶段，碳排放主要来自建筑拆除和废弃物清理、收集、处置所需机械设备导致的燃料燃烧活动和操作设备用电。如果采用爆破拆除，还需要使用炸药。机械消耗能源导致直接碳排放；电力消耗、人工消耗、炸药消耗导致间接碳排放。除了通过不同机械、材料、人工消耗量的统计分析进行碳排放精确核算外，还可以通过对不同类别、一定统计量项目的拆除数据进行统计分析核算单位面积拆除用能量，简化计算，提高碳排放量计算的效率。

现场管理是指建筑废弃物产生后，对施工现场的废弃物进行收集、分拣、分类、预处理等作业活动和管理措施。这样做一方面是为了提高管理的效率，另一方面是便于其中的金属、木材、玻璃和塑料等具有循环利用价值的材料尽可能地回收并且统一出售。而对于现阶段无法循环利用和没有回收价值的废弃物，例如混凝土和砖块等，为了便于运输或者现场回收，往往需要在拆除现场对其进行适当的预处理，例如破碎等。这些措施都需要人工和机械设备的投入。机械消耗化石能源导致直接碳排放；电力消耗、人工消耗导致间接碳排放。

废弃物运输是指将不能回收的建筑废弃物从施工现场运至填埋场、循环利用或者运输到其他运输终点的过程。需要说明的是，建筑在建造、修缮、拆除的过程中均会产生大量的建筑废弃物，如淤泥、渣土、弃料、废弃混凝土、其他废弃物等。根据前瞻产业研究院发布的《中国建筑垃圾处理行业发展前景与投资战略规划分析报告》，每 1 万 m² 建筑的施工过程中会产生建筑废弃物 500~600t；每拆除 1 万 m² 旧建筑，将产生 7 000t~1.2 万 t 建筑废弃物。废弃物运输阶段主要的碳排放来自运输工具在运输过程中消耗能源产生的直接碳排放（仅考虑燃料周期的情况）和消耗人工所产生的间接碳排放。一般而言，废弃物的运输多为公路运输。不能回收的建筑材料在拆除后被运到废物处理场进行露天倾倒或填埋。这些材料产生的净填埋排放量虽然很低，但是不能忽略。不同废弃物产生碳排放应根据废弃物的特性及填埋等条件进行监测、统计确定。欧阳磊统计了不同种类废弃物材料填埋的气体产生量指标，如表 2-6 所示。表中剔除了玻璃和金属材料，因为这两种材料一般不采用填埋的方式进行处理。

不同种类废弃物材料填埋过程气体产生量指标　　　　　　　　　　表 2-6

| 废弃物种类 | 各种气体的排放量 | | | |
| --- | --- | --- | --- | --- |
| | $CO_2$（kg/t） | $CH_4$（kg/t） | CO（kg/t） | C（kg/t） |
| 碎石、砖块 | 4.20 | 1.84 | 0.01 | 2.53 |
| 混凝土 | 43.99 | 19.26 | 0.06 | 26.47 |
| 木材 | 424.49 | 185.80 | 0.59 | 255.37 |
| 塑料 | 514.54 | 225.22 | 0.71 | 309.55 |
| 渣土 | 6.71 | 2.97 | 0.23 | 4.16 |
| 其他 | 452.96 | 198.27 | 0.62 | 272.50 |

资料来源：欧阳磊（2016）。

本节建筑全生命周期直接碳排放原理涉及的 5 个主要阶段与《建筑碳排放计算标准》GB/T 51366—2019 一致。不管是国家标准还是某些地区标准（例如广东省），目前建筑全生命周期碳排放计算尚缺乏建筑加固与改造（包括保护建筑的超期服役的相关措施）方面的碳排放计算原理，未来需要进一步开展相关研究。建筑的加固和改造比较特殊，因为其发生在运行阶段，但是施工活动涉及建筑相关结构、部件、材料的拆除、新材料或构件的生产运输、重新施工或者安装，因此其碳排放原理可以借鉴参考本节论述的 5 个阶段相关建造活动的碳排放原理。

## 2.3　建筑间接碳排放的碳源及其排放原理

本节针对建筑生命周期内的间接碳排放进行碳排放来源分析和排放原理分析。本节除了厘清建筑间接排放的概念外，还重点介绍几类建筑业虽然可以控制用量但是无法控制其碳排放因子而导致的间接排放，例如电力、外购热力、水资源、人工消耗等导致的间接碳排放。建筑业碳减排不仅需要建筑业技术创新和节能减排，也需要其他重点相关行业实现技术创新、协同减排。

### 2.3.1　建筑市场供需关系导致的间接碳排放原理

在建筑全生命周期内，直接碳排放与间接碳排放的界定是以建筑相关的企业或个人是否直接拥有或能否直接控制排放源所产生的碳排放。因此，直接碳排放和间接碳排放首先是一个相对概念。在建筑物全生命周期内，由于供需关系，前一个阶段的碳排放（包括直接碳排放和间接碳排放）会作为后一个阶段的间接碳排放。以建筑物形成的主要阶段——建筑建造阶段为例，建筑施工总承包企业的直接和间接碳排放来源如图 2-10 所示。在建筑施工、现场办公、仓储及维修等活动中，建筑施工总承包企业除了直接消耗化石能源直接产生碳排放外，还需要消耗其他能源、资源间接导致碳排放。施工企业对建筑材料、建筑设备及工器具、施工设备、电力、热力、水资源等的消耗不会直接伴随二氧化碳的产生。但是建筑业 / 施工企业对这些能源、资源的需求导致的其他生产活动，会间接导致碳排放。

以建材生产及运输为例，其碳排放应该归属制造业。从建筑全生命周期角度来说，建筑原材料、半成品及构配件是建筑建造的必备元素，因此将建材生产及运输阶段的碳排量作为建筑材料内含碳排量计入建筑物建造过程的间接碳排放。材料组成了建筑的实

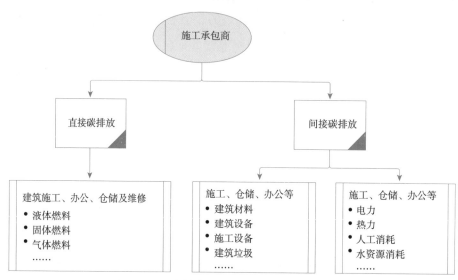

图 2-10　建筑建造阶段直接和间接碳排放源

体，并且碳排放占比很大。为了降低碳排放，从建筑设计的角度，应该强调使用低碳化的建材和低碳化地使用建材。刘科针对夏热冬冷地区高大空间公共建筑构建了以碳排放指标为效果导向的建筑低碳设计方法。通过对可再生能源、被动式空间调节、主动式节约技术、绿植碳汇系统、绿色低碳建材和低碳施工等方面的 17 项具体设计优化措施的碳排放结果模拟和对比分析，得出低碳化使用建材带来的减排贡献率可达 67%。因此，建造施工阶段不仅要关注低碳化的施工，同时需要强调使用低碳建材，对建造施工的前一阶段，例如设计阶段，提出低碳建材的要求。

　　建材本身的碳减排还是需要依靠其他行业的低碳化来间接促进，包括建筑材料来源、生产产业以及能源供给产业。所有产业的低碳化进程中最为核心的手段都是通过生产技术和工艺的发展进步。但是行业的技术革新和普及都是长期过程，要在短时间内从已有常用建材的生产源头去进行大幅度的减排是比较困难的。因此，此阶段的减排思路应该从改变使用建材本身的能耗性能和寻找更加绿色低碳的可替代材料两个方面着手。对应到建造施工阶段，建筑施工工艺和技术手段的进步会相应地使能源使用效率提高，从而产生部分减排效益；合理并优化措施性材料的使用和提高周转性材料的使用均可以降低措施性材料的消耗，降低碳排放。

　　基于以上分析，从建筑全生命周期碳排放的角度，建筑业需求间接导致的碳排放也需要受到重视。类似的原理，针对建筑所需设备及工器具，例如电梯、暖通空调等，现阶段的建筑碳排放计算均只计算其运行所需能源及电力消耗导致的碳排放，但是均未考虑其制造及运输阶段产生的碳排放。这些设备及工器具也是建筑必不可少的元素，缺少这些内容，建筑无法运行或者适用性、舒适性会降低。因此，应逐步将其纳入建筑全生命周期碳排放的计算中。

## 2.3.2　建筑相关其他碳源的间接碳排放原理

在建筑全生命周期内，电力、热力（蒸汽）、水资源、人力资源等供应需求也造成间接碳排放。例如在建材生产阶段、建造阶段、运行阶段都需要消耗大量的电力。与建材、设备等消耗产生的碳排放不同，电力、热力、水资源等能源、资源的生产不仅服务建筑业，也服务社会各行各业，其碳排放（尤其是碳排放因子）不完全由建筑业影响和决定。此外，"双碳"目标的实现不以牺牲发展速度、发展质量和降低人民的生活水平为原则，而应该侧重在科技创新、管理模式创新等。建筑业人力资源消耗（包括建筑管理人员和建筑工人）导致的碳排放，尤其是生活饮食、通勤等，在某些情况下可以不考虑。而需要说明的是，施工现场为管理人员搭建的临时办公场所以及为建筑工人搭建的住宿场所等属于临时设施，属于施工措施项目。这类施工项目应该计算其消耗的能源和材料导致的碳排放。因此，本节对电力、外购热力、水资源这三类能源、资源的排放来源及其排放原理进行介绍。

（1）电力消耗导致碳排放

用电不会直接产生碳排放，但是发电时如果要燃烧固体燃料，例如燃烧煤炭，会间接导致二氧化碳的产生。如今世界上发电的主要方式有火力发电、水力发电、核电、风力发电这 4 种方式。火力发电依靠燃烧煤炭来产生电力，其原理是通过煤炭的燃烧，产生高温，从而获得水蒸气，由水蒸气带动发动机而产生电力。其他 3 种发电方式属于清洁能源发电，排除发电设备生产产生的碳排放，其碳排放量几乎为零。

从煤炭发电的角度来说，不同品质的煤炭产生的热量也不相同。目前市场上的煤炭，品质最好的一般 1kg 能产生约 30J 的热量，而品质比较不好的一般 1kg 能产生 12J 的热量。但在一般情况下，大约有 60% 的热量会在转化的过程中被消耗掉，仅有 40% 左右的热量可以转换成所需的电量。

根据中国电力企业联合会发布的《中国电力行业年度发展报告 2021》，2020 年全国单位火力发电平均碳排放量约 832g/kW·h。即消耗或节约燃煤产生的 1kW·h 可以产生或减少 0.832kg 的二氧化碳。那么按照煤炭的质量来算，1t 煤炭平均产生的电量大约是 2 908kW·h。不过如果火力发电厂的设备质量比较高，中间环节消耗的热量比较少，1t 煤燃烧后获得的电量会提升到 3 000kW·h 左右。

以煤炭燃烧碳排放因子 2.42kg $CO_2$/kg 为例，生产或消耗 1kW·h 间接导致的碳排放量为：

$$2.42 \text{kg CO}_2/\text{kg} \times 1\,000 \text{kg}/2\,908 \text{kW} \cdot \text{h} = 0.832 \text{CO}_2/\text{kW} \cdot \text{h} \qquad (2-15)$$

发电并非全部来源于燃煤，还包括其他清洁能源产生的电量。因计算目的不同，电网排放因子分为以计算温室气体排放类为目的的全国（区域）电网平均排放因子（简称电网排放因子）和以计算温室气体减排类为目的的减排项目全国区域电网基准线排放因子（简称基准线排放因子）。两种电网排放因子的计算原则、逻辑、适用范围都不同，但是在现实使用中经常会被错用，因此本节对两种排放因子的计算原理进行简单阐述。

电网排放因子表示使用（生产）1kW·h平均产生的温室气体排放。计算用电碳排放遵守的是准确性原则，因此电网排放因子的计算原理就是整个电网的电厂总碳排放量除以总生产电量，即整个电网所有电厂排放因子的加权平均。此碳排放因子是做碳核算最常用的排放因子。生态环境部发布的《关于做好2022年企业温室气体排放报告管理相关重点工作的通知》中将碳排放核算使用的电网排放因子从0.6101t CO$_2$/MW·h调整为最新的0.5810t CO$_2$/MW·h，较之前下降4.77%。0.5810t CO$_2$/MW·h，换算成比较容易理解的方式就是581g CO$_2$/kW·h。国家气候中心（现为生态环境部）过去发布了2010年、2011年、2012年的中国区域电网平均碳排放因子，之后停止发布区域电网平均碳排放因子。

基准线排放因子是根据联合国气候变化框架公约下清洁发展机制执行理事会（CDM Executive Board，CDM EB）颁布的《电力系统排放因子计算工具（07.0版）》计算电力边际排放因子。基准线排放因子是计算开发一个CDM发电项目，其发电上网后所替代部分的电量的排放因子，遵守的是保守原则。其有三种计算方法，即电量边际排放因子（Emission Factor Operating Margin，EFOM）、容量边际排放因子（Emission Factor Build Margin，EFBM，也称为建设边际排放因子）、组合排放因子（Emission Factor Combined Margin，EFCM）。

这个排放因子的计算分不同情形采用不同的计算方法。如果整个电网的用电量饱和，那么CDM项目将会让电网内其他碳排放因子高的发电企业少发电，从而减少碳排放。采用简单的OM（OM Simple）计算方法，即认为除了低运营（如风电、水电、光电等）和必须运营（如核电）的电厂外，其他发电厂（如火电）都处于电力调度范围内，那么CDM项目发的电就抵消了火电厂等同的电力，其排放因子等于所有火电厂排放因子的加权平均。如果整个电网的电量不饱和，CDM项目开发并不影响已有电厂的运营，会弥补部分用电缺口。采用BM计算方法，把最近新建的5个电厂和占整个电网发电容量20%的新建电厂集合中总发电容量较大者看成一个集合，CDM项目的排放因子为该集合所有电厂的排放因子的加权平均。但是以上两种情形都可能对于一个 CDM 项目的开发有影响，因此 CDM 项目的电网排放因子为两个排放因子的组合，即采用加权平均 CM 计算方法。

为了更准确、更方便地开发符合 CDM 规则的中国重点减排领域 CDM 项目以及中国温室气体资源减排项目（CCER 项目），生态环境部考虑全国 6 个区域的发电来源情况，确定了 2019 年中国减排项目区域电网基准线排放因子，如表 2-7 所示。

2019 年度中国减排项目区域电网基准线排放因子　　　表 2-7

| 电网名城 | EF grid, OM Simple, y（t CO$_2$/MW·h） | EF grid, BM, y（t CO$_2$/MW·h） |
| --- | --- | --- |
| 电（华北） | 0.941 9 | 0.481 9 |
| 电（东北） | 1.082 6 | 0.239 9 |
| 电（华东） | 0.792 1 | 0.387 0 |
| 电（华中） | 0.858 7 | 0.285 4 |
| 电（西北） | 0.892 2 | 0.440 7 |
| 电（南方） | 0.804 2 | 0.213 5 |

注：（1）表中 OM 值为 2015~2017 年电量边际排放因子的加权平均值；BM 为截至 2017 年统计数据的容量边际排放因子；（2）本结果以公开的上网电厂的汇总数据为基础计算得出。
资料来源：生态环境部。

### （2）外购热力导致碳排放

外购热力一般发生在建筑运行阶段，与供热系统、生活热水系统相关，如北方地区存在集中供暖。热力供应公司消耗能源产生热力，并通过热力输送管道将热力运输到热力需要终端。外购热力替代了建筑物内终端设备消耗能源产生的热力，因此建筑物外购热力会间接导致碳排放，应计算在建筑全生命周期内。

外购热力间接产生碳排放是由于外购热力生产企业燃烧化石能源产生热能导致。为了估算因引进蒸汽或集中供暖产生的温室气体排放（GHG），美国石油学会 API（American Petroleum Institute）发布的方法认为热力完全来源于天然气锅炉的燃烧，锅炉效率为 92%，并且未考虑蒸汽输送损失。在不清楚外购热力企业的情况下，外购热力生产企业天然气燃烧温室气体（GHG）排放因子如表 2-8 所示。

将表 2-8 中 CO$_2$ 排放因子除以 92% 的过滤默认燃烧效率，便可得到国际上基于低位热值的外购热力排放因子，采用上述方法计算 3 种 GHG 排放量后，需要将 3 种 GHG 转化为二氧化碳当量值（CO$_2$e）。这是因为不同种类的 GHG 排放到大气中产生

API 默认天然气燃烧 GHG 排放因子                表 2-8

| 燃料 | GHG 排放因子（t/TJ） | | |
|------|--------|--------|--------|
| | $CO_2$ | $CH_4$ | $N_2O$ |
| 天然气 | 60.8 | $1.14 \times 10^{-3}$ | $3.09 \times 10^{-4}$ |

注：热力单位是焦（J），千焦（kJ）、兆焦（MJ）、吉焦（GJ）、万亿焦（TJ）。
资料来源：美国石油学会 API（American Petroleum Institute 2021）。

的温室效应不同。在将不同种类 GHG 转化为二氧化碳当量值时需要乘以相关系数，该系数为 GHG 的全球变暖潜值（GWP）。IPCC 给出了 100 年时间尺度 $CO_2$、$CH_4$、$N_2O$ 的值分别为 1、21、310。采用上述数据，可得到国际上默认的外购热力排放因子为：

$$\frac{60.8 \times 1 + 1.14 \times 10^{-3} \times 21 + 3.09 \times 10^{-4} \times 310}{0.92} = 66.22 （t\ CO_2e/TJ）$$

$$= 0.066\ 22 （t\ CO_2e/GJ） \quad （2-16）$$

外购热力的默认碳排放因子为 0.066 22t $CO_2$e/GJ，即每外购 1GJ（吉焦）的热量需要排放 66.22kg $CO_2$e 的温室气体。

国际上外购热力的默认碳排放因子的假设不完全适用于中国。因为我国除了天然气燃烧产生热力外，大部分的热力来自于燃煤锅炉。因此 API 的假设与我国实际情况不符，不能体现我国热力生产的实际水平。根据《中国能源统计年鉴》提供的国内各省、市、自治区在能源平衡表中的热力生产总量、消耗的能源类型以及燃料消耗总量，胡永飞和张海滨提出了计算各地区外购热力温室气体排放因子的方法。

不同于电力碳排放因子，现阶段暂未有针对外购热力的全国范围的排放因子。仅有一些省市给出了地区性的排放因子缺省值。例如，天津市地方标准给出的缺省值是 0.096t $CO_2$/GJ；上海市生态环境局在 2022 年调整了热力的排放因子缺省值，由 0.11t $CO_2$/GJ 调整为 0.06t $CO_2$/GJ。不同地区的缺省值在一定程度上反映了不同地区外购热力加热采用的燃料组合和比例。

（3）水消耗导致碳排放

在建筑全生命周期中均需要用水。据估计，世界能源 2%~3% 用于城市引水、地区原水的提升、城市饮用水处理、输配及供应。城市供水在城市地区的能源消耗总量中占比很大。例如，东京市能源利用率在国际上已经处于较为领先的地位。东京市供水系统的年用电量为东京市总年度用电量的 1% 左右。

对于供水企业而言，碳排放主要来源于电力消耗导致的间接碳排放。泵、电机、风机、变压器等设备是高能耗的重点，推进设备节能增效也是供水企业碳减排的途径和重点。

殷荣强采用书面调查、抽样现场调查的方式，对上海市 14 家供水企业共 39 座自来水厂进行调研，统计上海自来水制水单位产品电耗限额。在出厂水平均压力 0.3MPa 时，调研统计了自来水制水单位产品电耗限额的限定值、准入值、先进值。根据其统计结果以及 2022 年全国电网碳排放因子，本节统计了自来水制水单位产品的二氧化碳排放量，如表 2-9 所示。由于上述统计是基于上海市 2012 年的供水企业的能耗水平，经过 10 年的发展，现在的供水企业单位制水的耗能应该降低了，因此表 2-9 仅供参考。

2022 年自来水制水单位产品耗电量和碳排放量　　　　表 2-9

| 分类 | 单位耗电量<br>（kW · h/km³） | 电网碳排放因子<br>（t CO$_2$/kW · h） | 单位碳排放量<br>（t CO$_2$/km³） |
| --- | --- | --- | --- |
| 限定值 | 187 | 0.000 583 9 | 0.109 |
| 准入值 | 160 | 0.000 583 9 | 0.093 |
| 先进值 | 150 | 0.000 583 9 | 0.088 |

资料来源：殷荣强（2012）。

建筑全生命周期中，各个阶段的节水均会减少碳排放。此外，水的循环利用也可以达到节水、降低碳排放的目的。例如施工现场通过对施工供水回收、废水回收、现场其他水资源回收、废水沉淀再利用、水资源回收与临水消防的组合应用等，可以达到节水的目的。

## 2.4　建筑全生命周期减碳及碳汇原理

减少碳源一般通过减少能源、资源消耗而减少碳排放，从碳排放端解决问题。可再生能源利用以及建筑废弃物循环利用均是减少碳源的措施。增加碳汇则是从碳吸收端寻找方法减少碳排放。2021 年 10 月发布的《中共中央 国务院关于完整准确全面贯彻新发展理念做好碳达峰碳中和工作的意见》中就提到要"持续巩固提升碳汇能力"。增加碳汇主要采用固碳技术（也称碳封存），包括生物固碳和物理固碳。生物固碳主要是利用植物的光合作用，通过控制碳通量以提高生态系统的碳吸收和碳储存能力，是固定大气中二氧化碳最经济且副作用最少的方法。物理固碳是将二氧化碳长期封存在开采过的油气井、煤层和深海里。减少碳源和增加碳汇双向并行，能够更加高效地实现建筑的低碳化目标。与以上物质层面上的减碳和碳汇方式不同，商业碳汇是采用交易和经济激励的手段达到减碳的目的，通过引入市场机制来解决全球气候的优化配置问题。

## 2.4.1 可再生能源系统类型及减碳原理

可再生能源的利用可以部分替代化石能源的利用，达到直接减排的目的。可再生能源系统包括太阳能系统（包括利用太阳能集热器或光伏电池板等）、热泵系统（地源、水源、空气源）、风力发电系统等。采用经济可行的可再生能源系统有利于实现建筑全生命周期的碳减排，尤其是实现运行阶段的二氧化碳零排放，也是零碳建筑实现的重要手段。可再生能源利用减碳的计算详见本书第 7 章建筑运行阶段的碳排放计算。本节对太阳能系统、热泵系统及其原理作简单介绍。

（1）太阳能系统及其减碳原理

太阳能系统的综合利用，根据使用地的气候特征、实际需求和使用条件，可以为建筑物供电、供生活热水、供暖或（及）供冷。对于太阳能系统，可从以下两方面部分替代化石能源，达到降低二氧化碳排放的目的。

首先，太阳能转化为热能，为人们提供生活热水等。将太阳辐射能收集起来，通过与物质的相互作用转换成热能加以利用。目前主要通过太阳能收集装置进行热能转换，如人们经常使用的太阳能热水器。太阳能热水的使用可以部分替代使用化石能源提供热水。

其次，太阳能发电，为人类提供绿色能源。太阳能转化为电能，是最好的清洁能源。不同的太阳能发电装置其原理不同。太阳能热发电是通过光—热—动—电转换方式发电，一般是由太阳能集热器将所吸收的热能转换成工质的蒸汽，再驱动汽轮机发电。前一个过程是光能转换成热能的过程；后一个过程是热能转换成动能再转换成电的过程。但是与普通的火力发电类似，太阳能发电的缺点是效率很低而成本很高。

太阳能电池发电是一种应用光生伏特效应而将太阳光直接转化为电能的发电方式。建筑太阳能光伏板如图 2-11 所示。太阳能电池是一个半导体光电二极管，当太阳光照到光电二极管上时，光电二极管就会把太阳的光能变成电能，产生电流。当许多个电池串联或并联起来就可以成为比较大的输出功率的太阳能电池方阵。光伏发电就是采用这种原理发电，也是对太阳能的最好利用。太阳能发电广泛用于太阳能路灯、为建筑提供电力等领域。太阳能光伏/光电建筑就是利用太阳能发电的原理，在建筑结构外表面铺设光伏组件，将太阳能发电系统与屋顶、天窗、幕墙等建筑构件融为一体，为建筑提供电力。例如东南大学与华能集团共建的绿色校园分布式综合能源系统就是通过在东南大学九龙湖校区屋顶及自行车停车场上安装光伏组件发电，采用"自发自用、余电上网"的模式产生显著的环境和社会效益。光伏板的安装被形容为在屋顶"种太阳"。

图 2-11　建筑太阳能光伏板的应用

（2）热泵系统及其减碳原理

热泵是一种能从自然界的空气、水或土壤中获取低品位热，经过电力做功，输出可用的高品位热能的设备。热泵可以把消耗的高品位电能转化为 3 倍甚至以上的热能，是一种高效供能技术。热泵应用可分为地源热泵、水源热泵以及空气源热泵，应用在空调、生活热水、地暖等方面。热泵的工作原理就是逆诺卡原理，如图 2-12 所示。

以热泵供暖为例，热泵的具体工作过程包括如下几步：①热泵以极少的电能，通过吸热的介质冷媒（制冷剂）吸收自然界（空气、土壤、水源等）大量的低位热能，在蒸发器内部产生压力并蒸发汽化；②使用高位能（如电）来驱动压缩机，通过压缩机将冷媒压缩后，冷媒的温度升高，变为高温热能；③温度升高后的冷媒经过水箱中的冷凝器制造热水；④热交换后的冷媒回到压缩机进行下一循环。运用热泵的原理，只需要消耗小部分的机械功（电能），将处于低温环境下的热量转移到热水器中，去加热制取高温的热水。热泵提取自然界中的能量，效率高，污染少，其利用能达到节约部分高位能（如煤、电能等）的目的，是当今最清洁、经济的能源方式。

在建筑的全生命周期中，建筑运行阶段是碳排放最为集中的关键环节。目前建筑运行阶段能源结构中大部分仍然采用化石能源和外购电力，可再生能源比例不高（6%左右）。有效降低建筑运行阶段的碳排放量是实现建筑业低碳化的关键。在国际上有许多机构都先后发布了关于建筑运行碳排放的净零要求及标准，例如，世界绿色建筑委员会（World Green Building Council，WGBC）提出，到 2030 年所有新建建筑必须实现运营阶段净零碳排放，即建筑所有的能耗都由现场或者场地外的可再生能源提

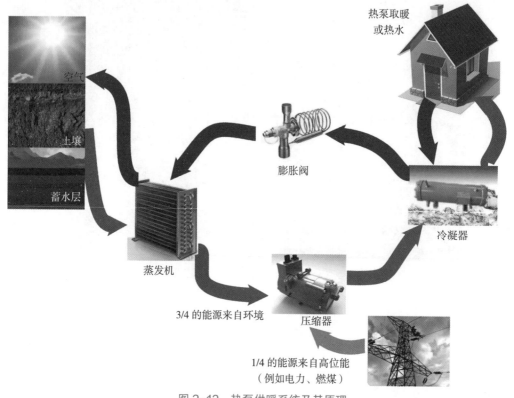

图 2-12　热泵供暖系统及其原理

供；而到 2050 年，所有的建筑实现运营阶段净零碳排放。

我国于 2019 年 1 月发布《近零能耗建筑技术标准》GB/T 51350—2019，其中"零能耗建筑"被界定为充分利用建筑本体和周边的可再生能源资源，使可再生能源年产能大于或等于建筑全年全部用能的建筑。具体的实现方式可以参考国务院 2021 年 10 月印发的《2030 年前碳达峰行动方案》中对于建筑行业的指导意见，加快优化建筑用能结构，深化可再生能源建筑应用，推广光伏发电与建筑一体化应用。提高建筑终端电气化水平，建设集光伏发电、储能、直流配电、柔性用电于一体的"光储直柔"建筑。到 2025 年，城镇建筑可再生能源替代率达到 8%，新建公共机构建筑、新建厂房屋顶光伏覆盖率力争达到 50%。

## 2.4.2　废弃物循环利用及其减碳原理

建筑在建造、修缮、拆除的过程中会产生大量的建筑废弃物，如淤泥、渣土、弃料等。建筑废弃物除了自发的建设工程回填利用、填海、用作道路路基外，绝大部分未经任何处理便被送往填埋场。据统计，每填埋 1 万 t 建筑废弃物会占用 1 亩土地。对土地的占用间接地减少植被对二氧化碳的吸收，减少生物固碳。其次，废弃物在填埋场进行填埋时，不仅消耗人工、机械，废弃物自身也会释放温室气体。所以废弃物填埋产生的碳排放量包括处置废弃物的机械能源消耗导致的直接碳排放、废弃物自身的直接碳排放、人工消耗导致的间接碳排放。废弃物作基坑回填、路基、填海等使用时，碳排放包括机械能源消耗导致的直接碳排放、人工消耗导致的间接碳排放。建筑废弃物及其处置如图 2-13 所示。

（a）废弃砖、石　　　　　　　　　　（b）废弃钢筋

（c）废弃物作道路路基　　　　　　　（d）废弃物填埋

图 2-13　建筑废弃物及其处置

　　要在建筑废弃物处置阶段实现能源、资源、土地等的节约，进而实现碳减排，应从两方面入手：一是减量化，二是资源化。

　　建筑废弃物排放的减量化是从根本上解决建筑废弃物问题的关键环节。设计环节，建设工程设计单位应以优化建筑设计，提高建筑物的耐久性，减少建筑材料的消耗和建筑废弃物的产生为原则。在施工环节，鼓励施工单位采用金属模板、组合模板等施工工艺，提高材料的循环利用率；临时建筑以及施工现场临时搭设的办公、居住用房应采用周转式活动房，工地临时围挡应采用装配式可重复使用的材料；推行建筑工业化，提高预制构配件在建筑工程中的应用率；推行钢结构建筑，利用钢材可以循环利用的特性。在建筑物的拆除环节，实现建筑废弃物处理方式的创新，提高建筑废弃物回收利用率，大力推进建筑节材工作。建筑废弃物是一种资源。通过一定的技术手段对建筑废弃物加以再利用和再生利用，既可以节省资源、能源的消耗，降低碳排放，又可以发挥资源的最大价值。

虽然不同的循环利用厂对废弃物处理的工序各有差异，但总体而言，建筑废弃物的资源化回收利用过程主要包括建筑废弃物破碎与分选、再生骨料的资源化回收利用两个步骤。为了获得满足生产的再生骨料，运往循环利用厂的建筑废弃物都要经过两级破碎处理和两级筛分处理。然后根据再生建筑材料产品要求选择不同粒径的骨料，加入相应配比的水泥和外加剂等进行搅拌，通过材料成型机生产出满足要求的再生建筑材料。这个过程的碳排放包括机械能源消耗导致的直接碳排放、人工消耗导致的间接碳排放。此外，以废弃混凝土等建筑废弃物为例，废弃混凝土中含有大量的氧化钙，经粉碎细化后可以与二氧化碳发生化学反应，转化为碳酸钙，能够起到固化储存二氧化碳的效果。与大多数岩石原材料相比，废弃混凝土的价格低廉。因此与堆放或填埋方式相比，不仅环境友好，而且能产生很好的经济价值。

建筑废弃物常被称为"建筑垃圾"或"淤泥渣土"，这在一定程度上反映了过去对建筑废弃物资源化和回收利用的重要性认识的不足，没有将建筑废弃物回收利用看作建筑材料的重要来源。现阶段，建筑废弃物资源化利用的研究方向和成果很多，例如废弃混凝土制备再生骨料、再生道路材料、再生水泥，建筑渣土泥浆制备复合免烧轻质骨料，混凝土废粉制备碳化人工骨料等，建筑废弃木屑材料制备多孔碳材料等。借着科研成果的转化和国家建设建筑垃圾资源化利用示范城市的举措，我国建筑垃圾的综合利用率在"十四五"时期必将大有提升。将建筑废弃物运往循环利用厂进行资源化回收利用必将受到行业越来越多的关注。

应该始终把循环经济（Circular Economy，CE）的基本理念贯穿在建筑全生命周期和建造全过程，从传统的建筑原料—建筑物—建筑废弃物的线性生产方式向建筑原料—建筑物—建筑废弃物—再生原料的循环生产方式转变，提升建筑废弃物的资源化回收，实现在建筑领域发展循环经济的目标，降低碳排放。

### 2.4.3　生物固碳类型及其固碳原理

生物固碳主要包括植物固碳和海洋固碳。海洋固碳有时也被称为水体固碳。本节主要阐述这两类固碳方式的原理。

（1）植物固碳原理

植物固碳的原理是，通过光合作用，植物从空气中吸收二氧化碳，与水结合，在光照条件和叶绿体的场所下，生成储存能量的有机物和释放出氧气。在这个过程中，光能首先被转化成不稳定的高能化合物（腺嘌呤核苷三磷酸，简称 ATP），然后再转变成有机物中稳定的化学能，形成能量变化。植物光合作用的原理如图 2-14 所示。

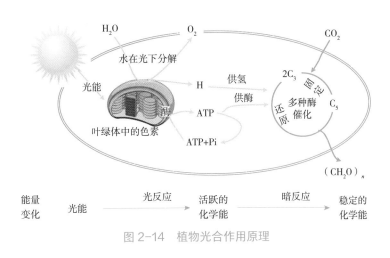

图 2-14　植物光合作用原理

植物通过光合作用，吸收二氧化碳，生成葡萄糖（储存能量的有机物）和氧气，反应的化学方程式为：

$$6CO_2+6H_2O \xrightarrow{\text{光照、叶绿体}} C_6H_{12}O_6[（CH_2O）_n]+6O_2 \qquad （2\text{-}17）$$

根据《建筑碳排放计算标准》GB/T 51366—2019，建筑碳汇（Carbon Sink of Buildings）是指在划定的建筑物范围内，绿化、植被从空气中吸收并存储的二氧化碳量，实现自然碳汇效应。灌木、乔木、草本及土壤作为陆地生态系统的组成部分都具有一定的碳汇能力。

以建筑相关主要碳汇方式绿化碳汇为例，不同植物的固碳能力是有差异的。这种能力通常与植物的生长速度一致，可以使用生物量的增加量来度量不同树种创造碳汇的能力。对于建筑物周围的植被，根据 IPCC 国家温室气体清单计划，植被固碳量的计算可以采用如下公式：

$$G_t=G_1 \times G_2 \times A \times n \times \frac{44}{12} \qquad （2\text{-}18）$$

其中，$G_1$ 是地面树木生物量的碳比，单位为吨碳／吨干物质；$G_2$ 是地面生物量的年增长量，单位吨干物质／（面积·年）；$A$ 是绿化面积；$n$ 是建筑的有用寿命；44 为二氧化碳的分子量，12 为碳的分子量。为了简化碳汇统计，例如对于不同的绿地，常采用如下公式：

$$植被固碳总量 = 每单位绿地的年固碳量 \times 绿化面积 \times 年限 \qquad (2-19)$$

很多机构公布了不同类别的绿地、不同种植方式、不同植物的年固碳量系数，可以方便地进行建筑碳汇的统计。以广东省住房和城乡建设厅 2022 年公布的数据为例，部分数据如表 2-10 所示。

城市植被单位面积年固碳量 表 2-10

| 城市植被类型 | 单位面积年固碳量（kg $CO_2/m^2$） |
| --- | --- |
| 休闲绿地 | 2.962 8 |
| 道路绿地 | 3.412 7 |
| 居住区绿地 | 1.160 6 |

资料来源：广东省住房和城乡建设厅（2022）。

建筑涉及土地开发利用、环境改造等方方面面。为了提升建筑碳汇能力，巩固生态系统碳汇能力，应该把碳汇理念融入建筑全生命周期中。在选址阶段，开发者应考虑制定生物多样性管理；在设计阶段，设计师应留足生态和户外空间，可以通过营造城市立体景观增加项目碳汇能力；在施工阶段，应减少周围环境破坏；在更新改造时，注意提升环境舒适度和提升城市生态活力。通过全生命周期的努力，让城市如同森林一样。此外，改变地面及建筑物表面钢筋混凝土、玻璃等硬质表面，设置屋顶花园和垂直绿化，利用植物的生长吸收空气中的二氧化碳，实现碳清除，从而减少建筑物全寿命周期的碳排放总量。由于绿色屋顶不仅能减少建筑能耗，而且减少化石燃料消耗，很多学者针对绿色屋顶进行研究。

（2）海洋固碳原理

海洋覆盖地球表面的 70.8%，是地球上最重要的"碳汇"聚集地。据测算，地球上每年使用的化石燃料产生的二氧化碳约 13% 为陆地植物所吸收，35% 为海洋所吸收，其余部分暂留存于大气中。海洋有多种固碳方式，包括海洋生物固碳、海滨湿地固碳、海洋物理固碳、深海封储固碳等。前三种属于生物固碳，后一种属于物理固碳。

海洋生物固碳是指通过海洋"生物泵"的作用进行固碳，即由海洋生物进行有机碳生产、消费、传递、沉降、分解等系列过程实现"碳转移"。海洋中的藻类、珊瑚礁、贝壳等都有很强的固碳能力。以藻类为例，研究表明，海洋大型藻类养殖水域面积的固碳能力分别是森林和草原的 10 倍和 20 倍。每生产 1t 海藻，可固定 1.1t $CO_2$。美国夏威夷的蓝藻生物技术公司通过先进的设备与技术，每月通过生产 36t 螺旋藻粉，可以重复消耗 67t $CO_2$。海滨湿地固碳是因为湿地在植物生产、促淤造陆等生态过程中积累了大量的无机碳和有机碳。湿地积累的碳形成了富含有机质的湿地土壤，具有较高的固碳能力。据研究，全球沿海湿地的分布面积大约为 20.3 万 $km^2$，每年碳的固定量约为 45000 万 t，即 2217t/$km^2$。海洋物理固碳是通过海洋"物理泵"的作用，使海水中的二氧化碳 – 碳酸盐体系向深海扩散和传递，最终形成碳酸钙，沉积于海底，形成钙质软泥，从而起到固碳作用。

以藻类固碳为例，地球上的光合作用 90% 是由海洋藻类完成的。海藻能够有效地利用太阳能，通过光合作用固定 $CO_2$。藻类光合作用时首先由核酮糖二磷酸羧化酶（Rubisco）将 $CO_2$ 固定，再经过 Calvin–Benson 循环合成多种有机物并释放出氧气，实现光合固碳，类似于植物光合作用固碳。$CO_2$ 在水中以 $CO_2$（$H_2CO_3$ 的量可忽视）、碳酸 $HCO_3^-$（或碳酸氢根，一种二元弱酸）和 $CO_3^{2-}$ 的形式存在。三者之间的关系为：

$$[CO_2] 水 + H_2O = H_2CO_3 \tag{2-20}$$

$$H_2CO_3 \overset{K1}{=\!\!=\!\!=} H^+ + HCO_3^- \tag{2-21}$$

$$HCO_3^- \overset{K2}{=\!\!=\!\!=} H^+ + CO_3^{2-} \tag{2-22}$$

根据研究，大部分的藻类只吸收 $CO_2$，只有少数吸收碳酸 $HCO_3^-$；大型的藻类有些能够利用碳酸 $HCO_3^-$，但只有极少数能直接吸收，通常是借助于细胞表面的碳酸酐酶（CA）将碳酸 $HCO_3^-$ 转化为 $CO_2$，然后吸收和固定。目前大规模人工养殖的海藻已成为浅海生态系统的重要初级生产力。

养殖贝类的渔业碳汇是依据贝壳和珊瑚礁的钙化过程和分解过程的原理。贝壳钙化过程的化学方程式为：

$$Ca^{2+} + 2HCO_3^- = （钙化）CaCO_3 + H_2O + CO_2 \tag{2-23}$$

钙离子 $Ca^{2+}$ 和碳酸 $2HCO_3^-$ 形成贝壳时会释放 $CO_2$；而贝壳的分解（反向反应）是一个吸收 $CO_2$ 的过程。从碳循环的角度，贝壳形成所需的碳酸 $2HCO_3^-$ 通常来自海水中溶解的 $CO_2$，而这部分 $CO_2$ 也可以来自大气中 $CO_2$ 的溶解。如果贝壳养殖中 $CaCO_3$ 被捕捞并库存于陆地，失去淋溶的条件，贝壳养殖有可能是潜在的碳汇。温瑞系统地研究了养殖贝类固碳计量与价格核算，并提出了一些对策。

根据《建筑碳排放计算标准》GB/T 51366—2019，现阶段针对建筑的碳汇暂未考虑海洋固碳。但是如果项目涉及湿地等固碳方式，应该统计核算湿地碳汇。现在一些地市出台的碳减排项目方法学就考虑到了湿地固碳的能力，例如 2020 年成都市就出台了湖泊湿地类减排项目方法学。湖泊湿地碳减排项目通过对缺乏管理的湖泊湿地进行适当的恢复改良，一方面可以增加湿地植被和水生植物，从而提升城市碳汇能力，另一方面可以改善水体情况，进而减少甲烷的排放。碳减排量等于一定时间内湿地植被、水生植物和湿地土壤的碳储量的变化量减去温室气体排放量。

### 2.4.4 物理固碳类型及其固碳原理

物理固碳是将二氧化碳长期存储在开采过的油气井、煤层和深海里。为了提高效率，增加埋存量，降低成本，碳封存过程中需要提高二氧化碳的浓度。此外，大部分的利用场景也需要高浓度的二氧化碳。20 世纪 80 年代，IPCC 提出"碳捕集与封存"（Carbon Capture and Storage，CCS）技术，主要是将捕集的二氧化碳通过一定的方式运输到合适的地方封存，减少向大气中排放二氧化碳。但是这项技术的问题瓶颈是建设和运行成本高昂。碳捕集、利用与封存（Carbon Capture，Utilization and Storage，CCUS）技术是碳捕获与封存技术新的发展趋势。把生产过程中排放的二氧化碳捕获并提纯，继而投入到新的生产过程中，循环再利用，而不是简单的封存。CCUS 既能产生经济效益，也更具现实操作性。

随着全球应对气候变化及碳中和目标的提出，CCUS 作为固碳减碳技术，已成为多个国家碳中和行动计划的重要组成部分。例如，在建筑领域，先进的水泥生产企业正在积极探索实施 CCUS 等绿色项目，提升产业价值。国家发展改革委 2022 年发布的《高耗能行业重点领域节能降碳改造升级实施指南》中要求，水泥行业要积极开展节能低碳技术发展路径研究，加快研发水泥窑炉烟气二氧化碳捕集与纯化催化转化利用关键技术等重大关键性节能低碳技术，促进水泥行业进一步提升能源利用。例如安徽海螺集团，作为水泥行业碳减排领域的领军者，拥有全球水泥行业首个水泥窑碳捕集纯化示范项目。海螺白马山水泥厂示范生产线目前每年能生产 5 万吨液态二氧化碳产品，平均每月减少4 000 多吨二氧化碳排放。

另外，深海封储固碳是另一种固碳的有效方法。科学研究发现，在深海（例如海水深度大于 3 000m 时），二氧化碳与水会形成一种水化物。此水化物外面会形成一层固态的外壳，限制二氧化碳与海水的接触。这种方式储藏的气体将足以应对最严重的地震或其他地球巨变，能够保证几千年"安全无逃逸"。要实现深海封存固碳，首先要解决的问题就是废气中二氧化碳的捕集。收集的二氧化碳被液化压缩，再由延伸至海洋深处的管道送至深海隔离。由于液态二氧化碳的密度大于海水，经由管道送入深海后，液态二氧化碳会自动下沉到海床部分。在深海水压之下，液态二氧化碳会沉积不动。专家们预计隔离在深海海底的液态二氧化碳可以稳定隔离 2 000 年以上。

根据全球碳捕集与封存研究院（Global CCS Institute，GCCSI）的 CO2RE 数据库数据，全球约有 142 个 CCS 项目。美国的项目数约有 50 个，CCS 总量约为 4 808.8 万 t/年，大部分项目已经商用。中国的项目约有 21 个，CCS 总量约为 531.5 万 t/年，其中商用 CCS 总量大约为 377 万 t/年。与美国项目相比，中国很多项目是试点示范，还没有达到商用级别。中国在碳捕集、利用与封存方面还存在很大的开发和利用空间。

### 2.4.5　商业碳汇及其减碳原理

陆地生态系统通过植被的光合作用吸收大气中大量的二氧化碳。利用陆地生态系统固碳是缓解大气二氧化碳浓度升高最为经济可行和环境友好的途径。提高陆地生态系统碳储量和固碳能力既是全球变化研究的热点领域，也是国际社会广泛关注的焦点。1997 年形成的《京都议定书》创新性地通过引入市场机制来解决全球气候的优化配置问题。除了二氧化碳排放权可以交易外，促进二氧化碳减量化的碳汇也可以进行交易。碳汇可以抵消排放配额。

2003 年《联合国气候变化框架公约》缔约方大会上，国际社会已就将造林、再造林等林业活动纳入碳汇项目达成了一致意见。现阶段最主要的植物碳汇方式是林业碳汇，即为利用森林的储碳功能，通过造林、再造林、森林管理等增加林业面积的活动和减少毁林面积的活动，吸收和固定大气中的二氧化碳，并按照相关规则进行碳汇交易的过程、活动机制。

林业碳汇包括森林经营性碳汇和造林碳汇两个方面。森林经营性碳汇针对的是现有森林，通过经营手段促进林木生长，增加碳汇。而造林碳汇项目由政府、部门、企业和林权主体合作开发，有需求的温室气体排放企业实施购买碳汇。这个机制中，政府发挥牵头和引导作用，林草部门负责项目开发的组织工作，而项目企业承担碳汇的计量、核签、上市等工作，林权主体是收益的一方。若要申请林业碳汇的 CDM 项目，必须证明这片碳汇林是为了吸收空气中的二氧化碳而"额外"种植的。

## 本章小结

本章介绍了建筑全生命周期的碳排放机理，包括建筑碳排放量化边界的界定、主要碳源碳汇及其碳排放、碳减排的原理。从产品的角度，建筑碳排放量化应包括全生命周期的排放；从组织的角度，建筑碳排放量化应该量化直接碳排放和间接碳排放。

建筑的直接碳排放主要是在建筑全生命周期中，各相关组织和个人燃烧化石能源导致的；建筑的间接碳排放主要是由市场供需关系间接导致的，例如建筑材料和设备、电力消耗、外购热力消耗、水资源消耗等。为了降低碳排放，可再生能源系统的利用、废弃物循环利用可以减少碳源，生物固碳、物理固碳可以增加碳汇。减少碳源和增加碳汇双向并行，商业碳汇利用市场化机制进行资源配置调节，能够更加高效地实现建筑的低碳化目标。

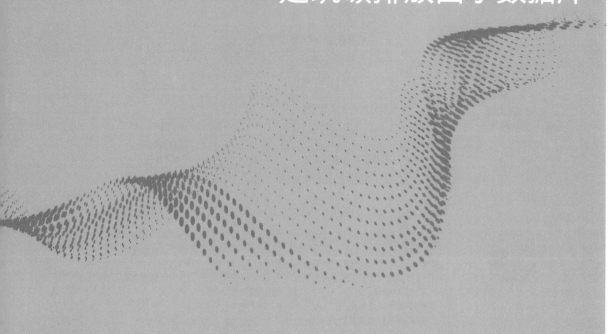

# 第 3 章
# 建筑碳排放因子数据库

本章导读

　　碳排放因子是建筑全生命周期碳排放计算中的重要参数，构建科学系统的碳排放因子数据库具有十分重要的价值意义。本章介绍了建筑碳排放计算中几类主要碳排放因子的测算方法，总结了目前国内外成熟碳排放因子数据库的特点及数据情况，并分析构建建筑碳排放因子数据库的关键要素。

本章主要内容及逻辑关系如图 3-1 所示。

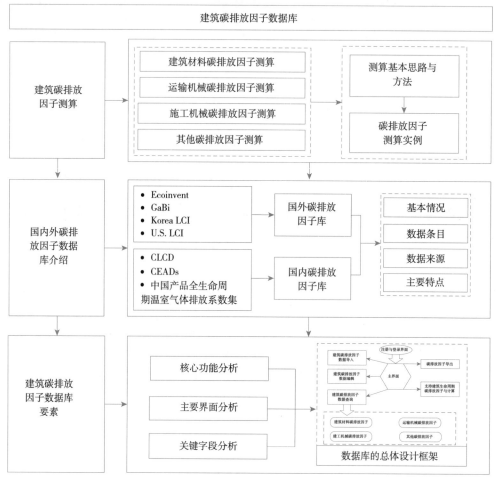

图 3-1 本章主要内容及逻辑关系

# 3.1 建筑碳排放因子测算

建筑全生命周期碳排放计算中涉及建筑材料、运输机械、施工机械、能源、水等碳排放因子。本节将分为 3 个部分（建筑材料、机械设备和其他）介绍相关碳排放因子测算的基本思路与方法，并列举典型的计算实例。

## 3.1.1 建筑材料碳排放因子测算方法与实例

（1）测算思路与方法

建筑中涉及的材料种类繁杂，其碳排放测算的基本方法大体可分为两类：一类根据国家或区域的行业宏观统计数据进行测算，如结合水泥总产量、水泥行业碳排放总量来计算水泥平均碳排放因子。第二类方法是基于建筑材料具体的生产工艺流程进行测算，结果准确度相对较高，是应用相对广泛的方法。本书采用第二类基于过程的分析测算方法，将建筑材料的碳排放因子测算过程分解为以下 5 个主要步骤（图 3-2）。

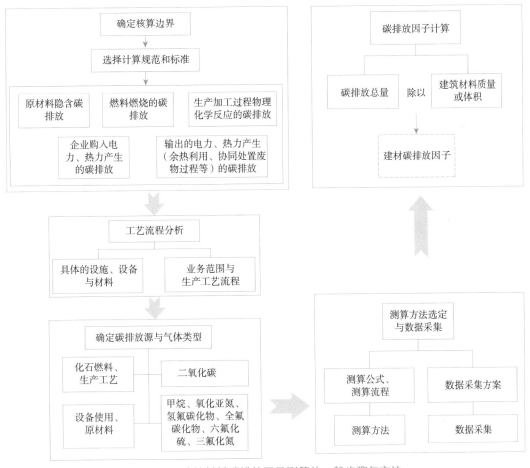

图 3-2　建筑材料碳排放因子测算的一般步骤与方法

1）确定测算边界

建筑材料碳排放水平的核算一般包括原材料生产过程中的隐含碳排放、原材料运输过程中的碳排放以及建筑材料生产加工过程中的碳排放。核算边界的确定宜参考相应的计算标准和规范，并结合该建筑材料具体的生产设施及工艺流程，涵盖原材料隐含碳排放，燃料燃烧产生的碳排放，建筑材料生产过程中物理化学反应的碳排放，企业购入的电力及热力产生的碳排放，企业输出的电力和热力产生（即余热利用、协同处置废物过程等）的碳排放，如图 3-3 所示。

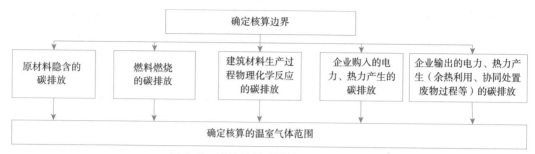

图 3-3　建筑材料碳排放因子测算边界

资料来源：全国碳排放管理标准化技术委员会（2015）、蔡博峰等（2019）。

2）工艺流程分析

建筑材料的生产加工过程可能采用不同的工艺流程和技术，相关碳排放量的计算方法和流程存在差异。如水泥的干法生产线将原料烘干并粉磨，再喂入干法窑内煅烧成熟料；而湿法生产线是将原料加水粉磨成生料浆后，喂入湿法窑煅烧成熟料，两种不同的生产工艺会导致碳排放水平的差异。

3）确定碳排放源与温室气体类型

依据建筑材料的生产工艺流程，明确碳排放的来源，一般包括化石燃料燃烧、建筑材料生产过程中的物理化学反应、机械设备使用电耗和油耗等。碳排放测算的温室气体宜以二氧化碳（$CO_2$）为主，同时也可包含甲烷（$CH_4$）、氧化亚氮（$N_2O$）、氢氟碳化物（HFCs）、全氟碳化物（PFCs）、六氟化硫（SFR）和三氟化氮（NFR）等气体类型，应根据实际排放情况确定温室气体种类，并且以二氧化碳排放量或二氧化碳当量排放量进行表征。

4）测算方法选定与数据采集

明确了碳排放来源后，需要明确相应的测算方法，并进行数据采集。首先要明确该建筑材料生产过程中涉及的测算组成部分，细化测算公式和测算流程。之后进行数据收集，对于化石燃料燃烧的碳排放，一般通过生产资料台账或机械设备油耗显示器等获得化石燃料的消耗量，结合化石燃料的碳排放因子进行计算；对于生产流程中碳排放，一般通过化学分析和测量的方式来确定碳排放；对于投入使用的机械设备的碳排放，可通过生产资料台账、电表记录等方式获取能源消耗量，再结合相应的碳排放因子进行测算。

5）碳排放因子计算

使用采集到的数据进行碳排放测算并汇总得到碳排放总量，除以建筑材料的质量或体积便可计算得到单位质量/体积建筑材料的碳排放因子。

（2）水泥碳排放因子测算实例

1）确定核算边界

水泥生产过程主要包括原料处理、粉碎、给料混合和预处理、预热、窑外分解、熟料生产、熟料冷却和储藏、混合、研磨等多个环节。目前水泥碳排放因子测核算标准主要有《中国水泥生产企业温室气体排放核算方法与报告指南（试行）》《温室气体排放核算与报告要求　第 8 部分：水泥生产企业》GB/T 32151.8—2015、《通用硅酸盐水泥低碳产品评价方法及要求》CNCA/CTS 0017—2014，不同的标准核算边界和计算方法不尽相同。相比之下，《通用硅酸盐水泥低碳产品评价方法及要求》CNCA/CTS 0017—2014（以下简称《低碳产品评价方法》）相对全面，本节以此为依据进行水泥碳排放因子测算实例的介绍。核算边界包括从原材料进厂到产品出厂整个制造过程的直接排放与间接排放。

2）工艺流程分析

新型干法窑制备法是较为常用的水泥生产方法，其工艺流程可归纳为：①生料制备，指生料的混合 / 均化、粉磨、预热过程；②熟料煅烧，指生料在预热器 900~1500℃的高温下及旋窑中反应生成熟料的过程；③水泥粉磨，指冷却后的熟料与添加剂一起粉磨均化的过程。如图 3-4 所示。

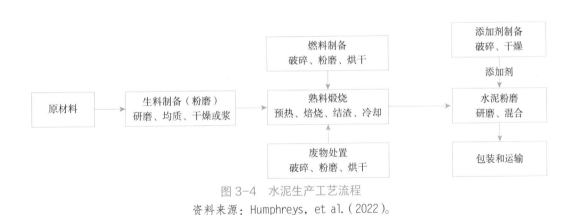

图 3-4　水泥生产工艺流程

资料来源：Humphreys, et al.（2022）。

3）确定碳排放源与气体类型

水泥生产的直接碳排放主要包括碳酸盐分解和机械设备燃料使用过程中的碳排放，间接碳排放主要指机械设备电力消耗产生的排放以及原材料隐含的碳排放，同时应扣减余热发电的送电量，如图 3-5 所示。水泥生产过程中主要排放的温室气体是 $CO_2$，因此主要针对 $CO_2$ 的产生量进行核算，其计算单元如表 3-1 所示。

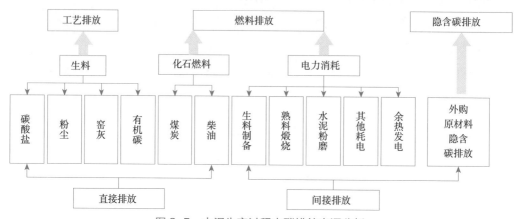

图 3-5　水泥生产过程中碳排放来源分析

资料来源：李晋梅，等（2017）。

水泥碳排放源及核算单元　　　　　　　　　　　　表 3-1

| 项目符号 | 计算单元 | 备注 |
|---|---|---|
| $R_1$ | 生料中碳酸盐矿物分解产生的 $CO_2$ | 直接排放 |
| $R_2$ | 新型干法窑旁路粉尘经煅烧排放的 $CO_2$ | 直接排放 |
| $R_3$ | 新型干法窑水泥窑灰经煅烧排放的 $CO_2$ | 直接排放 |
| $R_4$ | 来自传统化石燃料的 $CO_2$（包括煤、汽油、柴油等） | 直接排放 |
| $R_5$ | 从原材料入厂至熟料入库过程电力消耗产生的 $CO_2$ | 间接排放 |
| $R_6$ | 水泥制成过程电力消耗产生的 $CO_2$ | 间接排放 |
| $R_7$ | 外购熟料产生的 $CO_2$ | 间接排放 |
| $R_8$ | 外购磨细矿渣粉产生的 $CO_2$ | 间接排放 |
| $R_9$ | 替代燃料、协同处置废物过程产生的 $CO_2$ | 核减 |
| $R_{10}$ | 营运边界外的余热利用 | 核减 |

资料来源：中国建筑材料检验认证中心（2014）。

4）测算方法与数据采集

基于对水泥生产过程碳排放的核算单元分解，分别明确测算方法。对生料中碳酸盐矿物分解、新型干法窑旁路粉尘经煅烧排放和新型干法窑水泥窑灰经煅烧排放的 $CO_2$ 测算中，主要采用化学分析来计算生产过程所释放的 $CO_2$ 气体；对于传统化石燃料（包括煤、汽油、柴油等）以及电力消耗产生的 $CO_2$ 则通过消耗量和相应的碳排放因子来计算；对于外购原材料隐含的碳排放，通过消耗量和相应的碳排放因子测算。

对某水泥企业一定时期内的生产情况进行数据采集，原材料消耗量通过订单和生产库存对比获得，油耗、电耗可通过查询生产台账、电表、油表获得，百分比等物理化学属性则通过化学计量分析获得，主要数据见表 3-2。

某企业的水泥生产数据采集案例　　　　表 3-2

| 数据名称 | 数值 |
| --- | --- |
| 生料质量（t） | 1 003 276 |
| 生料中非燃料碳含量（%） | 0.1 |
| 水泥熟料总产量（t） | 652 061 |
| 水泥总产量（t） | 846 320 |
| P·O 42.5 水泥总产量（t） | 380 942 |
| P·C 32.5 水泥总产量（t） | 465 378 |
| 熟料中 CaO 含量（%） | 66.59 |
| 熟料中 MgO 含量（%） | 0.43 |
| 熟料中非碳酸盐形式的 CaO 含量（%） | 1.02 |
| 熟料中非碳酸盐形式的 MgO 含量（%） | 0.13 |
| 窑炉排气筒粉尘总量（t） | 16.37 |
| 熟料煅烧烟煤用量（t） | 96 847 |
| 柴油用量（t） | 18 |
| 烟煤加权平均低位发热量（MJ/kg） | 20.96 |
| 生料制备电力消耗（kW·h） | 1 770 613 |
| 熟料煅烧电力消耗（kW·h） | 15 688 848 |
| 辅助生产和管理电力消耗（kW·h） | 2 558 992 |
| 水泥生产（粉磨、包装发送）的电力消耗量（kW·h） | 28 687 889 |
| 利用水泥窑炉余热的发电量（kW·h） | 17 171 401 |
| 水泥企业环境大气压（Pa） | 88 634（海拔高度不足 1 000m） |
| 熟料 28d 强度（MPa） | 66.41 |
| P·O 42.5 水泥中熟料的掺量比重（%） | 75.80 |
| P·C 32.5R 水泥中熟料的掺量比重（%） | 56.70 |
| P·O 42.5 水泥中外购熟料的掺量（t） | 2 501 |
| P·C 32.5R 水泥中外购熟料的掺量（t） | 3 457 |
| P·O 42.5 水泥中外购磨细矿渣粉的掺量（t） | 49 370 |
| P·C 32.5R 水泥中外购磨细矿渣粉的掺量（t） | 45 132 |

资料来源：李晋梅，等（2017）。

5）碳排放因子计算

根据水泥碳排放源及核算单元，各碳排放源的碳排放水平计算如下：

①生料中碳酸盐矿物分解碳排放量计算（$R_1$）

（a）若生料中的氧化钙和氧化镁由碳酸盐矿物提供，可按熟料中氧化钙和氧化镁含量进行 $CO_2$ 排放量计算：

$$R_1 = \left( C_{Ca} \times \frac{44}{56} + C_{Mg} \times \frac{44}{40} \right) \times Q_{ck} \qquad (3-1)$$

式中　$R_1$——生产熟料，由生料中碳酸盐矿物分解直接产生的碳排放量（t）；

　　　$C_{Ca}$——水泥熟料中 CaO 的质量分数（%）；

　　　$C_{Mg}$——水泥熟料中 MgO 的质量分数（%）；

　　　$Q_{ck}$——统计期内水泥熟料产量（t）；

　　　$\dfrac{44}{56}$——$CO_2$ 与 CaO 之间的分子量换算；

　　　$\dfrac{44}{40}$——$CO_2$ 与 MgO 之间的分子量换算。

（b）若采用替代原料，熟料中的氧化钙和氧化镁部分由非碳酸盐替代原料（包括电石渣、钢渣等）提供，可根据企业实际情况采用下列方法 1 或方法 2 进行计算。

方法 1：扣减生料中非碳酸盐矿物引入的 CaO、MgO 量。

$$R_1 = \left( C_{Ca} \times Q_{ck} - M_{Ca} \right) \times \frac{44}{56} + \left( C_{Mg} \times Q_{ck} - M_{Mg} \right) \times \frac{44}{40} \times Q_{ck} \qquad (3-2)$$

$$M_{Ca} = \sum_i Q_{替i} \times C_{Ca替i} \qquad (3-3)$$

$$M_{Mg} = \sum_i Q_{替i} \times C_{Mg替i} \qquad (3-4)$$

式中　$M_{Ca}$——非碳酸盐替代原料引入熟料中的 CaO 质量（t）；

　　　$M_{Mg}$——非碳酸盐替代原料引入熟料中的 MgO 质量（t）；

　　　$C_{Ca替i}$——第 $i$ 种非碳酸盐替代原料中 CaO 的质量分数（%）；

　　　$C_{Mg替i}$——第 $i$ 种非碳酸盐替代原料中 MgO 的质量分数（%）；

　　　$Q_{替i}$——统计期内第 $i$ 种非碳酸盐替代原料消耗量（t）。

方法 2：依据生料中的 $CO_2$ 含量进行计算：

$$R_1 = \frac{R_c}{\left(1 - L_c\right) \times F_c} \times Q_{ck} \qquad (3-5)$$

式中　$R_c$——生料中 $CO_2$ 含量（%）；

　　　$L_c$——生料烧失量（%）；

　　　$F_c$——熟料中燃煤灰分掺入量换算因子；如缺少测定数据，可取默认值 1.04。

本案例采用方法 1 进行计算，结合表 3-2 中的数据，可得到：$R_1 = \left( 66.59\% - 1.02\% \right) \times 44/56 \times 652\,061 + \left( 0.43\% - 0.13\% \right) \times 44/40 \times 652\,061 = 338\,088.97\text{t}$。

②新型干法窑旁路粉尘经煅烧排放的 $CO_2$ 排放量计算（$R_2$）

$$R_2 = Q_b \times \frac{R_1}{Q_{ck}} \times \left( 1 - \frac{R_b}{L_c} \right) \qquad (3-6)$$

式中　$Q_b$——旁路粉尘总量（t）；

　　　$R_b$——旁路粉尘烧失量（%）；

　　　$L_c$——生料烧失量（%）。

在本案例中，$R_2=0$。

③窑炉排气筒水泥粉尘经煅烧排放的 $CO_2$ 排放量计算（$R_3$）

$$R_3=Q_f \times \frac{R_1}{Q_{ck}} \tag{3-7}$$

式中　$Q_f$——窑炉排气筒分离的粉尘总量（t）。

本案例中，$R_3=16.37 \times 338\ 088.97/652\ 061=8.49t$。

④来自传统化石燃料的 $CO_2$ 排放量计算（包括煤、汽油、柴油等）（$R_4$）

$$R_4=\sum_i S_i \times Q_{nci} \times F_{bi} \tag{3-8}$$

式中　$R_4$——统计期内，传统化石燃料燃烧产生的 $CO_2$ 排放量（t）；

　　　$S_i$——统计期内 $i$ 类传统化石燃料消耗量（t）；

　　　$Q_{nci}$——统计期内 $i$ 类传统化石燃料的加权平均低位发热量（MJ/kg）；

　　　$F_{bi}$——$i$ 类燃料的碳排放因子（kg $CO_2$/MJ），可以参考相应的报告或标准取值；

　　　$i$——表示生产过程中消耗的不同类型化石燃料，主要包括煤、汽油、柴油等。

　　　　　汽油低位发热量可采用默认值 44.3MJ/kg，柴油低位发热量可采用默认值 43.0MJ/kg。

本案例中，烟煤和柴油的碳排放因子值分别为 0.096kg $CO_2$/MJ 和 0.074kg $CO_2$/MJ，柴油的低位发热量为 43MJ/kg，则水泥熟料生产过程中的传统化石燃料碳排放为：
$R_4=96\ 847 \times 20.96 \times 0.096+18 \times 43 \times 0.074=194\ 928.94t$。

⑤熟料生产过程综合电力消耗的 $CO_2$ 排放量计算（$R_5$）

各生产过程电力消耗产生的间接 $CO_2$ 排放量按下式计算：

$$R_5=\frac{(\sum_i E_i-E_y) \times EF_g}{1\ 000} \tag{3-9}$$

式中　$R_5$——统计期内熟料生产过程综合电力消耗产生的 $CO_2$ 排放量（t）；

　　　$E_i$——统计期内，熟料生产过程电力消耗量（kWh）；

　　　$E_y$——统计期内，各水泥窑余热发电的供电量（kWh）；

　　　$EF_g$——电网排放因子。

本案例中，《企业温室气体排放核算方法与报告指南发电设施（2022 年修订版）》对全国电网平均排放因子进行了调整，取值为 0.581 0kg $CO_2$/kWh，则熟料生产过程综合电力消耗的碳排放量 $R_5$=（17 770 613+15 688 848-17 171 401）×0.581 0/1 000= 9 463.36t。

⑥水泥制成过程电力消耗的 $CO_2$ 排放量计算（$R_6$）

$$R_6 = \frac{\sum E_j \times EF_g}{1\ 000} \tag{3-10}$$

式中　$R_6$——统计期内水泥制成过程电力消耗产生的 $CO_2$ 排放量（t）；

　　　$E_j$——统计期内，水泥制成过程电力消耗量（kW·h）；

　　　$EF_g$——电网排放因子。

本案例中，全国电网平均排放因子取值为 0.581 0kg $CO_2$/kW·h，水泥制成过程中的水泥粉磨、包装过程电力消耗的碳排放量 $R_6$=28 687 889×0.581 0/1 000=16 667.66t。

⑦外购水泥熟料和外购加工磨细矿渣粉排放量计算（$R_7$、$R_8$）

（a）企业外购水泥熟料对应的 $CO_2$ 排放按下式计算：

$$R_7 = F_c \times K_g \tag{3-11}$$

式中　$R_7$——统计期内，企业外购水泥熟料产生的 $CO_2$ 排放量（t）；

　　　$K_g$——统计期内，企业外购水泥熟料量（t）；

　　　$F_c$——外购水泥熟料对应的排放因子（t $CO_2$/t）。

（b）企业外购磨细矿渣粉对应的间接 $CO_2$ 排放按下式计算：

$$R_8 = F_g \times K_g \tag{3-12}$$

式中　$R_8$——统计期间，企业外购磨细矿渣粉产生的 $CO_2$ 排放量（t）；

　　　$K_g$——统计期间，企业外购的磨细矿渣粉量（t）；

　　　$F_g$——外购磨细矿渣粉对应的排放因子，默认值为 0.035t $CO_2$/t。

本案例中，外购熟料的排放因子为 0.86t $CO_2$/t，则 $R_7$=（2 501+3 457）×0.86=5 123.88t；$R_8$=（49 370+45 132）×0.035=3 307.57t。

⑧替代燃料、协同处置废物过程产生的 $CO_2$ 排放量计算（$R_9$）

为鼓励水泥窑使用替代燃料和协同处置废物，应扣除在此类过程中带入水分引起的 $CO_2$ 排放增量。

$$R_9 = \frac{2.45 \times 2.77}{29.307} \times \sum_i (W_i \times \varphi_i) \tag{3-13}$$

式中　$R_9$——替代燃料、协同处置废物过程额外产生的 $CO_2$ 排放量（t）；

　　　2.45——温度为 20℃时水的汽化热（MJ/kg）；

　　　2.77——标准煤的碳排放系数（t $CO_2$/t）；

29.307——标准煤的低位发热量（MJ/kg）；

　　$W_i$——统计期内，替代燃料 $i$ 或处置废物 $i$ 的质量（t）；

　　$\varphi_i$——替代燃料 $i$ 或处置废物 $i$ 的水分含量加权百分比（%）。

本案例中，$R_9=0$。

⑨营运边界外的余热利用（$R_{10}$）

$$R_{10}=\frac{2.77}{29.307}\times\sum_i\left(C\times G_i\times\Delta T_i\right) \tag{3-14}$$

式中　$R_{10}$——窑炉废气余热用于营运边界外对应的 $CO_2$ 排放量（t）；

　　$C$——废气比热，默认值为 1.42kJ/（$m^3\cdot℃$）；

　　$G_i$——用于营运边界外余热利用的废气量（$m^3$）；

　　$\Delta T_i$——余热利用废气温度差（℃）。

本案例中，$R_{10}=0$。

⑩水泥碳排放因子

（a）熟料生产过程的 $CO_2$ 总排放量计算：

$$T_{ck}=R_1+R_2+R_3+R_{4ck}+R_5-R_9-R_{10} \tag{3-15}$$

式中　$T_{ck}$——统计期内，水泥熟料生产过程的 $CO_2$ 总排放量（t）；

　　$R_{4ck}$——统计期内，水泥熟料生产过程消耗传统化石燃料 $CO_2$ 排放量（t）。

（b）熟料 $CO_2$ 排放修正系数计算：

$$K_{ck}=\sqrt[4]{\frac{52.5}{A}}\times\sqrt{\frac{P_h}{P_0}} \tag{3-16}$$

式中　$K_{ck}$——统计期内，水泥熟料 $CO_2$ 排放量修正系数，无量纲；

　　$A$——统计期内，水泥熟料 28d 平均抗压强度（MPa）；

　　52.5——统计期内，熟料平均抗压强度修正值（MPa）；

　　$P_h$——生产企业环境大气压（Pa）；海拔高度低于 1 000m 时，按 1 000m 高度

　　　　修正；

　　$P_0$——海平面环境大气压，101 325Pa。

（c）水泥熟料的单位可比排放量：

$$C_{ck}=\frac{T_{ck}}{Q_{ck}}\times K_{ck}\times1\ 000 \tag{3-17}$$

式中　$C_{ck}$——统计期内，生产水泥熟料单位可比排放量（kg $CO_2$/t）。

（d）碳排放因子值计算：

$$C_{ce} = \frac{C_{ck} \times Q_{ck} + R_6 + R_7 + R_8 + R_{4ce}}{Q_{ce}} \times 1\,000 \tag{3-18}$$

式中　$C_{ce}$——统计期内，生产某品种水泥单位排放量（kg $CO_2$/t）；

　　　$Q_{ck}$——统计期内，生产某品种水泥产品消耗的熟料总量（t）；

　　　$Q_{ce}$——统计期内，某品种水泥产品总产量（t）；

　　　$R_{4ce}$——统计期内，某品种水泥制成过程消耗传统化石燃料的 $CO_2$ 排放量（t）；

　　　$R_6$——生产某品种水泥制成过程电力消耗产生的 $CO_2$ 排放量（t）；

　　　$R_7$——生产某品种水泥外购熟料产生的 $CO_2$ 排放量（t）；

　　　$R_8$——生产某品种水泥外购磨细矿渣粉产生的 $CO_2$ 排放量（t）。

本案例中，熟料生产过程的 $CO_2$ 总排放量 $T_{ck} = R_1 + R_2 + R_3 + R_{4ck} + R_5 - R_9 - R_{10} = 338\,088.97 + 0 + 8.49 + 194\,928.94 + 9\,463.36 - 0 - 0 = 542\,490.03$t，水泥熟料的单位可比排放量 $C_{ck} = \frac{542\,490.03}{652\,061} \times \sqrt[4]{\frac{52.5}{66.41}} \times \sqrt{\frac{88\,634}{101\,325}} \times 1\,000 = 733.71$kg $CO_2$/t，水泥产品生产过程 $CO_2$ 排放总量 $= 733.71 \times 652\,061 + 16\,667.66 + 5\,123.88 + 3\,307.57 + 0 = 478\,448\,775.4$kg $CO_2$，最终计算出该企业生产的水泥的碳排放因子为 $C_{ce} = \frac{478\,448\,775.4}{846\,320} = 565.33$kg $CO_2$/t。

## 3.1.2　机械设备碳排放因子测算方法与实例

（1）测算思路与方法

将钢材、混凝土、砌块等建筑材料从工厂运输到施工现场需要使用运输设备（如自卸卡车、装载机等），消耗汽油和电能；在建筑施工过程中，打桩机、打夯机、钻孔机、搅拌机等机械设备的使用也消耗柴油和电能，从而产生碳排放。根据用途，建筑施工所涉及的机械可以分为运输机械和施工机械两类，相关碳排放因子测算主要包括两个主要步骤。

1）测算方法选定

常见的机械设备单位台班的碳排放因子测算主要有两种方法。一种是使用气体检测设备直接测量温室气体排放量，如通过监测工具或国家认定的计量设施对目标气体的流量、浓度、流速等进行测量。这种方法要求采集到的样品数据具有很强的代表性和较高的精确度，难度相对较大，在我国的应用并不多。第二种是通过机械设备使用过程中消耗的电力和化石燃料量乘以相应的碳排放因子进行计算，这是目前最常用的方法。本书也采用此方法，其计算公式为：

$$CE=\sum_j M_j \times EF_j \qquad (3-19)$$

式中　$CE$——某机械单位台班的 $CO_2$ 排放量（kg $CO_2$/ 台班）；

　　　　$M_j$——某机械单位台班的 $j$ 型能源消耗量（t 或 kW·h）；

　　　　$EF_j$——第 $j$ 型能源的碳排放因子，常用能源包括柴油、汽油和电力（kg $CO_2$/t 或 kg $CO_2$/kW·h）。

2）数据采集

计算机械的碳排放因子，关键是采集该机械单位台班的能耗数据，常见的获取方法有 3 种：定额法、实测法和功率法。

①定额法（标准法）

此方法主要通过机械台班定额或标准获取相关能源的消耗量，常见数据源包括《全国统一施工机械台班费用定额》、《建筑碳排放计算标准》GB/T 51366—2019 等。表 3-3 汇总了常见建筑施工机械设备的能源消耗值。

常见机械设备单位台班能源消耗量　　　　　　　　　　　　　表 3-3

| 机械名称 | 规格型号 | 能源用量 | | |
| --- | --- | --- | --- | --- |
| | | 汽油（kg） | 柴油（kg） | 电（kW·h） |
| 履带式推土机 | 功率：75kW | — | 56.50 | — |
| | 功率：105kW | — | 60.80 | — |
| | 功率：135kW | — | 66.80 | — |
| 履带式单斗液压挖掘机 | 斗容量：0.6m³ | — | 33.68 | — |
| | 斗容量：1m³ | — | 63.00 | — |
| 锚杆钻孔机 | 锚杆直径：32mm | — | 69.72 | — |
| 履带式柴油打桩机 | 冲击质量：2.5t | — | 44.37 | — |
| | 冲击质量：3.5t | — | 47.94 | — |
| | 冲击质量：5t | — | 53.93 | — |
| 电动夯实机 | 夯击能量：250N·m | — | — | 16.6 |
| 自升式塔式起重机 | 提升质量：400t | — | — | 164.31 |
| | 提升质量：800t | — | — | 169.16 |
| | 提升质量：1 000t | — | — | 170.02 |
| 叉式起重机 | 提升质量：3t | 26.46 | — | — |
| 载重汽车 | 装载质量：4t | 25.48 | — | — |

资料来源：中华人民共和国住房和城乡建设部（2019）。

②实测法

实测法是指通过电量记录仪、电流互感器或者油耗测试设备来实际测量设备的能源消耗量。对于耗电量的测量需要合理布置测点，各测点的实时电流通过电量记录仪进行记录，各测点的电压通过配电箱上的电压表读取，将各时间段的电流数据与电压数据进行对应可计算用电量；也可以通过查询电表来确定一段时间内的设备耗电量。对于耗油量的测量，可以使用附加油箱进行测量，此外还有重量式油耗测量方法、容积式油耗测量方法和质量式油耗测量方法等。

③功率法

对于用电设备来说，耗电量可以通过"机械设备功率 × 设备运行时长"进行计算，但是考虑到设备实际运行过程中功率可能存在波动，计算值与实际值存在一定差距。对于耗油的机械设备，可通过机械设备的牵引力来计算燃油消耗量，但可能无法反映机械作业时的真实能效。

（2）自卸卡车碳排放因子测算实例

通过工程机械台班费用定额获取各类型自卸卡车每台班燃料消耗量，结合各燃料碳排放因子测算各类型自卸卡车单位台班的碳排放量，结果如表 3-4 所示。

各类型自卸汽车的碳排放因子 表 3-4

| 自卸汽车类型 | 型号 | 燃料类型 | 每台班燃料消耗量（kg） | 碳排放因子（kg $CO_2$/ 台班） |
| --- | --- | --- | --- | --- |
| 3t 以内自卸汽车 | — | 汽油 | 34.29 | 102.7 |
| 5t 以内自卸汽车 | CA340 | 汽油 | 41.91 | 126.15 |
| 6t 以内自卸汽车 | CA/CQ340X | 柴油 | 44.00 | 137.28 |
| 8t 以内自卸汽车 | QD351 | 柴油 | 49.45 | 154.28 |
| 10t 以内自卸汽车 | QD361 | 柴油 | 55.32 | 172.60 |

资料来源：黄兵兵（2021）。

### 3.1.3 其他碳排放因子测算实例

（1）火电碳排放因子

目前，我国电力的来源主要有：火力、水能、核能、风能、太阳能。其中，火力发电原料以煤炭、天然气为主，在发电过程中会释放大量二氧化碳。本书以火电为例，介绍能源碳排放因子的测算，其温室气体包括化石燃料燃烧排放、脱硫过程的排放和净购入使用电力产生的排放，按下式计算，主要测算的温室气体类型为 $CO_2$：

$$E=E_{燃烧}+E_{脱硫}+E_{电}$$

（3-20）

式中　$E$——二氧化碳总量（t）；

　　$E_{燃烧}$——燃烧化石燃料（包括发电及其他过程使用化石燃料）产生的二氧化碳排放量（t）；

　　$E_{脱硫}$——脱硫过程产生的二氧化碳排放量（t）；

　　$E_{电}$——净购入使用电力产生的二氧化碳排放量（t）。

1）化石燃料燃烧相关碳排放

$$E_{燃烧} = \sum_i \left( AD_i \times EF_i \right) \qquad (3-21)$$

式中　$E_{燃烧}$——燃烧化石燃料产生的二氧化碳排放量（t）；

　　$AD_i$——第 $i$ 种化石燃料活动水平，以热值表示（tJ）；

　　$EF_i$——第 $i$ 种燃料单位热值的碳排放因子，$t\,CO_2/tJ$。

$AD_i$、$EF_i$ 以及化石燃料的消耗量可根据能源消费台账或统计报表来确定。

2）脱硫过程相关碳排放

$$E_{脱硫} = \sum_k CAL_k \times EF_k \qquad (3-22)$$

式中　$E_{脱硫}$——脱硫过程产生的二氧化碳排放量（t）；

　　$CAL_k$——第 $k$ 种脱硫剂中碳酸盐消耗量（t）；

　　$EF_k$——第 $k$ 种脱硫剂中碳酸盐的碳排放因子（$t\,CO_2/t$）。

脱硫过程所使用的脱硫剂（如石灰石等）的消耗量可通过每批次/每天测量或称重得到。

3）净购入使用电力产生的相关碳排放

$$E_e = EF_e \times AD_e \qquad (3-23)$$

式中　$E_e$——净购入使用电力产生的二氧化碳排放量（t）；

　　$AD_e$——净购入电量（$kW \cdot h$）；

　　$EF_e$——区域电网年平均供电排放因子（$t\,CO_2/kW \cdot h$）。

净购入电力的活动水平数据以电表记录的读数为准，如果没有，可根据电费发票或者结算单等进行计算。

4）火电碳排放因子测算

$$EF = \frac{E}{K} \times 1\,000 \qquad (3-24)$$

式中　$EF$——火电碳排放因子（$kg\,CO_2/kW \cdot h$）；

　　$K$——核算期间发电总量（$kW \cdot h$）。

据测算，不同地区的火电碳排放因子如表 3-5 所示。

区域电网火力发电碳排放因子值　　　　　　　　　表 3-5

| 电网名称 | 平均碳排放因子（kg $CO_2$/kW·h） |
| --- | --- |
| 华北区域电网 | 0.711 9 |
| 东北区域电网 | 0.661 3 |
| 华东区域电网 | 0.589 6 |
| 华中区域电网 | 0.572 1 |
| 西北区域电网 | 0.666 5 |
| 南方区域电网 | 0.508 9 |

资料来源：肖旭东（2021）。

此外，根据我国生态环境部最新发布的《关于做好 2022 年企业温室气体排放报告管理相关重点工作的通知》和《企业温室气体排放核算方法与报告指南发电设施（2022 年修订版）》，全国电网排放因子由 0.610 1kg $CO_2$/kW·h 调整为最新的 0.581 0kg $CO_2$/kW·h。

（2）水资源碳排放因子

以自来水为例进行碳排放测算分析。

1）确定碳排放核算边界：包括原水的提取、运输，自来水厂加工、生产、消毒，以及自来水输送至用户的全过程。

2）工艺流程分析：主要包括混凝反应处理、沉淀处理、过滤处理、滤后消毒处理等。

3）碳排放来源分析：主要包括原水提取、运输过程中的燃料消耗；水处理过程中的原材料消耗、消毒剂消耗、电耗、燃料消耗、$CO_2$ 逸出；以及运输至用户过程中的电力和燃料消耗。

4）测算方法选定：对于原材料的隐含碳排放，主要是通过材料消耗量和相应碳排放因子计算；生产过程的 $CO_2$ 逸出主要是通过化学分析计算得到；对于生产运输消耗的能源，主要是结合能源消耗量和相应碳排放因子计算。

5）碳排放因子计算：汇总上述碳排放量可计算具体因子值。《建筑碳排放计算标准》GB/T 51366—2019 提供的我国自来水碳排放因子为 0.168kg $CO_2$/t。

# 3.2 国外碳排放因子数据库

目前，国内外针对建筑碳排放因子建立的专门数据库较少，大部分是全生命周期评价（Life Cycle Assessment，LCA）方法中用于支持全生命周期清单分析（Life Cycle Inventory Analysis，LCI）的基础清单数据库，包括建筑在内的多个行业，涵盖温室气体在内多种类型大气污染物。国外 LCA 基础清单数据库主要有瑞士 Ecoinvent 数据库、德国 GaBi 扩展数据库（GaBi Databases）、韩国 LCI 数据库（Korea LCI Datebase）、美国生命周期清单数据库（U.S. LCI）等。

## 3.2.1　Ecoinvent 数据库

（1）基本介绍

Ecoinvent 数据库是由瑞士 Ecoinvent 中心自 1990 年起开发的商业数据库，于 2003 年、2007 年、2013 年分别发布第一版、第二版和第三版数据库，目前最新版本是 Ecoinvent v3.8，其首页如图 3-6 所示。该数据库包含超过 19 000 个单元过程数据集及相应产品的汇总过程数据集。Ecoinvent 被广泛认为是市场上较为全面和透明的数据库，被全球 3 000 多个组织使用。

图 3-6　Ecoinvent 首页图

（2）数据库条目及数据来源

Ecoinvent 数据库提供数千个商品和服务流程的投入产出清单，覆盖农业与畜牧业、建筑与建造、化学与塑料、能源、林业与木材、金属、纺织、运输、旅游住宿、废物处理与回收等。

具体到建筑建造行业，Ecoinvent 数据库可提供约 1 500 个数据集，包括建筑矿物（例如沙子、砾石、石灰、石膏、天然石材）、水泥、混凝土、混凝土熟料的替代材料（如磨碎的高炉矿渣、煅烧黏土等）、玻璃、绝缘材料（如聚苯乙烯、膨胀蛭石、石棉等）、砖瓦、砂浆等。此外，施工中使用的木材数据可在林业部门中查询，施工中使用的金属和金属工具数据可在金属部门中查询。

Ecoinvent 中的数据主要源于统计资料、工业行业数据以及文献资料。有关建筑和施工活动的清单数据集主要由以下企业和机构提供支持：德国弗劳恩霍夫制造工艺研究所、坎皮纳斯大学、南里奥格兰德联邦大学、约翰内斯堡大学、瑞士联邦材料科学和技术实验室（EMPA）、格拉茨工业大学等。

（3）数据库特点

Ecoinvent 数据库覆盖范围较为全面、清单种类相对丰富，数据准确性较高，且数据随着各国生产力水平与生产先进性的发展进行更新。该数据库有以下特点：

1）Ecoinvent 数据库是基于 ISO 14040 和 ISO 14044 的合规数据源；

2）Ecoinvent 被公认为市场上较为全面的 LCI 数据库，包含大多数行业的数据集，并且数据库每年更新一次；

3）Ecoinvent v3 数据比以前版本更加透明，具有可追溯性，具体来说，它包括产品属性的信息，可以获取数据背后的参数和数学公式，明确数据的不确定性；

4）可以提供单元流程和系统流程级别的数据。

## 3.2.2　GaBi 数据库

（1）基本介绍

GaBi 数据库是由德国的 Thinkstep 公司开发的 LCI 数据库，包含从行业、协会和公共部门收集的数据，并定期更新，该数据库用于支持德国的可持续建筑评估体系（Deutsche Gesellschaftfür Nachhaltiges Bauen，DGNB）。

GaBi 数据库已应用于多个行业，为基于生命周期的决策支持提供了可靠的基础，可支持碳足迹计算、工程项目经济与生态分析、生命周期成本研究、原始材料和能流分析、环境应用功能设计、基准研究等，如图 3-7 所示。

图 3-7　GaBi 应用项目

（2）数据库条目及数据来源

GaBi 数据库提供近 17 000 个流程的清单数据，涵盖了许多行业分支：金属、有机与无机中间产品、塑料、矿物材料、能源、涂料、建筑材料、可再生材料、纺织加工等。数据库共包含 16 个模块，数据数量总结如表 3-6 所示。其中，建筑材料模块包含 2 640 个活动数据集，如添加剂、胶水、混凝土、砂浆、石膏、油漆、轻骨料混凝土、砖、泡沫砂浆、石灰砂砖、建筑板、木材、绝缘材料、隔热粘合系统、金属、塑料、窗户等。

GaBi 数据库包含的模块及数量　　表 3-6

| 数据库模块 | 数据数量 | 数据库模块 | 数据数量 |
| --- | --- | --- | --- |
| 有机物 | 184 条 | 建筑材料 | 2640 条 |
| 无机物 | 126 条 | 处置 | 520 条 |
| 能源 | 1460 条 | 制造业 | 68 条 |
| 钢铁 | 33 条 | 电子产品 | 51 条 |
| 铝 | 86 条 | 可再生材料 | 157 条 |
| 有色金属 | 13 条 | 涂料 | 80 条 |
| 贵金属 | 58 条 | 纺织品 | 147 条 |
| 塑料 | 107 条 | 皮革制品等 | 46 条 |

（3）数据库特点

GaBi 数据库数据充足，每年定期更新，并邀请第三方机构对数据库进行审查以确保数据质量。该数据库具有以下特点：

1）数据全面：相关数据涉及各个行业。

2）持续更新：由于产品、工艺、原材料选择和制造方法等经常改进更新，GaBi 数据库每年会进行一次数据更新，以期提供最新的 LCI 数据。

3）质量较高：GaBi 数据库的开发与发展共有 20 多个国家的 200 多名专家支持，所有 LCI 数据集都是按照 ISO 14044、ISO 14064 和 ISO 14025 标准进行测算的。

4）独立的外部审查：为确保数据的准确性、透明度和可信度，Thinkstep 公司与 DEKRA 联合对数据库进行关键审查，保证每个数据集具有可靠独立来源。

### 3.2.3　韩国 LCI 数据库

（1）基本介绍

韩国 LCI 数据库是由韩国环境工业与技术协会（KEITI）根据 ISO 14044 的流程开

发的韩国本地清单数据库，数据完全开放，且规定不得用于商业目的。

（2）数据库条目及数据来源

韩国 LCI 数据库包含了 438 个数据集，涵盖材料及配件的制造、加工、运输、废物处置等过程，如表 3-7 所示。

韩国 LCI 数据库条目        表 3-7

| 生命周期阶段 | 数据类别 | 数量（条） |
|---|---|---|
| 材料和构件制造 | 建筑材料 | 27 |
| | 橡胶 | 8 |
| | 金属 | 52 |
| | 基本零件 | 24 |
| | 基础化学品 | 90 |
| | 水资源 | 11 |
| | 能源 | 23 |
| | 纸浆和造纸 | 11 |
| | 塑料 | 35 |
| 制造工艺 | 金属加工 | 12 |
| | 零件加工 | 4 |
| | 塑料加工 | 23 |
| 运输 | 陆路运输 | 29 |
| | 航空运输 | 1 |
| | 海运 | 33 |
| 废物处置 | 垃圾填埋场 | 3 |
| | 焚化 | 10 |
| | 回收 | 19 |

其中有 366 条碳排放因子数据，涵盖原材料和能源、燃料、化学反应过程、运输和废物处理 5 个模块，如表 3-8 所示。

碳排放因子类别及数量        表 3-8

| 原材料和能源 | 数量（条） | 燃料 | 数量（条） | 化学反应过程 | 数量（条） | 运输 | 数量（条） | 废物处理 | 数量（条） |
|---|---|---|---|---|---|---|---|---|---|
| 建材 | 24 | 国产无烟煤 | 7 | 硅酸盐水泥生产 | 2 | 道路 | 1 | 垃圾填埋场 | 9 |
| 橡胶 | 4 | 进口无烟煤作燃料 | 7 | 生石灰生产 | 2 | 海运 | 4 | 焚化 | 8 |
| 金属 | 14 | 进口无烟煤为原料 | 7 | 石灰石和白云石使用 | 2 | 空运 | 1 | 回收 | 9 |

续表

| 原材料和能源 | 数量（条） | 燃料 | 数量（条） | 化学反应过程 | 数量（条） | 运输 | 数量（条） | 废物处理 | 数量（条） |
|---|---|---|---|---|---|---|---|---|---|
| 化工 | 70 | 烟煤作为燃料 | 7 | 纯碱生产和使用 | 2 | | | | |
| 水资源 | 2 | 以烟煤为原料 | 7 | 氨生产 | 1 | | | | |
| 能源 | 10 | 焦炭 | 6 | 己二酸生产 | 1 | | | | |
| 纸浆 / 纸 | 5 | 石油焦 | 2 | 碳化物 | 3 | | | | |
| 塑料 | 20 | 液化石油气 | 8 | 化学品的生产 | 6 | | | | |
| 电气元件 | 30 | 液化天然气 | 7 | 炼油生产 | 3 | | | | |
| | | 石脑油 | 2 | 生铁生产 | 5 | | | | |
| | | 飞机油 | 1 | 钢结构 | 2 | | | | |
| | | 煤油 | 8 | 铁合金生产 | 7 | | | | |
| 其他 | 6 | 汽油 | 9 | 铝生产 | 2 | | | | |
| | | 柴油 | 9 | 纸张生产 | 2 | | | | |
| | | 沥青 | 1 | HFCs，PFCs，SF₆ 生产 | 2 | | | | |
| | | 润滑油 | 1 | 硝酸生产 | 1 | | | | |
| 合计 | 185 | 合计 | 105 | 合计 | 43 | 合计 | 6 | 合计 | 27 |

### 3.2.4　U.S. LCI 数据库

（1）基本介绍

U.S. LCI 由美国国家再生能源实验室（NREL）、政府利益相关者以及行业合作伙伴联合开发的，于 2003 年完成并对外公开，还在持续扩大和更新。U.S. LCI 数据库被广泛用于生物能源、建筑物、现代化电网、地热、氢和燃料电池、综合能源、交通运输、水源和风能等领域。

（2）数据库条目及数据来源

U.S. LCI 数据库共有 16 个模块，涵盖交通、农业、建筑业等，如表 3-9 所示。数据库中共有 5 600 条数据集，包括 950 多个单元过程数据集及 390 个汇总过程数据集，涵盖常用的材料生产、能源生产、运输等过程。

U.S. LCI 数据库模块　　表 3-9

| |
|---|
| 化学品与矿物质 |
| 贵金属 |
| 木材与木制品 |
| 农业和生物制品 |
| 包装材料 |
| 建筑产品和构件 |
| 纺织品 |
| 处置 |
| 能源与燃料 |
| 交通 |
| 水资源 |
| 转化过程 |
| 有色金属 |
| 纸浆和造纸 |
| 玻璃 |
| 塑料 |

U.S. LCI 数据库的数据包括原始数据和二手数据。原始数据是从企业工厂、行业协会以及研究机构等获取，二手数据主要来自于公开发表的文献和政府统计数据（如矿产工业调查数据、劳工局统计数据、能源信息管理局统计数据等）。

## 3.3 国内碳排放因子数据库

国内 LCA 基础清单数据库主要有中国生命周期基础数据库（Chinese Life Cycle Database，CLCD），此外还有专门针对碳排放因子建立的数据库，典型的包括：中国碳核算数据库（China Emission Accounts and Datasets，CEADs）和中国产品全生命周期温室气体排放系数集（2022）等。

### 3.3.1 CLCD 数据库

（1）基本介绍

CLCD 数据库是由四川大学建筑与环境学院和亿科环境共同开发的中国本地化的生命周期基础数据库，数据主要来自行业统计与文献，代表中国市场平均水平。该数据库可为基于 LCA 方法的产品环境报告与认证（如产品碳足迹、水足迹、EuP/ErP 生态档案、III 型环境声明等）和基于 LCA 方法的产品改进（如节能减排技术评价、生态设计、清洁生产审核、供应链管理、产业政策等）提供中国本地化的 LCA 基础数据支持。

CLCD 是中国国内目前较为完善的 LCA 数据库，获得世界资源研究所认可，应用较为广泛。在亿科环境开发的 LCA 软件 eBalance 中，可以直接调用该数据库，如图 3-8 所示。

图 3-8　eBalance 软件中的清单数据库管理器

（2）数据库条目及数据来源

CLCD 0.8 共包含 600 多个单元过程和产品的清单数据集，并仍在不断扩展。其中建筑相关材料和产品的数据集如表 3-10 所示。

CLCD 数据库中涵盖的建材产品种类　　　　　　　　　　　表 3-10

| 分类 | 建材产品 |
| --- | --- |
| 无机非金属 | 水泥、混凝土、石灰、砂石、石膏、平板玻璃、墙体砖、瓷砖等 |
| 钢材 | 普通碳钢的板材、管材、线材、棒材、型材、镀锌板、铁合金和不锈钢等 |
| 有色塑料及涂料 | 电解铝、电解铜、聚乙烯、聚苯乙烯、聚氯乙烯等常用树脂，苯乙烯、丙烯酸、丙烯酸丁酯、甲基丙烯酸甲酯、乙烯、丁二烯等溶剂单体，重钙、钛白粉等填充材料，以及水性涂料产品等 |

CLCD 数据的收集过程区分进口部分与国内生产部分，进口原材料采用 Ecoinvent 数据库对国外生产过程建立计算模型；国内生产部分按工艺技术和企业规模分别收集数据并计算。然后根据中国的市场份额加权平均，得到代表中国市场平均水平的数据。

（3）数据库特点

CLCD 包含中国本地化的因子数据，可支持符合中国需要的 LCA 计算与分析，数据库具有以下特点：

1）涵盖中国大宗能源、原材料、运输过程的数据；

2）涵盖资源消耗、能耗、水耗、温室气体以及主要污染物，支持节能减排分析；

3）代表国内市场平均水平；

4）兼容瑞士 Ecoinvent 数据库、欧盟 ELCD 数据库，可以为 LCA 研究和分析提供丰富的数据选择。

## 3.3.2　CEADs 数据库

（1）基本介绍

CEADs 数据库是在国家自然科学基金委员会、科技部国际合作项目及重点研发计划、英国研究理事会等共同支持下，聚集近千名中外学者以数据众筹方式收集、校验，共同编纂的中国多尺度碳排放清单。该数据库旨在为中国实现绿色发展、低碳发展提供坚实理论依据和技术支持，为中国控制温室气体排放的政策设计与实施作出贡献。

（2）数据库条目及数据来源

CEADs 数据库包括能源及二氧化碳排放清单、工业过程碳排放清单、排放因子、投

图 3-9　CEADS 数据库模块

入产出表等 9 个模块，如图 3-9 所示。能源及二氧化碳排放清单模块展示了自 20 世纪 90 年代开始的国家 – 省区 – 城市 – 县级尺度的能源及二氧化碳排放清单；工业过程排放清单模块覆盖 14 种工业过程中排放的二氧化碳量；排放因子及投入产出表模块展示了关于排放因子测算及投入产出表编制等方面的最新研究成果。

　　在该数据库中，可用于支持建筑碳排放计算的因子包括：各种能源、水泥、石灰、玻璃、纯碱、氨水、电石和氧化铝等的碳排放数据。其中能源的碳排放因子数据主要来自公开发表论文和实测数据测算，油品及燃气类的碳排放因子是基于数据样品进行测算，原始数据都可在网上免费下载。

（3）数据库特点

　　CEADs 数据库包含多尺度数据，如全国、30 个省市及 100 余个地级以上城市的碳排放详尽数据，为在不同尺度下开展相关研究提供可能。CEADs 数据库团队致力于提供利用最新的方法编制的统一格式、统一统计口径、统一部门分布、可比较的省级及城市级数据库。

　　中国在碳减排战略中实施自上而下的政策制定方法，充分考虑地区差异是实现目标的关键。作为中国最基本的行政单位，县比省和地级市能更好地探究区域异质性。因此评估县级碳排放有助于帮助决策者因地制宜，找到适合当地情况的战略政策。但是由于方法难度和数据的限制，现有的中国碳排放研究大多停留于国家、省份或城市尺度。CEADs 研究采用粒子群优化 – 反向传播（PSO–BP）算法统一 DMSP / OLS 和 NPP / VIIRS 卫星图像的规模，估算了 1997~2017 年中国 2 735 个县的碳排放量。

### 3.3.3　中国产品全生命周期温室气体排放系数集

#### （1）基本介绍

中国产品全生命周期温室气体排放系数集是由生态环境部环境规划院碳达峰碳中和研究中心联合北京师范大学生态环境治理研究中心、中山大学环境科学与工程学院，在中国城市温室气体工作组统筹下，组织 24 家研究机构的 53 名专业研究人员，无偿、志愿建设实现的。该数据集经过 16 名权威专家（其中 8 位院士和 9 位国家气候变化专家委员会顾问 / 委员）评审，评审专家高度认可了数据集建设和成果，提出了大量建设性建议和具体修改意见。数据集作者逐一修改并回复了专家提出的所有意见和建议，最终完成数据集。数据完全公开，可以登录官方网站进行数据查询。

#### （2）数据库条目及数据来源

中国产品全生命周期温室气体排放系数集是基于公开文献的收集、整理、分析、评估和再计算建设而成，共有 7 大专题，包括能源、工业、生活、食品、交通、废弃物和碳移除。数据集包括产品上游排放、下游排放、排放环节、温室气体占比、数据时间、不确定性、参考文献 / 数据来源等信息。

数据集主要基于《ISO 14067：2018 Greenhouse Gases–Carbon Footprint of Products–Requirements and Guidelines for Quantification》的基本原则和方法，确定产品全生命周期温室气体排放，包括从原材料开采到生产、使用和废弃的整个生命周期（即从"摇篮到坟墓"）。为了方便使用，将单位产品全生命周期排放分为上游排放、下游排放和废弃物处理排放。具体数据处理时，下游排放不包括用电排放和废弃物处理排放，数据单位统一为 $CO_2$ 当量，所有核算均对标 2020 年的生产和消费水平。

#### （3）数据库特点

中国产品全生命周期温室气体排放系数集在线公开且持续动态更新。高校、科研单位、企业、个人及各种组织机构均可以参与系数集的应用、批评和建设（实名注册即可）。该数据集具有公开、透明、动态更新且覆盖较全面的优点，可以持续更新迭代，也方便组织机构、企业和个人准确、便捷、统一地计算碳足迹。

此处以建筑材料碳排放因子查询为例（图 3–10），首先在"生活"大类中查询到"材料使用""水"等类别，进一步地在"材料使用"类别下可以查询到 12 种建筑材料的碳排放当量，如骨料的碳排放因子为 0.01kg $CO_2$e/kg。

图 3-10　建筑材料碳排放因子查询示意图

## 3.4　建筑碳排放因子数据库要素

本节主要分析建筑碳排放因子数据库的 3 类关键要素，包括数据库的核心功能、主要界面和关键字段，为数据库的建设提供支持。

### 3.4.1　核心功能分析

建筑碳排放因子数据库主要应满足以下 4 个功能需求：导入、编辑、查询和导出，总体设计框架如图 3-11 所示。

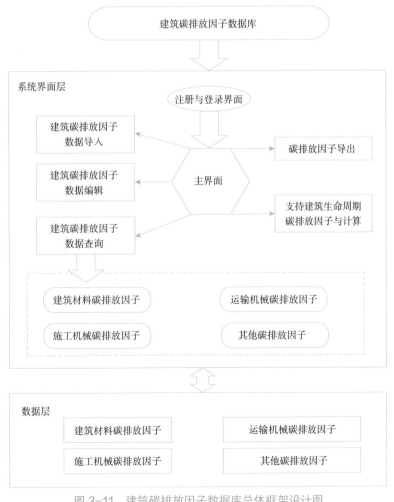

图 3-11　建筑碳排放因子数据库总体框架设计图

资料来源：崔鹏（2015）。

（1）导入

可以从指定的文件夹中自动搜索"xlsx"或".xls"格式的文件，如：建材碳排放因子、运输及施工机械设备碳排放因子、能源碳排放因子等，并将Excel表格中的信息导入系统中。

（2）编辑

使用户能够按照自己的需求，对碳排放因子的数值、来源、名称等内容进行自定义添加、修改或删除。为数据库的合理性、时效性提供保障。

（3）查询

查询功能可实现各类碳排放因子表单的检索与浏览，内容包含该因子多个字段的信息。

（4）导出

可将数据库内的碳排放因子数据以Excel表格形式导出。

## 3.4.2　主要界面分析

数据库的界面需求包括：登录界面、数据导入界面、数据查询界面等。

（1）登录界面

为了保障数据库的安全和支持数据库自定义，在数据库界面设置了注册登录功能来验证和确认用户的访问权限。新用户使用数据库常在登录界面注册一个新账户。提示注册成功之后再输入正确的用户名和密码方可访问主界面。

登录界面代码的主要设计思路如下：

1）录槽函数

打开数据库→从数据库中查询用户→如果用户存在→则加载用户对应的数据库。

→如果用户不存在，提示"请注册后重新登录"→重新创建数据库。打开数据库失败，提示"登录失败"。

2）注册槽函数

创建用户→若无此用户，创建成功，提示"注册成功"。

→若用户已经存在，创建失败，提示"用户已经存在，请重新注册"。

主界面中包含数据导入、数据查询和数据编辑三大功能。在使用数据查询和碳排放计算功能之前，需要将各类碳排放因子和工程案例信息导入系统中。

（2）数据导入界面

为了支持数据库的快速数据录入，设计了数据导入功能。在主界面中点击数据导入按钮，系统会从指定的文件夹中自动搜索"xlsx"或".xls"格式的文件，将Excel表格中的信息导入系统中，从而实现数据库的快速导入。

（3）数据查询界面

查询和编辑是数据库核心的功能之一。在使用 SQL 语句对数据库中的大量信息进行查询操作时，数据表将进行逐条语句判断，然后将满足条件的所有行组织在一起，在不储存的情况下形成另一个可视的"表结构"（记录集）并构成查询结果。

为方便用户使用，碳排放因子数据库建议具备"关键词模糊查询"功能，方便用户根据因子名称中含有的关键字或对应编号定位到相关检索结果，从而确定某因子的碳排放因子值。

### 3.4.3　关键字段分析

为完整描述某种资源 / 设备的碳排放因子，需设计相应字段，关键字段可分为如下几类：

（1）指称描述

指称的对象是碳排放描述的发出者，可包括类别、类型、名称等。

1）类别：根据因子的固有属性，可分为建筑材料、运输机械设备、施工机械设备、能源等类别。

2）类型：每个类别细化类型，如常见的建筑材料可细分为以下类型：结构材料（木材、水泥、玻璃、砖瓦等）、装饰材料（涂料、油漆、瓷砖等）、专用材料（防水、防腐、防火隔声、隔热等）、有机材料（植物质料、合成高分子、沥青等）、复合材料（沥青混凝土、聚合物混凝土等）等。

3）名称：被描述对象的名称。

4）产品规格 / 型号：如混凝土的强度等级可包括 C30、C40、C50 等。

（2）数值描述

碳排放因子的数值描述不仅包括具体的取值，还应包括核算边界、数值单位、数据时间、适用地区等信息。

1）核算的边界范围：不同边界范围的碳排放因子值存在差异，要予以明确。

2）取值：碳排放因子的具体数值。

3）单位：碳排放因子的单位。建筑材料常见单位包括 kg $CO_2$e/kg、kg $CO_2$e/t、kg $CO_2$e/m³ 等，机械设备常用单位是 kg $CO_2$e/ 台班。

4）数据时间：该因子数据的测算时间。

5）适用地区：该因子数据的适用范围。不同国家和地区的资源禀赋、生产力水平等存在差异，碳排放因子的取值往往也不相同。

（3）来源描述

1）数据来源：常见数据来源包括标准、行业统计数据、实测计算等。

2）工艺设备补充说明：一些建筑材料的生产可采用多种生产流程和设备工艺，相应碳排放因子值也不同，因此需要明确该碳排放因子值对应的工艺设备。

3）末端处置补充说明：不同的末端处置方式也影响碳排放因子取值，应予以明确。

4）生产商：不同厂商的生产工艺和生产力水平存在差异，生产同样产品的碳排放水平并不相同。此字段的设计是为了了解该碳排放因子数据的代表性和可适用范围。

## 本章小结

本章介绍了建筑碳排放计算中涉及的几类主要碳排放因子的测算方法及实例，包括：建筑材料、运输机械、施工机械、能源、水资源等；总结了目前国内外成熟碳排放因子数据库的基本情况、数据条目及来源、主要特点及应用情况等；分析了建筑碳排放因子数据库的几类要素，包括数据库的核心功能、主要界面和关键字段，为数据库的建设提供指导支持。

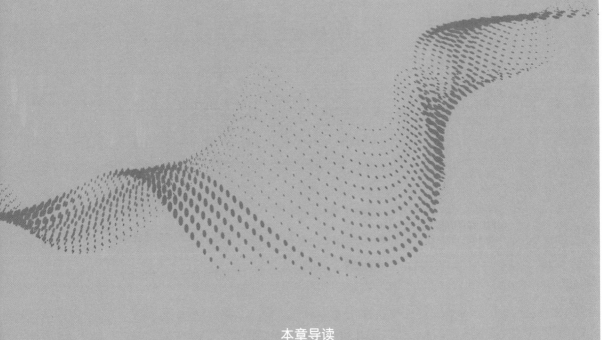

# 第4章
# 建筑建设前期碳排放估算

## 本章导读

　　建设项目的决策和设计工作很大程度上决定了建筑全生命周期的碳排放，因此在建设项目前期进行碳排放估算，可帮助了解碳排放构成及强度，指导设计方案的优选，为减碳方案的制定提供数据支持。考虑到项目前期数据的不完整性，传统的计算方式难以应用，必须制定科学、合理的针对性估算方式，本章将从建筑建设前期基本定义与碳排放估算意义、国内外建设前期碳排放估算、建设前期估算数据收集、建设前期碳排放估算过程、建设前期碳排放估算案例五个方面介绍建筑建设前期阶段碳排放的估算方式。

本章主要内容及逻辑关系如图 4-1 所示。

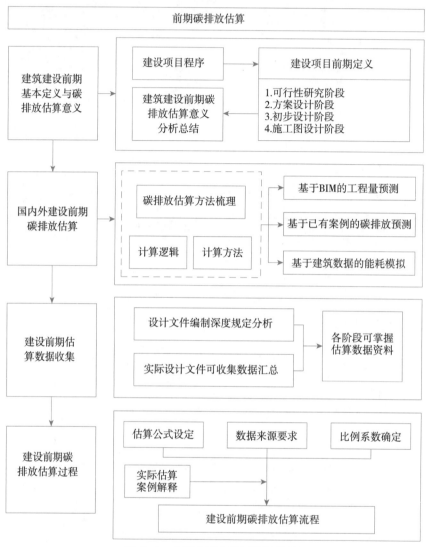

图 4-1 本章主要内容及逻辑关系

## 4.1 建筑建设前期基本定义与碳排放估算意义

### 4.1.1 建设项目程序

建设项目是最常见、最典型的项目类型，它属于投资项目中最重要的一类，是一种既有投资行为又有建设行为的项目活动。建设是指通过特定工作劳动建造某种"工程实体"的过程。工程实体一般指建筑物或构筑物。

建设项目全生命周期可划分为决策阶段、设计阶段、施工阶段、使用阶段 4 个主要阶段，建设项目全生命周期阶段划分见图 4-2。

图 4-2　建设项目全生命周期阶段划分
资料来源：姚亚锋，等（2020）。

其中，不同阶段主要工作内容如表 4-1 所示。

建设项目全生命周期工作内容　　　　　　　　　　表 4-1

| 阶段 | 主要工作名称 | 具体工作内容 |
| --- | --- | --- |
| 决策阶段 | 编制项目建议书 | 在综合投资人战略、资源情况、建设条件的基础上，根据社会、行业发展规划，论述项目建设的必要性以及建设的规模 |
| | 编制可行性研究报告 | 对项目有关的社会、技术和经济等方面进行深入的调查研究，对项目建成后的财务、经济效益及社会影响进行科学的预测和评价，并根据项目实际情况，编制专项评估报告 |
| | 项目评估 | 在可行性研究基础上，对项目的效益、风险、可行性等因素进行客观、科学的分析，总结项目意义 |
| 设计准备阶段 | 编制设计任务书 | 对拟建项目的投资规模、工程内容、经济技术指标、质量要求、进度要求等做出界定，明确设计功能和要求 |
| 设计阶段 | 方案设计 | 提出设计方案，对建筑总体布置、空间组合进行可能与合理的安排，提出多个方案供建设单位选择 |
| | 初步设计 | 进一步明确拟建工程的技术可行性和经济合理性，并确定主要技术方案及工程总造价 |
| | 施工图设计 | 以实际施工为要求，对图纸进行细化，把设计者的意图和全部设计结果表达出来，作为施工的依据 |
| 施工阶段 | 施工 | 施工单位按照施工图图纸进行建造，物化工程实体 |

| 阶段 | 主要工作名称 | 具体工作内容 |
|---|---|---|
| 动用前准备阶段 | 准备工作 | 人员培训、物资准备、技术准备，编制运行、生产方案以及对应的管理制度，设置生产管理机构 |
| 使用阶段 | 保修期 | 建设单位与施工单位签订工程保修期保修合同，保修期内发生质量问题的，施工单位应当履行保修义务 |
| | 项目使用阶段 | 项目投入正式使用，实现设计功能 |

### 4.1.2 建设项目前期定义

决策阶段和设计阶段中缺少项目实际工程量、施工机械台班使用量、建材运输距离等数据，仅可依据设计深度，采用比例系数、同类类比、软件模拟等方法对建筑全生命周期碳排放进行估算。因此，将建设项目前期定义为建设项目的决策阶段和设计阶段。下面将重点对决策阶段以及设计阶段具体工作内容进行梳理。

（1）决策阶段

一个建设工程项目的决策阶段是选择和决定投资方案的过程，是对拟建项目的必要性和可行性进行技术经济论证，也是对不同建设方案进行技术经济比较及做出判断和决定的过程。

1）项目建议书阶段

项目建议书是拟建某一项目的建议文件，是投资决策前对拟建项目的轮廓设想和初步说明。建设单位通过项目建议书的形式，提出项目，供主管部门选择，也是建设单位向有关部门报请立项的主要文件和依据。

项目建议书应根据国民经济发展规划、市场条件，结合资源条件和现有生产力布局状况，按照国家产业政策进行编制。其主要内容是结合资源条件、市场条件等，对建设的必要性、建设条件的可行性和获利的可能性进行论述，并按国家现行规定权限向主管部门申报审批。项目建议书被批准后，可开展下一阶段的工作，但项目建议书不是项目的最终决策。

2）可行性研究阶段

可行性研究是在投资决策之前，对拟建项目进行全面技术经济分析和论证的过程，是投资前期工作的重要内容和基本建设程序的重要环节。项目建议书被批准后，可组织开展可行性研究工作。可行性研究要求对项目有关的社会、技术和经济等方面进行深入的调查研究，论证项目建设的必要性，并对各种可能的建设方案进行技术经济分析和比较，对项目建成后的经济效益进行科学的预测和评价，是决策建设项目能否成立的依据和基础。

（2）设计阶段

工程设计是建设程序的一个环节，是指在可行性研究批准之后，工程开始施工之前，根据已批准的设计任务书，为具体实现拟建项目的技术、经济要求，拟定建筑、安装及设备制造等所需的规划、图样、数据等技术文件的工作。

工程设计是建设项目由计划变为现实的具有决定意义的工作阶段，设计成果是建筑安装施工的依据。为保证工程建设和设计工作有机配合和衔接，以及设计的整体性，一般按照由粗到细，将工程设计工作划分为设计准备阶段、方案设计阶段、初步设计阶段、施工图设计阶段。

1）设计准备

在设计之前，首先要了解并熟悉外部条件和客观情况，具体内容包括：地形、气候、地质、自然环境等自然条件；城市规划对建筑物的要求；交通、水、电、气、通信等基础设施状况；业主对工程的要求，特别是工程应具备的各项使用要求；对工程经济估算的依据和所能提供的资金、材料、施工技术和装备等供应情况以及可能影响工程设计的其他客观因素，为进行设计作好充分准备。

2）方案设计

主要任务是提出设计方案，即根据设计任务书的要求和收集到的必要根底资料，结合基地环境，综合考虑技术经济条件和建筑艺术的要求，对建筑总体布置、空间组合进展可能与合理的安排，提出多个方案供建设单位选择。方案设计是设计过程的一个关键性阶段，也是整个设计构思基本形成的阶段，要求对项目技术问题进行分析，可以进一步明确拟建工程在指定地点和规定期限内进行建设的技术可行性和经济合理性，并规定主要技术方案及工程总造价。

3）初步设计

初步设计是方案设计的具体化，也是各种技术问题的定案阶段。初步设计研究和决定的问题，需要根据更详细的勘察资料和技术经济计算加以补充修正，其详细程度应满足确定设计方案中重大技术问题和有关试验、设备选择等方面的要求，应能保证根据它进行施工图设计和提出设备订货明细表。初步设计时，如果对方案设计中所确定的方案有所更改，应对更改部分编制修正概算书。对于技术要求简单的工程，当主管部门没有审查要求且合同中没有约定时，初步设计阶段可以省略，把这个阶段的工作纳入施工图设计阶段进行。

4）施工图设计

这一阶段主要是通过施工图，把设计者的意图和全部设计结果表达出来，作为施工的依据，它是设计工作和施工工作的桥梁。具体内容包括建设项目各部分工程的详图和零部件、结构构件明细表，以及验收标准、方法等。施工图设计的深度应能满足设备材料的选择与确定、非标准设备的设计与加工制作、施工图预算的编制、建筑工程施工和安装工程施工的要求。

施工图交付给施工单位之后，根据现场需要，设计单位应派人到施工现场，与建设、施工单位共同进行会审，并进行技术交底，介绍设计意图和技术要求，修改不符合实际和有错误的图。

从建设项目程序来看，建设前期具体包含项目建议书阶段、可行性研究阶段、方案设计阶段、初步设计阶段、施工图设计阶段，其中项目建议书阶段是对项目的初步构想，数据难以支持碳排放估算，现有的标准也是要求从可行性研究阶段开始提交碳排放相关报告，因此暂不考虑项目建议书阶段的碳排放估算。即建设项目前期阶段具体包括可行性研究阶段、方案设计阶段、初步设计阶段、施工图设计阶段 4 个阶段，下面也将从这4 个阶段开展碳排放估算数据的分析。

### 4.1.3 建筑建设前期碳排放估算意义

与建筑碳排放相关的决策 80% 发生在设计过程，当一栋建筑进行到施工阶段后，进一步的节能减排效果已经难以实现，所以设计时期的绿色低碳设计以及节能方案的设定对于建筑全生命周期碳排放量控制意义显著。针对建设前期的碳排放估算可应用于：

（1）促使设计阶段实现功能与节能的结合

工程设计工作往往是由建筑师等专业人员来完成的。他们在设计阶段往往更注意工程的使用功能，力求采用先进的技术，在成本的约束下尽可能实现项目的各项功能，而对于碳排放因素考虑较少。在设计阶段进行碳排放的估算，可以使设计一开始就建立在健全的碳排放控制的基础上，在设计过程中注意碳排放的约束，充分认识到设计方案的节能减碳结果。前期的碳排放估算可以作为项目碳排放的限额，指导限额设计，确保设计方案可以体现出建筑功能与可持续性的结合。

（2）指导设计方案优化

在设计阶段进行工程的碳排放估算可以使建筑碳排放趋于合理，提高节能效率。通过估算可以帮助设计者了解碳排放的构成，分析各部分碳排放的合理性，并可以利用价值工程理论分析各个组成部分的功能和碳排放之间的匹配程度，据此对设计方案进行评价优选。帮助设计者了解各部分碳排放强度，发掘节能潜力，为设计方案提供减碳方向。

现有的一些模型提供减碳措施效益的模拟功能,可以帮助设计人员选用合理的减碳措施,制定合理的设备、材料选用方案。

（3）为碳排放控制目标的制定提供参考

建筑项目具有一次性、不可逆性的特征,项目的控制需要基于合理的目标,在实际值与目标值产生偏差时采取纠偏控制措施。这就需要在项目策划、设计阶段对碳排放进行合理估算,为制定项目全生命周期碳排放控制目标提供参考,指导设计、施工、运行阶段的碳排放控制。

（4）提高后期减碳措施效率

在建设前期对碳排放进行估算可以帮助了解项目碳排放具体构成及应重点对碳排放进行控制的部分。此外,减碳措施效益的模拟也可以帮助进一步明确高效措施。在前期阶段对各项节能措施可能产生的减碳效益进行模拟分析,可以方便建设单位、施工单位进行措施的比选,制定针对性节能方案,有的放矢,提高碳排放控制效率。

（5）政府部门碳排放监督控制

2022 年 4 月 1 日实施的《建筑节能与可再生能源利用通用规范》GB 55015—2021 明确提出要求建设项目可行性研究报告、建设方案和初步设计文件应包含建筑碳排放分析报告,旨在对建设项目碳排放进行管理。建设项目前期碳排放估算方法的完善,可为政府部门对建设方案的审查提供便利,碳排放目标的设定也利于后期对项目节能减排的监督。

## 4.2　国内外建设前期碳排放估算

国内外学者充分认识到建设前期碳排放估算的重要性,采用多种方式对建筑全生命周期碳排放以及节能措施具体减碳效益进行估算,本节对几种国内外典型估算方法进行介绍。

### 4.2.1　国外碳排放估算

为保证估算的客观性和准确性,建设项目碳排放估算应以活动数据为估算依据,即一般采用自下而上的估算方法和模型,本节介绍三类国外主流的碳排放估算方法与模型:基于建筑数据的能耗模拟模型、基于 BIM 的工程量预测碳排放模型以及基于已有案例的碳排放预测模型。

（1）基于建筑数据的能耗模拟模型

众多国家为对建筑能耗进行合理估计，依据自身地区建筑特点和预测需求开发模拟预测模型。此类模型可根据设计阶段的建筑数据对建筑能耗进行有效模拟，从而达到在建设前期对碳排放进行估算的目的，下面介绍几种应用较广的模型作为参考。

1）奥地利——Invert/Lab 模型

Invert/Lab 是动态自下而上模型，最早由奥地利维也纳大学在 Invert 项目框架基础上开发，历经多次更新和完善，在 2010 年完成最后一次模型修改，目前在欧洲地区已被广泛应用。主要用于评估不同的激励制度和能源价格情境对于未来能源结构、碳排放量的影响，可用于规模较大建筑群的碳排放预测。

①计算逻辑

模型以具有代表性的典型建筑的能耗为基础，考虑建筑所在地区气候环境、建筑性能、末端用能设备、用户行为等细节，模拟预测新建、改建的建筑能源需求，进而对碳排放量进行推测。其核心算法是以短期成本为导向的 Logit 方法，可以在信息不完全的条件下进行目标寻优，模拟未来激励制度、能源价格情境下的用户做出的与建筑、用能系统相关的决策。整体来看，能耗计算以模型中存储的代表性建筑的能耗为基础，因此属于典型的比较计算方式。Invert/Lab 模型的逻辑框架如图 4-3 所示。

②计算过程

鉴于 Invert/Lab 模型的计算原理和逻辑，Invert/Lab 模型的计算过程比较简单。第

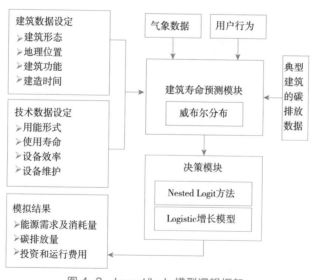

图 4-3　Invert/Lab 模型逻辑框架

资料来源：潘毅群，等（2021）。

一步，在模型中输入建筑的基本数据、技术数据、统计的地区气象数据和调研所得的用户行为数据，构建建筑基本信息模型；第二步，基于模型的建筑寿命预测模块以及输入的经济数据，模型会基于威布尔分布确定建筑和主要用能设备的翻新周期，从而预测建筑寿命；第三步，结合模型中已有的典型建筑的能耗数据和碳排放数据，基于模型内的核心算法，预测建筑的碳排放和能源消耗；第四步，输出计算结果。因此，模型所需数据主要包括建筑基本数据、技术数据、气象数据和用户行为以及经济数据，具体内容如表 4-2 所示。

Invert/Lab 模型所需数据

表 4-2

| | |
|---|---|
| 建筑基本数据 | 单栋建筑使用人数 / 房间数 |
| | 建设时间 |
| | 建筑类型，住宅建筑或公共建筑，具体包括住宅、商场、酒店、办公楼、医院、工业建筑、文旅建筑等 |
| | 建筑形态，主要指建筑几何尺寸 |
| | 地理位置（地区、城市或农村） |
| | 围护结构传热性能 |
| 技术数据<br>（供冷、供热及热水） | 用能形式（光伏、天然气、煤、木材、电能等） |
| | 设备效率 /COP |
| | 设备设计使用寿命 |
| 经济数据 | 设备购置成本 |
| | 运行维护费用 |
| | 能源价格及变化趋势 |
| | 折现率及其变化趋势 |
| | 政策影响，支持对未来政策发展影响进行预估，如能源价格、设备供应等 |
| 气象数据 | 气候温度、相对湿度、光照辐射强度 |
| 用户行为 | 室内温度偏好、通风习惯 |

2）Energy，Carbon and Cost Assessment for Building Stocks 模型

ECCABS（Energy，Carbon and Cost Assessment for Building Stocks）模型是由瑞士查尔莫斯理工大学团队在 2013 年提出，旨在评估不同类型节能措施对于区域建筑能耗以及碳排放的影响，指导节能设计。该模型可以对世界上各个国家建筑进行能耗模拟，并可对输入数据和假设进行简单快捷的更改，具有模拟数据详细、数据透明的优点。此外，该模型采用逐时模拟的方式，相较于一般模型具有更高的模拟精度，可以充分体现房间占用时间、设备使用情况等因素的影响。

①计算逻辑

模型基于 Simulink 模拟软件以及 Matlab 代码进行开发。Simulink 模型用于对建筑能耗平衡进行模拟，进而预测能耗需求。Matlab 代码则用于处理 Simulink 的输入输出数据，并可将结果扩展到区域建筑存量，同时计算实际输送能量、二氧化碳排放以及实施特定节能措施的成本。ECCABS 属于基于建筑活动数据的能耗模拟模型，是通过对建筑参数进行设定，采用热平衡软件进行暖通空调系统用能模拟，并依据建筑照明、设备等产生的平均恒定热增量对其耗电量进行估算，获取建筑运行阶段的整体能耗数据。最后，基于 Matlab 代码，考虑设定的未来可能的节能措施对碳排放量进行估算。ECCABS 计算逻辑如图 4-4 所示。

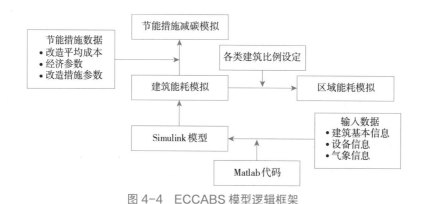

图 4-4　ECCABS 模型逻辑框架

②计算过程

模型首先根据建筑的基本信息、设备信息、气象数据对建筑运行阶段能量消耗进行模拟，包括围护结构热传递损失、通风热损失、太阳辐射增益、内容热增益等，通过热平衡对暖通空调系统能耗进行预测。之后，依据模型内置的核心算法，建筑照明、设备等产生的平均恒定热增量对其耗电量进行估算。将多种不同类型建筑数据分别输入，设定其在区域所占比重，即可将预测结果扩大至区域存量层面。在此基础上，可对节能措施的效果进行模拟，可对单一节能措施进行模拟，也可将多种措施进行综合模拟。这一步需要根据可靠造价文件，设定经济参数如折现率、各部分（屋顶、阁楼、立面、地下室）平均改造成本，模型会计算出节能成本以及节能量。最后，根据最终选用的节能措施，能源实际传递、利用效率，即可对终端能耗和总碳排放进行估算。具体模型所需的数据如表 4-3 所示。

ECCABS 模型所需数据　　　　　　　　　　　　　表 4-3

| 描述 | 单位 |
| --- | --- |
| 加热地板面积 | $m^2$ |
| 建筑总外表面积 | $m^2$ |
| 窗户总面积 | $m^2$ |
| 窗户遮阳系数 | % |
| 窗框系数 | % |
| 受热空间的有效体积热容 | J/K |
| 窗户太阳投射系数 | % |
| 围护结构平均热工性能 | W/（$m^2 \cdot$ ℃） |
| 加热系统的最大额定功率 | W |
| 风机造成的室内空气的热损失 | $W/m^2$ |
| 风机功率 | $kW/m^3/S$ |
| 热回收系统的效率 | % |
| 液压泵耗电量 | $W/m^2$ |
| 最低室内温度 | ℃ |
| 自然通风情况下的室内温度 | ℃ |
| 初始室内温度 | ℃ |
| 最小通风流量（卫生通风） | $l/s/m^2$ |
| 自然通风流量 | $l/s/m^2$ |
| 建筑物内人员的平均恒定热增量 | $W/m^2$ |
| 建筑物内照明和设备产生的平均恒定热增量 | $W/m^2$ |
| 热水生产的平均电力需求 | $W/m^2$ |
| 建筑所在区域 | |

3）Scout 模型

Scout 模型是适用于美国住宅和商业建筑的自下而上模型，用以评估各类节能措施对建筑能耗和碳排放的影响，亦可用于指导节能设计。美国劳伦斯伯克利国家实验室和美国国家能源部国家可再生能源实验室最早开发了 Scout 模型。Scout 模型是一个开源的模型，其中各类典型的节能措施的详细数据已在模型中进行了设定，用户也可以以标准 web 形式创建典型节能措施。因此，Scout 模型最大的特点是构建了较为完善的节能措施数据库，现有 152 条。可供使用者直接进行选择，可以便捷地对未来碳排放趋势进行预测。

①计算逻辑

对于建筑模型，Scout 模型采用美国能源信息管理局（EIA）在《年度能源展望》中的基准定义，根据建造年份、气候区、建筑类型、建筑用途及用能类型来划分典型建筑，并通过 EnergyPlus 进行典型建筑能耗的模拟。对于节能措施，Scout 模型考虑其相对或绝对能效、投资成本、服务寿命和市场化程度的概率分布。模型内置算法会依据节能技术的投资和运维成本，以及建筑存量的整体更新，从节能市场上进行动态寻优，选择合适的技术类型，并对其效益进行模拟，得到碳排放模拟量以及节能措施的减排量。

②计算过程

首先，需要设定基础的建筑参数，包括建筑类型、所在气候区、主要的用能系统（暖通、热水、照明、炊事、冰箱、办公电气设备等）并选择燃料种类，并对设备现有技术进行设定，如通风设备采用恒定频率或者变频、照明系统的种类、热水系统的加热方式等，据此，依据已有典型案例，对建筑能耗基准线进行估算。第二步是节能措施的设定，可从已有的措施库中直接进行选择，也可以标准格式进行定义，包括应用成本、使用寿命、预计进入市场的时间、基于基准能耗线的措施能效。最后，模型会根据其算法对节能措施进行动态更新，并根据建筑存量进行节能措施寻优，进行节能措施效益以及碳排放的模拟。相较于前述两个模型，Scout 模型一般用于大规模建筑存量的碳排放模拟，基础数据有美国能源信息管理局的《年度能源展望》作为支持，因此在模拟所需的数据上，以建筑类型、用能形式等为主，具有便捷、明了的特征，具体的所需数据可由图 4-5 所示模型框架表示。

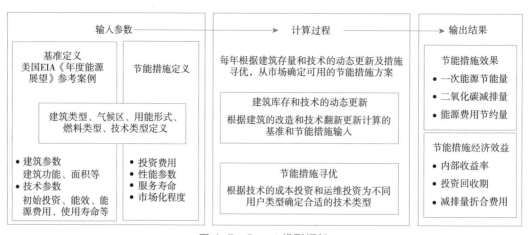

图 4-5　Scout 模型框架

（2）基于 BIM 的工程量预测碳排放模型

建设项目前期碳排放计算的难点在于活动数据难以获取，尤其是工程量清单，难以对建筑材料数量进行合理统计。而 BIM 技术的快速发展，为解决这一问题提供了新的思路。利用三维建筑信息模型，可以明确各部件的尺寸、体积、数量等信息，对工程量进行初步预测。

1）计算逻辑

Kurian 等在研究中，依据二维建筑设计图在 Revit 中进行建模，根据三维模型中构件的设定，自动计算工程量，进而对 4 种主要材料用量进行预测，包括水泥、混凝土砌块、烧结黏土砖、瓷砖，作为碳排放估算的依据，采用碳排放因子法对施工阶段碳排放进行预估，其中建材碳排放因子来源于 ICE（Inventory of Carbon Energy）、GaBi、Ecoinvent 三大数据库。计算逻辑如图 4-6 所示。

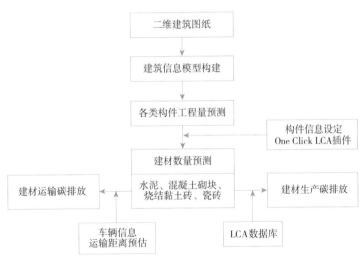

图 4-6　基于 BIM 的工程量预测计算逻辑

2）计算过程

依据建筑的二维设计图纸，构建 Revit 模型。使用插件 One Click LCA，将 BIM 模型和 LCA 数据库进行结合。对于 Revit 中的族和构件，One Click LCA 将自动提取构件数据，识别构件类型并根据 Revit 模型中材质的定义映射到具体材料。在此基础上，根据构件的尺寸，自动计算各类构件工程量，结合其使用的材料即可得到砖混结构建筑中 4 种主要建材——水泥、混凝土砌块、烧结黏土砖、瓷砖的用量。之后，结合 ICE、GaBi、Ecoinvent 等数据库中提供的建材碳排放因子，对建材生产阶段碳排放进行估算。对于运输阶段碳排放，设定轻型车辆、中型车辆两种主要运输方式，依据车辆实际信息，设定单车运输重量以及燃油效率。以材料重量除以单车运距得到运输次数，再乘以设定的单次运距，即可得到总运输距离。最后，将总运距除以燃油效率得到燃料用量，乘以燃料碳排放因子即可得到运输阶段碳排放量。

运行阶段碳排放则主要估计运行用电量，通过同类建筑的历史用电数据进行估算。拆除阶段碳排放则以物化阶段的 10% 进行估算。

（3）基于已有案例的碳排放预测模型

在建设项目前期缺少实际数据的情况下，可以根据已有类似工程的碳排放数据进行预估，即同类建筑类比法。此外，各阶段碳排放之间可能存在潜在关联，可以通过大量案例数据的分析，发掘其中普遍联系，总结比例系数，从而依据可获取数据对建筑全生命周期碳排放进行扩大估算。

1）计算逻辑

一般的，基于 LCA 的建筑碳排放计算清单划分非常细致，多将建筑生命周期碳排放清单分为建筑物材料碳排放清单、施工安装阶段机械设备碳排放清单、使用维护阶段耗能耗电碳排放清单、使用维护阶段机械设备碳排放清单、拆除清理阶段机械设备碳排放清单等，每份清单的内容因研究的深入程度又有所不同，导致可操作性较低。因此，Saifoddin 从预测的边界和范围考虑，将可行性研究阶段建筑碳排放划分为建造阶段碳排放、运行阶段碳排放和拆除阶段碳排放三部分，并以已有案例的碳排放计算数据作为估算的依据，总结经验系数，提出简化的建筑全生命周期碳排放估算方法。

2）计算过程

Saifoddin 所提出的基于 LCA 理论的碳排放预测方法从建造、运行和拆除三个阶段出发，其中建造阶段仍采用传统的碳排放因子法，运行阶段采用同类建筑类比法进行估算，拆除阶段则采用比例系数法。

①建筑建造阶段碳排放

建筑建造阶段碳排放按式（4-1）计算：

$$E_c = \sum_{i=1}^{n} C_i \times m_i + \sum_{j=1}^{k} C_j \times m_j \qquad (4-1)$$

式中　$E_c$——建筑建造阶段碳排放估算量；

　　　$i$——分部分项工程量序列；

　　　$C_i$——第 $i$ 项工程综合碳排放系数（kg $CO_2$/ 单位）；

　　　$m_i$——第 $i$ 项工程量（单位）；

　　　$j$——措施项目序列；

$C_j$——第 $j$ 项措施项目综合碳排放系数（kg $CO_2$/ 单位）；

$m_j$——第 $j$ 项工程量。

需要注意的是，$C_i$ 和 $C_j$ 分别为工程综合碳排放系数和措施项目综合碳排放系数，需要参照同类型项目，预测工期时间以及人工台班消耗量，再根据人工、机械和材料碳排放因子加权计算得到。

②建筑运行阶段碳排放 $E_o$。

建筑运行阶段碳排放按式（4-2）计算：

$$E_o = \alpha \times E_0 \tag{4-2}$$

式中　$E_o$——建筑运行阶段碳排放估算量；

$\alpha$——经验系数，由建筑体量和类型确定；

$E_0$——已有建筑运行阶段的碳排放。

建筑运行阶段碳排放计算，Saifoddin 采取了同类建筑类比的方法对新建建筑的碳排放进行估算，通过比较建筑的类型、规模从而确定 $\alpha$ 的数值，选取相近类型建筑碳排放作为基数，进而得到建筑运行阶段的碳排放。

③拆除阶段碳排放

拆除阶段碳排放按式（4-3）计算：

$$E_d = \beta \times E_{cons} \tag{4-3}$$

式中　$E_d$——建筑拆除阶段碳排放估算量；

$\beta$——拆除阶段碳排放折减系数，一般取 0.4~0.8；

$E_{cons}$——建造阶段碳排放。

由于拆除阶段缺少清单数据，Saifoddin 便根据所调研的 200 多座建筑的碳排放数据，通过 BP 神经网络探索了建筑物拆除阶段碳排放与建造阶段碳排放的关系，从而确定取值。

通过上述计算方法的解释，可以发现，对于建造阶段碳排放，首先需要根据已有工程资料预测材料和机械台班的消耗量，但未能给出估算方法。然后参照同类型项目，预测工期时间以及人工台班消耗量，从而确定分部分项工程和措施项目工程的碳排放系数，最后根据计算得到的分部分项工程量和措施项目工程量计算建造阶段碳排放量；而运行阶段碳排放则依据同类型建筑进行计算，拆除阶段碳排放则依据建造阶段碳排放进行折减。

上述计算方法中，需要通过历史案例数据以及经验判断来确定的参数如表 4-4 所示。

Saifoddin 方法中需根据已有案例数据确定参数 表 4-4

| 参数名称 | 具体含义 |
|---|---|
| $C_i$ | 第 $i$ 项工程综合碳排放系数 |
| $C_j$ | 第 $j$ 项措施项目综合碳排放系数 |
| $\alpha$ | 由建筑体量和类型确定运行阶段经验系数 |
| $\beta$ | 拆除阶段碳排放折减系数 |

## 4.2.2 国内碳排放估算

近年来，建筑行业对于绿色低碳的重视程度不断提高，设计合理的建设前期碳排放估算方式，指导绿色设计成为研究的热点，多有学者通过 BIM 技术以及已有案例数据开发估算模型，下面将对典型研究进行具体介绍。

（1）基于 BIM 的工程量预测模型

国内学者也充分认识到 BIM 技术在设计阶段碳排放控制过程中的重要性，利用 Revit 等软件构建建筑信息模型，在设计阶段获取粗略的建筑材料相关信息，开展碳排放估算。

1）计算逻辑

完整的工程量清单一般在施工图设计完成之后才可获得，在设计阶段前期可以通过 BIM 对工程量进行预测，进而利用预测的工程量进行碳排放的估算。Revit 软件通过系统族进行建模，系统族当中对应的是建筑部件，建筑部件又由多种材料组成。虽然各种材料的用量无法直接从软件导出的明细表这一功能中获取，但可以提供关于部件的尺寸、体积、数量信息。而对于常用的构件，可以通过标准设计图集确定建筑构造做法，在定额中找到构造做法的对应消耗量，计算该构造做法的各类建材、施工机械台班等的使用量。通过现有的建材、施工机械台班的碳排放因子，计算出构件碳排放，并得出基于构件的碳足迹因子，计算逻辑可参考图 4-7。

2）计算过程

$$QC_m = \sum_{i=1}^{n} CB_{ci} \times b_{ci} \tag{4-4}$$

式中    $QC_m$——建筑物化的温室气体排放当量；

       $CB_{ci}$——第 $i$ 种建筑构件的碳足迹因子；

       $b_{ci}$——第 $i$ 种建筑构件的使用量。

步骤一：建模。建立 Revit 建筑模型，采用明细表功能导出墙体、楼梯、柱、屋面、梁、门窗、幕墙的体积、面积等主要参数。

步骤二：除钢筋混凝土剪力墙之外的每立方米墙体按照 75% 砌块、25% 砂浆体积

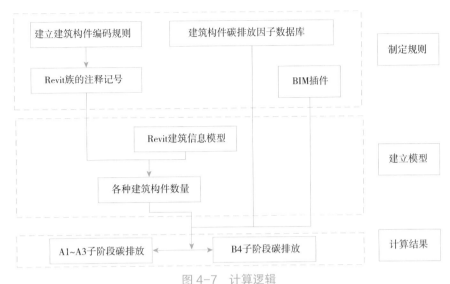

图 4-7　计算逻辑

注：A1 指原材料的开采加工与运输，A2 指建材 / 设备的生产，
A3 指构配件现场加工和施工与安装，B4 指建筑更新。

资料来源：仓玉洁（2018）。

用量估算墙体的材料用量。

步骤三：其他构件包括楼板、梁、柱、屋面等构件所采用的主要材料比较明确，一般为混凝土、钢筋，其他保温层、防水层等产生的碳排放与钢筋混凝土相比占比不大，为了简化计算过程，在本方法中不进行考虑。

步骤四：依据标准设计图集确定建筑构造做法，在相关定额中找到对应构造做法的消耗量定额，进而可以对材料消耗量和机械台班用量进行估计。

步骤五：根据现有的材料生产碳排放因子以及机械台班碳排放因子，分别乘以其对应消耗量，即可得到建材生产以及建造阶段碳排放。进而得出单位构件的碳足迹因子，用于后续同类构件的碳排放计算。

（2）基于已有案例的碳排放预测模型

国内碳排放预测的研究中，多采用回归分析的方式，基于大量案例，探索影响建筑碳排放的主要因素如层数、面积、主要建材用量等，并构建回归方程，从而根据有限数据对碳排放进行估算。

1）基于已有案例的碳排放预测模型——研究一

①计算逻辑

施工阶段碳排放计算，采用单位指标法近似计算。建筑维护阶段的年碳排放量，以非建筑主体结构工程碳排放量的1%进行计算。施工拆除阶段采用单位指标法近似计算。

②计算过程

（a）施工阶段碳排放：

采用单位指标法近似计算建造阶段的碳排放量

$$E_c = S \times \lambda_c / 1\ 000$$

$$\lambda_c = (x+1.99) \times \varepsilon \tag{4-5}$$

式中 $E_c$——施工阶段碳排放估算量；

$\quad$ $S$——建筑面积；

$\quad$ $\lambda_c$——单位建筑面积建造施工过程碳排放量指标；

$\quad$ $x$——地上建筑层数；

$\quad$ $\varepsilon$——能源碳排放修正系数。

（b）建筑维护阶段碳排放：

建筑维护阶段的年碳排放量，以非建筑主体结构工程碳排放量的 1% 进行计算，其中非建筑主体结构部分碳排放以建材总排放量的 25% 计算。

（c）建筑拆除阶段碳排放：

采用单位指标法近似计算

$$E_{dr} = S \times \lambda_d / 1\ 000$$

$$\lambda_d = (0.06x+2.01) \times \varepsilon \tag{4-6}$$

式中 $E_{dr}$——建筑拆除阶段碳排放估算量；

$\quad$ $S$——建筑面积；

$\quad$ $\lambda_d$——单位建筑面积拆除施工过程碳排放量指标；

$\quad$ $x$——地上建筑层数；

$\quad$ $\varepsilon$——能源碳排放修正系数。

2）基于已有案例的碳排放预测模型——研究二

①计算逻辑

基于 78 幢办公建筑的碳排放核算数据，将建筑层数与单位面积二氧化碳排放量进行相关性分析与回归分析，数据分析结果说明物化阶段单位面积碳排放（建材生产及运输阶段、建造阶段碳排放）会随着建筑物层数的增加而变化。基于回归结果，可以提出一个基于建筑物层数的碳排放估算模型。此外，研究提出主要建筑材料（钢材、混凝土等）的碳排放占到了建筑物化阶段碳排放的 90%。据此，研究将物化阶段碳排放与三种主要材料用量进行回归分析，得到以主要材料的估算量进行碳排放估算的回归方程。

②计算过程

$$E_c=3.99 \times H+289.94 \qquad （4-7）$$

式中　$E_c$——单位建筑面积物化阶段碳排放估算值；

　　　$H$——建筑物层数。

$$E_d=1.58X1+378.97X2+64.57X3+94.19 \qquad （4-8）$$

式中　$E_d$——建筑物物化阶段碳排放估算值；

　　　$X1$——钢材用量；

　　　$X2$——混凝土用量；

　　　$X3$——墙体材料用量。

3）基于已有案例的碳排放预测模型——研究三

①计算逻辑

张又升基于实际案例，提出了建筑拆除阶段的碳排放回归模型，现有的国内研究大多采用这一回归模型进行拆除阶段的碳排放估算。

②计算过程

$$C_{d1}=A （0.06X+2.01） \qquad （4-9）$$

$$C_{d, RC}=C_{d, SRC}=A （0.54X+38.98） \qquad （4-10）$$

$$C_{d, SC}=A （-0.01X^2+0.9X+7.72） \qquad （4-11）$$

式中　$C_{d1}$——建筑拆除阶段二氧化碳排放量（t $CO_2$）；

　　　$C_{d, RC}$——钢筋混凝土结构废弃物处理的二氧化碳排放量（t $CO_2$）；

　　　$C_{d, SRC}$——钢骨和钢筋混凝土混合结构废弃物处理的二氧化碳排放量（t $CO_2$）；

　　　$C_{d, SC}$——钢骨结构废弃物处理的二氧化碳排放量（t $CO_2$）；

　　　$X$——地上层数；

　　　$A$——总建筑面积。

由于拆除阶段碳排放数据难以获取，可以参考的相关案例和数据都较为缺乏，有研究按照上述回归公式对拆除阶段碳排放进行估算。

（3）基于各阶段数据特征的估算模式选择

从各阶段设计工作内容特点来看，可行性研究阶段关于项目建设方案缺少详细数据，仅有主要经济指标，属于概念设计。具体建设方案具有极大不确定性，相关信息和数据不完整。因此，可行性研究阶段主要通过统计检验，对影响建筑碳排放最相关的设计信息进行识别，作为设计因子，通过已有案例碳排放核算数据进行回归分析处理。方案设计阶段由于设计习惯和流程，导致工程量清单获取困难，因此在方案设计阶段可以以建筑构件作为基本单元，以初步估计工程量作为预测的依据。施工图设计等阶段可以对工程量做出估计，但相关数据繁杂，计算过程费时费力，可以将碳排放占比较大的主要部分作为估算的依据，在保证精度的同时，尽可能减少工作量。具体估算方式如下：

1）可行性研究阶段

通过大规模的案例统计，识别碳排放主要影响因素，基于统计数据，构建基于项目基本特征的回归公式，从而快速对建筑物化碳排放进行预测。具体计算公式可参考公式（4-7）。

2）方案设计

方案设计阶段可采用以"建筑构件"为基本单元的工程量预测方法，对建筑物化阶段碳排放进行估算。具体来说，首先需要建立建筑各部分构件的编码体系，在 Revit 模型中可以将任何建筑构件设定唯一编码，并生成建筑构件的用量统计清单。之后，需要根据各类构件的标准做法，建立基于构件的碳排放因子数据库。将 BIM 软件中导出的构件工程量清单与对应构件碳排放因子数据库相关联后，即可计算得到建筑物化碳排放。

3）施工图设计

一般认为钢、混凝土、墙体材料、砂浆、铜芯导线电缆、建筑陶瓷、PVC 管材、保温材料、门传和水性涂料，这 10 类建材碳排放占到建筑材料总碳排放的 99%。对主要建材进行识别，扩大一定比例后得到总碳排放量，可以有效降低数据分析的难度，节约计算时间。在工程量数据不完善时，也可采用此方法，依据主要建材数据对碳排放进行合理估计。

## 4.3　建设前期估算数据收集

在 4.2 节中对建设项目前期碳排放估算方法进行了探究，在所描述的估算方法中，主要用于估算的数据包括建筑面积、主要工程量、运行阶段活动数据、建筑图纸等，根据策划或设计的不同深度，可收集的数据也不同，采用的估算方法也存在一定的差异。之前 4.1 节提到，建设前期又可以主要划分为可行性研究、方案设计、初步设计、施工图设计 4 个阶段，4 个阶段在设计内容上存在递进关系，随着设计的不断深入，可用于碳排放估算的数据也不断完善。下面将结合 4 个阶段的主要策划或设计的实际内容，以及《建筑工程设计文件编制深度规定（2016 年版）》说明各阶段可用于碳排放估算的数据，并对具体估算方式进行说明。

### 4.3.1　可行性研究阶段估算数据

项目可行性研究的内容，因项目的性质不同、行业特点而异，从总体上看，主要包括表 4-5 所示内容。

可行性研究报告主要内容　　　　　　　　　　　表 4-5

| 章节 | 具体内容 |
| --- | --- |
| 总论 | 项目背景、研究工作的依据和范围，以及可行性研究的主要结论、存在的问题和建议 |
| 市场调查与预测 | 市场现状调查、产品供需预测、价格预测、竞争力分析、市场风险分析 |
| 建设方案 | 建设规模与产品方案，工艺技术和主要设备方案，场（厂）址选择方案，主要原材料、辅助材料、燃料供应方案，总图运输和土建方案，公用工程方案，节能、节水措施，环境保护治理措施方案，安全、职业卫生措施和消防设施方案，项目的组织机构与人力资源配置方案 |
| 投资估算 | 估算建筑工程费、设备购置费、安装工程费、工程建设其他费用、基本预备费、涨价预备费、建设期利息和流动资金 |
| 融资方案 | 分析项目的融资主体、资金来源的渠道和方式、资金结构及融资成本、融资风险、确定融资方案 |
| 财务分析 | 估算营业收入和成本费用、预测现金流量、编制现金流量表等财务报表，进行财务盈利能力、偿债能力分析以及财务生存能力分析，评价项目的财务可行性 |
| 国民经济评价 | 外汇影子价格及评价参数选取、效益费用范围与数值调整、国民经济评价报表、国民经济评价指标、国民经济评价结论 |
| 资源利用分析 | 进行节能、节水、节地、节材分析 |
| 土地利用及移民搬迁安置方案分析 | 对于新增建设用地的项目，应分析项目用地情况，提出节约用地措施；涉及搬迁和移民的项目，还应分析搬迁方案和移民安置方案的合理性 |
| 风险分析 | 对项目主要风险因素进行识别，采用定性和定量分析方法估计风险程度，研究提出防范和降低风险的对策措施 |

其中建设方案以及资源利用分析中内容与之前介绍的碳排放估算方法中的所需数据较为契合，以下通过可行性研究阶段数据估算碳排放案例分析，对可收集的用于碳排放估算的数据进行说明。

项目选址于某产业聚集区，项目总建筑面积 17 585.32m²，其中规划建设主体工程 12 263.32m²，项目规划绿化面积 1 088.53m²。下面对该项目实际可行性报告中的内容进行分析，说明可行性研究阶段数据以及对应的估算方式。

（1）可行性研究报告——节能分析

可行性研究报告中应开展节能、节水分析，制定针对性措施，可作为建筑运行阶段碳排放估算的依据。该项目可行性研究报告中的节能分析模块指出：项目年用电量 466 796.74kW·h，折合为 57.37t 标准煤。项目年总用水量 9 859.18m³，折合 0.84t 标准煤。

项目年综合总耗能量（当量值）为 58.21t 标准煤 / 年。在能耗估算的基础上，可以依据电力碳排放因子以及水资源碳排放因子，对运行阶段年均碳排放进行大致估算。该项目在估算时，根据生态环境部国家气候战略中心《2019 年度减排项目中国区域电网基准线排放因子》，取电力碳排放因子为 0.792kg $CO_2$/kW·h，《建筑碳排放计算标准》GB/T 51366—2019 给出的自来水的碳排放因子为 0.168kg $CO_2$/t，将水、电年用量分别乘以其碳排放因子，可以估算出运行阶段年碳排放，即：年碳排放量 =0.792×466 796.74+9 859.18×1 000×0.168=2 026 037kg $CO_2$。

（2）可行性研究报告——主要经济指标

可行性研究报告中的建设方案应确定项目主要经济指标，包括总建筑面积、绿化面积等。该项目部分主要经济指标表见表 4-6。4.2.2 节中的式（4-5），就是基于可行性研究报告中的建筑面积，构建回归方程，以此对建材生产与运输以及施工阶段碳排放进行估算。此种估算方法需要基于大量案例明确回归系数，因此预测误差较大。此外，主要经济指标中将绿地面积，乘以对应的碳汇因子，即可实现在可行性研究阶段对碳汇进行合理估算。

项目主要经济指标表 表 4-6

| 1 | 占地面积 | m² | 15 701.18 | 23.54 亩 |
|---|---|---|---|---|
| 1.1 | 容积率 | | 1.12 | |
| 1.2 | 建筑密度 | % | 54.45 | |
| 1.3 | 投资强度 | 万元 / 亩 | 170.36 | |
| 1.4 | 基底面积 | m² | 8 549.29 | |
| 1.5 | 总建筑面积 | m² | 17 585.32 | |
| 1.6 | 绿化面积 | m² | 1 088.53 | 绿化率 6.19% |

（3）可行性研究报告——土建工程投资

可行性研究报告建设方案中应确定土建方案，明确各类土建工程面积。由于不同类型建筑碳排放之间存在较大差异，相较于总建筑面积，土建工程投资模块中的划分更为细致，在采用依据建筑面积估算的方法时，可以分类型进行估算，以提高估算精度。该项目土建工程投资见表 4-7，将项目建设面积进行有效分解，将各类型房间面积（如生产车间、仓库、办公室面积）分别代入针对性回归方程中，进而分别预估碳排放，可以提高估算精度，但需大量历史案例数据作为支持。

基于上述分析，从实际的可行性研究报告中可以总结出，在可行性研究阶段可以掌握的用于碳排放估算的主要信息如表 4-8 所示。

土建工程投资一览表　　　　表 4-7

| 序号 | 项目 | 占地面积（m²） | 基底面积（m²） | 建筑面积（m²） | 计容面积（m²） | 投资（万元） |
|---|---|---|---|---|---|---|
| 1 | 主体生产工程 | 6 044.35 | 6 044.35 | 12 263.22 | 12 263.22 | 958.35 |
| 1.1 | 主要生产车间 | 3 626.61 | 3 626.61 | 7 357.99 | 7 357.99 | 594.18 |
| 1.2 | 辅助生产车间 | 1 934.19 | 1 934.19 | 3 924.26 | 3 924.26 | 306.67 |
| 1.3 | 其他生产车间 | 483.55 | 483.55 | 711.27 | 711.27 | 57.50 |
| 2 | 仓储工程 | 1 282.39 | 1 282.39 | 3 459.30 | 3 459.30 | 196.61 |
| 2.1 | 成品贮存 | 320.60 | 320.60 | 864.83 | 864.83 | 49.15 |
| 2.2 | 原料仓储 | 666.84 | 666.84 | 1 798.84 | 1 798.84 | 102.24 |
| 2.3 | 辅助材料仓库 | 294.95 | 294.95 | 795.64 | 795.64 | 45.22 |
| 3 | 供配电工程 | 68.39 | 68.39 | 68.39 | 68.39 | 4.37 |

可行性研究阶段估算数据资料　　　　表 4-8

| 主要经济指标 | 占地面积、基底面积、建筑面积、绿化面积 |
|---|---|
| 能耗信息 | 预估年用电量、预估年用水量、综合能耗（标准煤） |
| 土建工程投资 | 各类型、功能建筑面积及投资额 |

可采用回归方程预测方式，根据主要经济指标中的建筑面积、绿化面积以及土建工程投资中的建筑面积相关信息对建材生产以及建造阶段碳排放进行估算。节能分析中的预估用电量、用水量则可以作为运行阶段碳排放估算依据。

### 4.3.2　方案设计阶段估算数据

建筑工程设计一般应分为方案设计、初步设计和施工图设计三个阶段；对于技术要求相对简单的民用建筑工程，当有关主管部门在初步设计阶段没有审查要求，且合同中没有做初步设计的约定时，可在方案设计审批后直接进入施工图设计。方案设计阶段成果文件主要包括：设计说明书、总平面图以及相关建筑设计图纸、设计委托或设计合同中规定的透视图、鸟瞰图、模型等，下面结合具体案例对方案设计阶段可用于建筑碳排放估算的数据进行说明。

方案设计阶段成果包括各专业设计说明书、设计图纸。在此选择河南商丘市柘城万洋城方案设计文件作为实际案例对方案设计阶段可掌握的数据进行分析。该项目总用地面积 109 809.2m²，实际用地面积 97 122.99m²，建筑实际面积 110 840.39m²。

（1）设计说明书

设计说明书是对设计进行说明性的内容，是设计条件、设计要求、设计方案的文字性汇总内容，是设计方案的系统性的阐述说明，主要包括设计依据、设计要求、主要技术经济指标以及各专业设计说明。下面将对可用于建设前期碳排放估算的内容进行梳理分析。

1）设计依据、设计要求及主要技术经济指标

包括设计基础资料，如气象、地形地貌、水文地质、抗震设防烈度、区域位置等；工程规模（如总建筑面积、总投资、容纳人数等）、项目设计规模等级和设计标准（包括结构的设计使用年限、建筑防火类别、耐火等级、装修标准等）。

主要技术经济指标，如总用地面积、总建筑面积及各分项建筑面积（还要分别列出地上部分和地下部分建筑面积）、建筑基底总面积、绿地总面积、容积率、建筑密度、绿地率、停车泊位数（分室内、室外和地上、地下），以及主要建筑或核心建筑的层数、层高和总高度等指标；根据不同的建筑功能，还应表述能反映工程规模的主要技术经济指标，如住宅的套型、套数及每套的建筑面积、使用面积，旅馆建筑中的客房数和床位数，医院建筑中的门诊人次和病床数等；当工程项目（如城市居住区规划）另有相应的设计规范或标准时，技术经济指标应按其规定执行。

与可行性研究阶段类似，设计说明书中主要技术经济指标明确了建设项目面积等参数，并加入了层数、高度等数据，同样可采用回归方程形式进行碳排放估算，将建筑面积、地上层数、高度等数据代入基于历史案例数据的回归公式中，如4.2.2节中式（4-5）、式（4-7），计算得出碳排放。该建筑以2、3层为主，沿街以3、4层为主，1、2层层高5.6m，3层4.2m，4层3.9m。项目其余主要技术经济指标见表4-9。

主要技术经济指标 表4-9

| 分项 | 单位 | 数量 | 备注 |
|---|---|---|---|
| 总用地面积 | $m^2$ | 109 809.2 | 约164.7亩 |
| 实际用地面积 | $m^2$ | 97 122.99 | 约145.88亩 |
| 总建筑面积 | $m^2$ | 110 840.39 | |
| 地上建筑面积 | $m^2$ | 108 825.19 | |
| 市场 | $m^2$ | 74 692.67 | 1、2层面积 |
| 连廊 | $m^2$ | 7 871.7 | 连廊投影面积的1/2 |
| 红星美凯龙 | $m^2$ | 10 390.7 | |
| 其他 | $m^2$ | 16 970.12 | 3层及以上面积 |

续表

| 分项 | 单位 | 数量 | 备注 |
|---|---|---|---|
| 地下建筑面积 | m² | 915.2 | |
| 建筑基底面积 | m² | 45 543.9 | |
| 容积率 | | 1.13 | |
| 建筑密度 | | 46.89% | |
| 绿地率 | | 6.0% | |
| 停车位 | 个 | 1050 | |

2）建筑设计说明

包括建筑与城市空间关系、建筑群体和单体的空间处理、平面和剖面关系、立面造型和环境营造、环境分析（如日照、通风、采光）及立面主要材质色彩等；建筑的功能布局和内部交通组织，包括各种出入口，楼梯、电梯、自动扶梯等垂直交通运输设施的布置；建筑防火设计，包括总体消防、建筑单体的防火分区、安全疏散等设计原则；此外还包括节能设计说明、绿色建筑设计说明、装配式建筑设计说明。其中，环境分析、立面材料、节能设计说明、绿色建筑设计说明中涉及的参数，可作为运行阶段能耗模拟的依据。

3）结构设计说明

包括建筑分类等级：建筑结构安全等级，建筑抗震设防类别，主要结构的抗震等级，地下室防水等级，人防地下室的抗力等级，有条件时说明地基基础的设计等级；阐述设计中拟采用的新结构、新材料及新工艺等，简要说明关键技术问题的解决方法，包括分析方法（必要时说明拟采用的进行结构分析的软件名称）及构造措施或试验方法；混凝土强度等级、钢筋种类、钢绞线或高强钢丝种类、钢材牌号、砌体材料、其他特殊材料或产品（如成品拉索、铸钢件、成品支座、消能或减震产品等）的说明等。

此案例中混凝土选用 C25~C30；钢筋采用 HPB300、HRB335、HRB400 钢筋；墙体采用烧结页岩砖、加气混凝土砌块等轻质隔墙；钢材为 Q235B。如采用基于 BIM 的工程量预测的思路，通过建筑信息模型导出初步工程量清单的方式对碳排放进行估算，明确结构材料种类是提高估算精度的有效途径。

4）建筑电气设计说明

项目方案设计阶段的建筑电气设计说明中应对工程拟设置的建筑电气系统，变、配、发电系统以及电气节能和环保措施进行说明，可为运行阶段碳排放估算提供依据。照明标准见表 4-10，结合房间面积可对运行阶段照明系统碳排放进行估算。现有的碳排放

照明标准　　　　　　　　　　表 4-10

| 分区 | 照明场所 | 照度标准值（Lx） | 照明功率密度（W/m²） | 主要灯具选择 | 备注 |
|------|----------|------------------|----------------------|--------------|------|
| 商业 | 商店营业厅 | 300 | ≤ 9.0 | 装修定 | |
| | 水泵房 | 100 | ≤ 3.5 | T5 荧光灯 | 采用防潮型密闭式灯具 |
| | 计算机室 | 500 | ≤ 13.5 | T5 荧光灯 | |
| | 空调机房、风机房 | 100 | ≤ 3.5 | T5 荧光灯 | |
| | 变配电房 | 200 | ≤ 6.0 | T5 荧光灯 | |
| | 展厅 | 300 | ≤ 9.0 | 装修定 | |

计算标准中对于照明时间等建筑运行参数按其类别给出了参考值，分别将照明场所面积乘以照明功率密度以及照明时间的参考值可以估算出照明系统的用电量，再通过建筑所在地区的电力碳排放因子即可得出照明系统碳排放。

5）给水排水设计说明

水源情况简述（包括自备水源及城镇给水管网）；热水系统要求简述热源，供应范围及系统供应方式；集中热水供应估算耗热量（系统及设计小时耗热量和设计小时热水量）；循环冷却水系统、重复用水系统及采取的其他节水、节能减排措施；管道直饮水系统简述设计依据、处理方法等。其中集中热水供应耗热量可以作为生活热水系统碳排放的估算依据，根据热水供应方式，确定消耗能源种类，将耗热量除以单位能源提供的有效热量，得到能源消耗量，乘以对应碳排放因子即可估算生活热水系统碳排放。

6）供暖通风与空气调节设计说明

这一部分的数据主要包括供暖、空气调节的室内外设计参数及设计标准；冷、热负荷的估算数据；供暖热源的选择及其参数；空气调节的冷源、热源选择及其参数；供暖、空气调节的系统形式，控制方式；通风系统简述。方案设计文件中要求对暖通空调系统设计进行说明，包括室内外设计参数、围护结构节能措施等。现有的相关软件可根据室内外设计参数、围护结构热工参数、人员活动数据，模拟运行阶段冷、热负荷，估算耗冷量、耗热量，进而换算得到暖通空调系统碳排放，相关换算方法可参考《建筑节能与可再生能源利用通用规范》GB 55015—2021 中附录 C 内容。

7）热能动力设计说明

主要包括供热方式及供热参数；供热负荷；燃料来源、种类及性能要求以及消耗量。化石燃料燃烧作为建筑的直接碳排放源，在方案设计阶段掌握其种类和消耗量对于运行阶段碳排放估算具有重要意义，可直接根据燃料消耗量，乘以对应碳排放因子求得供热系统碳排放。

（2）设计图纸

1）总平面设计图纸

包括场地的范围（用地和建筑物各角点的坐标或定位尺寸）；场地内及四邻环境的反映；场地内拟建道路、停车场、广场、绿地及建筑物的布置，并表示出主要建筑物、构筑物与各类控制线（用地红线、道路红线、建筑控制线等）、相邻建筑物之间的距离及建筑物总尺寸，基地出入口与城市道路交叉口之间的距离；此外还包括功能分区、空间组合及景观分析、交通分析（人流及车流的组织、停车场的布置及停车泊位数量等）、消防分析、地形分析、竖向设计分析、绿地布置、日照分析、分期建设等。其中绿地布置、日照分析可为运行阶段的绿地碳汇和光伏系统减碳量估算提供依据。

2）建筑设计图纸

平面图：平面的总尺寸、开间、进深尺寸及结构受力体系中的柱网、承重墙位置和尺寸；各主要使用房间的名称；各层楼地面标高、屋面标高。立面图：各主要部位和最高点的标高、主体建筑的总高度；体现建筑造型的特点，选择绘制有代表性的立面。剖面图：剖面应剖在高度和层数不同、空间关系比较复杂的部位。通过设计图纸可以进一步明确各类型区域面积、层数、层高，利用回归方程对碳排放进行预估。或依据二维图纸建立 BIM 模型，采用基于 BIM 的估算方法进行估算。

结合已有案例以及设计文件编制深度规定，可以总结方案设计阶段可掌握的数据如表 4-11 所示。

方案设计阶段估算数据资料　　　　　　表 4-11

| 主要经济指标 | 实际用地面积、建筑面积（地上、地下、各类型）、基底面积、容积率、建筑密度、绿地面积 |
| --- | --- |
| 给水排水 | 估算用水量、集中热水供应估算耗热量 |
| 电气系统 | 负荷级别以及总负荷估算容量、电气系统总功率、照度标准、照明功率密度 |
| 暖通空调系统 | 供暖、空气调节的室内外设计参数（温度、湿度、风速、风量）、围护结构节能措施、冷热负荷估算数据、供暖热源及其参数、空气调节的冷源参数 |
| 图纸 | 总平面设计图、建筑平面图、立面图、剖面图 |

在可行性研究报告阶段，依据主要经济指标中的面积、层数、高度等数值，可采用回归估算模型，对建筑的碳排放进行粗略估算。方案设计阶段中给水排水设计文件可为运行阶段生活热水系统碳排放估算提供参数；对暖通空调系统设计文件中给出的参数进行冷、热负荷的模拟，估算运行阶段暖通空调系统碳排放；建筑图纸除细化主要经济指

标功能外，还可利用 BIM 模型进行翻模，采用 4.2 节中基于 BIM 的工程量预测碳排放模型进行建筑碳排放量的估算。

### 4.3.3 初步设计阶段估算数据

初步设计应包括总体安排、个体平面各部分的相互关系及其布局设计，同时根据平面、结构选型和各个建筑的功能分析做出剖面及立面处理，形成一个有系统而合理的设计方案。这时对重要工程可作多方案比较，以得出一个比较理想的设计方案，然后在此方案的基础上考虑材料、设备等的选择，提出技术经济指标并编制工程设计概算（如条件不足者也可以先作初步估算）。初步设计阶段是在方案设计基础上进行深化，因此本阶段可掌握的数据与方案设计阶段具有较高相似性，主要是对结构、设备等方面进行细化，并编制工程概算书对工程量以及人、材、机使用量进行概算。

下面以一个初步设计阶段数据估算碳排放案例进行分析。

在此选择华侨试验区新津消防救援站建设项目初步设计文件作为实际案例，分析初步设计阶段可掌握的用于估算的数据，与方案设计阶段相近的数据在此不作过多说明。

（1）设计总说明

设计总说明是设计指导思想及主要依据，设计意图及方案特点，建筑结构方案及构造特点，建筑材料及装修标准，主要技术经济指标以及结构、设备等系统的说明。

（2）建筑总平面图

常用比例为 1 : 500、1 : 1 000，应标示用地范围、场地概述、建筑物位置、大小、层数及设计标高、道路及绿化布置、技术经济指标。

（3）各层平面图、剖面图及建筑物的主要立面图

常用比例为 1 : 100、1 : 200，应标示建筑物各主要控制尺寸，如总尺寸、开间、进深、层高等，同时应标示标高，门窗位置，室内固定设备及有特殊要求的厅、室的具体布置，立面处理，结构方案及材料选用等。上述文件是方案设计阶段成果的深化，数据差异不大，因此估算方式也较为类似。但在此阶段数据精度相对提高，建筑碳排放的估算结果也更加精确。

（4）结构设计文件

明确主要荷载取值，说明主要结构材料类型，绘制基础及主要楼层结构平面布置图，注明主要的定位尺寸、主要构件的截面尺寸。主要结构材料类型的明确以及主要构件截面尺寸的确定可为建材碳排放估算提供更多支撑。

（5）工程设计概算书

包括概算的总金额、工程费用、工程建设其他费用、预备费、主要材料消耗指标及列入项目概算总投资中的相关费用。具体概算的方式应依据初步设计深度确定，主要有概算定额法、概算指标法、类似工程预算法等。工程概算书中内容对于碳排放估算有重要意义，下面将结合实际工程的概算书进行说明。

该项目主要包括建筑工程、电气照明与防雷工程、室内外给水排水工程、消防系统工程、暖通安装工程以及弱电智能化等专业工程，建筑面积约为 5 188.85m²。工程量按初设图纸计量并参考同类型建筑物合理估量，部分分部分项工程量见表 4-12。根据现行定额，可以根据分部分项工程量，对人、材、机用量进行估算，制定主要材料和工程设备表如表 4-13 所示，明确主要建材和工程设备的类型和使用量。据此，可以按照建材生产以及施工机械碳排放因子对建材生产以及建造阶段碳排放进行估算。

分部分项工程量（部分）　　　　　　　　　　　　　　表 4-12

| 序号 | 项目编码 | 项目名称 | 项目特征描述 | 工程量（m³） | 综合单价（元） | 综合合价（元） |
|---|---|---|---|---|---|---|
| 21 | 010501001004 | 聚合物混凝土垫层 | 1. 混凝土种类：商品混凝土<br>2. 混凝土强度等级：C20 | 9.26 | 721.85 | 6 684.33 |
| 22 | 010501003004 | 桩承台基础 | 1. 混凝土种类：商品混凝土<br>2. 混凝土强度等级：C45 | 44.35 | 778.35 | 34 519.82 |
| 23 | 010501004003 | 筏板基础 | 1. 混凝土种类：商品混凝土<br>2. 混凝土强度等级：C45 | 87.13 | 778.35 | 67 817.64 |
| 24 | 010503001002 | 基础梁 | 1. 混凝土种类：商品混凝土<br>2. 混凝土强度等级：C45 | 29.47 | 776.33 | 22 878.45 |
| 25 | 070113001002 | 电梯坑 | 1. 混凝土种类：商品混凝土<br>2. 混凝土强度等级：C45 | 2.943 | 812.55 | 2 391.33 |
| 26 | 010504001005 | 直形墙 | 1. 混凝土种类：商品混凝土<br>2. 混凝土强度等级：C45 | 174.717 | 819.83 | 143 238.24 |

主要材料和工程设备表（部分）　　　　　　　　　　　表 4-13

| 序号 | 名称、规格、型号 | 单位 | 数量 |
|---|---|---|---|
| 1 | 不锈钢焊丝 | kg | 14.805 4 |
| 2 | 石料切割锯片 | 片 | 0.050 9 |
| 3 | 钢丝网综合 | m² | 6 181.420 3 |
| 4 | 中砂 | m³ | 482.391 2 |
| 5 | 生石灰 | t | 1.383 8 |

| 序号 | 名称、规格、型号 | 单位 | 数量 |
|---|---|---|---|
| 6 | 标准砖 240×115×53 | 千块 | 5.989 2 |
| 7 | 防水胶合板 模板用 18mm | m² | 2 090.990 9 |
| 8 | 铝板 600×600×0.8 | m² | 244.556 6 |
| 9 | 腻子粉 成品（防水型） | kg | 32 026.945 1 |
| 10 | 普通预拌混凝土 C30 | m³ | 992.913 7 |
| 11 | 预拌水泥砂浆 1:2.5 | m³ | 103.910 3 |
| 12 | 柴油（机械用）0 号 | kg | 8 681.663 5 |
| 13 | 柴油（机械用）0 号 | kg | 779.798 4 |
| 14 | 电（机械用） | kW·h | 34 817.618 8 |
| 15 | 电（机械用） | kW·h | 3 689.018 |

（6）电气设计

包括变、配、发电系统、照明系统（照明种类及主要场所照度标准、照明功率密度值等指标）、电气节能及环保措施，可为运行阶段照明等设备的碳排放估算提供参考。

（7）给水排水设计

说明或用表格列出生活用水定额及用水量、生产用水量、其他项目用水定额及用水量、消防用水量标准及一次灭火用水量、总用水量（最高日用水量、平均时用水量、最大时用水量）；热水系统中应说明采取的热源、加热方式、水温、水质、热水供应方式、系统选择及设计耗热量、最大小时热水量、机组供热量等；说明设备选型、保温、防腐的技术措施等；当利用余热或太阳能时，还应说明采用的依据、供应能力、系统形式、运行条件及技术措施等。此部分数据可作为生活热水系统碳排放以及可再生能源系统减碳量的估算依据。

（8）暖通空调设计

应明确室外、室内空气计算参数，具体参数包括温度、湿度、风速、风量、噪声标准；供暖热负荷；空调冷、热负荷；空调系统热源供给方式及参数；通风量或换气次数。其中冷、热负荷是暖通空调系统碳排放估算的基础数据。

（9）热能动力设计

热负荷的确定及锅炉形式的选择：确定计算热负荷，列出各用户的热负荷表；确定供热介质及参数；确定锅炉形式、规格、台数，并说明备用情况及冬夏季运行台数；技术指标：列出建筑面积、供热量、供汽量、燃料消耗量、灰渣排放量、软化水消耗量，自来水消耗量及电容量等。室内外管道：确定各种介质负荷及其参数，说明管道及附件的选择，说明管道敷设方式，选择管道的保温及保护材料。热负荷、供热量、燃料消耗量、管道参数可有效指导运行阶段碳排放估算。

结合已有案例以及设计文件编制深度规定，可以总结得到初步设计阶段可掌握的数据如表 4-14 所示。相较于方案设计阶段，电气系统、暖通空调系统数据差异不明显，估算方式相近；给水排水参数更为明确，相较于方案设计的估算总量，此部分水温、用水量、热水系统等数据更为细化，方便采用公式进行估算。初步设计与方案设计相比，重点在于结构、设备的明确，在此基础上，可以编制设计概算，可以获取扩大分项工程量，初步计算主要材料、机械消耗，从而根据建材以及施工机械碳排放因子进行估算。

初步设计阶段估算数据资料　　　　　　　　　　表 4-14

| 主要经济指标 | 实际用地面积、建筑面积（地上、地下、各类型）、基底面积、容积率、建筑密度、绿地面积 |
| --- | --- |
| 给水排水 | 用水量、室内给水设计（用水量定额、用水单位数、使用时数、小时变化系数、最高日用水量、平均时用水量、最大时用水量）、热水系统（采取的热源、加热方式、水温、水质、热水供应方式、系统选择及设计耗热量、最大小时热水量） |
| 电气系统 | 负荷级别以及总负荷估算容量、电气系统总功率、照度标准、照明功率密度 |
| 暖通空调系统 | 供暖、空气调节的室内外设计参数（温度、湿度、风速、风量）、围护结构热工性能、冷热负荷估算数据、供暖热源及其参数、空气调节的冷源参数 |
| 结构 | 主要结构材料、结构计算书、主要构件截面尺寸 |
| 设备 | 列出各专业主要设备及材料，包括名称、型号、规格等 |
| 图纸 | 总平面图、建筑平面图、立面图、剖面图、结构布置图 |
| 设计概算 | 概算金额、主要材料消耗指标、单位工程概算书、扩大分项工程量、人工及机械台班使用量 |

## 4.3.4　施工图设计阶段估算数据

施工图设计是建筑设计的最后阶段，是提交施工单位进行施工的设计文件。这一阶段的设计工作主要是满足施工要求，也就是为完成一项建筑工程设计所做的最后设计文件，并以此作为施工的确切依据。当然在施工过程中，如遇设计上某些不妥之处，或遇材料、设备的改动，还可作局部设计变更，其一般的做法是在征得设计人员和有关方同意后，填写修改设计记录卡，经有关人员签字后才能进行施工变动。施工图设计的主要任务是满足施工要求，解决施工中的技术措施、用料及具体做法。施工图设计的内容包括建筑、结构、水电、采暖通风等工种的设计图纸、工程说明书，结构及设备计算书和预算书。

施工图设计阶段的一个重要成果是施工图预算。施工图预算是施工图设计预算的简称，是由设计单位在施工图设计完成后，依据施工图、现行预算定额、费用定额以及地区设备、材料、人工、施工机械台班等预算价格编制和确定的建筑安装工程造价的文件，通过设计图纸计算出各分部分项工程量并通过一定方式进行计价，其中分部分项工程量可作为建材生产及运输阶段以及施工阶段碳排放估算的依据。建筑运行阶段碳排放估算所需数据在方案设计及初步设计阶段即可大致确定，在此重点阐述通过施工图预算收集建筑材料及施工机械用量的方式。

下面以一个施工图设计阶段数据估算碳排放案例进行分析

选用香湖盛景苑施工图预算文件作为案例进行说明，项目位于沈阳市于洪区，采用框架结构形式，属于住宅建筑，设计使用年限 50 年。

（1）建筑总平面图：与初步设计基本相同。

（2）建筑物各层平面图、剖面图、立面图：比例为 1：50、1：100、1：200。除表达初步设计或技术设计内容以外，还应详细标出门窗洞口、墙段尺寸及必要的细部尺寸、详图索引。

（3）建筑构造详图：应详细标示各部分构件关系、材料尺寸及做法、必要的文字说明。根据节点需要，比例可分别选用 1：20、1：10、1：5、1：2、1：1 等。

（4）各工种相应配套的施工图纸：如基础平面图、结构布置图、钢筋混凝土构件详图、水电平面图及系统图、建筑防雷接地平面图等。

（5）设计说明书：包括施工图设计依据、设计规模、面积、标高定位、用料说明等。

（6）结构和设备计算书。

（7）施工图预算。施工图预算在编制时主要有两种方法：单价法和实物法。单价法是由事先依据施工图计算的各分项工程的工程量分别乘以相应单价汇总相加得到。而实物法则是根据工程量和人、材、机定额分别求出人、材、机消耗量，再按实际人、材、机单价汇总求和，依据施工图计算的分部分项工程量清单是施工图预算的核心。该项目分部分项工程量如表 4-15 所示，其在初步设计基础上进行细化，总体内容上差异不大，数据准确程度更高。

分部分项工程和单价措施项目清单与计价表（部分）　　　　　　表 4-15

| 序号 | 项目编码 | 项目名称 | 项目特征描述 | 工程量（m³） | 综合单价（元） | 综合合价（元） |
|---|---|---|---|---|---|---|
| 1 | 010502002001 | 构造柱 | 1. 混凝土种类：现浇<br>2. 混凝土强度等级：C20 | 124.37 | 988.11 | 122 891.24 |
| 2 | 010503002001 | 矩形梁 | 1. 混凝土种类：现浇<br>2. 混凝土强度等级：C25 | 20.12 | 673.73 | 13 555.45 |

续表

| 序号 | 项目编码 | 项目名称 | 项目特征描述 | 工程量（m³） | 综合单价（元） | 综合合价（元） |
|---|---|---|---|---|---|---|
| 3 | 010503005001 | 过梁 | 1. 混凝土种类：现浇<br>2. 混凝土强度等级：C20 | 44.79 | 901.3 | 40 369.23 |
| 4 | 010504001001 | 直形墙 | 1. 混凝土种类：现浇<br>2. 混凝土强度等级：C25 | 584.65 | 822.18 | 480 687.54 |
| 5 | 010504001002 | 直形墙 | 1. 混凝土种类：现浇<br>2. 混凝土强度等级：C30 | 686.44 | 833.42 | 572 092.82 |
| 6 | 010505001001 | 有梁板 | 1. 混凝土种类：现浇<br>2. 混凝土强度等级：C25 | 1 583.1 | 741.38 | 1 173 678.68 |

依据施工图纸可以计算出分部分项工程量，进而根据工程量清单以及碳排放因子进行碳排放量的估算。该项目采用综合单价的方式计算施工图预算，如使用实物法，即套用人、材、机定额，即可获得材料用量以及机械台班用量，作为碳排放估算的依据。结合已有案例以及设计文件编制深度规定，可以总结施工图设计阶段可掌握的数据如表 4-16 所示。

施工图设计阶段估算数据资料　　　　　　表 4-16

| 主要经济指标 | 实际用地面积、建筑面积（地上、地下、各类型）、基底面积、容积率、建筑密度、绿地面积 |
|---|---|
| 给水排水 | 用水量、室内给水设计（用水量定额、用水单位数、使用时数、小时变化系数、最高日用水量、平均时用水量、最大时用水量）、热水系统（采取的热源、加热方式、水温、水质、热水供应方式、系统选择及设计耗热量、最大小时热水量）、主要设备、管材、器材、阀门等的选型 |
| 电气系统 | 负荷级别以及总负荷估算容量、电气系统总功率、照度标准、照明功率密度 |
| 暖通空调系统 | 供暖、空气调节的室内外设计参数（温度、湿度、风速、风量）、围护结构热工性能、冷热负荷估算数据、折合耗冷量耗热量指标、供暖热源及其参数、空气调节的冷源参数、管道尺寸选型及做法 |
| 结构 | 结构材料、具体尺寸、做法、要求 |
| 设备 | 列出各专业主要设备及材料，包括名称、型号、规格等 |
| 图纸 | 总平面图、建筑平面图、立面图、剖面图、结构平面图、构件详图 |
| 施工图预算 | 分部分项工程量，人、材、机用量，单项工程预算、单位工程预算 |

与初步设计阶段相比，给水排水、电气、暖通空调系统的设计参数进一步明确，估算方式差异不大。为满足实际施工需求，对于建筑结构以及做法进行了明确，完成施工图设计以及施工图预算，可以据此得到各分部分项工程量以及人、材、机用量，采用对应碳排放因子即可对碳排放进行估算。

# 4.4 建设前期碳排放估算过程

在前面几节中对于国内外碳排放计算典型方法以及建设前期各阶段可掌握数据进行梳理。在可行性研究阶段，难以获取主要建材用量，主要通过回归方程的方式进行碳排放估算，方法简单但误差较大，需要基于历史案例确定回归方程，在 4.2 节已作介绍，在此不做赘述。方案设计阶段，可以通过建筑图纸进行 BIM 建模，初步估算工程量，而在初步设计以及施工图设计阶段，主要建材用量得到明确。因此，建材生产及运输、建造阶段可通过主要建材用量的方式进行计算，下面介绍的也是基于此方法。运行阶段则主要根据设计文件给出的数据采用模拟、理论计算等方式进行估算。拆除阶段缺少实际数据，一般采用比例系数方式进行估算。

## 4.4.1 建材生产及运输

（1）建材生产及运输碳排放估算方法

建材生产与运输阶段的碳排放估算量按下式计算：

$$C_{SC}=\frac{\sum_{i=1}^{n}M_{i}F_{i}}{\alpha} \tag{4-12}$$

$$C_{YS}=G \times C_{SC} \tag{4-13}$$

其中 $C_{SC}$ 为建材生产阶段碳排放估算量（kg $CO_2$e）；$C_{YS}$ 为建材运输阶段碳排放估算量（kg $CO_2$e）；$M_i$ 为第 $i$ 种主要建材的消耗量；$F_i$ 为第 $i$ 种主要建材的碳排放因子（kg $CO_2$e/ 单位建材数量）；$\alpha$ 为主要建材生产碳排放量占总建材生产碳排放量的比例；$G$ 为运输阶段碳排放的估算系数（%）。

（2）公式释义及数据

1）应按建筑结构类型确定 3 种及以上占总材料质量、造价比重较大的主要建材，如混凝土、钢材、砂浆、木材、砌块、砖等，并对其消耗量进行估算，作为 $Mi$。

初步设计阶段的设计概算以及施工图设计阶段的施工图预算会对主要建材用量进行估算，可直接获取。而在方案设计中，则需要通过 BIM 建模的方式对主要建材用量进行估算，具体方法参考 4.2 节。

2）$F_i$ 可根据现有标准、导则中给出的碳排放因子库对应数据确定，将各类型主要材料估算量分别乘以其碳排放因子并求和，可以得到建材生产阶段碳排放估算量。

3）$\alpha$ 为主要建材生产碳排放量占总建材生产碳排放量的比例，一般情况下取 80%~90%，也可根据历史经验数据进行调整，即通过将主要建材生产碳排放扩大一定比例的方式得到全部建材生产阶段碳排放。

4）根据建材生产阶段碳排放量（$C_{SC}$），采用比例系数法对建材运输过程碳排放（$C_{YS}$）进行估算，一般情况下建材运输阶段碳排放量以建材生产阶段的 2%~5% 计入，即 $G$ 取 2%~5%，也可根据历史经验数据进行调整。

## 4.4.2　建造阶段

（1）建造阶段碳排放估算方法

建造阶段的碳排放估算量按下式计算：

$$C_{JZ}=P \times C_{SC} \tag{4-14}$$

其中 $C_{JZ}$ 为建造阶段碳排放估算量（kg $CO_2$e）；$C_{SC}$ 为建材生产阶段碳排放估算量（kg $CO_2$e）；$P$ 为建造阶段碳排放的估算系数（%）。

（2）公式释义及数据

采用比例系数法，根据建材生产阶段碳排放量对建造过程碳排放进行预估，$P$ 表示一般情况下建造过程碳排放量与建材生产阶段的比值，需根据已有案例数据以及工程实际情况进行选择，一般取 2%~6%。

在施工图设计阶段可以估算出机械台班使用量，可直接按机械台班碳排放因子进行估算。将各类施工机械的台班使用量分别乘以其对应的碳排放因子，求和后得到建造阶段碳排放量。

## 4.4.3　运行阶段

（1）运行阶段碳排放估算方法

可行性研究阶段可直接依据节能分析中给出的能耗预测以及碳排放因子进行计算。方案设计阶段、初步设计、施工图设计中运行阶段碳排放估算应根据图纸中确定的建筑类型与建筑面积，依据设计文件中的电气系统、暖通空调系统、给水排水系统等用能系统设计文件进行碳排放估算，具体估算公式如下：

$$C_{YX}=C_{rG}+[(E_n+E_z) \times A-E_{pv}] \times F_e-C_p \tag{4-15}$$

其中 $C_{rG}$ 为生活热水系统年碳排放估算量（kg $CO_2$e/a）；$E_n$ 为单位面积暖通空调平均能耗指标 [kW·h/（$m^2$·a）]；$E_z$ 为单位面积照明系统平均能耗指标 [kW·h/（$m^2$·a）]；$A$ 为估算的建筑面积（$m^2$）；$E_{pv}$ 指光伏系统的年发电量（kW·h）；$F_e$ 为电力能源的碳排放因子（kg $CO_2$e/kW·h）；$C_p$ 为碳汇系统的年固碳量（kg $CO_2$e /a）。

（2）公式释义及数据

1）$C_{rG}$ 可根据给水排水设计文件中的热水系统使用时数、用水单位数、用水量定额、设计热水温度、设计冷水温度、热水供应系数参数、管材参数、太阳能热水器设计参数等数据，按第 7 章内容进行估算。

2）$E_n$ 具体数值应根据暖通空调系统设计文件中的耗冷、热量指标，按《建筑节能与可再生能源利用通用规范》GB 55015—2021 附录 C 的要求确定。耗冷、热量指标应根据运行时间、室内温度、房间人均占有的建筑面积及在室率等建筑运行参数采用软件动态模拟得到。

3）$E_z$ 应按照电气系统设计文件中的各房间面积及对应照明功率密度进行估算。将各房间面积分别乘以其对应照明功率密度以及年照明时间后求和，除以总建筑面积，即可得到单位面积照明系统平均能耗指标 $E_z$。如电气设计文件中缺少对应数据，可以根据现有标准、规范中的建筑运行参数进行估算，如《建筑碳排放计算标准》GB/T 51366—2019 中附录 B 的参数。

4）$E_{pv}$ 指光伏系统的年发电量，应按可再生能源系统设计文件中的参数进行估算，主要包括太阳辐射照度、光伏板面积、光伏电池转换效率，将 3 个参数相乘，并扣除光伏系统损失，即可得出光伏系统发电量。

5）碳汇系统减碳量根据建筑绿地面积规划进行估算，各类绿化碳汇数据应根据已有碳汇相关数据进行确定，将绿地面积乘以对应单位面积年固碳量，可以得到绿地年碳汇量。

## 4.4.4 拆除阶段

（1）拆除阶段碳排放估算方法

拆除阶段的碳排放估算量按下式计算：

$$C_{CC}=H（C_{JZ}+C_{YS}+C_{SC}）\tag{4-16}$$

其中 $C_{CC}$ 为拆除阶段碳排放估算量（kg $CO_2$e）；$C_{JZ}$ 为建造阶段碳排放估算量（kg $CO_2$e）；$C_{YS}$ 为运输阶段碳排放估算量（kg $CO_2$e）；$C_{SC}$ 为建材生产阶段碳排放估算量（kg $CO_2$e）；$H$ 表示一般情况下拆除阶段碳排放量与新建阶段碳排放量的比值（%）。

（2）公式释义及数据

在之前章节中提到，拆除阶段碳排放难以估计，众多研究采用回归公式的方式对拆除阶段碳排放进行估算。王晨阳在其研究中对现有的拆除处置阶段碳排放研究进行梳理，提出按建材生产，建材运输，建筑施工阶段碳排放总和即新建阶段碳排放的 10% 直接进行估计。刘娜采用回归方法对拆除处置阶段碳排放进行估算，得到其占新建阶段碳排放的 9.5%；燕艳采用张又升等人提出的简化回归公式，得出拆除处置碳排放占新建阶段 11.4%；王晨阳也采用张又升提出的公式进行估算，最终估算结果显示，拆除处置阶段碳排放占新建阶段的 7.6%；因此，10% 的比例可以快速对拆除阶段碳排放进行估算。当然，也可直接按式（4-9）~ 式（4-11）进行回归估算。

### 4.4.5　基于案例的比例系数值确定方法

在建设前期碳排放估算过程中，需要确定主要建材用量，估算建材生产阶段碳排放，再以此为基础，依据一定比例对建材运输阶段以及建造阶段碳排放进行估算。因此，选择科学合理的比例系数对于建设项目前期碳排放估算的精度具有重要意义。在此，选择代表性的碳排放计算案例为确定比例系数提供实际参考，下述案例是在建设完成后采用实际数据进行碳排放计算的案例，可以根据实际计算结果，对各部分碳排放之间的比例关系进行推测，具体需要确定的比例系数如表 4-17 所示。

案例比例系数　　　　　　　　　　　　　　　　　　表 4-17

| 比例系数名称 | 具体含义 |
| --- | --- |
| $G$ | 一般情况下建材运输阶段碳排放量与建材生产阶段的比值（%） |
| $P$ | 一般情况下建造阶段碳排放量与建材生产阶段的比值（%） |
| $H$ | 一般情况下拆除阶段碳排放量与新建阶段碳排放的比值（%） |

（1）案例 1——某高校建筑馆

建筑馆位于江苏省南京市，为框剪结构，高度 71.5m，总用地面积 4 610m²，总建筑面积为 16 873m²，其中地上 15 419m²，地下 1 454m²，主楼地上 15 层，地下 1 层，裙楼 3 层。

1）计算过程

建筑工程量统计数据主要来自 Revit 软件导出和施工组织设计文档。据《建筑材料热物理性能与数据手册》整理出的常用建筑材料密度值，折算出主要建筑材料以质量为单位的工程量，包括水泥砂浆、钢材、混凝土、砖等。采用碳排放因子法，用主要材料工程量分别乘以其碳排放因子，计算建材生产阶段碳排放。

通过工程量导出和折算，得到总建材量为 27 655.6t，案例中所有建材均由公路进行运输，厂家主要位于江苏和浙江各郊县，取平均运距 $D=100$km，乘以车辆运输碳排放因子得到建材运输阶段碳排放。

施工现场总耗电量和耗油量则从施工工艺的角度，根据《建筑工程消耗量定额》和《机械台班费用编制规则》，用施工机械用量乘以不同施工工艺的能耗定额来进行计算，各种能源消耗数量乘以相应的碳排放因子可得到建筑建造阶段的碳排放量。

拆除阶段碳排放由于缺少实际数据，依据 4.3 节中张又升提出的回归公式，根据地上层数和总面积进行估算。

2）计算结果

建材生产阶段碳排放量为 10 415.059t，占全生命周期碳排放的 10.401%。建材运输阶段碳排放计算结果为 424.514t，占全生命周期的 0.424%。施工阶段碳排放最终结果为 213.676t，占全生命周期的 0.213 5%。拆除阶段碳排放采用回归公式进行计算，结果为 843.481t，占全生命周期的 0.842%。

建材运输阶段碳排放量占建材生产阶段碳排放的 4.07%，建造阶段碳排放占建材生产阶段碳排放的 2.05%，拆除阶段碳排放约为物化阶段碳排放的 7.8%，即 $G$ 取 4.07%，$P$ 取 2.05%。

（2）案例 2——某居民住宅区项目

项目位于四川省成都市金牛区，建筑形式为多层框架结构。总建筑面积 8 万多平方米，绿化率 31%，共有住房 10 栋，住户 482 户。地下机动车库面积 8 502.3m²，停车位 237 个。

1）计算过程

采用项目完整的清单进行计算，采集建造过程中的各项活动水平数据，各种主要建材消耗量均来自于实际工程材料清单。通过对应的碳排放因子进行建材生产阶段碳排放的核算。

施工阶段碳排放分为材料运输、施工机具运行、施工现场管理三个部分。材料运输采用各类材料总重量以及运距的记录进行核算，施工机具运行以及施工现场管理通过记录设备电功率以及运行时长代入计算模型进行总量的计算。

拆除阶段分为拆除和处置两个部分，即拆解机具运行的能耗量，拆解废弃物运输的能耗量，根据燃料供应方提供的缴费清单确定，记录不全数据参考施工阶段碳排放进行计算。

2）计算结果

各种主要建材消耗量均来自工程材料清单。建材生产阶段碳排放合计为 1 791.298t，其中钢材、混凝土、砌块的碳排放分别占 46.14%、26.16%、11.85%，即 3 种主要建材占建材生产阶段的 84.15%。建材运输阶段碳排放为 36.83t，占建材生产阶段碳排放的

2.05%。建造阶段碳排放为 96.88t，占建材生产阶段碳排放的 5.41%。即 $G$ 取 2.05%，$P$ 取 5.41%。拆除阶段碳排放占全寿命周期碳排放的 0.77%，占物化阶段碳排放的 8.17%，与一般情况下 10% 左右的比例相符。

（3）案例 3——校园办公建筑的改扩建工程

该工程位于广州市某高校内，为夏热冬暖地区校园办公建筑的改扩建工程。原建筑面积约 0.6 万 m²，改造后总建筑面积 27 066.70m²，其中新建面积 21 939m²，保留面积 5 128.70m²。新建部分采用钢筋混凝土框架结构，地上 10 层，地下 3 层，局部 1 层。

1）计算过程

以工程量清单作为建材生产及运输阶段碳排放计算依据，为简化计算过程，取清单中材料累计质量占总质量 80% 以上以及造价占总造价 80% 以上建筑材料作为主要材料进行计算。

该案例在计算时，假设采用公路柴油运输或公路汽油运输方式，运输碳排放因子通过查询《中国能源统计年鉴》中的数据后计算得到。

建造阶段，选取机械台班占总台班累计超过 80% 的机械作为测算的对象。根据《全国统一施工机械台班费用定额》，对每种施工机械台班消耗的能源量进行计算，再分别乘以对应能源的碳排放因子进行计算。

拆除阶段依据现有研究数据，取新建阶段 8.95% 进行计算。

2）计算结果

建材生产阶段碳排放 23 178.4t，建材运输阶段 205.2t，施工阶段 866.3t，拆除阶段 450.9t。建材运输阶段碳排放占建材生产阶段的 0.89%，施工阶段碳排放占建材生产阶段的 3.74%，即 $G$ 取 0.89%，$P$ 取 3.74%。

（4）比例系数总结

根据上述 3 个案例结果，将比例系数汇总如表 4-18 所示，可作为比例系数选取的参考。

比例系数　　　　　　　　　　　　　　表 4-18

| 序号 | 建材生产碳排放（t CO₂） | 建材运输碳排放（t CO₂） | 施工碳排放（t CO₂） | $G$（%） | $P$（%） |
|---|---|---|---|---|---|
| 案例 1 | 10 415.059 | 424.514 | 213.676 | 4.07 | 2.05 |
| 案例 2 | 1 791.298 | 36.83 | 96.88 | 2.05 | 5.41 |
| 案例 3 | 23 178.4 | 205.2 | 866.3 | 0.89 | 3.74 |

上述比例系数的分析仅仅基于少量案例，仅作为参考。实际上，不同地区、不同类型建筑中，比例系数存在较大差异。为提高估算精度，未来可考虑基于大量建筑碳排放计算数据，构建建筑碳排放计算案例库。届时，可以通过输入建筑所在地区、类型、层数、高度等基础信息，自动匹配类似案例，根据类似案例中的具体碳排放占比，确定比例系数，具体流程如图 4-8 所示。

图 4-8　比例系数确定流程

## 4.5　建设前期碳排放估算案例

前一节给出了基于主要建材用量的建设项目前期阶段碳排放估算的标准过程和要求，为方便理解具体估算方法以及对应数据的获取方式，在此选择某办公建筑作为实际案例，依据实际初步设计文件对碳排放进行估算，具体解释估算流程。

### 4.5.1　项目简介

项目建设地点位于江苏省常州市，总建筑面积 39 488.3m²，其中地上 30 322.2m²，地下 9 166.1m²，建筑高度 78.3m²，地上 19 层，地下 2 层，采用钢筋混凝土框架钢支撑混合结构，设计使用年限 50 年。

### 4.5.2　估算数据

在初步设计阶段对建筑全生命周期碳排放进行估算，包括建材生产及运输、建造、运行、拆除阶段活动相关的温室气体排放。与建筑相关的绿化作为碳汇抵消建设活动产生的碳排放，光伏、地源热泵等可再生能源利用所产生的能量按碳排放折减量计入。

建筑物碳排放计算采用碳排放因子法，将各部分活动形成的能源与材料消耗量乘以对应的二氧化碳排放因子，计算出建筑物不同阶段相关活动的碳排放。对于缺少活动数据的阶段如建造阶段和建材运输阶段，采用比例系数法进行估算。

活动基础数据的参考资料主要包括工程概算文件；建筑围护结构信息；所在地区气

象数据信息；热水用户数量、设备信息；使用空间功能及面积统计数据；室内人员密度及在室时间信息；可再生能源利用信息。

### 4.5.3　估算过程

（1）建材生产及运输阶段

该项目在初步设计阶段进行碳排放估算。该项目初步设计深度较深，设计概算文件中已计算出主要建材类型及用量，可作为建材生产阶段碳排放估算的依据。将建材用量分别乘以其对应碳排放因子，即可得到建材生产阶段碳排放量，具体计算结果见表 4-19。该表按照建筑材料单项碳排放量大小排序，取前 15 条列入表中，最后合计数据为该项目所有建筑部分建材生产所产生的碳排放量总和。

建材生产碳排放　　　　　　　　　　　　　　　　　　表 4-19

| 材料名称 | 规格型号 | 单位 | 数量 | 碳排放因子（kg $CO_2$e/ 单位数量） | 碳排放量（kg $CO_2$e） |
|---|---|---|---|---|---|
| 矩形梁 | C30 混凝土 | $m^3$ | 4 327.82 | 295 | 1 276 706.90 |
| 现浇构件钢筋 | HRB400 级钢，直径 8mm | t | 537.403 | 2 340 | 1 257 523.02 |
| 现浇构件钢筋 | HRB400 级钢，直径 25mm | t | 484.901 | 2 340 | 1 134 668.34 |
| 有梁板 | C30 混凝土 | $m^3$ | 3 448.72 | 295 | 1 017 372.40 |
| 玻璃幕墙 | 铝合金、玻璃 | $m^2$ | 4 593.3 | 194.0 | 891 042.00 |
| 现浇构件钢筋 | HRB400 级钢，直径 22mm | t | 366.091 | 2 340 | 856 652.94 |
| 钢梁 | 材质 Q355B | t | 307.47 | 2 400 | 737 928.00 |
| 现浇构件钢筋 | HRB400 级钢，直径 10mm | t | 305.769 | 2 340 | 715 499.46 |
| 直形墙 | C45 混凝土 | $m^3$ | 1 665.51 | 363 | 604 580.13 |
| 矩形柱 | C45 混凝土 | $m^3$ | 1 393.64 | 363 | 505 891.32 |
| 玻璃隔断 | 铝合金、玻璃 | $m^2$ | 3 687.00 | 121 | 446 127.00 |
| 现浇构件钢筋 | HRB400 级钢，直径 12mm | t | 168.566 | 2 340 | 394 444.44 |
| 现浇构件钢筋 | HRB400 级钢，直径 14mm | t | 159.746 | 2 340 | 373 805.64 |
| 直形墙 | C50 混凝土 | $m^3$ | 960.27 | 385 | 369 703.95 |
| 现浇构件钢筋 | HRB400 级钢，直径 20mm | t | 155.627 | 2 340 | 364 167.18 |
| … | … | … | … | … | … |
| 合计 | | | | | 57 850 359.53 |

初步设计阶段无运输资料，按比例系数法进行估算，一般按照建材生产阶段的2%~5% 计入。本案例按照建材生产阶段碳排放 3% 进行估算，数值为 1 735.51t $CO_2$e。

（2）建造阶段

该项目设计概算中尚未包括施工机械台班使用量，因此按比例系数法进行估算，一般按照建材生产阶段的 2%~6% 计入。本案例按照建材生产阶段碳排放 6% 进行估算，数值为 3 471.02t $CO_2$e。

（3）运行阶段

建筑运行阶段碳排放计算范围包括暖通空调、生活热水、照明及电梯、可再生能源、碳汇系统在建筑运行期间的碳排放量，按照能耗折算为电力消耗估算主要用能系统碳排放。各系统碳排放均根据初步设计文件中的电气、给水排水、暖通空调等各专业设计文件得出，建筑运行阶段碳排放如表 4-20 ~ 表 4-22 所示。

暖通空调系统碳排放估算以初步设计文件中估算的冷热负荷为依据，除以综合性能系数和建筑面积，即可得到耗电量。该项目处于夏热冬冷区，按《建筑节能与可再生能源利用通用规范》GB 55015—2021 附录 C 中规定，供冷系统综合性能系数为 3.60，供热系统综合性能系数为 2.60。将耗电量乘以电力碳排放因子（全球变暖潜值）得到暖通空调系统碳排放量。

暖通空调系统碳排放构成　　　　表 4-20

| 类别 | 能源资源消耗及排放特征 | | | | | 碳排放强度 [kg $CO_2$e/ ($m^2 \cdot$ a)] | 年均碳排放量 （t $CO_2$e/a） |
|---|---|---|---|---|---|---|---|
| | 类别 | 单位 | 数值 | 电力碳排放因子 （全球变暖潜值） | | | |
| 建筑采暖 | 电力 | kW·h/ ($m^2 \cdot$ a) | 13.98 | 0.581 0kg $CO_2$e/kW·h | | 4.18 | 165.21 |
| 建筑制冷 | 电力 | kW·h/ ($m^2 \cdot$ a) | 9.31 | 0.581 0kg $CO_2$e/kW·h | | 6.45 | 254.58 |
| 建筑通风 | 电力 | kW·h/ ($m^2 \cdot$ a) | 5.0 | 0.581 0kg $CO_2$e/kW·h | | 2.58 | 101.84 |
| 合计 | | | | | | 13.21 | 521.63 |

按设计使用年限 50 年计算，暖通空调系统碳排放总量为 26 081.91t $CO_2$e

生活热水系统碳排放估算以初步设计文件中给水排水设计文件为依据，其中明确了用水定额、人员数量、热水温度、冷水温度、管网输配效率以及设备年均效率。据此按照《建筑碳排放计算标准》GB/T 51366—2019 的 "4.3 生活热水系统" 给出的公式确定碳排放量。

生活热水系统碳排放构成　　　　表 4-21

| 类别 | 用户信息 | | | | | | 碳排放强度 [kg $CO_2$e/ ($m^2 \cdot$ a)] | 年均碳排放量 （t $CO_2$e/a） |
|---|---|---|---|---|---|---|---|---|
| | 数量 | 用水定额 [L/（人·天）] | 使用天数 | 冷水温度 | 管网输配效率 | 设备年均效率 | | |
| 办公 | 1100 | 5 | 260 | 15.5 | 0.9 | 0.88 | 1.84 | 72.78 |
| 合计 | | | | | | | 1.84 | 72.78 |

按设计使用年限 50 年计算，生活热水系统碳排放总量为 3 639.21t $CO_2$e

照明系统能耗按照电气系统设计文件中给出的数据依据《建筑碳排放计算标准》GB/T 51366—2019 的 "4.4 照明及出样系统" 要求进行估算。将各房间面积分别乘以对应照明时数以及功率密度值，求和得到耗电量，再乘以电力碳排放因子得到照明系统碳排放量。

照明系统碳排放构成

表 4-22

| 房间类别 | 室内空间信息 | | | 碳排放强度 | 年均碳排放量 |
|---|---|---|---|---|---|
| | 面积（$m^2$） | 月照明时数（h） | 功率密度值（$W/m^2$） | [kg $CO_2$e/($m^2 \cdot$ a)] | （t $CO_2$e/a） |
| 办公室 | 16 127 | 294 | 8 | 5.95 | 234.78 |
| 会议室 | 1 157.2 | 294 | 8 | 0.43 | 15.85 |
| 大堂门厅 | 993 | 300 | 5.5 | 0.25 | 10.14 |
| 设备用房 | 2 015 | 150 | 5.5 | 0.26 | 10.29 |
| 公共走道 | 5 575 | 165 | 3.5 | 0.50 | 19.93 |
| 卫生间 | 740 | 300 | 5 | 0.18 | 6.87 |
| 楼梯 | 1 415 | 300 | 3.5 | 0.23 | 9.19 |
| 车库 | 5 038 | 300 | 1.9 | 0.45 | 17.78 |
| 消防控制室 | 55 | 420 | 13 | 0.05 | 1.86 |
| 合计 | | | | 8.30 | 27.69 |
| 按设计使用年限 50 年计算，照明系统碳排放总量为 16 384.51t $CO_2$e | | | | | |

此外，电梯系统、可再生能源系统、碳汇等数据均根据初步设计文件中的设备信息以及绿地信息根据现有建筑碳排放计算规范进行计算，在此不做赘述。

（4）拆除阶段

本项目未进行拆除工程设计，拆除阶段碳排放量按照建造阶段以及建材生产及运输阶段碳排放总和的 10% 计入。建材运输阶段的碳排放为 1 735.51t $CO_2$e，建造阶段 3 471.02t $CO_2$e，建材生产阶段 57 850.36t $CO_2$e，因此，拆除阶段碳排放为（1 735.51+3 471.02+57 850.36）× 10%=6 306.69t $CO_2$e。

## 4.5.4　结果分析

按照前述估算方法，对建筑全生命周期碳排放进行估算，按设计使用年限 50 年计算，碳排放总量为 115 477.44t $CO_2$e，各阶段碳排放构成如表 4-23 所示。

建筑全生命周期碳排放量汇总表

表 4-23

| 活动阶段 | 碳排放来源 | 总排放量（t $CO_2$e） | 年均碳排放量（t $CO_2$e/a） | 碳排放强度 [kg $CO_2$/($m^2 \cdot$ a)] | 碳排放占比（%） |
|---|---|---|---|---|---|
| 建筑运行 | 阶段合计 | 46 113.82 | 1 299.66 | 32.91 | 39.93 |
| | 生活热水 | 3 639.21 | 72.78 | 1.83 | 3.15 |
| | 采暖 | 8 255.77 | 165.21 | 4.18 | 7.15 |

续表

| 活动阶段 | 碳排放来源 | 总排放量<br>（t CO$_2$e） | 年均碳排放量<br>（t CO$_2$e/a） | 碳排放强度<br>[kg CO$_2$/（m$^2$·a）] | 碳排放占比<br>（%） |
|---|---|---|---|---|---|
| 建筑运行 | 制冷 | 12 721.68 | 254.58 | 6.45 | 11.02 |
| | 制冷剂消耗 | 7 819.67 | 156.39 | 3.96 | 6.77 |
| | 照明 | 16 384.51 | 327.69 | 8.30 | 14.19 |
| | 电梯 | 838.32 | 25.75 | 0.42 | 0.73 |
| | 绿化碳汇 | −537.50 | −10.75 | −0.27 | −0.47 |
| | 光伏发电 | −3 007.84 | −60.16 | −1.52 | −2.61 |
| 建造及拆除 | 阶段合计 | 9 777.71 | 195.554 2 | 4.95 | 8.47 |
| | 建造 | 3 471.02 | 69.42 | 1.76 | 3.01 |
| | 拆除 | 6 306.69 | 126.13 | 3.19 | 5.46 |
| 建材生产及运输 | 阶段合计 | 59 585.91 | 1 191.72 | 30.18 | 51.60 |
| | 建材生产 | 57 850.40 | 1 157.01 | 29.30 | 50.10 |
| | 建材运输 | 1 735.51 | 34.71 | 0.88 | 1.50 |
| 合计 | | 115 477.44 | | | |

通过估算结果可知，建筑全生命周期碳排放 115 477.44t CO$_2$e，其中运行阶段碳排放总量为 46 113.82t CO$_2$e，占比 39.93%，其中照明系统、制冷、采暖是运行阶段的最主要碳排放源；建材生产阶段碳排放 57 850.4t CO$_2$e，占比 50.10%；建造、拆除、建材运输阶段占比分别为 3.01%、5.46%、1.50%。总体来看，建筑运行以及建材生产是影响建筑全生命周期碳排放的关键因素。

## 本章小结

本章分析了建设项目的基本程序，明确了建筑建设前期的内涵以及可掌握的数据内容。结合对国内外建设前期碳排放估算研究的梳理，确定合理的估算方式和具体过程，根据已有案例，总结估算参数范围。最后，对现有实际案例进行碳排放估算，阐释估算流程。碳排放估算方式的设定，可为设计方案提供减碳方向的参考，助力建设项目方案优化，实现功能与节能的高效结合。

# 第 5 章
# 建材生产及运输阶段
# 碳排放计算

## 本章导读

　　建筑物作为建筑工程的最终产品，建材生产及
运输阶段所产生的碳排放是建筑隐含碳排放的重要
组成部分。但对于建筑单体生命周期碳排放的计算
来说，构成的材料种类和规格繁多，已有的碳排放
计算研究通常将建筑视为一个整体，按照钢、混凝
土、玻璃等主要材料类别进行统计计算，不能满足
建筑碳排放分析精准化的需求，难以对建筑设计和
建造进行优化。已有学者提出基于工程量清单计算
建筑建材使用和建筑施工活动碳排放计算，本章结
合建筑构成和工程量清单的数据分析，对建筑设计
和施工阶段建筑材料碳排放计算和核算过程进行详
解，可作为建造单位在施工过程中减少建筑材料隐
含碳排放的指导，并促进低碳建材的应用推广，为
设计过程中优化建筑材料碳排放提供理论依据和分
析方法。

本章主要内容及逻辑关系如图 5-1 所示。

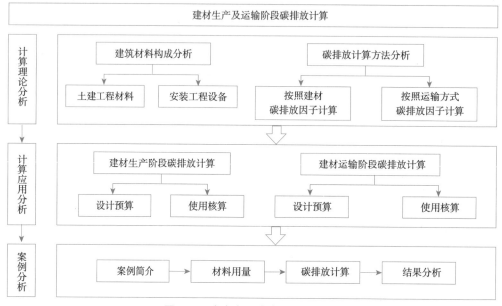

图 5-1　本章主要内容及逻辑关系

# 5.1　建材生产及运输阶段碳排放计算方法

建材生产过程中，原材料、加工能耗、材料化学反应等过程产生碳排放，建筑运输过程中，消耗能源和使用运输工具等设施产生碳排放，根据建材消耗量及其特性、建材运输方式等计算碳排放，两个阶段的碳排放均与建材消耗量相关，合并可称为建材碳排放。本节结合建筑生命周期中与建材相关的活动、建材构成和使用等相关因素的分析，论述建材生产及运输阶段碳排放计算的基本理论和路径方法。

## 5.1.1　建材生产及运输阶段碳排放计算基本理论

（1）建筑全生命周期活动与材料的相关性

在建筑生命周期活动中，从设计到建造、运行、拆除的几个主要阶段，分别是对材料的选定、使用、维护和拆解过程。

设计阶段是建筑构成确定的主要阶段，由专业按照功能需求进行设计，完成"虚拟建造"的过程，用图纸表达建筑对象，建材的类别基本确定，例如现代大跨度建筑常用钢结构楼盖或屋盖，单层工业厂房也常用钢结构形式，民用建筑主要结构形式为钢筋混凝土结构或组合结构，因此钢和混凝土是主要的建筑材料。建材消耗量可根据图纸进行预算。

从时间上来看，建材生产阶段的碳排放发生在原材料的采集和材料、构件、制品的生产过程，从时间上要先于建筑的生命活动，但建筑生命周期中使用材料的活动是在建造阶段。由施工部门进行材料采购、运输及现场组合，构筑建筑实体，形成建筑空间，才将建材生产和运输阶段的碳排放接入到建筑全生命周期碳排放组成之中。

建筑材料在运行阶段处于相对稳定的状态，由于材料折损或建筑使用的改变会需要对建筑构件、部品等进行维护更新。建筑运行阶段需要替换的部分以装饰装修材料和设备使用终端为主，例如铝合金门窗的使用年限一般为 15~20 年，LED 照明灯具的使用年限为 10~20 年。与建造阶段相似，建筑运行阶段构件和部品的更换将使用建材的碳排放纳入建筑全生命周期碳排放总量之中。

建筑拆除活动是建造活动的逆向过程，拆除后部分建材可以回收利用。对于可回收再利用的建筑材料，可以减少新的材料在制造过程中的碳排放，在计算建材生产阶段的碳排放时应可以减扣。建筑拆除阶段通过材料的回收利用减少了建筑全生命周期碳排放总量。

目前对建筑材料碳排放属性的研究，主要关注其生产及运输过程，材料在使用过程中，也有可能会有碳排放产生或者碳吸收。例如研究表明，在建筑建成后，混凝土中的水泥长期存在缓慢的碳化过程，空气中的二氧化碳会被水泥吸收。由于目前建材的碳汇效应较弱，尚未计入建筑全生命周期碳排放总量，未来随着新型建材碳汇能力的提升，也应当加以计算，降低建材碳排放因子的数值。

（2）建材碳排放量的影响因素

1）建材碳排放因子影响因素

从材料生产企业的角度及材料的碳排放构成来看，建筑材料碳排放因子的影响因素直接体现为生产过程能源的消耗和生产过程直接碳排放。

建筑材料的低碳发展，需要研发应用以减量、减排、高效为特征的减污降碳新工艺、新技术、新产品，以提高燃料替代率并兼具经济性为要求的原料改善及废弃物利用、建筑材料产品循环利用等技术，以及碳吸附、碳捕捉、碳贮存等功能型技术。例如，近年来，受石灰产品结构、技术结构等变化影响，石灰行业生产技术水平不断提升，石灰单位能耗不断降低，建筑材料工业使用替代燃料具备巨大潜力。目前，我国建筑材料工业可再生能源和废弃物利用量在全行业能耗总量中的占比仅为 0.7%，主要包括煤矸石、工业废料、城市垃圾等。受可再生能源和废弃物的产出量、区域分布及其他行业应用等因素限制，目前建筑材料工业对替代燃料在产业结构、区域布局、技术利用路线、配备政策等方面还有待提升和进一步衔接。

2）建设项目建材使用量的影响因素

从建设项目构成的建筑物的角度研究，碳排放的影响因素除了材料自身的碳排放属性外，还有一个重要的因素是材料的消耗量，从建筑全生命周期活动对材料的使用过程来看，材料消耗量可以分为建造期材料消耗量和运行期材料消耗量，分别与建筑建造技术和材料的耐久性相关。

结合材料减排，在建筑设计建造过程中更多使用绿色建材，可促进材料行业低碳技术开发使用，减少建筑材料内含碳排放，研发基于建筑固废和工业固废等开发再生混凝土、碱激发、橡胶混凝土等低碳材料及其在预制构件和 3D 打印中的应用技术；开发低碳绿色高强、高延性水泥材料及其应用技术；开发绿色复合竹木材料、纤维增强复合材料和新型功能性超材料及其应用技术。例如玄武岩纤维 Continuous Basalt Fiber（CBF）是中国国家战略性新材料，具有高强度、高模量、耐高低温、耐化学腐蚀等优异性能，玄武岩纤维的生产工艺决定了产生的废弃物少，对环境污染小，且产品废弃后可直接在环境中降解，无任何危害，因此是一种名副其实的绿色、环保材料。用玄武岩纤维制成新型的建筑材料强度高，具有优异的耐酸、耐腐蚀性，可代替部分钢筋用于土木工程中。

## 5.1.2 碳排放计算过程中建材的分类方法

（1）按照专业性质进行分类

建设项目是指按总体设计和管理进行建设的一个或几个单项工程的总体，例如某中学新建校区是一个建设项目，从策划到立项和规划设计统一进行。该建设项目由教学楼、实验楼、食堂等多个单项工程组成。每一个单项工程具有独立的设计文件，建设中可独立管理，竣工后也可以独立投入使用，建材碳排放计算应当对每一个单项工程的碳排放构成进行计算分析。

通过查询设计图纸、采购清单等工程各行建设相关技术资料，可获得建筑的工程量清单、材料清单等，及建筑建造所需要的各种建材用量。《建筑碳排放计算标准》GB/T 51366—2019 第 6.1.3 条对于建材计算范围的限定为建筑主体结构材料、建筑围护结构材料、建筑构件和部品等，没有明确提及水电设备及管道等相关材料，实际建筑建造和使用中，相关设备材料已成为必不可少的组成部分，因此，本书将建筑设备主要材料纳入建筑碳排放计算范围，参照设计及工程量计算按照专业性质对建筑材料构成进行分类，主要分为建筑工程材料和安装工程材料两大类别。

1）建筑工程材料

工程量计算所指建筑工程是指围合空间形成建筑实体的构成部分。随着现代建筑对室内外环境要求的提高，除了少数建筑采用简单的抹灰面层之外，大多数建筑采用较为复杂的装修做法，将装饰装修工程单列，一般又将建筑专业和结构专业设计所对应的设计建造内容分为土建工程和装修工程两类。土建工程包括建筑基础和墙柱、楼板、屋顶、楼梯、门窗等在内的建筑主体及其主要的保温隔热、防水构造，装饰装修工程包括楼地面、墙面、天棚及各种构件表面的构造，美化室内外建筑空间环境。

《房屋建筑与装饰工程工程量计算规范》GB 50854—2013 是我国工业与民用的房屋建筑与装饰工程实施工程计量的规范性文件，工程计量时一般将附录分类中的砌筑工程、混凝土及钢筋混凝土工程等 10 项划分为土建工程大类，将楼地面装饰、墙柱面装饰等 5 项归为装饰工程大类。土建工程和装修工程的主要建材和建筑构件的组成如表 5-1 所示。

建筑工程主要材料构成示例表　　　　　　　　　　　　　　　　　　表 5-1

| 类别 | 工程类别 | | 主要构件示例 | | 主要材料 | |
|---|---|---|---|---|---|---|
| | 编码 | 名称 | 名称 | 单位 | 名称 | 单位 |
| 土建工程 | 01 | 土石方工程 | 土方工程<br>石方工程 | $m^3$<br>$m^3$ | | |
| | 02 | 地基处理与边坡支护工程 | 换土垫层<br>加桩、注浆地基<br>地下连续墙<br>支护桩 | $m^3$<br>$m^3$<br>m、$m^3$<br>m、$m^2$、根 | 石、土<br>钢筋、型钢<br>混凝土<br>桩<br>钢板 | $m^3$<br>t<br>$m^3$<br>m、根<br>$m^2$ |
| | 03 | 桩基工程 | 预制桩<br>灌注桩<br>钢管桩 | m、$m^3$、根<br>m、$m^3$、根<br>t、根 | 桩<br>钢筋<br>混凝土<br>钢管 | m、$m^3$、根<br>t<br>$m^3$<br>t、根 |
| | 04 | 砌筑工程 | 砖墙<br>砌块墙 | $m^3$<br>$m^3$ | 砖、石、砌块 | 百块、$m^3$ |
| | 05 | 混凝土及钢筋混凝土工程 | 基础<br>柱、墙<br>梁、楼板<br>屋面板<br>楼梯 | $m^3$<br>$m^3$<br>$m^3$<br>$m^3$<br>$m^3$、$m^2$ | 钢筋<br>混凝土<br>螺栓等铁件 | t<br>$m^3$<br>个、t |
| | 06 | 金属结构工程 | 网架、屋架等<br>柱、梁<br>墙板、楼板<br>楼梯<br>雨棚等 | t<br>t<br>t<br>t、$m^2$<br>$m^2$ | 钢<br>铝 | t<br>t |

续表

| 类别 | 工程类别 | | 主要构件示例 | | 主要材料 | |
|---|---|---|---|---|---|---|
| | 编码 | 名称 | 名称 | 单位 | 名称 | 单位 |
| 土建工程 | 07 | 木结构工程 | 屋架<br>柱、梁等构件<br>屋面基层 | 榀、$m^3$<br>$m^3$、m<br>$m^2$ | 木 | $m^3$ |
| | 08 | 门窗工程 | 门<br>卷帘门<br>窗<br>门窗套等构件 | 樘、$m^2$<br>樘、$m^2$<br>樘、$m^2$<br>樘、$m^2$、m | 定制门窗<br>钢、铝合金<br>玻璃<br>金属板、石板 | 樘、$m^2$<br>t<br>t<br>$m^2$ |
| | 09 | 屋面及防水工程 | 瓦屋面、金属屋面<br>屋面防水<br>墙面防水<br>楼地面防水 | $m^2$<br>$m^2$<br>$m^2$<br>$m^2$ | 瓦、金属板<br>防水卷材<br>防水砂浆<br>防水涂料防水剂 | $m^2$<br>$m^2$<br>t、kg<br>t、kg |
| | 10 | 保温、隔热、防腐工程 | 保温层、隔热层<br>防腐面层 | $m^2$<br>$m^2$ | 保温板<br>涂料 | t、$m^2$<br>t、kg |
| 装饰工程 | 11 | 楼地面装饰工程 | 楼地面抹灰<br>楼地面块料、面板<br>踢脚线<br>楼梯面层 | $m^2$<br>$m^2$<br>$m^2$、m<br>$m^2$ | 砂浆、涂料<br>面砖、石板等<br>龙骨<br>装饰线条 | kg<br>$m^2$、块<br>m<br>$m^2$、m |
| | 12 | 墙、柱面装饰与隔断、幕墙工程 | 墙面抹灰<br>柱、梁块料、面板<br>幕墙<br>隔断 | $m^2$<br>$m^2$<br>$m^2$<br>$m^2$ | 砂浆、涂料<br>面砖、石板等<br>龙骨、装饰线条<br>玻璃、塑料隔板 | kg<br>$m^2$<br>m<br>$m^2$ |
| | 13 | 天棚工程 | 天棚抹灰<br>吊顶棚<br>采光天棚 | $m^2$<br>$m^2$<br>$m^2$ | 砂浆、涂料<br>饰面板、玻璃<br>龙骨、装饰线条 | kg、t<br>$m^2$<br>m |
| | 14 | 油漆、涂料、裱糊工程 | 构件油漆<br>抹灰面油漆<br>喷刷涂料<br>裱糊墙布 | $m^2$、m<br>$m^2$<br>$m^2$<br>$m^2$ | 腻子<br>油漆<br>涂料<br>墙纸、墙布 | $m^2$<br>kg、t<br>$m^2$<br>$m^2$ |
| | 15 | 其他装饰工程 | 装饰柜<br>栏杆<br>扶手<br>挂钩等零星配件 | $m^2$、m<br>$m^2$<br>m<br>个 | 灯箱<br>玻璃栏板<br>不锈钢扶手<br>挂钩、拉环 | 个<br>s<br>m<br>个 |

表 5-1 根据《房屋建筑与装饰工程工程量计算规范》GB 50854—2013 中分部分项工程体系整理，其中场地土石方、地基、桩基三项工程受场地条件影响较大，在工程计量时可单列，场地复杂或地下室深度较大时，地基处理与边坡支护还应进行专项设计。

2）安装工程材料

安装工程是指各种设备、装置的安装工程，通常包括：工业、民用设备，电气、智能化控制设备，自动化控制仪表，通风空调，工业、消防、给水排水、采暖燃气管道以及通信设备安装等，常规建筑碳排放计算不考虑工业机械设备、管道工程等。《通用安装工程工程量计算规范》GB 50856—2013 是我国工业与民用的安装工程实施工程计量的规范性文件，参照其附录分类及建筑设备各专业设计分类，建筑碳排放计算应考虑为建筑提供水、电及满足消防、通风、空气调节的主要设备及材料，如表 5-2 所示。

安装工程主要材料构成示例表　　　　　　表 5-2

| 专业类别 | 工程类别 | 主要设备及材料 | |
|---|---|---|---|
| | | 名称 | 单位 |
| 电气设计 | 电气设备安装工程 | 配电柜、配电箱<br>电力电缆、配管<br>避雷线、接地线<br>照明器具 | 台、个<br>m<br>m<br>套 |
| | 消防工程：<br>火灾自动报警系统 | 探测器<br>报警器<br>控制箱 | 只、个<br>台、个<br>台 |
| 供暖通风与空气调节 | 通风空调工程 | 空调器<br>通风管道 | 台<br>m² |
| | 采暖工程 | 散热器<br>辐射采暖管道 | 片、组<br>m |
| 给水排水设计 | 消防工程：<br>灭火系统 | 消火栓钢管、喷淋钢管、无缝钢管<br>消火栓<br>灭火器 | m<br>套<br>具 |
| | 给水排水工程 | 钢管、塑料管<br>卫生洁具<br>阀门等管道附件 | m<br>套、组<br>个、组 |
| 动力设计 | 燃气工程 | 热水器等燃气器具<br>燃气管道 | 台<br>m² |

3）措施项目材料

措施项目是指完成工程项目施工，发生于该工程施工准备和施工过程中的技术、生活、安全、环境保护等方面的项目。模板等措施项目中使用损耗的建材的碳排放也需要计算。

（2）按照建材使用年限分类

建筑全生命周期活动中，与建材相关的活动主要发生在建造和拆除阶段，分别为建筑材料及设备的组合和拆解过程，部分材料伴随整个建筑使用时期，还有部分材料的使用年限为 10~20 年，计算建筑全生命周期碳排放时应当考虑材料更新替换，因此按照使用年限可以将建材分为与建筑同寿命材料和维护更换型材料两种类型。

1）与建筑同寿命材料在建筑新建时投入建造，与建筑整体进入运行期，直到拆除阶段被拆解处理，计算建筑全生命周期碳排放只计入初始的一次投入。

与建筑同寿命材料用于建筑基础、墙、柱、楼板、屋顶、楼梯的主要承重结构以及主要的设备和管道，包括钢筋、水泥、混凝土、砖、砌块、钢、石材、电力电缆、钢管等。例如混凝土具有良好的耐久性，且主要用于主体工程，一般同建筑寿命；砖石是传统建筑材料，砌块的材料与混凝土相似，在目前建筑中用来替换传统砖石材料，砌块按材料分为混凝土、加气混凝土、粉煤灰硅酸盐、煤矸石、人工陶粒、矿渣废料砌块等，作为承重墙或隔墙的主要材料，不需要考虑使用过程中的更换。设备系统主管道及电缆所采用的主要为钢、铜等耐久性材料，主管道作为各系统的运行骨架，建成后不考虑更换。

此外，用于装饰的石材、金属板幕墙，虽然不是建筑主体结构，但材料本身具有较好的耐久性，如果没有建筑功能或外观改变的需求，理论上也可以与建筑使用寿命相同，计算建筑碳排放时也按照初始投入的用量计算。

2）运行阶段维护更换型材料是指使用年限少于建筑使用年限的材料，主要是指用于建筑构件的面层材料和建筑设备使用终端的材料，包括屋面防水材料、楼地面防水材料、墙地砖、木饰面及照明灯具、吊顶空调风口、卫生洁具、散热器等，可参见表5-1中的门窗、屋面防水、保温隔热、防腐及装饰工程材料，计算建筑全生命周期碳排放时应考虑材料的更换，材料消耗量应按照初始投入加上更换投入的消耗量。

以外墙保温材料为例，根据《外墙外保温工程技术标准》JGJ 144—2019，外墙外保温工程的使用年限不应少于25年。按照建筑50年的设计使用年限计算建筑物全生命周期碳排放时，考虑更换一次保温材料，全生命周期保温材料的消耗量按照初次建造消耗量的2倍计算。建筑装饰材料使用年限与材料本身的质量有关，还与施工、使用环境条件和维护保养等因素有关，施工中按照技术规定，使用过程中应加强维护管理，延长建材及建筑部品构件的使用寿命。

## 5.1.3 建材生产及运输阶段碳排放计算公式

### （1）建材碳排放计算公式

建材碳排放应包含建材生产阶段及运输阶段的碳排放，本书以建筑物为研究对象，从建筑全生命周期活动构成的角度进行计算，采用碳排放因子法计算建筑材料在生产及运输阶段的碳排放。建材生产及运输阶段的碳排放应为建材生产阶段碳排放与建材运输阶段碳排放之和，计算公式为：

$$C_{JC}=C_{SC}+C_{YS} \tag{5-1}$$

式中　$C_{JC}$——建材生产及运输阶段单位建筑面积的碳排放量（kg $CO_2e/m^2$）；

$C_{SC}$——建材生产阶段碳排放（kg $CO_2e$）；

$C_{YS}$——建材运输阶段碳排放（kg $CO_2e$）。

其中，建材生产阶段碳排放计算公式为：

$$C_{SC}= \sum_{i=1}^{n}M_iF_i \tag{5-2}$$

式中　$M_i$——第 $i$ 种建材的消耗量；

$F_i$——第 $i$ 种建材的碳排放因子（kg $CO_2e$/ 单位建材数量）。

建材运输阶段碳排放计算公式为：

$$C_{YS}= \sum_{i=1}^{n}M_iF_iS_i \tag{5-3}$$

式中　$M_i$——第 $i$ 种建材的消耗量；

$F_i$——第 $i$ 种建材所采用运输方式的碳排放因子 [kg $CO_2e$/（t·km）]；

$S_i$——第 $i$ 种建材的运输距离（km）。

（2）建筑材料碳排放因子的确定

建筑材料碳排放因子是碳排放计算的基础数据，在以建筑为研究对象计算建材生产阶段的碳排放时，不再考虑碳排放因子的测算，直接使用已有的碳排放因子。当所采购的建材具有第三方认证机构出具的碳足迹证书时，可直接采用企业所提供的建材生产阶段的碳排放因子，目前国内外认证机构都有开展建材碳足迹审核业务，今后会更为普遍，为建材部分的碳排放计算提供便利。设计阶段尚未确定采购点，或厂家未提供数据时，采用已有研究的数据。本书第 3 章介绍了建材生产阶段碳排放的测算方法及碳排放因子库，结合我国目前碳排放因子库的现状，建筑材料碳排放因子主要有以下几种来源：

1）我国相关部门公布的数据，如《建筑碳排放计算标准》GB/T 51366—2019 中的建筑材料碳排放因子。

2）国内研究机构的专项研究结果，如中国工程院和国家环境局的温室气体控制项目、国家科学技术委员会的气候变化项目，以及绿色奥运建筑研究项目。

3）现有建筑碳排放计算软件中的碳排放因子库，例如《东禾建筑碳排放因子库》。

4）其他国家及国际相关机构发布的数据，IPCC 发布的《国家温室气体清单指南》、IPCC 在线排放因子数据查询系统、Ecoinvent 生命周期数据清单等。

5）国内外科研单位及相关研究者的研究数据，如英国巴斯大学 Hammond 等整理的 ICE 数据报告、四川大学和亿科环境共同开发的 CLCD 数据库等。

鉴于国内外生产技术条件、材料性能指标等方面的差异，建筑材料碳排放因子应优先选用国内机构及研究者的研究数据，在数据不足时借鉴国际权威机构及国内研究者的相关成果。

（3）建筑工程建材消耗量计算

在建筑工程成本计算和管理中，根据建筑生命周期的阶段划分及活动是否实际产生费用的情况，将工程造价和成本计算分为可行性研究或方案设计估算、初步设计概算、施工图设计预算、施工决算几个阶段。其中的估算、概算和预算所计算的均为尚未实际产生的材料消耗，根据设计计算和统计出的工程量，再依据对应的定额指标计算各种建材的消耗量，作为建造阶段材料采购管理的依据。施工决算是对施工中已产生的活动进行计算，计算实际消耗的材料用量。

参照工程造价的基本原理和方法，建材碳排放计算可分为预算和核算两种类型，其中预算数据的精细度与设计阶段相对应。可行性研究和方案设计阶段，当结构设计无估算数据时，可根据建筑层数和结构形式估算主要材料用量。

材料用量可以根据搜集的建筑案例进行统计，统计的指标主要包括：建筑层数、建筑功能类型、建筑面积、建筑主要使用材料消耗量或者单位面积消耗量；主要建筑材料包括：钢材、水泥、木材、砖块、玻璃、铝等。基于建筑结构和建筑材料将建筑分为钢结构、钢筋混凝土结构、砖结构和木结构。汇总每种建筑结构类型下单位建筑面积的平均建筑材料消耗量，如表5-3所示。

单位建筑面积建筑材料消耗量清单（kg/m²）　　　　　　　表 5-3

| | 木结构 | 砖结构 | 钢筋混凝土结构 | 钢结构 |
|---|---|---|---|---|
| 钢材 | 6.218 0 | 20.800 0 | 62.519 2 | 262.073 8 |
| 水泥 | 56.810 6 | 169.306 7 | 346.469 0 | 85.812 1 |
| 砖 | 24.879 1 | 251.590 4 | 22.425 5 | 0.000 00 |
| 木材 | 160.525 8 | 22.000 0 | 27.598 9 | 31.750 0 |
| 铝 | 2.857 10 | 0.560 00 | 1.865 70 | 8.601 40 |
| 玻璃 | 3.200 00 | 3.200 00 | 7.028 30 | 20.869 9 |

资料来源：朱维娜（2020）。

施工建造阶段按照施工图组织设计进行材料采购，根据现场材料采购和使用记录对材料消耗数量和运输方式、运输距离进行统计。

## 5.2 建材生产阶段碳排放计算

### 5.2.1 基于造价咨询的建材生产阶段碳排放计算

（1）基于单项工程材料汇总数量进行计算

施工图预算包括单位工程预算、单项工程综合预算和建设项目总预算三个层次，工程建设中每一个单项工程是一个独立的个体，建筑物全生命周期碳排放计算通常也是以一个单项工程为计算对象，其中建材生产阶段碳排放计算所需要的材料消耗量可以直接使用单项工程预算中的数据，获取整个项目的材料消耗量，如表 5-4 所示为某住宅建筑工程材料汇总表中的部分数据，初步设计概算提供的材料汇总数据与之相似。将所有材料汇总表中的数据导入计算软件，可计算出该建筑的建材生产阶段碳排放，如表 5-5 所示为该部分建材生产阶段的碳排放计算结果。

某住宅建筑工程材料汇总表　　　　表 5-4

| 编码 | 类别 | 名　称 | 规格型号 | 单位 | 数量 | 预算价（元） | 市场价（元） | 市场价合计（元） |
|---|---|---|---|---|---|---|---|---|
| 303083 | 商品混凝土 | 商品混凝土 C30（泵送） | | m³ | 5 324.999 44 | 296 | 387 | 2 060 774.78 |
| 502018 | 材 | 钢筋（HRB400 级钢） | φ8 | t | 653.187 6 | 2 800 | 3 500 | 2 286 156.6 |
| 499001 | 材 | 现浇构件含钢筋 | φ12 外 | t | 995.485 33 | 2 800 | 3 450 | 3 434 423.25 |
| 303088 | 商品混凝土 | 商品混凝土 C60（泵送） | | m³ | 2 133.468 5 | 377 | 469 | 1 000 596.75 |
| 613275 | 材 | 专用胶粘剂 | | kg | 112 007.16 | 5 | 4 | 448 028.64 |
| 303085 | 材 | 商品混凝土 C40（泵送） | | m³ | 1 634.452 48 | 318 | 409 | 668 491.06 |
| 013005_GB | 材 | 水泥砂浆（干拌） | 1∶3 | t | 1 798.352 26 | 176.3 | 316 | 568 279.31 |
| 202008 | 材 | A3.5 加气混凝土砌块 | | m³ | 1 801.89 | 3.83 | 220 | 396 415.8 |
| 303087 | 材 | 商品混凝土 C50（泵送） | | m³ | 1 307.431 04 | 355 | 439 | 573 962.23 |
| 610136-1 | 材 | 界面剂（混凝土面） | | kg | 92 906.290 2 | 1.1 | 1.1 | 102 196.92 |
| 204054 | 材 | 地砖 | 300×300 | 块 | 15 391.567 36 | 2.35 | 3 | 46 174.7 |
| 499000 | 材 | 现浇构件含钢筋 | φ12 内 | t | 439.518 38 | 2 800 | 3 450 | 1 516 338.41 |
| 303064 | 商品混凝土 | 商品混凝土 C20（非泵送） | | m³ | 1 044.909 43 | 257 | 355 | 370 942.85 |
| 502018 | 材 | 钢筋（HRB400 级钢） | φ12 | t | 162.832 8 | 2 800 | 3 450 | 561 773.16 |
| 502018 | 材 | 钢筋（HRB400 级钢） | φ10 | t | 154.213 8 | 2 800 | 3 500 | 539 748.3 |
| 204056 | 材 | 地砖 | 600×600 | 块 | 9 770.042 | 7.52 | 18 | 175 860.76 |
| 301023 | 材 | 水泥 | 32.5 级 | kg | 362 241.610 6 | 0.28 | 0.399 | 144 534.4 |

续表

| 编 码 | 类别 | 名　称 | 规格型号 | 单位 | 数量 | 预算价（元） | 市场价（元） | 市场价合计（元） |
|---|---|---|---|---|---|---|---|---|
| 502018 | 材 | 钢筋（HRB400 级钢） | φ20 | t | 134.151 62 | 2 800 | 3 400 | 456 115.51 |
| 502018 | 材 | 钢筋（HRB400 级钢） | φ22 | t | 121.043 4 | 2 800 | 3 400 | 411 547.56 |
| 以下略 | | | | | | | | |

注：本表根据造价软件导出数据整理，建材条目数量巨大，本章仅以部分数据作为示意，后续表格均采用相同的省略方法。

某住宅建筑建材生产阶段碳排放构成表　　　　　　表 5-5

| 建材名称 | 建材规格 | 单位 | 数量 | 碳排放因子数值 | 碳排放因子单位 | 碳排放量（t CO₂e） |
|---|---|---|---|---|---|---|
| 商品混凝土 C30（泵送） | | m³ | 5 324.999 | 295 | kg CO₂e/m³ | 1 570.87 |
| 钢筋（HRB400 级钢） | φ8 | t | 653.188 | 2 340 | kg CO₂e/t | 1 528.46 |
| 现浇构件含钢筋 | φ12 | t | 995.485 | 1 054.36 | kg CO₂e/t | 1 049.6 |
| 商品混凝土 C60（泵送） | | m³ | 2 133.469 | 429.78 | kg CO₂e/m³ | 916.92 |
| 专用胶粘剂 | | kg | 112 007.2 | 6 550 | kg CO₂e/t | 733.67 |
| 商品混凝土 C40（泵送） | | m³ | 1 634.452 | 429.78 | kg CO₂e/m³ | 702.45 |
| 水泥砂浆（干拌） | 1：3 | t | 1 798.352 | 365 | kg CO₂e/t | 656.4 |
| A3.5 加气混凝土砌块 | | m³ | 1 801.89 | 319.18 | kg CO₂e/m³ | 575.13 |
| 商品混凝土 C50（泵送） | | m³ | 1 307.431 | 429.78 | kg CO₂e/m³ | 561.91 |
| 界面剂（混凝土面） | | kg | 92 906.29 | 5 910 | kg CO₂e/t | 549.1 |
| 地砖 | 300×300 | 块 | 15 391.57 | 35.298 | kg CO₂e/块 | 543.29 |
| 现浇构件含钢筋 | φ12 内 | t | 439.518 | 1 054.36 | kg CO₂e/t | 463.41 |
| 商品混凝土 C20（非泵送） | | m³ | 1 044.909 | 429.78 | kg CO₂e/m³ | 449.08 |
| 钢筋（HRB400 级钢） | φ12 | t | 162.833 | 2 340 | kg CO₂e/t | 381.03 |
| 钢筋（HRB400 级钢） | φ10 | t | 154.214 | 2 340 | kg CO₂e/t | 360.86 |
| 地砖 | 600×600 | 块 | 9 770.042 | 35.298 | kg CO₂e/块 | 344.86 |
| 水泥 | 32.5 级 | kg | 362 241.6 | 0.894 | kg CO₂e/kg | 323.84 |
| 钢筋（HRB400 级钢） | φ20 | t | 134.152 | 2 340 | kg CO₂e/t | 313.92 |
| 钢筋（HRB400 级钢） | φ22 | t | 121.043 | 2 340 | kg CO₂e/t | 283.24 |
| 以下略 | | | | | | |
| 合计 | | | | | | 16 866.98 |

现有建筑碳排放计算分析软件及相关规范均采用单项工程汇总计算，根据建筑物总体材料汇总表可以快速得到建材生产阶段碳排放，计入全生命周期碳排放，导出计算报告，满足《建筑节能与可再生能源利用通用规范》GB 55015—2021 的要求，其优点是快速、便捷。

（2）基于分部工程材料汇总数量进行计算

　　将建筑物所有材料汇总计算无法获知建筑物各部分的构成数据，在进行低碳建筑设计优化和低碳技术研究时缺少详细数据，无法针对建筑的某构成部分进行分析。因此，当需要详细数据时，还需要从单位工程预算的层面获取建材用量。单位工程的划分没有严格的规定，可参照专业性质和工程构成进行分类。如图 5-2 所示，图 5-2（a）为某住宅工程施工图预算单位工程构成，建筑功能相对简单，无集中空调系统，以自然通风为主，将单位工程按照地上、地下及建筑、结构、给水排水和电气工程进行分类。图 5-2（b）为某医院门诊住院综合楼初步设计概算单位工程构成，该医院项目由包括本综合楼在内的多个单项工程组成，满铺型地下室为一个单项工程，因此图示 1 号门诊住院综合楼不含地下工程。地上部分建筑面积约 5.2 万 m²，功能和造型较为复杂，幕墙占比大，部分楼板、梁、内外墙采用预制构件，工程量计价时将单位工程细分为土建、装饰、幕墙与外墙、装配式土建等 10 项。

（a）某住宅楼单位工程构成　　　　（b）某医院门诊住院综合楼单位工程构成

图 5-2　施工图预算建筑单位工程构成示意图

（3）基于工程量清单计算建材碳排放

　　目前的建设工程招标投标过程，多采用工程量清单计价方式，由具有资质的咨询机构编制招标工程量清单，由投标人根据工程量清单进行自主报价，工程量及材料的消耗量以分项工程量的形式提供，不再归类到钢筋、混凝土或砌块等单一的建材消耗量，如表 5-6 所示。

某工程分部分项工程和单价措施项目清单与计价表　　　　表 5-6

工程名称：1 号门诊住院综合楼土建工程　　标段：略　　　　　　　　第 1 页 共 12 页

| 序号 | 项目编码 | 项目名称 | 项目特征描述 | 计量单位 | 工程量 | 金额（元） | | |
|---|---|---|---|---|---|---|---|---|
| | | | | | | 综合单价 | 综合合价 | 其中：暂估价 |
| | | 砌筑工程 | | | | | | |
| 1 | 010402001001 | 砌块墙 | 1. 砌块品种、规格、强度等级：200mm 厚蒸压加气混凝土砌块 A5.0 2. 墙体类型：外墙 3. 砂浆强度等级：M5 专用砂浆 | m³ | 1 653.79 | 531.31 | 878 675.16 | |
| 2 | 010402001002 | 砌块墙 | 1. 砌块品种、规格、强度等级：200mm 厚蒸压加气混凝土砌块 A3.5 2. 墙体类型：内墙 3. 砂浆强度等级：M5 专用砂浆 | m³ | 1 386.89 | 529.51 | 734 372.12 | |
| 3 | 010402001003 | 砌块墙 | 1. 砌块品种、规格、强度等级：100mm 厚蒸压加气混凝土砌块 A3.5 2. 墙体类型：卫生间隔墙 3. 砂浆强度等级：M7.5 专用砂浆 | m³ | 521.14 | 563.71 | 293 771.83 | |
| 4 | 010402001006 | 砌块墙 | 1. 砌块品种、规格、强度等级：250mm 厚蒸压加气混凝土砌块 A3.5 2. 墙体类型：首层影像中心隔墙 3. 砂浆强度等级：M10 专用砂浆 | m³ | 346.49 | 528.05 | 182 964.04 | |
| | | | 本页小计 | | | | 2 089 783.16 | |

　　基于以上工程量清单的建材碳排放计算，应当以分项工程中的构件为计算单元。参照施工图预算的预算单价法，根据表中项目特征所描述的材料组成计算出在该分项工程单位数量的碳排放量，乘以数量得到相应分项工程的碳排放量，求和得到单位工程、单项工程建材生产阶段的碳排放量。基于工程量清单的计算需要将材料的碳排放因子转变成分项工程的碳排放因子，参照定额中的材料构成，对表 5-6 中编码为010402001001 砌块墙的碳排放量进行计算，如表 5-7 所示，可得出该砌块墙的碳排放因子为 269.49kg $CO_2e/m^3$。

　　按照分项工程项目计算建筑构件及部品部件的碳排放因子，也有利于装配式建筑中的构件分析和优化，得到与建筑各组成部分相对应的详细数据，有利于建筑设计优化及施工管理。表格中的计算数据来源于广联达计价平台，建筑工程中材料数量和类型繁多，本书仅阐述了基本的计算方法和计算，亟需开发相应计算软件，打通与现有工程量计算软件的数据接口，将工程量计算与碳排放计算相结合。

某工程 010402001001 砌块墙碳排放量组成　　　　　　　表 5-7

| 分项工程项目 | | | | 单位数量分项工程项目耗用材料 | | | | |
|---|---|---|---|---|---|---|---|---|
| 名称 | 特征描述 | 计量单位 | 碳排放量（kg CO$_2$e/m$^3$） | 名称 | 计量单位 | 数量 | 碳排放因子（kg CO$_2$e/m$^3$） | 碳排放量（kg CO$_2$e） |
| 砌块墙 | 1. 砌块品种、规格、强度等级：200mm 厚蒸压加气混凝土砌块 A5.0 2. 墙体类型：外墙 3. 砂浆强度等级：M5 专用砂浆 | m$^3$ | 269.49 | 蒸压加气混凝土砌块 A5.0 | m$^3$ | 0.915 | 270 | 247.05 |
| | | | | 水 | m$^3$ | 0.100 | 0.168 | 0.016 8 |
| | | | | 混合砂浆，砂浆强度等级 M5 | m$^3$ | 0.095 | 236 | 22.42 |

## 5.2.2　建造过程建材生产阶段碳排放核算

建筑材料管理是建筑工程管理的重要环节，在建筑工程项目成本费用的构成中，材料约占 70% 甚至更多，而在建筑物化阶段的碳排放量中，建材生产及运输部分的碳排放所占比例接近或超过 90%，材料管理和建造过程的碳排放核算具有十分重要的意义。应从材料采购、运输、验收、入库管理、发料、使用和回收的各个阶段，控制材料消耗量，选择低碳绿色建材。

对于常规建筑工程，建造过程中需要有完善的建材进场记录，如表 5-8 为某工程材料进场台账记录。

某工程水泥砂浆台账记录表（局部）　　　　　　　　表 5-8

| 物资名称 | 单位 | 数量 | 税率 | 结算（元） | | 进场日期 |
|---|---|---|---|---|---|---|
| | | | | 含税单价 | 含税合计 | |
| 水泥砂浆（散装干拌砂浆） | t | 447.365 5 | 13% | 349.824 | 156 499.19 | 2021-5-19 |
| 水泥砂浆（散装干拌砂浆） | t | 200.000 0 | 13% | 349.824 | 69 964.80 | 2021-5-20 |
| 水泥砂浆（散装干拌砂浆） | t | 21.670 0 | 13% | 442.900 | 9 597.64 | 2021-5-21 |
| 水泥砂浆（散装干拌砂浆） | t | 21.670 0 | 13% | 442.900 | 9 597.64 | 2021-5-31 |
| 水泥砂浆（散装干拌砂浆） | t | 27.600 0 | 13% | 344.968 0 | 9 521.12 | 2021-7-2 |
| 水泥砂浆（散装干拌砂浆） | t | 35.260 0 | 13% | 391.616 0 | 13 808.38 | 2021-7-20 |
| 水泥砂浆（散装干拌砂浆） | t | 29.560 0 | 13% | 333.192 0 | 9 849.16 | 2021-8-14 |
| 水泥砂浆（散装干拌砂浆） | t | 30.200 0 | 13% | 333.192 0 | 10 062.40 | 2021-8-20 |

建材生产阶段碳排放核算依据材料进场材料数量进行计算，并考虑部分材料回收后的利用价值，按照可以抵扣该类建材新材料碳排放的 50% 计算，建造过程建材生产阶段碳排放可按式 5-4 计算：

$$C_{SC}=C_{SC-J}-C_{SC-H} \tag{5-4}$$

$$C_{SC-J}=\sum_{i=1}^{n} M_{i-J}F_i \tag{5-5}$$

$$C_{SC-H}=0.5\sum_{i=1}^{n} M_{i-H}F_i \tag{5-6}$$

式中　$C_{SC}$——建材生产阶段的碳排放量（kg $CO_2$e）；

　　　$C_{SC-J}$——进场建材生产阶段碳排放量（kg $CO_2$e）；

　　　$C_{SC-H}$——可回收建材生产阶段碳排放量（kg $CO_2$e）；

　　　$M_{i-J}$——第 $i$ 种进场建材的消耗量；

　　　$M_{i-H}$——第 $i$ 种可回收建材的消耗量；

　　　$F_i$——第 $i$ 种建材的碳排放因子（kg $CO_2$e/ 单位建材数量）。

按照上述公式可以对建筑物产生的建材生产阶段碳排放进行核算，施工过程中定期与碳排放预算数值进行对比，为评价和控制建造过程的低碳性提供数据支撑。对于有低碳建造技术研发需求的建筑部位，还需要结合领料单及材料使用记录，对需要研究的构件或工序进行计算。

### 5.2.3　建筑运行过程中维修更新材料碳排放计算

建筑物全寿命周期材料内含碳排量的数值与材料的使用数量和材料形式相关。材料的投入和使用发生在除前期策划及设计阶段的所有阶段，即从建造、运行到拆除过程。根据建筑物各专业的设计情况，初期投入各种土建及设备材料，完成建筑物的构建过程。目前我国建筑物的合理使用年限为 50 年，钢筋混凝土主体结构工程的使用年限可达 50 年或以上，但并非所有构件的使用寿命都能达到 50 年，根据各构件的使用情况在运行阶段需要加以更换。建筑物主要构件及材料的合理使用年限和更换次数如表 5-9 所示。

使用与维护阶段构件更换列表　　　　　　　　　　　　　　表 5-9

| 建筑构件名称 | 使用寿命（年） | 构件更换次数 $N$ |
| --- | --- | --- |
| 木质、合金装饰板 | 30 | 1 |
| 采暖供热设备 | 30 | 1 |
| 别墅屋顶防水 | 25 | 1 |
| 门窗 | 25 | 1 |
| 铸铁水管 | 30 | 1 |
| 屋面防水、墙地面瓷砖 | 15 | 3 |
| 涂料 | 10 | 4 |

建筑设计使用年限内的维修更新，一般不涉及主体结构，主要是装饰装修材料的维修和更换，其碳排放详细计算见本书第 9 章。

# 5.3　建筑材料运输阶段碳排放计算

## 5.3.1　建筑材料运输方式

（1）建筑材料运输方式确定

交通运输碳排放是人类生活碳排放的主要构成部分，物质运输过程中碳排放来自各类运输设备的动力能源消耗。常规运输方式包括铁路运输、水路运输、公路运输、航空运输和管道运输 5 大类。在建筑的生命周期内，也有大量的物质运输活动，其中建造阶段建筑材料及施工设备的运输是主要部分。

1）铁路运输

铁路运输是现代运输主要方式之一，也是陆上货物运输的两个基本方式之一，它在整个运输领域中占有重要的地位，并发挥着越来越重要的作用。铁路运输由于受气候和自然条件影响较小，且运输能力及单车装载量大，在运输的经常性和低成本性上占据优势，再加上有多种类型的车辆，使它几乎能承运任何商品，几乎可以不受重量和容积的限制。长距离的货物运输常用铁路运输的方式。

2）公路运输

公路运输是在公路上运送旅客和货物的运输方式。是交通运输系统的组成部分之一。主要承担短途客货运输。现代所用运输工具主要是汽车。因此，公路运输一般即指汽车运输，也是建筑材料运输的主要方式。

3）水路运输

水路运输是以船舶为主要运输工具，以港口或港站为运输基地，以水域包括海洋、河流和湖泊为运输活动范围的一种运输方式。水运仍是世界许多国家最重要的运输方式之一。

4）航空运输

建筑材料采用航空运输极少，一般只在特殊工程中的一些局部材料和装饰构件或精密仪器、安装设备运输时采用。

5）管道运输

施工中消耗的燃油、煤等能源在生产地向市场输送的过程中采用管道运输，管道运输不如其他运输方式灵活，不允许随便扩展管线，实现"门到门"的运输服务，对建筑施工来说，管道运输常常要与铁路运输或汽车运输、水路运输配合才能完成全程输送。电力运输过程不产生碳排放，但会有能量的损耗，水资源运输过程中的加压设置需要消耗少量的能源。以上物质的运输，燃料、电力和水资源的供应，一般都有城市相应的供应系统，同一个地区差别不大，且不由施工部门控制，施工中可以调控的主要是建筑材料的运输距离和方式，并因此影响建造阶段碳排放。

铁路运输、水路运输、公路运输是建筑材料的主要运输方式，也是各种机械设备和现场消耗资源从地区供应中心到施工现场的运输方式。建筑材料、燃料等物资的采购属于施工过程的一项重要内容，从节能及低碳建筑的建设来看，要求建筑材料能就近取材，减少材料运输距离，减少碳排放。

（2）建筑材料运输距离确定

建材运输阶段碳排放计算理论上应包含：建材从生产地运到施工现场的运输过程，建材运输过程所耗能源的开采、加工，及运输工具的生产，运输道路等基础设施的建设等。考虑到目前运输工具的生产、运输道路等基础设施建设等过程的基础数据尚不完善，且此类过程分摊到建材运输上的环境影响较小，可忽略不计。绿色建筑评价标准中明确要求施工现场500km以内生产的建筑材料重量占建筑材料总重量的70％以上。在施工中应当尽量就近采购材料，减少运输环节的能量消耗。

建造单位根据运输方式及运输距离的实际情况确定计算数据，设计阶段计算不能确定时，可采用《建筑碳排放计算标准》GB/T 51366—2019所规定的混凝土的默认运输距离值40km，其他建材的默认运输距离值为500km，运输方式可预设为公路运输。

施工组织设计阶段，应对建筑进行调查，初步确定供货范围，估算运输距离，进行计算。

建造过程中对采购材料的数量、来源距离以及所采用的运输方式，应进行详细记录，以实际运输的质量及距离计算建材运输阶段碳排放。

## 5.3.2 建筑材料运输阶段碳排放计算

（1）混凝土等重型材料运输阶段碳排放计算

各类运输方式的碳排放因子常用单位为"kg $CO_2$e/（t·km）"，以运输货物质量计算，载重量越大的货车，其能源使用效率越高，碳排放因子相对较低。水泥、钢材等密度较大的材料，所占体积小，车辆为满载运输状态，可直接按照运输车辆的碳排放因子计入：

$$C_{YS} = \sum_{i=1}^{n} M_i D_i T_i \tag{5-7}$$

式中　$C_{YS}$——建材运输过程碳排放（kg $CO_2$e）；

　　　$M_i$——第 i 种主要建材的消耗量（t）；

　　　$D_i$——第 i 种建材的平均运输距离（km）；

　　　$T_i$——第 i 种建材运输方式下，单位质量单位运输距离的碳排放因子 [kg $CO_2$e/（t·km）]。

建筑材料的运输量，按照建筑消耗的材料用量计算，采用主要材料的估算值或预算值。《建筑碳排放计算标准》GB/T 51366—2019 提供了汽油货车、柴油货车、铁路和水路运输等各类运输方式的碳排放因子，根据建材就近取材的原则，从产品到工地，大多采用公路运输，设计计算时可选用 8t 中型汽油货车运输或 8t 重型柴油货车运输的方式进行估计。施工计算时则根据建材厂家位置选择合适的运输方式，按照实际进行计算。各种运输方式的碳排放因子如表 5-10 所示。

各类运输方式的碳排放因子 [kg $CO_2$e/（t·km）]　　　　　　　表 5-10

| 运输方式类别 | 碳排放因子 |
| --- | --- |
| 轻型汽油货车运输（载重 2t） | 0.334 |
| 中型汽油货车运输（载重 8t） | 0.115 |
| 重型汽油货车运输（载重 10t） | 0.104 |
| 重型汽油货车运输（载重 18t） | 0.104 |
| 轻型柴油货车运输（载重 2t） | 0.286 |
| 中型柴油货车运输（载重 8t） | 0.179 |
| 重型柴油货车运输（载重 10t） | 0.162 |
| 重型柴油货车运输（载重 18t） | 0.129 |
| 重型柴油货车运输（载重 30t） | 0.078 |
| 重型柴油货车运输（载重 46t） | 0.057 |
| 铁路运输（中国市场平均） | 0.010 |
| 液货船运输（载重 2 000t） | 0.019 |
| 干散货船运输（载重 2 500t） | 0.015 |

资料来源：《建筑碳排放计算标准》GB/T 51366—2019。

（2）保温板等轻质材料运输阶段碳排放计算

保温板等轻质材料体积较大，车辆满载状态下，运载质量偏低，仅按货物的质量计算，建筑运输阶段的碳排放低于车辆实际产生的碳排放。这部分材料运输阶段的碳排放，应当考虑其体积质量比修正运输方式的碳排放因子，其计算公式如下：

$$K = \frac{M}{V\rho} \tag{5-8}$$

式中　$K$——轻质建筑材料运输过程碳排放因子修正系数，不小于1；

　　　$M$——车辆满载质量（t）；

　　　$V$——车辆满载容积（m³）；

　　　$\rho$——运输材料密度（t/m³）。

例如某挤塑聚苯板密度为0.03t/m³，采用2t汽油货车运输，该汽油货车载重量为2t，容积为12m³，按照容积满载时挤塑板的质量为360kg，修正系数应为5.56，表示当采用该运输车辆运输挤塑板时，其单位质量的碳排放因子约为运送单位质量钢材的5.56倍。

该轻质材料的碳排放计算需要同时考虑车辆的载重量和满载容积，采用修正后的碳排放因子计算，计算公式为：

$$C_{YS} = \sum_{i=1}^{n} M_i D_i K_i F_{ic} \tag{5-9}$$

式中　$C_{YS}$——建材运输过程碳排放（kg CO₂e）；

　　　$M_i$——第$i$种主要建材的消耗量（t）；

　　　$D_i$——第$i$种建材的平均运输距离（km）；

　　　$K_i$——第$i$种建材的运输过程碳排放因子修正系数，不小于1；

　　　$F_{ic}$——第$i$种建材运输方式下，单位质量单位运输距离的碳排放因子 [kg CO₂e/（t·km）]。

### （3）按照体积计算建筑材料运输阶段碳排放计算

在进行建筑工程材料消耗数量统计时，某些工程材料以体积进行统计。可以直接按照建筑体积计算碳排放，因此需要将运输方式的碳排放因子折算为单位容积的碳排放因子。其折算公式如下：

$$F_v = \frac{M}{V} F_{ic} \tag{5-10}$$

式中　$F_v$——建筑材料运输方式单位体积碳排放因子 [kg CO₂e/（m³·km）]；

　　　$F_{ic}$——建筑材料运输方式单位质量、单位运输距离碳排放因子 [kg CO₂e/（t·km）]；

　　　$M$——车辆满载质量（t）；

　　　$V$——车辆满载容积（m³）。

对几种主要的公路运输方式进行计算后，得到建材运输单位体积的碳排放因子如表5-11所示。

各类运输方式的碳排放因子　　　　　　　　　　　　表 5-11

| 运输方式类别 | 车辆参考容积（m³） | 碳排放因子 kg CO$_2$e/（m³·km） |
|---|---|---|
| 轻型汽油货车运输（载重 2t） | 12 | 0.056 |
| 中型汽油货车运输（载重 8t） | 40 | 0.023 |
| 重型汽油货车运输（载重 10t） | 50 | 0.021 |
| 轻型柴油货车运输（载重 2t） | 12 | 0.048 |
| 中型柴油货车运输（载重 8t） | 40 | 0.036 |
| 重型柴油货车运输（载重 18t） | 60 | 0.039 |
| 重型柴油货车运输（载重 30t） | 90 | 0.026 |
| 重型柴油货车运输（载重 46t） | 110 | 0.024 |

# 5.4 建筑材料生产及运输阶段碳排放计算案例

## 5.4.1 案例简介

（1）基本信息

本工程为某医院新建项目门诊住院综合楼。

建筑面积：51 878m$^2$；

建筑层数：地上 15 层；

建筑高度：64.15m；

建筑类别：一类高层公共建筑；

耐火等级：一级；

屋面防水等级：Ⅰ 级；

室内环境污染控制性分类：Ⅰ 类；

结构类型：高层塔楼部分采用框架剪力墙结构，多层裙楼部分采用框架结构；

设计使用年限：50 年；

抗震设防烈度：本工程为乙类建筑，抗震设防烈度 7 度。

（2）材料选用

1）墙体材料选用：电梯井道（剪力墙除外）采用 200mm 厚混凝土实心砌块，楼梯间采用 200mm 厚加气混凝土砌块；外墙墙体材料（楼梯间、电梯间除外）采用 200mm

厚 ALC 墙板，即蒸压加气轻质混凝土墙板，导热系数 ≤ 0.170W/（m·k）。外墙饰面材料为 3.0mm 厚铝单板。

2）内墙选用：地下室内隔墙电梯井道、楼梯间采用 200mm 厚混凝土实心砌块，其余采用 200mm 厚钢筋陶粒轻质混凝土墙板；地上内隔墙见表 5-12。

地上内隔墙的墙体材料及做法表

表 5-12

| 内墙所在部位（防火墙除外） | 墙体材料 | 墙体厚度（mm） |
|---|---|---|
| 电梯井道、牙科拍片室 | MU10 混凝土实心砌块 | 200 |
| 楼梯间、电梯厅、前室及合用前室 | 蒸压加气混凝土砌块 | 200 |
| 管道竖井、污水处理、有水房间 | 钢筋陶粒轻质混凝土墙板 | 100/200（以图示为准） |
| 设备机房、办公室、卫生间前室 | ALC 墙板 | 100/200（以图示为准） |
| 诊室、病房、等候区等功能房间 | 轻钢龙骨轻质隔墙 | 95~120 |
| 病房外走廊的两侧隔墙 | 陶粒混凝土墙板 | 200 |

3）建筑门窗；外门窗为隔热铝合金窗框，8mm 中透光 Low-E+12mm 空气 +8mm 透明玻璃；内门为钢质门、铝合金玻璃门（10 厚钢化玻璃）、12 厚钢化玻璃无框门；内窗为铝合金窗框，6~12 厚钢化玻璃。

4）室内、室外装修材料选用：如表 5-13 所示。

室内、室外装修用料表

表 5-13

| 项目 | 名称 | 使用部位 | 用料 | 备注 |
|---|---|---|---|---|
| 屋面 | 保温屋面 | 除雨篷外所有屋面 | 3 厚 SBS 防水卷材，2.0 厚高聚物改性沥青防水涂料，90 厚挤塑聚苯乙烯泡沫塑料（带表皮）板（B1 级） | I 级防水 |
| | 玻璃雨篷 | 首层出入口雨篷 | 钢结构玻璃夹胶玻璃雨篷，8+1.52PVB+8 | |
| | 钢筋混凝土雨篷 | 屋面出口 | 防水砂浆 | |
| 楼地面 | 橡胶地板卷材楼面 | 病房、病区走廊 | 自流平基底、面层为橡胶卷材地板 | |
| | 水泥砂浆地面 | 各类井道底部地面 | 水泥砂浆面层 | |
| | 防静电地板 | 消防控制室、变配电房、信息机房等 | 细石混凝土基底，面层为防静电涂层 | |
| | 瓷砖减震地面 | 空调机房、风机房、小会议室 | 瓷砖面层、5 厚减震垫 | |
| | 防滑地砖楼面（有防水） | 卫生间、盥洗间、阳台、污洗间、茶水间 | 3 厚聚合物水泥基防水涂料，0.7 厚聚乙烯丙纶复合防水卷材，8~10 厚防滑地砖 | 地砖规格 300×450 |
| | 铺地砖楼面 | 非特殊要求楼面、污梯电梯厅及前室 | 8~10 厚防滑地砖面层 | 地砖规格 800×800 |

续表

| 项目 | 名称 | 使用部位 | 用料 | 备注 |
|------|------|----------|------|------|
| 楼地面 | 花岗石楼面 | 住院大堂、电梯厅及前室（除污梯外） | 25 厚花岗石（黄金麻） | 石板规格 1 200×600 |
| 顶棚 | 铝合金板吊顶 | 卫生间、盥洗间 | 铝合金龙骨、铝合金板吊顶 | 面板规格 300×300 |
| | 吸声棉板吊顶 | 会议室、空调机房 | T 形铝合金龙骨 15 厚矿棉板 | |
| | 轻钢龙骨纸面石膏板 | 办公 | 12 厚石膏板 | |
| | 轻钢龙骨硅晶板 | 住院部公共走廊、病房、等候区 | 12 厚硅晶板 | |
| 内墙面 | 面砖墙面（有防水） | 卫生间、茶水间 | 3 厚聚合物水泥基防水涂料，8~10 厚面砖 | 规格 600×600 |
| | 吸声墙面 | 地上空调机房、风机房、会议室 | 轻钢龙骨填玻璃棉墙面 | |
| | 成品板墙面 | 大厅、走廊 | 铝合金龙骨、铝板饰面 | |
| 外墙面 | 挂铝板幕墙 | 所有外墙 | 3.0 厚铝单板，5 厚干粉类聚合物抗裂防水砂浆 | |

## 5.4.2　建材消耗量计算

（1）基于造价分析的材料汇总表获取建材消耗量

依据本案例初步设计概算资料，获取建材消耗量作为建材生产及运输阶段碳排放计算的基础数据，表 5-14 为该门诊住院楼材料汇总表部分数据，表 5-15、表 5-16 分别为土建和装饰单位工程材料汇总表，本工程另有幕墙及外墙、装配式土建、装配式装修、电气、给水排水、通风空调、消防水电、防排烟的材料汇总，一共分为 10 项。

门诊住院楼材料汇总表　　　　　　　　　　　表 5-14

| 编码 | 类别 | 名称 | 规格型号 | 单位 | 数量 |
|------|------|------|----------|------|------|
| 04010611 | 材 | 水泥 | 32.5 级 | kg | 9 932 264.458 |
| 01530101 | 材 | 铝合金型材 | | kg | 265 719.815 4 |
| 03070114 | 材 | 膨胀螺栓 | M8×80 | 套 | 262 819.932 9 |
| 32030303 | 材 | 脚手钢管 | | kg | 241 279.088 5 |
| 08370507 | 材 | 成品装饰板配套挂件 | | 只 | 238 632.174 |
| 03031222 | 材 | 自攻螺钉 | M5×（25~30） | 十个 | 231 038.841 9 |
| 32020132 | 材 | 钢管支撑 | | kg | 227 233.896 |
| 02090101 | 材 | 塑料薄膜 | | m² | 210 073.614 2 |

续表

| 编码 | 类别 | 名称 | 规格型号 | 单位 | 数量 |
|---|---|---|---|---|---|
| 08350201 | 材 | 铝合金 T 形主龙骨 | | m | 182 205.980 5 |
| 01270101 | 材 | 型钢 | | kg | 149 489.833 |
| 80212325 | 商品混凝土 | 预拌防水混凝土 P8（泵送型）C40 | | m³ | 33 073.941 86 |
| 01291714 | 材 | 8K 不锈钢镜面板 | 1 219×3 048×1.2 | m² | 29 138.509 96 |
| 06050107 | 材 | 钢化玻璃 | 8mm | m² | 25 488.755 2 |
| 80212107 | 商品混凝土 | C40 预拌混凝土（泵送） | | m³ | 16 766.732 28 |
| 80212106 | 商品混凝土 | C35 预拌混凝土（泵送） | | m³ | 10 006.766 36 |
| 80212105 | 商品混凝土 | C30 预拌混凝土（泵送） | | m³ | 7 917.227 63 |
| 03070216 | 材 | 镀锌铁丝 | 8 号 | kg | 61 608.684 72 |
| 03570237 | 材 | 镀锌铁丝 | 22 号 | kg | 47 328.738 29 |
| 12410101 | 材 | 胶粘剂 | | kg | 25 904.18 |
| 11590504 | 材 | 聚氯乙烯热熔密封胶 | | kg | 709.976 1 |
| 03430900 | 材 | 焊锡丝 | | kg | 987.49 |
| 03450404 | 材 | 焊锡膏 | 瓶装 50g | kg | 483.402 1 |
| 11452114 | 材 | 松香水 | | kg | 296.177 7 |
| 25430311 | 主 | WDZB-BYJ-2.5 | 铜芯 2.5mm² | m | 388 881.4 |
| 26060101 | 主 | 电线管 JDG20 | | m | 288 882.4 |

门诊住院楼土建工程材料汇总表　　　　　　　表 5-15

| 编码 | 类别 | 名称 | 规格型号 | 单位 | 数量 |
|---|---|---|---|---|---|
| 01010100 | 材 | 钢筋 | 综合 | t | 4.977 9 |
| 01010100@1 | 材 | 圆钢 | φ10 以内 | t | 528.897 54 |
| 01010100@2 | 材 | HRB400 级螺纹钢 | φ25 以内 | t | 3 702.283 8 |
| 01210101 | 材 | 角钢 | | kg | 3 440.081 4 |
| 01270100 | 材 | 扁钢 | | t | 181.569 |
| 01530101 | 材 | 铝合金型材 | | kg | 34 073.187 2 |
| 04010611 | 材 | 水泥 | 32.5 级 | kg | 481 978.487 55 |
| 04010701 | 材 | 白水泥 | | kg | 627.66 |
| 04030107 | 材 | 中砂 | | t | 1 747.365 52 |
| 04030111 | 材 | 绿豆砂 | | t | 57.015 04 |
| 04050203 | 材 | 碎石 | 5~16mm | t | 439.956 56 |
| 04135500 | 材 | 标准砖 | 240×115×53 | 百块 | 190.823 |
| 04135535 | 材 | 配砖 | 190×90×40 | m³ | 204.983 79 |

| 编码 | 类别 | 名称 | 规格型号 | 单位 | 数量 |
|---|---|---|---|---|---|
| 04150111 | 材 | 蒸压加气混凝土砌块 | $600 \times 240 \times 150$ | m³ | 298.327 89 |
| 04150115@1 | 材 | 蒸压加气混凝土砌块 A3.5 | $600 \times 250 \times 200$ | m³ | 1 684.945 05 |

门诊住院楼装饰工程材料汇总表　　　　表 5-16

| 编码 | 类别 | 名称 | 规格型号 | 单位 | 数量 |
|---|---|---|---|---|---|
| 01130145 | 材 | 扁钢 | $40 \times 4$~$60 \times 4$ | kg | 489.990 6 |
| 01210101 | 材 | 角钢 | | kg | 2 761.434 |
| 01270101 | 材 | 型钢 | | kg | 4 449.534 12 |
| 01291714 | 材 | 8K 不锈钢镜面板 | $1\ 219 \times 3\ 048 \times 1.2$ | m² | 11 219.002 2 |
| 01510705 | 材 | 角铝 | $\llcorner\ 25 \times 25 \times 1$ | m | 35 013.620 07 |
| 01530101@2 | 材 | 不锈钢型材 | | kg | 1 166.019 4 |
| 01590211 | 材 | 镀锌铁皮 | $\delta 1.2$ | m² | 242.092 |
| 02070261 | 材 | 橡皮垫圈 | | 百个 | 343.328 25 |
| 03010322 | 材 | 铝拉铆钉 | LD-1 | 十个 | 2 471.963 4 |
| 03030115 | 材 | 木螺钉 | $M4 \times 30$ | 十个 | 165.804 9 |
| 03031222 | 材 | 自攻螺钉 | $M5 \times$（25~30） | 十个 | 26 928.980 7 |
| 03032113 | 材 | 塑料胀管螺钉 | | 套 | 63 676.235 |
| 03050708 | 材 | 不锈钢螺栓 | $M12 \times 110$ | 套 | 7 566.576 29 |
| 03050806 | 材 | 带母不锈钢螺栓 | $M12 \times 45$ | 套 | 7 566.576 29 |
| 03070114 | 材 | 膨胀螺栓 | $M8 \times 80$ | 套 | 35 361.400 16 |

（2）基于工程量清单获取建筑构件数量

工程量清单不进行整体汇总，各单位工程分项列出，根据咨询单位提供的计价文件，该门诊住院楼土建部分工程量清单见表 5-6，表 5-17、表 5-18 分别为装饰工程和给水排水工程的部分工程量清单示意。

装饰工程工程量清单示意表　　　　表 5-17

| 项目编码 | 项目名称 | 项目特征描述 | 计量单位 | 工程量 |
|---|---|---|---|---|
| 011101001002 | 水泥砂浆楼地面 | 1. 部位：楼 2<br>2. 找平层：20 厚 1：2 水泥砂浆，压实抹光<br>3. 35 厚 C20 细石混凝土随打随抹光<br>4. 2 厚聚氨酯防水涂料，沿墙身四周翻起 150 高<br>5. 50 厚 C20 细石混凝土找 1% 坡，最薄不小于 20<br>6. 水泥浆结合层一道 | m² | 810.01 |

续表

| 项目编码 | 项目名称 | 项目特征描述 | 计量单位 | 工程量 |
|---|---|---|---|---|
| 011102001001 | 石材楼地面 | 1. 部位：楼 8<br>2. 面层：30 厚天然大理石<br>3. 找平层：30 厚 1：4 干硬性水泥砂浆，面上撒素水泥<br>4. 结合层：水泥浆结合层一道 | m² | 1 436.67 |
| 011103004001 | 塑料地板楼地面 | 1. 部位：楼 9<br>2. 面层：3 厚医用橡胶地板<br>3. 基层：5 厚水泥基自流平<br>4. 找平层：20 厚 1：2 水泥砂浆，压实抹光<br>5. 结合层：水泥浆结合层一道 | m² | 33 658.39 |

给水排水工程工程量清单示意表　　　　　　　　　　　表 5-18

| 项目编码 | 项目名称 | 项目特征描述 | 计量单位 | 工程量 |
|---|---|---|---|---|
| 031001003001 | 薄壁不锈钢管 DN15 | 1. 安装部位：室内<br>2. 介质：生活冷水<br>3. 规格、压力等级：薄壁不锈钢管 DN15<br>4. 连接形式：卡压式连接<br>5. 压力试验及吹、洗设计要求：管道试压、冲洗、消毒、保温绝热<br>6. 其他：满足设计图纸及相关规范要求 | m | 797.23 |
| 031001003002 | 薄壁不锈钢管 DN20 | 1. 安装部位：室内<br>2. 介质：生活冷水<br>3. 规格、压力等级：薄壁不锈钢管 DN20<br>4. 连接形式：卡压式连接<br>5. 压力试验及吹、洗设计要求：管道试压、冲洗、消毒、保温绝热<br>6. 其他：满足设计图纸及相关规范要求 | m | 861.67 |

## 5.4.3　建筑材料生产及运输阶段碳排放计算

### （1）按照材料类别计算建材生产阶段碳排放

根据造价咨询文件获取的建材消耗量进行建材生产阶段碳排放计算，当部分材料的单位与碳排放因子不匹配时，可将材料的数量进行调整，如表 5-14 中的塑料薄膜为210 073.614 2m²，本案例采用每100m² 约 10kg 的质量将材料数量折算为 21.007 3t。在不调整材料计量单位的情况下，也可调整碳排放因子，东禾软件已根据常规材料单位进行折算，得到近似的碳排放因子，例如表 5-19 中的电力线管的碳排放因子。随着对材料研究的深入和生产企业碳排放核查数据的增加，碳排放因子数据的准确性和兼容性还在逐步提高。根据造价咨询文件中的材料汇总表，导入计算软件，可计算出该建筑建材生产阶段的碳排放总量为 89 436.26t，部分数据如表 5-19 所示。

建材生产阶段碳排放量计算表　　　　表 5-19

| 建材名称 | 建材规格 | 单位 | 数量 | 碳排放因子 | | 碳排放量（$t\ CO_2e$） |
|---|---|---|---|---|---|---|
| | | | | 数值 | 单位 | |
| C30 预拌混凝土（泵送） | | $m^3$ | 7 917.228 | 295 | $kg\ CO_2e/m^3$ | 2 335.58 |
| 胶粘剂 | | kg | 25 904.183 | 6 550 | $kg\ CO_2e/t$ | 169.67 |
| 聚氯乙烯热熔密封胶 | | kg | 709.976 | 7 300 | $kg\ CO_2e/t$ | 5.18 |
| 焊锡丝 | | kg | 987.49 | 2 870 | $kg\ CO_2e/t$ | 2.84 |
| 焊锡膏 | 瓶装 50g | kg | 483.402 | 2 870 | $kg\ CO_2e/t$ | 1.39 |
| 松香水 | | kg | 296.178 | 2 870 | $kg\ CO_2e/t$ | 0.85 |
| 铝合金 T 形主龙骨 | | m | 182 205.981 | 104.6 | $kg\ CO_2e/m$ | 19 058.75 |
| 预拌防水混凝土 P8（泵送型）C40 | | $m^3$ | 33 073.942 | 432.29 | $kg\ CO_2e/m^3$ | 14 297.53 |
| 水泥 | 32.5 级 | kg | 9 932 264.458 | 0.894 | $kg\ CO_2e/kg$ | 8 879.44 |
| WDZB-BYJ-2.5 | 铜芯 | m | 388 881.381 | 18.82 | $kg\ CO_2e/m$ | 7 318.75 |
| C40 预拌混凝土（泵送） | | $m^3$ | 16 766.732 | 425 | $kg\ CO_2e/m^3$ | 7 125.86 |
| 铝合金型材 | | kg | 265 719.815 | 20.92 | $kg\ CO_2e/kg$ | 5 558.86 |
| 钢化玻璃 | 8mm | $m^2$ | 25 488.755 | 86.68 | $kg\ CO_2e/m^2$ | 2 209.37 |
| C35 预拌混凝土（泵送） | | $m^3$ | 10 006.766 | 179 | $kg\ CO_2e/m^3$ | 1 791.21 |
| 电线管 JDG20 | | m | 288 882.421 | 3.95 | $kg\ CO_2e/m$ | 1 141.09 |
| 型钢 | | kg | 149 489.833 | 3.744 | $kg\ CO_2e/kg$ | 559.69 |
| 8K 不锈钢镜面板 | 1.2mm | $m^2$ | 29 138.51 | 18.22 | $kg\ CO_2e/m^2$ | 530.9 |
| 塑料薄膜 | | t | 21.007 3 | 8 690 | $kg\ CO_2e/t$ | 182.55 |
| 镀锌铁丝 | 8 号 | kg | 61 608.685 | 1.53 | $kg\ CO_2e/kg$ | 94.26 |
| 自攻螺钉 | M5×（25~30） | 十个 | 231 038.842 | 0.367 8 | $kg\ CO_2e/$ 十个 | 84.98 |
| 以下略 | | | | | | |
| 合计 | | | | | | 89 436.26 |

建材生产数据计算条目超过 1 000 条，表 5-19 按照单项碳排放量大小排序，取前 20 条列入上表，最后合计数据为该项目所有建材生产所产生的碳排放量总和。

（2）按照分部分项工程计算建材生产阶段碳排放

根据分项工程的构成，计算其碳排放因子，上述表中所指构件对应碳排放计算如表 5-20、表 5-21 所示。

（3）建筑材料运输阶段碳排放构成计算

建材运输阶段的碳排放包含建材从生产地到施工现场的运输过程的直接碳排放和运输过程所耗能源生产过程的碳排放。建材运输阶段碳排放仍然以上述材料消耗量为活动

装饰工程碳排放计算示意表　　　　　表 5-20

| 项目名称 | 项目特征描述 | 计量单位 | 工程量 | 碳排放因子 kg CO₂e/m² | 碳排放量 kg CO₂e |
|---|---|---|---|---|---|
| 水泥砂浆楼地面 | 1. 部位：楼 2<br>2. 找平层：20 厚 1：2 水泥砂浆，压实抹光<br>3. 35 厚 C20 细石混凝土随打随抹光<br>4. 2 厚聚氨酯防水涂料，沿墙身四周翻起 150 高<br>5. 50 厚 C20 细石混凝土找 1% 坡，最薄处不小于 20mm<br>6. 水泥浆结合层一道 | m² | 810.01 | 40.573 3 | 32 864.76 |
| 石材楼地面 | 1. 部位：楼 8<br>2. 面层：30 厚天然大理石<br>3. 找平层：30 厚 1：4 干硬性水泥砂浆，面上撒素水泥<br>4. 结合层：水泥浆结合层一道 | m² | 1 436.67 | 18.181 4 | 26 120.63 |
| 塑料地板楼地面 | 1. 部位：楼 9<br>2. 面层：3 厚医用橡胶地板<br>3. 基层：5 厚水泥基自流平<br>4. 找平层：20 厚 1：2 水泥砂浆，压实抹光<br>5. 结合层：水泥浆结合层一道 | m² | 33 658.39 | 19.662 61 | 66 1811.7 |

给水排水工程碳排放计算示意表　　　　　表 5-21

| 项目名称 | 项目特征描述 | 计量单位 | 工程量 | 碳排放因子 kg CO₂e/m² | 碳排放量 kg CO₂e |
|---|---|---|---|---|---|
| 薄壁不锈钢管 *DN*15 | 1. 安装部位：室内<br>2. 介质：生活冷水<br>3. 规格、压力等级：薄壁不锈钢管 *DN*15<br>4. 连接形式：卡压式连接<br>5. 压力试验及吹、洗设计要求：管道试压、冲洗、消毒、保温绝热<br>6. 其他：满足设计图纸及相关规范要求 | m | 797.23 | 6.759 6 | 5 388.96 |
| 薄壁不锈钢管 *DN*20 | 1. 安装部位：室内<br>2. 介质：生活冷水<br>3. 规格、压力等级：薄壁不锈钢管 *DN*20<br>4. 连接形式：卡压式连接<br>5. 压力试验及吹、洗设计要求：管道试压、冲洗、消毒、保温绝热<br>6. 其他：满足设计图纸及相关规范要求 | m | 861.67 | 13.519 1 | 11 649.00 |

数据之一，初步确定按照汽车运输方式，选择重型汽油货车运输（载重 10t），车辆运输的碳排放因子为 0.104kg/（t·km），混凝土的默认运输距离值取 40km，其他建材的默认运输距离值取 500km，计算得到该建筑建材运输阶段碳排放如表 5-22 所示。

建材运输阶段碳排放量计算表　　　　表 5-22

| 建材名称 | 建材规格 | 单位 | 数量 | 运输距离（km） | 碳排放因子[kg CO₂e/（t·km）] | 碳排放量（t CO₂e） |
|---|---|---|---|---|---|---|
| C30 预拌混凝土（泵送） | | t | 18 526.313 52 | 40 | 0.104 | 77.069 5 |
| 胶粘剂 | | kg | 25 904.183 | 500 | 0.104 | 1.347 0 |
| 聚氯乙烯热熔密封胶 | | kg | 709.976 | 500 | 0.104 | 0.036 9 |
| 焊锡丝 | | kg | 987.49 | 500 | 0.104 | 0.051 3 |
| 焊锡膏 | 瓶装 | kg | 483.402 | 500 | 0.104 | 0.025 1 |
| 松香水 | | kg | 296.178 | 500 | 0.104 | 0.015 4 |
| 铝合金 T 形主龙骨 | | m | 182 205.981 | 500 | 0.104 | 18.949 4 |
| 预拌防水混凝土 P8（泵送型）C40 | | t | 77 393.024 3 | 40 | 0.104 | 321.955 0 |
| 水泥 | 32.5 级 | kg | 9 932 264.46 | 500 | 0.104 | 516.477 8 |
| WDZB–BYJ–2.5 | 铜芯 | m | 388 881.381 | 500 | 0.104 | 2.022 2 |
| C40 预拌混凝土 | m³ | 39 234.152 8 | 40 | 0.104 | 391.713 8 |
| 铝合金型材 | | kg | 265 719.815 | 500 | 0.104 | 13.817 4 |
| 钢化玻璃 | 8mm | m² | 25 488.755 | 500 | 0.104 | 0.265 1 |
| C35 预拌混凝土 | | t | 23 415.832 4 | 40 | 0.104 | 97.409 9 |
| 电线管 JDG20 | | m | 288 882.421 | 500 | 0.104 | 7.510 9 |
| 型钢 | | kg | 149 489.833 | 500 | 0.104 | 7.773 5 |
| 8K 不锈钢镜面板 | 1.2mm | | 29 138.51 | 500 | 0.104 | 1.515 2 |
| 塑料薄膜 | | t | 21.007 3 | 500 | 0.104 | 1.092 4 |
| 镀锌铁丝 | 8 号 | kg | 61 608.685 | 500 | 0.104 | 3.203 7 |
| 自攻螺钉 | M5×（25~30） | 十个 | 231 038.842 | 500 | 0.104 | 1.201 4 |
| 以下略 | | | | | | |
| 合计 | | | | | | 1 922.602 |

## 5.4.4　建材生产及运输阶段碳排放计算结果分析

基于造价咨询文件所提供的建材消耗量，经软件计算后得到各单位工程建材生产阶段的碳排放量构成如表 5-23 所示。根据单位工程碳排放计算结果可知，装饰工程和幕墙工程碳排放量较大，该部分材料消耗量大，但并非建筑主体结构，具有较大的优化空间，可通过减少部分装饰材料予以优化。装配式土建工程和装配式装饰工程碳排放量较小，说明建筑预制装配率较低，可采用部分结构形式调整、建筑装饰一体化等方法加以改进，并同时减少装饰工程建材碳排放。

该工程建筑总面积为 51 878m²，建材生产阶段碳排放总量为 89 436.26t CO₂e，碳排放强度为 1.723 9t $CO_2e/m^2$，按设计使用年限 50 年计，折算到每年的碳排放强度为 34.48kg $CO_2e$/（$m^2 \cdot a$）。

建材运输阶段碳排放总量较小，不再按照单位工程分项计算，按照建筑材料汇总表计算得到其排放量为 1 922.26t $CO_2e$，约为建材生产阶段的 0.02 倍。

建材生产阶段碳排放量构成表　　　　　　　表 5-23

| 类别 | 碳排放量（t $CO_2e$） | 类别 | 碳排放量（t $CO_2e$） |
| --- | --- | --- | --- |
| 土建工程 | 21 848.79 | 电气工程 | 7 056.06 |
| 装饰工程 | 35 132.85 | 给水排水工程 | 1 013.81 |
| 幕墙与外墙工程 | 17 226.84 | 消防水电工程 | 1 767.69 |
| 装配式土建工程 | 1 629.73 | 通风空调工程 | 1 299.33 |
| 装配式装饰工程 | 1 689.3 | 防排烟工程 | 771.86 |

该建筑建材生产与运输阶段的碳排放量总计 91 358.52t $CO_2e$，碳排放强度为 1.761 0t $CO_2e$ /$m^2$，按设计使用年限 50 年计，折算到每年的碳排放强度为 35.22kg $CO_2e$ /（$m^2 \cdot a$）。

## 本章小结

建筑材料应包括建筑主体结构材料、建筑围护结构材料、建筑构件和部品等，本章依据建筑材料生产，结合工程项目建设中工程量清单计算，按照分部分项工程构成的材料类比，详细分析了建筑材料用量及其碳排放计算，以及建筑维修更新及可回收材料碳排放计算，对建筑材料运输阶段的碳排放主要考虑运输方式的不同并结合材料用量进行计算。通过案例计算，进一步明确建筑材料生产及运输阶段碳排放计算的重点是材料用量的统计，可结合工程造价管理和工程量清单计算对建筑材料碳排放进行计算分析和管理。

# 第 6 章
# 建筑建造及拆除阶段
# 碳排放计算

## 本章导读

　　建筑建造阶段的碳排放主要包括完成各分部分项工程施工产生的碳排放和各项措施项目实施过程产生的碳排放，建造阶段施工人员在现场办公和生活活动所产生的碳排放宜一并计入。建筑拆除阶段的碳排放应包括人工拆除和使用小型机具机械消耗的各种能源资源产生的碳排放，包括爆破拆除过程产生的碳排放。建造、拆除之前均应进行详细设计，并在施工过程中做好能耗监测，记录数据作为建筑碳排放核算的依据。本章结合对工程案例的理论分析，详细阐述工程量预算和施工现场能耗数据统计情况在建筑碳排放计算中的应用，用以指导建造及拆除阶段碳排放的详细计算和精准分析。

本章主要内容及逻辑关系如图 6-1 所示。

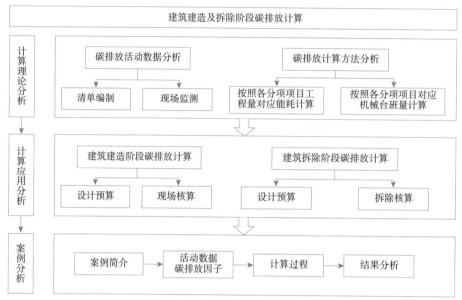

图 6-1　本章主要内容及逻辑关系

# 6.1　建造及拆除阶段碳排放计算方法

## 6.1.1　建筑建造及拆除碳排放概况

（1）建筑建造及拆除阶段碳排放构成

从建筑产品的角度分析，建造阶段的碳排放应源自建筑施工活动，包括新建、改建及拆除处置过程中各种机械设备和人员相关活动产生的碳排放。从建造活动来看，一方面现场施工机械设备消耗能源产生碳排放，包括燃料燃烧直接排放和外购电力的间接排放；另一方面来源于各项措施项目实施过程产生的碳排放，包括建造过程中的施工辅助设施如脚手架、模板拆解活动能耗以及现场临时办公和居住活动用房的照明、空调设备等能耗都会产生碳排放。一般项目施工阶段的办公、宿舍和库房等临时房屋通常采用夹心彩钢板活动板房、集装箱房屋，安装和拆除简便，材料和能耗较少，在计算建筑建造阶段碳排放时可不计入。因此，建筑在建造阶段的碳排放主要包括两部分：1）施工机械设备使用导致的碳排放，包括现场运输机械；2）施工临时设施照明、空调等设备使用过程中产生的碳排放。

拆除阶段的活动与施工阶段相似，本质上均为采用机械设备对建筑构件和材料实施的活动，表观形式互逆：建造过程组合构件而拆除过程拆解构件。在拆除阶段，施工人员使用机械设备对构件进行拆解、破碎等活动，将构件拆分，对于一些大型或复杂结构，考虑安全等因素，必要时还需采用爆破拆除并产生碳排放，与建造过程相似，机械设备使用燃料燃烧或电力产生碳排放，临时设施的照明、用水等活动产生碳排放。建筑被拆除后，还需要对被拆解后的构件、设备和废弃物进行清理，外运回收或直接采用填埋等处理方式，运输过程以及垃圾处理过程均会产生碳排放。由于建造初期提倡采用绿色建材或使用再生原料时，按其所替代的初生原料的碳排放的 50% 计算，可不考虑材料回收对碳排放的抵扣。相对于全生命周期碳排放，拆除活动及废弃物清理碳排放所占比例较小，可将废弃物处理所产生的碳排放归入拆除阶段，完成建筑物全生命周期的最后一步。因此，在建筑拆除和废弃物处置阶段，碳排放主要由两部分构成：1）建筑拆除使用机械设备和临时设施产生的碳排放；2）废弃物清理、收集、运输、处置等过程产生的碳排放。

（2）建造及拆除阶段碳排放的主要活动

随着社会经济的发展和建筑技术的进步，现代建筑产品的施工生产已成为一项多人员、多工种、多专业、多设备、高技术、现代化的综合而复杂的系统工程。建筑建造阶段碳排放来源于完成分部分项工程施工活动和各项措施项目的实施过程。

1）建造过程主要施工机械活动

场地处理是建造活动的第一步，包括场地开挖和平整、地基和边坡处理，基础较深或场地受限时还需进行基坑支护。挖方机械有推土机、铲运机、单斗挖土机、多斗挖土机和装载机以及运送土石方的车辆等，而在房屋建筑工程施工中，尤以推土机、铲运机和单斗挖土机应用最广，以柴油作为各种机械发动机的主要燃料。常见地基处理的方法有换土垫层法、挤密法、堆载预压法、深层搅拌法，施工中，采用振冲器、深层搅拌机等工程机械。

建筑高度增加或表层土壤承载力较弱时，一般采用深基础，桩基已成为现代建筑常用的一种基础形式，需要安装桩架。起重机、桩机是打桩的常用机械，所采用的能源为柴油或者电力。

物料的运输是建造过程中的重要能耗，包括用于水平运输车辆、起重机、卷扬机、施工电梯、物料提升机、外用吊篮等。混凝土主要采用混凝土地泵、布料杆及汽车泵浇筑，采用振动器振捣，同时辅以塔式起重机进行配合，施工泵车和布料机如图 6-2 所示。

此外，还有一些小型机具及建筑各分部工程的专用机具，如点焊机、对焊机、木工平刨床、木工压刨床、圆盘锯、钢筋调直机、钢筋切断机、钢筋弯曲机等。随着信息化

（a）混凝土移动泵车　　　　　　　　　　　（b）混凝土布料机

图 6-2　混凝土施工机械

和人工智能的发展，伴随建筑机械升级，建造机器人将成为一种新的机械设备，消耗较少的电力，属于高效节能减排的建造机械。

　　建筑物所使用的混凝土在拌制的过程中需要消耗大量的水资源，随着预拌混凝土应用的全面推广，这部分水资源的消耗可计入建筑材料的内含碳排量。施工现场建筑活动中水资源主要用于混凝土的养护及水泥砂浆等需要用水的现场材料的制备。建造施工场地的污水在使用后必须要净化处理后才能回归自然或重复利用。污水和废水在收集和处理过程中也会因动力消耗产生碳排放，当前水处理行业主流和最常用的方法是生化处理工艺，处理过程中会因相关的分解转化产生碳排放。根据工程计价中的分类，水资源消耗为措施项目材料类别，因此将用水量乘以碳排放因子的结果计入建材碳排放，另将洒水车等机械使用碳排放计入建造阶段碳排放。

　　2）建造过程临时设施能耗

　　临时设施是指施工企业为保证施工和管理的进行而建造的各种简易设施，包括现场临时作业棚、机具棚、材料库、办公室、休息室、厕所、化粪池、储水池等设施；以及临时道路，临时给水排水、供电、供热等管线，宿舍、食堂、浴室。临时设施一般消耗电力满足照明、采暖或空调通风系统的运行，条件许可时食堂、浴室等会使用燃气，寒冷地区采暖可以使用外购热力。

　　3）拆除过程施工机械活动

　　建筑拆除施工方法主要有人工拆除、机械拆除和爆破拆除 3 类。人工拆除方式是指施工人员主要采用手动工具或小体积的电动工具对建筑物从上至下、逐层拆除，作业人员站在稳定的结构或脚手架上操作，被拆除构件应有安全的放置场所。机械拆除主要采用镐头机、液压剪等大型机械设备进行拆除。爆破拆除通过精确的计算后战略性地布置炸药以及定时引爆，使得建筑物在数秒内自己倒塌，尽量减少对附近地区的损害。爆破拆卸可分为两种：原地坍塌（即楼宇被垂直摧毁，倒下后会变成瓦砾）和定向坍塌（即楼宇向某一方向倒塌）。爆破拆除更适用于桥梁、烟囱、塔楼和隧道。

工程拆除设备主要分为 3 类：手动工具、电动工具和大型设备。电动工具包括电动葫芦、风镐等，风镐用途广泛，便于操作，是人工拆除方式中的常见工具。大型设备包括镐头机、起重机等。镐头机也称破碎机，是机械拆除方式中应用最多的大型设备之一，主要用于捣碎建筑物的墙柱梁等承重结构，使建筑物坍塌以及之后的解体破碎。起重机也是拆除工程中必备之物，用于调运重量大的拆除构件，有塔式、履带式、汽车式起重机等类型。

4）建筑拆除后建材和废弃物处置与运输

建筑拆除阶段碳排放来源还需要考虑废弃物处置部分产生的碳排放，主要包括拆除后部分设备和废弃物的外运和填埋等处置过程。建筑拆除后的部分机电设备，由专业厂家安排回收，更多的是拆除废弃物的处理。根据不同建筑类型及施工组织模式，废弃物的处置方式会有所不同，主要内容都包含了废弃物产生、现场管理、废弃物运输和废弃物处置等几个关键环节。废弃物产生是指由于建筑物的拆除而产生的不可再利用构件即建筑废弃物的活动，建筑拆解后构件瓦解，随着建材生产技术的发展，越来越多的碎片经处理后还可以作为再生原料。现场管理是指建筑废弃物产生后在施工现场的收集、分拣、分类、预处理等步骤，有专用的建筑垃圾处理机械，包括垃圾分拣机、建筑垃圾专用破碎机、除铁器、滚筒筛、轻物风选分离器等。废弃物运输是指将建筑废弃物从施工现场运至填埋场、循环利用场、荒地等运输终点的过程。废弃物处置是指废弃物回收厂、循环利用场、填埋场等利益相关者对所产生的建筑废弃物进行最终处理的管理措施。部分建筑垃圾处理设备也设置在专用的处理场地或建材厂家的生产基地，设置在建材生产厂家的处理设备的碳排放应当计入下一个循环，不作为拆除建筑的碳排放构成。因此，拆除废弃物的处置与运输主要包括从建筑拆除产生废弃物的处置、运输至处理场地或建材厂家、自然填埋或污物降解填埋的过程。

（3）建造及拆除阶段碳排放影响因素

由于统计口径、数据来源不同等原因，各方学者和机构都普遍认同建筑全生命周期碳排放主要源于建筑运行和建材生产，但对各阶段碳排放的具体占比共识率不高，认为施工建造阶段碳排放占全国碳排放比例从 1%~5% 不等，占建筑全生命周期的 2%~10% 不等。

由于建筑业碳排放基数庞大，基于国家、地域和企业当前面临的实际情况，且考虑到建造阶段承包企业对于部分建材选型和后期的运维管理具有较大影响力，继续深入进行工程建造阶段对建筑全生命周期碳排放的影响分析，可为相关决策者和研究者提供参考。

影响施工机械碳排放的因素主要是机械设备的能耗，与设备的能源消耗量和能源类型直接相关。间接影响因素主要有建筑形式和建造或拆除的施工方式。

提高建筑的预制装配率可以减少建造阶段的碳排放。实现建材加工工厂化，统一工厂化加工能在保证产品质量的前提下，最大程度地削减材料损失率，减少浪费；推广装配式房屋，提高工厂加工范围，减少现场人员、机械工作量，加快施工进度，降低社会影响和污染排放。

建筑拆毁导致材料破损，降低了材料的再利用率，但可将材料粉碎后作为构件生产原料回收利用，随着材料处理和生产技术的发展，拆除造成的材料破损的影响在逐渐减小。建筑拆除后可将包裹着钢筋、角钢的水泥构件用大锤敲碎，分离出钢材后集中堆放运往钢材回收厂家。最后，推土机将剩余渣土归拢装车，运往填埋场地。渣土的主要成分是碎砖、碎石、水泥、瓷砖等。因此，建筑垃圾的处理，也需要进一步细化分类，使得更多的废旧材料能够物尽其用。

## 6.1.2　建造及拆除阶段碳排放计算方法

（1）基于能源消耗总量的碳排放计算方法

《建筑碳排放计算标准》GB/T 51366—2019 根据能源用量及其对应的碳排放因子计算建造阶段的碳排放量。计算公式如下：

$$C_{JZ} = \sum_{i=1}^{n} E_{jz,\,i} EF_i \tag{6-1}$$

式中　$C_{JZ}$——建筑建造阶段的碳排放量（kg $CO_2$）；

　　$E_{jz,\,i}$——建筑建造阶段第 $i$ 种能源总用量（kW·h 或 kg）；

　　$EF_i$——第 $i$ 类能源的碳排放因子（kg $CO_2$/kW·h 或 kg $CO_2$/kg）。

建造阶段的能源总用量宜采用施工工序能耗估算法计算。施工工序能耗估算法的计算公式如下：

$$E_{jz} = E_{fx} + E_{cs}$$

式中　$E_{jz}$——建筑建造阶段总能源用量（kW·h 或 kg）；

　　$E_{fx}$——分部分项工程总能源用量（kW·h 或 kg）；

　　$E_{cs}$——措施项目总能源用量（kW·h 或 kg）。

分部分项工程能源用量的计算公式如下：

$$E_{fx} = \sum_{i=1}^{n} Q_{fx,i} f_{fx,i} \tag{6-2}$$

$$f_{fx,\,i} = \sum_{j=1}^{m} T_{i,j} R_j + E_{jj,i} \tag{6-3}$$

式中　$Q_{fx,i}$——分部分项工程中第 $i$ 个项目的工程量；

$f_{fx,i}$——分部分项工程中第 $i$ 个项目的能耗系数（kW·h/ 工程量计量单位）；

$T_{i,j}$——第 $i$ 个项目单位工程量第 $j$ 种施工机械台班消耗量（台班）；

$R_j$——第 $i$ 个项目第 $j$ 种施工机械单位台班的能源用量（kW·h/ 台班）；

$E_{jj,i}$——第 $i$ 个项目中，小型施工机具不列入机械台班消耗量，但其消耗的能源列入材料的部分能源用量（kW·h）；

$i$——分部分项工程中项目序号；

$j$——施工机械序号。

措施项目的能耗计算包括脚手架、模板及支架、垂直运输、建筑物超高等可计算工程量的措施项目，其能耗计算公式如下：

$$E_{cs} = \sum_{i=1}^{n} Q_{cs,i} f_{cs,i} \qquad (6-4)$$

$$f_{cs,\ i} = \sum_{j=1}^{m} T_{A-i,\ j} R_j \qquad (6-5)$$

式中 $Q_{cs,\ i}$——措施项目中第 $i$ 个项目的工程量；

$f_{cs,\ i}$——措施项目中第 $i$ 个项目的能耗系数（kW·h/ 工程量计量单位）；

$T_{A-i,\ j}$——第 $i$ 个措施项目单位工程量第 $j$ 种施工机械台班消耗量（台班）；

$R_j$——第 $i$ 个项目第 $j$ 种施工机械单位台班的能源用量（kW·h/ 台班）；

$i$——措施项目序号；

$j$——施工机械序号。

以上建造阶段碳排放的计算过程如图 6-3 所示。

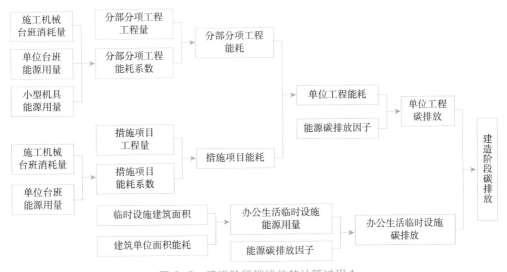

图 6-3 建造阶段碳排放的计算过程 1

拆除阶段碳排放量的计算原理相同，按式（6-6）计算：

$$C_{CC}=\sum_{i=1}^{n}E_{cc,i}EF_i+C_{TM}\qquad(6-6)$$

$$C_{TM}=M_{tm}MF_{tm}\qquad(6-7)$$

式中　$C_{CC}$——建筑拆除阶段的碳排放量（kg $CO_2$）；

　　　$E_{cc,i}$——建筑建造阶段第 $i$ 种能源总用量（kW·h 或 kg），包括拆除机械活动和废弃物处置及外运等相关活动所消耗的能量；

　　　$EF_i$——第 $i$ 类能源的碳排放因子（kg $CO_2$/kW·h 或 kg $CO_2$/kg）；

　　　$C_{TM}$——废弃物填埋后降解逸散产生的碳排放，应采用合理的处理方式尽量减少废弃物在自然环境中产生的碳排放；

　　　$M_{tm}$——建筑拆除后废弃物填埋量；

　　　$MF_{tm}$——单位质量的建筑垃圾采用填埋方式所产生的碳排放（kg $CO_2$/t）。

（2）基于机械台班数量的碳排放计算方法

施工之前计算建筑材料和机械消耗量的依据是工程咨询行业的《建筑工程预算定额》，在获取机械消耗量的情况下，建造阶段的碳排放采用碳排放因子法计算，可根据机械台班消耗量及对应的碳排放因子计算，公式如下：

$$C_{JZ}=\sum_{i=1}^{n}J_iJF_i\qquad(6-8)$$

式中　$J_i$——第 $i$ 种施工机械的台班量；

　　　$JF_i$——第 $i$ 种施工机械的碳排放因子（kg $CO_2$e/台班）。

施工阶段进行工地监测管理，可根据施工机械工作的实测数据计算碳排放。

以上建造阶段碳排放的计算过程如图 6-4 所示。

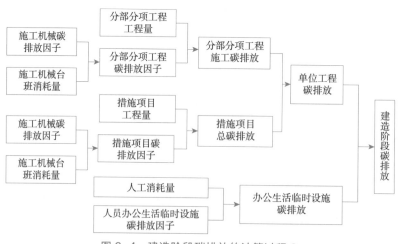

图 6-4　建造阶段碳排放的计算过程 2

　　根据以上计算过程分析，可用施工机械台班消耗量直接乘以对应的碳排放因子，汇总后得到建造阶段的碳排放量，也可以用工程量预算中能源的消耗量直接乘以能源的碳排放因子，汇总后得到建造阶段的碳排放量，两种方法的计算流程如图 6-5 所示。按照图中的计算流程，可根据计算需要选择不同组成部分的数据，对应计算各部分工程在建造阶段的碳排放量，进行精准分析。

图 6-5　建造阶段碳排放的计算路径示意图

　　（3）建筑施工机械碳排放因子计算方法

　　施工机械碳排放因子的确定，可采用因子库查询的方法，从我国相关部门公布的数据及国内已有的研究成果中查阅得到。也可以根据施工机械的能源消耗指标进行计算，施工机械碳排放因子 $JF_{jx}$ 的计算公式如下：

$$JF_{jx}=E_{jx,\ i}EF_i \tag{6-9}$$

式中　$JF_{jx}$——施工机械的碳排放因子（kg $CO_2$e/ 台班）；

　　　$E_{jx,\ i}$——施工机械 1 个台班所消耗的第 $i$ 类能源的数量（kW·h 或 kg）；

　　　$EF_i$——第 $i$ 类能源的碳排放因子（kg $CO_2$/kW·h 或 kg $CO_2$/kg）。

　　鉴于国内外生产技术条件、材料性能指标等方面的差异，施工机械的碳排放因子一般不参考国外数据资料。

　　（4）建筑建造及拆除碳排放活动数据计算方法

　　建造及拆除阶段工程量的确定，与建筑材料消耗量的获取相同，可以分为设计和施工建造两个主要阶段。与第 5 章材料消耗量的确定相似，设计阶段可基于造价咨询文件获取施工机械设备用量，施工阶段则根据现场能耗监测设备获取能源消耗用量。如表 6-1 所示为某工程基于概算文件获取的机械台班数量汇总表的数据，数据条目较多，在此仅展示部分数据。

某工程部分施工机械汇总表　　　　　　　　表 6-1

| 编码 | 类别 | 名称 | 规格型号 | 单位 | 数量 |
|---|---|---|---|---|---|
| 01043 | 机 | 履带式单斗挖掘机 1m³ | | 台班 | 2.5 |
| 03017 | 机 | 汽车式起重机 | 提升质量 5t | 台班 | 606.044 67 |
| 99010305 | 机 | 履带式单斗挖掘机（液压） | 斗容量 1m³ | 台班 | 41.195 97 |
| 99030124 | 机 | 轨道式柴油打桩机 | 冲击质量 2.5t | 台班 | 1 003.633 47 |
| 99050152 | 机 | 滚筒式混凝土搅拌机（电动） | 出料容量 400L | 台班 | 407.786 73 |
| 99050503 | 机 | 灰浆搅拌机 | 拌筒容量 200L | 台班 | 3 412.123 9 |
| 99051304 | 机 | 混凝土输送泵车 | 输送量 60m³/h | 台班 | 751.875 2 |
| 99051703 | 机 | 挤压式灰浆输送泵 | 输送量 3m³/h | 台班 | 294.187 5 |
| 99052107 | 机 | 混凝土振捣器 | 插入式 | 台班 | 3 373.981 33 |
| 99070906 | 机 | 载货汽车 | 装载质量 4t | 台班 | 2 016.185 35 |
| 99190705 | 机 | 立式钻床 | 钻孔直径 25mm | 台班 | 693.799 29 |
| 99190715 | 机 | 台式钻床 | 钻孔直径 16mm | 台班 | 2 101.511 33 |
| 5607004 | 机 | 台式钻床 | 钻孔直径 16mm（小） | 台班 | 37.979 9 |
| 99132513 | 机 | 滚（刮）机 | 综合 | 台班 | 255.042 31 |
| 99252502 | 机 | 电焊机 | 综合 | 台班 | 201.065 19 |

　　施工现场应当做好设备使用记录和能耗监测，作为碳排放的核算依据，如表 6-2、表 6-3 分别为某工地办公生活区能耗信息采集表和工程机械使用信息采集表。

某工地办公生活区能耗信息采集表　　　　　　表 6-2

| 使用区域 | 用途 | 能源类型 | 能源种类 | 能源消费量单位 | 能源消费量 |
|---|---|---|---|---|---|
| 办公生活 | 总 | 化石能源 | 汽油 | t | 17 000 |
| 办公生活 | 总 | 电力 | 外购电力 | kW·h | 150 000 |
| 办公生活 | 总 | 电力 | 太阳能发电 | kW·h | 3 000 |
| 办公生活 | 热水 | 电力 | 外购电力 | kW·h | 7 500 |
| 办公生活 | 炊事 | 电力 | 外购电力 | kW·h | 22 500 |
| 办公生活 | 采暖 | 电力 | 外购电力 | kW·h | 45 000 |
| 办公生活 | 办公 | 电力 | 外购电力 | kW·h | 75 000 |

| | | 某工地地基与基础工程机械使用信息采集表 | | | 表 6-3 | |
| --- | --- | --- | --- | --- | --- | --- |
| 分部工程类型 | 设备名称 | 规格型号 | 单位 | 台班数 | 能源类型 |
| 地基与基础工程 | 履带式推土机 | 75kW | 台班 | 68 | 柴油 |
| 地基与基础工程 | 反铲式挖掘机 | 60 | 台班 | 563 | 柴油 |
| 地基与基础工程 | 反铲式挖掘机 | 220 | 台班 | 200 | 柴油 |
| 地基与基础工程 | 压路机 | YCT25 | 台班 | 9 | 柴油 |
| 地基与基础工程 | 履带式推土机 | 160 | 台班 | 15 | 柴油 |

建筑拆除阶段的活动数据包括能源消耗、施工机械工程量和废弃物的数量。当采用机械拆除方式时，建筑拆除阶段的活动数据计算方式可参考建筑建造阶段，根据工程预算、施工组织或现场监测等方式获取活动数据，包括能源消耗量和施工机械台班数。采用建筑物爆破拆除、静力破损拆除及机械整体性拆除方式时，能源用量应根据拆除专项方案确定。废弃物及回收构件的外运数量，可参考建造阶段的建材总用量确定，与建筑结构形式有关，研究表明居住类建筑因为房间较小，层高较低，分隔构件多，产废水平最高，约为 $1.6t/m^2$，最少的是工业建筑，多为高大空间的建筑形式，所产生的废弃物约为 $1.2t/m^2$。

## 6.2　建筑建造阶段碳排放计算

### 6.2.1　基于建造阶段能源消耗量的碳排放计算

（1）施工机械总体能耗的碳排放计算

根据本书第 4 章项目建设前期碳排放计算的研究，建造阶段碳排放计算在项目策划、可行性研究、方案设计阶段尚未进行工程量计算时，可参照建筑运行阶段或全寿命周期的碳排放估算值进行估算，估算方法可参阅第 4 章 4.4 节。初步设计或施工图设计完成后，可根据初步设计概算或施工图预算按照工程量计算值对建筑建造阶段碳排放进行计算。工程开工后，根据现场计量和燃料使用记录表，随时了解能源使用情况，按照现场用量进行计算。

基于工程造价人材机汇总中的能源量，可以获取单位工程或建筑整体在建造过程的能源消耗量，直接乘以能源碳排放因子计算碳排放量，可以快速计算建造阶段施工机械碳排放。表 6-4 所示为某住宅工程建造阶段施工活动所产生的碳排放计算。

某住宅工程建造阶段施工活动能耗碳排放构成　　　　　表 6-4

| 建造能耗 | | | 碳排放因子 | | 碳排放量 |
| 类别 | 单位 | 数量 | 单位 | 数值 | （kg CO₂e） |
|---|---|---|---|---|---|
| 汽油 | kg | 21 757.869 2 | kg CO₂e/kg | 2.924 9 | 63 641.767 5 |
| 电 | kW·h | 546 960.295 | kg CO₂e/（kW·h） | 0.581 0 | 317 783.931 5 |
| 柴油 | kg | 16 420.526 8 | kg CO₂e/kg | 3.096 1 | 50 837.950 94 |
| 合计 | | | | | 432 263.649 9 |

**（2）单位工程施工机械能耗的碳排放计算**

需要对建筑中各单位工程碳排放进行分析时，应根据各单位工程人材机汇总中的能耗数据进行计算，为各工序碳排放管理提供依据。表 6-5 所示为前文所述住宅工程各单位工程建造阶段碳排放构成。

某住宅工程建造阶段单位工程碳排放构成　　　　　表 6-5

| 单位工程 | 建造能耗 | | | 碳排放因子 | | 碳排放量 |
| | 类别 | 单位 | 数量 | 单位 | 数据 | （kg CO₂e） |
|---|---|---|---|---|---|---|
| 地上建筑 | 汽油 | kg | 9 125.778 96 | kg CO₂e/kg | 2.924 9 | 26 691.990 9 |
| | 电 | kW·h | 6 220.866 39 | kg CO₂e/（kW·h） | 0.581 0 | 3 614.323 4 |
| | 柴油 | kg | 0 | kg CO₂e/kg | 3.096 1 | 0 |
| 小计 | | | | | | 30 307.226 8 |
| 地上结构 | 汽油 | kg | 9 151.855 19 | kg CO₂e/kg | 2.924 9 | 26 768.261 2 |
| | 电 | kW·h | 432 470.442 | kg CO₂e/（kW·h） | 0.581 0 | 251 265.326 8 |
| | 柴油 | kg | 13 977.384 9 | kg CO₂e/kg | 3.096 1 | 43 275.381 4 |
| 小计 | | | | | | 321 308.969 4 |
| 地上电气 | 汽油 | kg | 1 188.594 08 | kg CO₂e/kg | 2.924 9 | 3 476.518 8 |
| | 电 | kW·h | 46 386.88 42 | kg CO₂e/（kW·h） | 0.581 0 | 26 950.779 7 |
| | 柴油 | kg | 77.767 24 | kg CO₂e/kg | 3.096 1 | 240.775 2 |
| 小计 | | | | | | 30 668.073 7 |
| 地上给水排水 | 汽油 | kg | 0 | kg CO₂e/kg | 2.924 9 | 0 |
| | 电 | kW·h | 5 499.912 88 | kg CO₂e/（kW·h） | 0.581 0 | 3 195.449 4 |
| | 柴油 | kg | 0 | kg CO₂e/kg | 3.096 1 | 0 |
| 小计 | | | | | | 3 195.449 4 |
| 地下建筑 | 汽油 | kg | 1 740.480 83 | kg CO₂e/kg | 2.924 9 | 5 090.732 4 |

续表

| 单位工程 | 建造能耗 | | | 碳排放因子 | | 碳排放量（kg CO₂e） |
|---|---|---|---|---|---|---|
| | 类别 | 单位 | 数量 | 单位 | 数据 | |
| 地下建筑 | 电 | kW·h | 378.383 73 | kg CO₂e/kW·h | 0.581 0 | 219.840 9 |
| | 柴油 | kg | 0 | kg CO₂e/kg | 3.096 1 | 0 |
| | 小计 | | | | | 5 310.573 3 |
| 地下结构 | 汽油 | kg | 519.707 87 | kg CO₂e/kg | 2.924 9 | 1 520.093 5 |
| | 电 | kW·h | 54 674.636 9 | kg CO₂e/kW·h | 0.581 0 | 31 765.964 0 |
| | 柴油 | kg | 2 361.672 44 | kg CO₂e/kg | 3.096 1 | 7 311.974 0 |
| | 小计 | | | | | 40 598.031 6 |
| 地下电气 | 汽油 | kg | 29.876 29 | kg CO₂e/kg | 2.924 9 | 87.385 2 |
| | 电 | kW·h | 504.519 3 | kg CO₂e/kW·h | 0.581 0 | 293.125 7 |
| | 柴油 | kg | 3.056 92 | kg CO₂e/kg | 3.096 1 | 9.464 5 |
| | 小计 | | | | | 389.975 4 |
| 地下给水排水 | 汽油 | kg | 1.576 | kg CO₂e/kg | 2.924 9 | 4.609 6 |
| | 电 | kW·h | 824.649 61 | kg CO₂e/kW·h | 0.581 0 | 479.121 4 |
| | 柴油 | kg | 0.645 3 | kg CO₂e/kg | 3.096 1 | 1.997 9 |
| | 小计 | | | | | 485.729 0 |
| 合计 | | | | | | 432 264.029 |

（3）建造阶段能耗统计及碳排放核算

建筑建造阶段，施工单位应做好现场用能和机械设备管理，结合碳排放计算分析进行现场管理：建立施工生产区用电制度，根据不同阶段，核算出用电总数，通过比例分解到每个区域及每个用电单位，并建立台账，每月计数统计和控制用电量。以表 6-2 中的数据为例，计算得到表 6-6 所示某工地建造阶段临时设施能耗统计量及其碳排放核算表。

某工地建造阶段临时设施能耗统计量及其碳排放核算表　表 6-6

| 用能区域 | 类别 | 名称 | 单位 | 数量 | 碳排放因子 | | 碳排放量（kg CO₂e） |
|---|---|---|---|---|---|---|---|
| | | | | | 单位 | 数值 | |
| 总 | 化石能源 | 汽油 | t | 17 000 | kg CO₂e/t | 2.924 9 | 49 723.3 |
| 总 | 电力 | 外购电力 | kW·h | 150 000 | kg CO₂e/kW·h | 0.581 0 | 87 150 |
| 总 | 电力 | 太阳能发电 | kW·h | 3 000 | kg CO₂e/kW·h | 0.581 0 | −1 743 |
| 热水 | 电力 | 外购电力 | kW·h | 7 500 | kg CO₂e/kW·h | 0.581 0 | 43 57.5 |
| 炊事 | 电力 | 外购电力 | kW·h | 22 500 | kg CO₂e/kW·h | 0.581 0 | 13 072.5 |

| 用能区域 | 类别 | 名称 | 单位 | 数量 | 碳排放因子 | | 碳排放量（kg CO₂e） |
|---|---|---|---|---|---|---|---|
| | | | | | 单位 | 数值 | |
| 采暖 | 电力 | 外购电力 | kW·h | 45 000 | kg CO₂e/ kW·h | 0.581 0 | 26 145 |
| 办公 | 电力 | 外购电力 | kW·h | 75 000 | kg CO₂e/ kW·h | 0.581 0 | 43 575 |

### 6.2.2 基于建造阶段机械台班数量的碳排放计算

以上两种方法直接根据能耗数据计算碳排放，优点是迅速便捷，但是对各项施工机械的碳排放活动缺少分析和管理依据，在需要进一步的详细数据对机械台班进行研究时，应直接以机械台班的数据进行计算。由于工程机械种类多，一般通过软件，将建筑工程机械台班数与碳排放因子对应，导出计算结果，表 6-7 所示为东禾碳排放计算分析软件根据表 6-3 中的数据所计算的施工机械碳排放。

某工程建造阶段部分机械碳排放量计算表 　　　　　表 6-7

| 建造机械设备 | | | 碳排放因子 | | 碳排放量（kg CO₂e） |
|---|---|---|---|---|---|
| 设备名称 | 规格型号 | 台班数 | 单位 | 数值 | |
| 履带式推土机 | 75kW | 68 | kg CO₂e/ 台班 | 140.41 | 9 548.09 |
| 反铲式挖掘机 | 60 | 563 | kg CO₂e/ 台班 | 156.04 | 87 852.46 |
| 反铲式挖掘机 | 220 | 200 | kg CO₂e/ 台班 | 572.16 | 114 431.86 |
| 压路机 | YCT25 | 9 | kg CO₂e/ 台班 | 286.08 | 2 574.72 |
| 履带式推土机 | 160 | 15 | kg CO₂e/ 台班 | 397.91 | 5 968.66 |
| 合　计 | | | | | 220 375.78 |

根据造价咨询文件中单位工程的进一步细分，还可以对各单位工程施工机械碳排放进行计算，如表 6-8 所示。

某工程部分单位工程建造阶段碳排放计算表 　　　　　表 6-8

| 单位工程 | 建造机械设备 | | | 碳排放因子（kg CO₂e/ 台班） | 碳排放量（kg CO₂e） |
|---|---|---|---|---|---|
| | 设备名称 | 规格型号 | 台班数 | | |
| 地上土建工程 | 钢筋切断机 | 直径 40mm | 407.562 32 | 25.4 | 10 352.082 93 |
| | 钢筋弯曲机 | 直径 40mm | 948.904 61 | 10.1 | 9 583.936 561 |
| | 电锤 | 功率 520W | 1 203.570 26 | 3.3 | 3 971.781 858 |
| | 交流弧焊机 | 容量 32kVA | 48.418 4 | 47.7 | 2 309.557 68 |
| | 小计（含省略条目） | | | | 374 864.413 2 |

续表

| 单位工程 | 建造机械设备 | | | 碳排放因子（kg CO₂e/ 台班） | 碳排放量（kg CO₂e） |
|---|---|---|---|---|---|
| | 设备名称 | 规格型号 | 台班数 | | |
| 地上装饰工程 | 交流弧焊机 | 容量 30kVA | 455.612 | 47.7 | 455.612 |
| | 交流弧焊机 | 容量 32kVA | 358.775 2 | 47.7 | 358.775 2 |
| | 电锤 | 功率 520W | 3 448.244 56 | 3.3 | 3 448.244 56 |
| | 氩弧焊机 | 500A | 38.499 03 | 56 | 38.499 03 |
| | 小计（含省略条目） | | | | 6 605.528 15 |
| 地上幕墙工程 | 交流弧焊机 | 容量 30kVA | 1 629.916 | 47.7 | 77 746.993 2 |
| | 半自动切割机 | 容量 32kVA | 485.862 | 77.6 | 37 702.891 2 |
| | 电锤 | 厚度 100mm | 505.273 96 | 3.3 | 1 667.404 068 |
| | 石料切割机 | | 1 627.057 94 | 32.43 | 52 765.488 99 |
| | 小计（含省略条目） | | | | 303 598.832 6 |

　　按工程计价汇总的能源消耗总量或机械消耗量统计计算，可以快速获取建造阶段碳排放量，但由于缺少详细数据，无法为分析各分项工程的碳排放构成提供数据支撑。为了分析建造方式的低碳性，研究低碳建造，改进建造工艺，还需要对建造阶段与构件相关的各种活动进行碳排放计算分析，按照工程量清单中的各项活动数据进行计算。与建材碳排放计算相似，依据造价咨询文件中分部分项工程的工料机构成计算碳排放量，得到对应分项的碳排放因子，作为按照工程量清单计算碳排放的基础数据。表 6-9 所示为某住宅项目中编码为 010502001001 的矩形柱分项工程的建材及建造过程碳排放计算。

分项工程（010502001001 的矩形柱）碳排放计算表　　　　表 6-9

| 建材及施工机械用量 | | | | | 碳排放因子 | | 碳排放量（kg CO₂e） |
|---|---|---|---|---|---|---|---|
| 类别 | 名称 | 规格及型号 | 单位 | 数量 | 单位 | 数值 | |
| 材 | 水 | | m³ | 617.715 | kg CO₂e/m³ | 0.168 | 103.776 12 |
| 商品混凝土 | 矩形柱 | C40 | m³ | 492.701 3 | kg CO₂e/m³ | 340 | 167 518.44 |
| 机 | 混凝土振捣器（插入式） | 1.5kW | 台班 | 48.534 8 | kg CO₂e/ 台班 | 6.972 | 338.384 63 |
| 机 | 混凝土振捣器（平板式） | 1.5kW | 台班 | 6.863 5 | kg CO₂e/ 台班 | 6.972 | 47.852 322 |
| 合计（含省略条目） | | | | | | | 168 008.46 |

该住宅项目中编码为 010502001001 的矩形柱的工程量为 490.248m³，由此可以推算出该矩形柱包含材料和建造活动在内的碳排放因子为 342.701kg $CO^2e/m^3$，作为建筑物化阶段碳排放计算分析的基础数据。工程量清单中各分项工程中，建造活动碳排量较少，且由于施工过程的整体性，一般不需要进行单独的计算分析，可结合建材碳排放计算，计算分部分项工程在建筑物化阶段的碳排放。

### 6.2.3 建造阶段临时办公生活设施碳排放计算

（1）根据工程预算工日数量计算工地临时办公生活设施碳排放

现场服务设施碳排放包括现场办公、临时宿舍、食堂等部分建筑的碳排放，包括照明、暖通空调、热水等能源资源消耗所产生的碳排放，施工现场根据能耗监测数据进行实时计算分析。工程预算中对于临时设施部分的面积没有明确的规范要求，一般按照相应的比例确定费用，由于临时设施的配备与人员数量有关，可将临时建筑碳排放的计算与工程预算中的工日数量相对应，采用单位工日碳排放因子的方法计算临时设施的碳排放量，计算公式如下：

$$EF_{gr}=S_{dr}C_{ls}/365 \tag{6-10}$$

式中　$EF_{gr}$——单位工日所需要的临时设施产生的碳排放量（kg $CO_2e$/ 工日）；

　　　$S_{dr}$——施工现场每人所需要的临时设施的建筑面积，一般取 4~6m²/ 人；

　　　$C_{ls}$——临时设施建筑物单位面积每年运行所产生的碳排放量。工地宿舍等生活用房照明能耗较少，但工人居住较为密集，热水使用强度较高，因此各类临时建筑能耗统一参照《民用建筑能耗标准》GB/T 51161—2016 中的办公建筑指标进行计算，以夏热冬冷地区为例，非商业办公建筑运行能耗限值为 70kW·h/（m²·a），以电力碳排放因子为基准，计算得到临时建筑单位面积运行碳排放强度约为 40.7kg $CO_2e$/（m²·a）。取 5m²/ 人计算，各地区能耗指标和碳排放因子指标计算结果如表 6-10 所示。

不同气候区建造阶段临时设施碳排放因子　　　　表 6-10

| 区域 | 能耗指标 | | | 能源碳排放因子（kg $CO_2e$/单位能源） | 碳排放强度[kg $CO_2e$/（m²·a）] | 碳排放因子（kg $CO_2e$/ 工日） |
|---|---|---|---|---|---|---|
| | 类别 | 单位 | 约束值 | | | |
| 严寒和寒冷地区 | 天然气 | Nm³ | 10 | 1.864 | 18.64 | 0.255 3 |
| | 电力 | kW·h | 45 | 0.581 0 | 26.15 | 0.358 2 |
| | | | | | 44.79 | 0.613 5 |

续表

| 区域 | 能耗指标 | | | 能源碳排放因子<br>（kg CO₂e/单位能源） | 碳排放强度<br>[kg CO₂e/（m²·a）] | 碳排放因子<br>（kg CO₂e/工日） |
| --- | --- | --- | --- | --- | --- | --- |
| | 类别 | 单位 | 约束值 | | | |
| 夏热冬冷地区 | 电力 | kW·h | 70 | 0.581 0 | 40.67 | 0.557 1 |
| 夏热冬暖地区 | 电力 | kW·h | 65 | 0.581 0 | 37.76 | 0.517 3 |
| 温和地区 | 电力 | kW·h | 50 | 0.581 0 | 29.05 | 0.397 9 |

以夏热冬冷地区某办公建筑为例，建筑面积约 3.8 万 m²，根据工程预算文件，可知其总工日为 248 329 工日，按照 5m²/ 人计算，单位工日的碳排放因子为 0.557 1kg CO₂e/工日，则办公、宿舍等临时设施在建造阶段的碳排放总量为 138.45t CO₂e。

（2）根据施工组织临时设施布置方案计算碳排放

施工场地中临时设施的合理设置是保证安全施工的必要措施，通过对场区合理布置，满足各阶段施工的需要。图 6-6 为某工地总平面布置图，场地西北角作为临时设施布置区域。现场管理人员办公区设置在示范区南侧，总包办公区、宿舍区设临建房 2 栋，工人生活区共布置 3 栋双层彩钢板房工人宿舍，另搭建一栋彩钢板房作生活配套，含食堂、餐厅、超市、浴室，总建筑面积约 3 200m²。根据本工程的进度计划，2020 年 9 月 20 日开工，拟定 2023 年 3 月 30 日竣工，总工期为 2.5 年，临时设施在施工期间的碳排放按照单位面积 40.7kg CO₂e/（m²·a）计算，总量为 325.6t CO₂e。

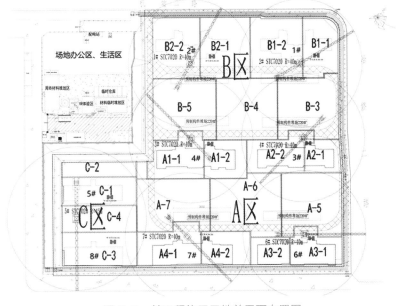

图 6-6　某工程施工工地总平面布置图

# 6.3 建筑拆除阶段碳排放计算

## 6.3.1 建筑拆解施工活动碳排放计算

建筑拆除阶段的施工活动以施工机械拆除和人工拆除对建筑的拆解为主，辅以现场部分材料的分拣、破碎等工作。以某高层框架剪力墙结构住宅拆除为例，选择人工和机械的混合拆除方式，先拆除设备系统、管线和内外门窗，然后再进行建筑主体的拆除，在拆的同时对被拆解构件和材料进行分类分拣、归类整理和预处理。将金属、木材、玻璃、塑料等材料回收后，剩余废弃物主要为混凝土、砂浆、砖和砌块。根据项目在拆除阶段的分部分项工程量清单和人材机汇总情况，计算现场拆解和材料处理活动的碳排放，计算结果如表 6-11 所示。

某住宅工程拆除阶段施工机械碳排放构成　　　　　表 6-11

| 名称 | 规格 | 台班数 | 碳排放因子（kg CO₂e/ 台班） | 碳排放量（kg CO₂e） |
|---|---|---|---|---|
| 推土机 | 功率 90kW | 44.01 | 315.802 2 | 13 899.02 |
| 单斗挖掘机 | 1.0m³ | 23.68 | 362.243 7 | 8 579.20 |
| 风动凿岩机 |  | 798.20 | 23.24 | 18 550.25 |
| 液压岩石破碎机 | 105kW | 142.97 | 171.976 | 24 588.27 |
| 载货汽车 | 装载质量 4t | 14.35 | 122.32 | 1 755.66 |
| 自卸汽车 | 装载质量 12t | 522.15 | 170.99 | 89 281.85 |
| 洒水车 | 罐容量 4 000L | 8.59 | 363.587 7 | 3 121.47 |
| 电动空气压缩机 | 排气 10m³/min | 183.53 | 57 | 39 092.32 |
| 履带式推土机 | 功率 75kW | 32.72 | 266.264 6 | 8 711.75 |
| 合计（含省略条目） | | | | 276 580.65 |

材料外运，采用就近处理的方式，由车辆运输的燃料消耗所产生的碳排放可以参照建材运输阶段碳排放的计算公式，可采用建筑面积与拆解材料的大致比例进行计算，其计算公式如下：

$$C_{\text{CC-YS}} = \sum_{i=1}^{n} M_i \cdot D_i T_i \tag{6-11}$$

式中　$C_{\text{CC-YS}}$——建筑拆除后材料外运在运输过程中的碳排放（kg CO₂e）；

$M_i$——第 $i$ 种材料的质量（t）；

$D_i$——第 $i$ 种材料的运输距离（km）；

$T_i$——第 $i$ 种材料所采用的运输方式的碳排放因子 [kg CO₂e/（t·km）]。

由于拆除过程缺少材料质量详细计算，可采用面积材料比的方式进行估算，按照住宅建筑 $1.5t/m^2$ 计算，本工程建筑面积约 $8\ 500m^2$；外运采用就近处理，参照建材运输中混凝土的默认距离 40km，采用 10t 重型汽油运输车辆，运输车辆碳排放因子 $0.104kg\ CO_2e/（t·km）$ 计算，材料外运产生的碳排放为 $8\ 500×1.5×40×0.104=53\ 040kg\ CO_2e$。

拆除工期为 60 天，预计人工数量为 9 733 综合工日，施工人员现场临时办公生活部分所产生的碳排放为 $9\ 733×0.557\ 1=54.230kg\ CO_2e$。

### 6.3.2　建筑拆除阶段废弃物处置碳排放

填埋阶段的主要对象为渣土等循环利用过程无法回收的废弃物。在该阶段，除了人工和机械的消耗会产生碳排放以外，被填埋的废弃物本身在填埋过程中也会产生碳排放，需要计算填埋机械设备因能源消耗产生的碳排放和废弃物本身在填埋过程中的碳排放。相关研究表明，废弃物处置填埋过程机械设备主要消耗的燃料为柴油，消耗量约为 $4.1L/t$，碳排放因子为 $10.79kg\ CO_2e/t$；随着再生骨料混凝土技术的发展，运往循环利用厂的废弃物中可包含了混凝土、砖、砌块、石材、砂浆、小块金属和木材，填埋处理的废弃物总量减少，填埋率取 15%，但碳排放因子较大，按照 $226.3kg\ CO_2e/t$ 计算，废弃物填埋部分碳排放量为 $8\ 500×1.5×0.15×（10.79+226.3）=453\ 434.6kg\ CO_2e$。根据以上计算结果，该住宅建筑拆除阶段的碳排放量为：

$186\ 058.5+55\ 817.5+5\ 422.7+53\ 040+453\ 434.6=753\ 773.4kg\ CO_2e$。

当新建建筑全生命周期碳排放计算缺少拆除设计的相关数据时，可按照本书第 4 章中的比例系数法进行估算，即建筑拆除阶段的碳排量约为新建建筑物化阶段碳排放量的 0.1 倍。

## 6.4　建造及拆除阶段碳排放计算案例

### 6.4.1　案例简介

#### （1）建筑概况

该工程为某企业研发与产业化基地，位于陕西省西安市。

总建筑面积为 $66\ 278m^2$，其中地上建筑面积为 $41\ 242m^2$，地下建筑面积为 $25\ 383m^2$；

建筑层数：地上 12 层，地下 3 层；

建筑高度：48.5m；

建筑类别：二类高层公共建筑；

耐火等级：二级；

屋面防水等级：Ⅰ级；

室内环境污染控制性分类为：Ⅰ类；

绿色建筑设计等级：三星级；

结构类型：框架剪力墙结构；

设计使用年限：50 年；

抗震设防烈度：7 度。

（2）建筑功能及建造特色

该建筑主要功能为科研办公，作为科技性产业办公大楼，项目旨在打造国际领先的绿色、节能、健康、智能、地标的数字建筑，建成后用于数字建筑产品相关的生产、研发、测试、展示等。按照绿色建筑、健康建筑的标准进行设计，采用建筑主体结构与装饰装修一体化设计施工模式，节省材料，缩短工期。项目施工包括数字虚拟施工和精益实体施工两个过程，做到先模拟、后实施。在施工过程中，通过对实体成果进行反馈，实现过程动态调整和优化（图 6-7）。

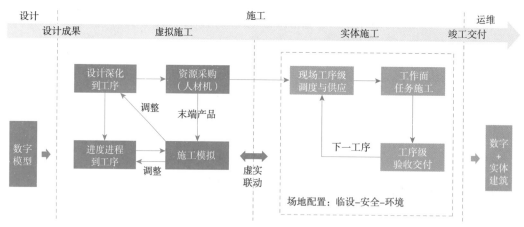

图 6-7 虚实联动的数字孪生

（3）自然地理条件

本工程位于西安市，属阶地相地貌单元，原为农田与村庄，现经拆迁，场地原有地形地貌已改变。目前场地已整平完成，场区有部分堆土。

本工程地处中纬度，季风气候明显，降水丰沛，四季分明，属寒冷地区，但夏季炎热，形成冬寒、夏热、春温、秋暖四季变化明显的气候特征。年均降水量 1 000ml，以 7 月最多，12 月降水量最少。根据调查，场地近 3~5 年最高水位在整平地坪标高下 0.5m。本场地周边无污染史，勘察时未发现污染源。场地地下水对混凝土结构具有微腐蚀性，对钢筋混凝土结构中钢筋具有微腐蚀性。

据《中国地震动参数区划图》和《建筑抗震设计规范》GB 50011—2010（2016 年版），西安市未央区Ⅱ类场地基本地震动峰值加速度值为 0.1g，基本地震动加速度反应谱特征周期值为 0.35s，抗震设防烈度为 7 度，设计地震分组为第一组。

### 6.4.2 建筑建造和拆除阶段活动数据分析

根据工程造价咨询专业的计价文件，获取该项目的建造活动数据。本工程施工图预算首先将建筑分为地上和地下两部分，每部分又分别分为建筑工程、装饰工程、给水排水工程、消防水工程、通风工程、空调工程、强电工程和消防报警工程 8 项单位工程。基于造价咨询文件，可获取建筑工程人材机、材料、机械等分类汇总表及各单位工程相关汇总表，图 6-8、图 6-9 分别为建筑工程整体机械用量汇总示意和单位工程中地上部分装饰工程机械用量汇总示意。

该建筑为新建项目，无拆除设计文件及相关数据，建筑拆除阶段碳排放采用比例系数法根据建筑物化阶段碳排放量进行估算。

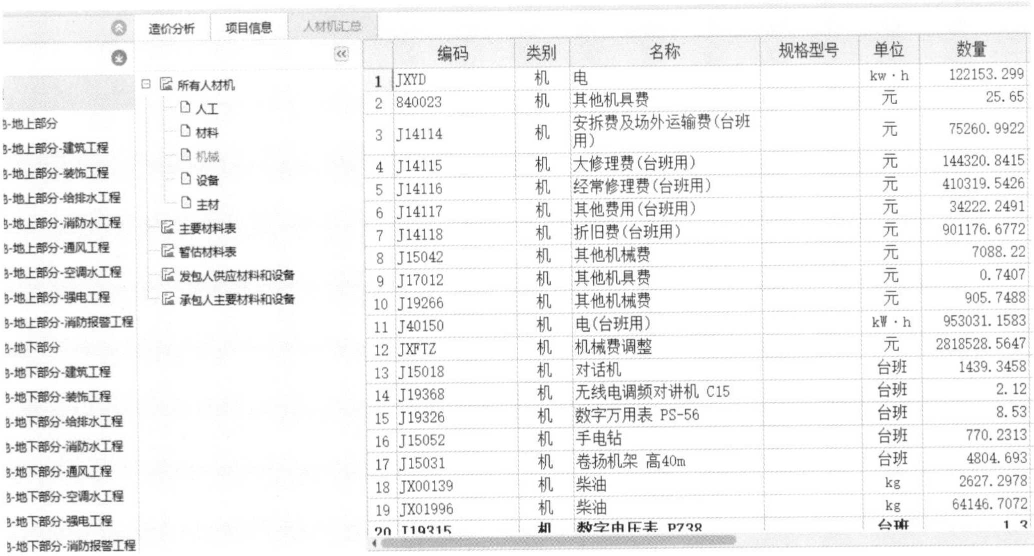


| | 编码 | 类别 | 名称 | 规格型号 | 单位 | 数量 |
|---|---|---|---|---|---|---|
| 1 | JXYD | 机 | 电 | | kw·h | 122153.299 |
| 2 | 840023 | 机 | 其他机具费 | | 元 | 25.65 |
| 3 | J14114 | 机 | 安拆费及场外运输费(台班用) | | 元 | 75260.9922 |
| 4 | J14115 | 机 | 大修理费(台班用) | | 元 | 144320.8415 |
| 5 | J14116 | 机 | 经常修理费(台班用) | | 元 | 410319.5426 |
| 6 | J14117 | 机 | 其他费用(台班用) | | 元 | 34222.2491 |
| 7 | J14118 | 机 | 折旧费(台班用) | | 元 | 901176.6772 |
| 8 | J15042 | 机 | 其他机械费 | | 元 | 7088.22 |
| 9 | J17012 | 机 | 其他机具费 | | 元 | 0.7407 |
| 10 | J19266 | 机 | 其他机械费 | | 元 | 905.7488 |
| 11 | J40150 | 机 | 电(台班用) | | kW·h | 953031.1583 |
| 12 | JXFTZ | 机 | 机械费调整 | | 元 | 2818528.5647 |
| 13 | J15018 | 机 | 对话机 | | 台班 | 1439.3458 |
| 14 | J19368 | 机 | 无线电调频对讲机 C15 | | 台班 | 2.12 |
| 15 | J19326 | 机 | 数字万用表 PS-56 | | 台班 | 8.53 |
| 16 | J15052 | 机 | 手电钻 | | 台班 | 770.2313 |
| 17 | J15031 | 机 | 卷扬机架 高40m | | 台班 | 4804.693 |
| 18 | JX00139 | 机 | 柴油 | | kg | 2627.2978 |
| 19 | JX01996 | 机 | 柴油 | | kg | 64146.7072 |
| 20 | J19315 | 机 | 数字电压表 PZ38 | | 台班 | 1.3 |

图 6-8　建筑整体施工机械用量汇总示意

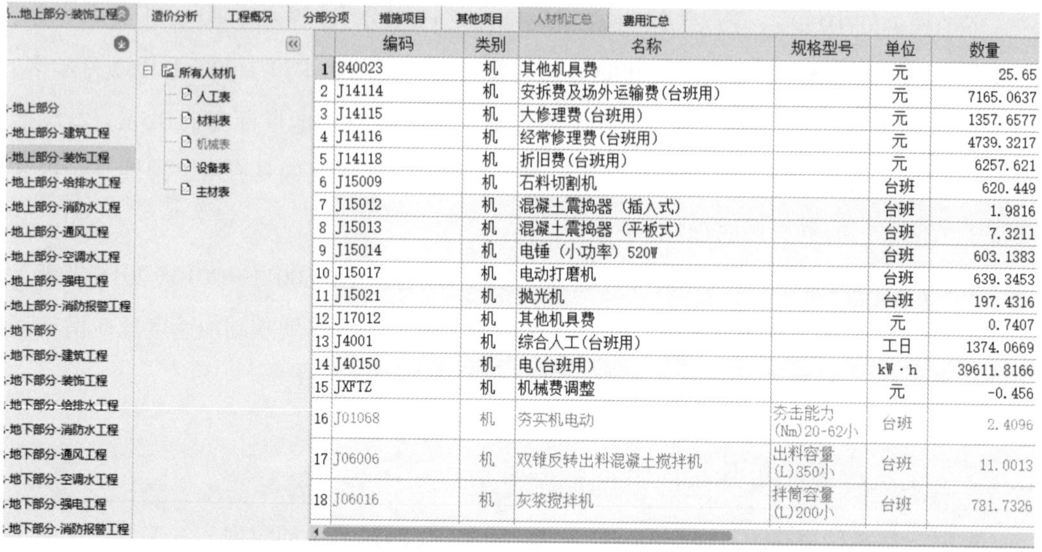

| | 编码 | 类别 | 名称 | 规格型号 | 单位 | 数量 |
|---|---|---|---|---|---|---|
| 1 | 840023 | 机 | 其他机具费 | | 元 | 25.65 |
| 2 | J14114 | 机 | 安拆费及场外运输费(台班用) | | 元 | 7165.0637 |
| 3 | J14115 | 机 | 大修理费(台班用) | | 元 | 1357.6577 |
| 4 | J14116 | 机 | 经常修理费(台班用) | | 元 | 4739.3217 |
| 5 | J14118 | 机 | 折旧费(台班用) | | 元 | 6257.621 |
| 6 | J15009 | 机 | 石料切割机 | | 台班 | 620.449 |
| 7 | J15012 | 机 | 混凝土震捣器（插入式） | | 台班 | 1.9816 |
| 8 | J15013 | 机 | 混凝土震捣器（平板式） | | 台班 | 7.3211 |
| 9 | J15014 | 机 | 电锤（小功率）520W | | 台班 | 603.1383 |
| 10 | J15017 | 机 | 电动打磨机 | | 台班 | 639.3453 |
| 11 | J15021 | 机 | 抛光机 | | 台班 | 197.4316 |
| 12 | J17012 | 机 | 其他机具费 | | 元 | 0.7407 |
| 13 | J4001 | 机 | 综合人工(台班用) | | 工日 | 1374.0669 |
| 14 | J40150 | 机 | 电(台班用) | | kW·h | 39611.8166 |
| 15 | JXFTZ | 机 | 机械费调整 | | 元 | -0.456 |
| 16 | J01068 | 机 | 夯实机电动 | 夯击能力(Nm)20-62小 | 台班 | 2.4096 |
| 17 | J06006 | 机 | 双锥反转出料混凝土搅拌机 | 出料容量(L)350小 | 台班 | 11.0013 |
| 18 | J06016 | 机 | 灰浆搅拌机 | 拌筒容量(L)200小 | 台班 | 781.7326 |

图 6-9　地上部分装饰工程施工机械用量汇总示意

## 6.4.3　建造及拆除碳排放计算

### （1）建造阶段地上部分建筑单位工程碳排放计算

建筑工程机械活动碳排放构成表　　表 6-12

| 设备名称 | 工程量（台班） | 碳排放因子 kg $CO_2e$/（台班） | 碳排放量（kg $CO_2e$） |
|---|---|---|---|
| 载货汽车 | 592.988 5 | 74.6 | 74 600 |
| 交流弧焊机 | 871.747 4 | 47.7 | 47 700 |
| 钢筋切断机 | 245.489 5 | 25.4 | 25 400 |
| 钢筋弯曲机 | 579.490 3 | 10.1 | 10 100 |
| 刨边机 | 52.103 3 | 60.1 | 60 100 |
| 半自动切割机 | 35.568 | 77.6 | 77 600 |
| 载货汽车 | 33.090 2 | 74.6 | 74 600 |
| 手电钻 | 747.897 9 | 3.3 | 3 300 |
| 电焊条烘干箱 | 363.128 | 5.3 | 5 300 |
| 载货汽车 | 22.95 | 74.6 | 74 600 |
| 合计（含省略条目） | | | 59 288.49 |

表 6-12 中的数据为单位工程中地上建筑主体结构部分的机械汇总数据导入东禾建筑碳排放计算分析软件中的计算结果，由于造价软件机械汇总表中还包括了电力、汽油、柴油单位工程消耗总量，在以机械台班消耗数量计算碳排放量时，能源消耗量的数据应

扣除。单位工程中地上建筑工程建造活动碳排放强度为 14.38kg $CO_2e/m^2$。

采用同样的方法，利用地下建筑工程机械汇总数据，计算单位工程中地下建筑工程碳排放量，计算结果为 308 150kg $CO_2e$，地下建筑工程建造活动碳排放强度为 12.140kg $CO_2e/m^2$。

（2）建造阶段地上装饰工程碳排放计算

表 6-13 为地上装饰工程建造活动碳排放强度计算结果，装饰工程包含了地上建筑的幕墙部分，碳排放强度为 17.31kg $CO_2e/m^2$。

装饰工程机械活动碳排放构成表

表 6-13

| 设备名称 | 工程量（台班） | 碳排放因子（kg $CO_2e$/ 台班） | 碳排放量（kg $CO_2e$） |
|---|---|---|---|
| 交流弧焊机 | 244.961 5 | 47.7 | 11 680 |
| 半自动切割机 | 54.470 4 | 77.6 | 4 230 |
| 交流弧焊机 | 7.087 7 | 47.7 | 340 |
| 石料切割机 | 620.449 | 32.43 | 20 120 |
| 电动打磨机 | 639.345 3 | 9 | 5 750 |
| 灰浆搅拌机 | 781.732 6 | 5 | 3 910 |
| 管子切断机 | 314.428 | 7 | 2 200 |
| 抛光机 | 197.431 6 | 5.2 | 1 030 |
| 木工圆锯机 | 32.034 | 13 | 420 |
| 双锥反转出料混凝土搅拌机 | 11.001 3 | 27 | 300 |
| 合计（含省略条目） | | | 714 053.03 |

采用同样的方法，计算单位工程中地下装饰工程碳排放量，计算结果为 308 150kg $CO_2e$，地下装饰工程建造活动碳排放强度为 0.67kg $CO_2e/m^2$。

（3）建造阶段地上给水排水工程、消防水工程碳排放计算

表 6-14、表 6-15 分别为地上给水排水工程、消防水工程建造活动的碳排放计算结果，碳排放强度分别为 0.34kg $CO_2e/m^2$、1.20kg $CO_2e/m^2$。

地上给水排水工程机械活动碳排放构成表

表 6-14

| 设备名称 | 工程量（台班） | 碳排放因子（kg $CO_2e$/ 台班） | 碳排放量（kg $CO_2e$） |
|---|---|---|---|
| 交流弧焊机 | 16.71 | 47.7 | 16 710 |
| 电焊条烘干箱 | 19.361 2 | 5.3 | 19 361.2 |
| 普通车床 | 1.583 | 18 | 1 583 |

| 设备名称 | 工程量（台班） | 碳排放因子<br>（kg CO$_2$e/ 台班） | 碳排放量<br>（kg CO$_2$e） |
|---|---|---|---|
| 普通车床 | 1.195 6 | 18 | 1 195.6 |
| 载货汽车 | 0.28 | 74.6 | 280 |
| 直流电焊机 21kW | 239.390 4 | 48 | 239 390.4 |
| 冲击钻 1 000W | 16.2 | 39.05 | 16 200 |
| 管子切断机 | 56.559 4 | 7 | 56 559.4 |
| 汽车式起重机 | 2.209 2 | 68 | 2 209.2 |
| 立式钻床 | 36.912 7 | 3.43 | 16 710 |
| 合计（含省略条目） | | | 14 177.4 |

地上消防水工程机械活动碳排放构成表　　　　表 6-15

| 设备名称 | 工程量（台班） | 碳排放因子<br>（kg CO$_2$e/ 台班） | 碳排放量<br>（kg CO$_2$e） |
|---|---|---|---|
| 普通车床 | 25.301 | 18 | 460 |
| 电锤 520W | 59.842 | 3.3 | 200 |
| 电焊条烘干箱 | 35.738 4 | 5.3 | 190 |
| 交流弧焊机 | 0.4 | 47.7 | 20 |
| 载货汽车 | 0.24 | 74.6 | 20 |
| 交流电焊机 30kV·A | 407.227 7 | 85.12 | 34 660 |
| 砂轮切割机 $\phi$400 | 221.234 2 | 16 | 3 540 |
| 开槽机 | 227.210 1 | 14 | 3 180 |
| 管子切断套丝机 | 257.929 4 | 7 | 1 810 |
| 砂轮切割机 $\phi$500 | 97.370 8 | 16 | 1 560 |
| 合计（含省略条目） | | | 49 508.76 |

采用同样的方法，计算得到地下给水排水工程、消防水工程建造活动的碳排放计算结果，碳排放强度分别为 7 736kg CO$_2$e/m$^2$、28 203kg CO$_2$e/m$^2$。

（4）建造阶段通风工程和空调工程碳排放计算

表 6-16、表 6-17 分别为地上通风工程、空调工程建造活动的碳排放计算结果，碳排放强度分别为 0.86kg CO$_2$e/m$^2$、1.63kg CO$_2$e/m$^2$。

采用同样的方法，计算得到地下通风工程、空调工程建造活动的碳排放计算结果，碳排放强度分别为 0.59kg CO$_2$e/m$^2$、1.26kg CO$_2$e/m$^2$。

地上通风工程机械活动碳排放构成表　　　　　　　表 6-16

| 设备名称 | 工程量（台班） | 碳排放因子<br>（kg $CO_2$e/ 台班） | 碳排放量<br>（kg $CO_2$e） |
|---|---|---|---|
| 交流弧焊机 | 440.379 3 | 47.7 | 21 010 |
| 电锤 520W | 78.060 7 | 3.3 | 260 |
| 立式钻床 | 1 459.28 | 3.43 | 5 010 |
| 台式钻床 | 1 116.262 2 | 3.39 | 3 780 |
| 折方机 | 56.61 | 10.9 | 620 |
| 咬口机 1.5 型 | 56.672 5 | 10.9 | 620 |
| 摇臂钻床 | 58.435 6 | 5 | 290 |
| 电动卷扬机单筒慢速 | 7.45 | 15 | 110 |
| 电动卷扬机单筒慢速 | 4.75 | 15 | 70 |
| 法兰卷圆机 | 0.816 3 | 13.2 | 10 |
| 合计（含省略条目） | | | 35 633.42 |

地上空调工程机械活动碳排放构成表　　　　　　　表 6-17

| 设备名称 | 工程量（台班） | 碳排放因子<br>（kg $CO_2$e/ 台班） | 碳排放量<br>（kg $CO_2$e） |
|---|---|---|---|
| 电焊条烘干箱 | 112.032 6 | 5.3 | 590 |
| 弯管机 $\phi$108 | 21.699 9 | 25.4 | 550 |
| 载货汽车 | 0.767 6 | 74.6 | 60 |
| 直流电焊机 21kW | 1 177.142 1 | 48 | 56 500 |
| 交流电焊机 30kV・A | 62.908 5 | 85.12 | 5 350 |
| 管子切断机 | 251.296 4 | 7 | 1 760 |
| 汽车式起重机 | 9.161 2 | 68 | 620 |
| 立式钻床 | 149.754 | 3.43 | 510 |
| 电焊条烘干箱 | 119.094 7 | 3.39 | 400 |
| 合计（含省略条目） | | | 67 298.39 |

（5）建造阶段强电工程和消防报警工程碳排放计算

表 6-18、表 6-19 分别为地上强电工程、消防报警工程建造活动的碳排放计算结果，碳排放强度分别为 0.54kg $CO_2$e/m$^2$、0.36kg $CO_2$e/m$^2$。

采用同样的方法，计算得到地下强电工程、消防报警工程建造活动的碳排放计算结果，碳排放强度分别为 0.44kg $CO_2$e/m$^2$、0.19kg $CO_2$e/m$^2$。

以上为对分部工程的计算，也可以按照整个建筑的机械汇总量，直接用汇总清单数据计算建造阶段的碳排放，如 6.2 小节中表 6-5 所示。

地上强电工程机械活动碳排放构成表       表 6-18

| 设备名称 | 工程量（台班） | 碳排放因子<br>（kg CO₂e/ 台班） | 碳排放量<br>（kg CO₂e） |
|---|---|---|---|
| 交流弧焊机 | 353.209 | 47.7 | 16 848.069 3 |
| 绝缘电阻测试仪 BM12 | 110.2 | 12.7 | 1 399.54 |
| 载货汽车 | 11.640 9 | 74.6 | 868.411 14 |
| 载货汽车 | 5.04 | 74.6 | 375.984 |
| 载货汽车 | 4.055 8 | 74.6 | 302.562 68 |
| 相位电压测试仪 | 19.5 | 12.7 | 247.65 |
| 电缆测试仪 JH5132 | 1 | 12.7 | 12.7 |
| 接地电阻测试仪 DET–3/2 | 5 | 12.7 | 63.5 |
| 电感电容测试仪 | 3 | 12.7 | 38.1 |
| 合计（含省略条目） | | | 22 397.38 |

地上消防报警工程碳排放计算       表 6-19

| 设备名称 | 工程量（台班） | 碳排放因子<br>（kg CO₂e/ 台班） | 碳排放量<br>（kg CO₂e） |
|---|---|---|---|
| 交流弧焊机 | 137.58 | 47.7 | 16 850 |
| 载货汽车 | 1.6 | 74.6 | 1 400 |
| 载货汽车 | 0.613 6 | 74.6 | 870 |
| 接地电阻测试仪 GCT | 2.99 | 12.7 | 380 |
| 接地电阻测试仪 DET–3/2 | 0.1 | 12.7 | 300 |
| 台式砂轮机 φ100 | 0.246 8 | 1.6 | 250 |
| 电动煨弯机 100 | 1.259 9 | 17 | 100 |
| 汽车式起重机 | 0.12 | 68 | 100 |
| 合计（含省略条目） | | | 14 758.20 |

（6）拆除阶段碳排放估算

根据本工程材料汇总表，计算得到该建筑建材生产阶段的碳排放为 57 844.81t CO₂e，建材运输阶段碳排放为 1 920.31t CO₂e，建造阶段的碳排放为 1 935.06t CO₂e，建筑拆除阶段的碳排放量为（57 844.81+1 920.31+1 935.06）×0.1=6 170.02t CO₂e，碳排放强度为 93.09kg CO₂e/m²，按照设计使用年限 50 年计，年均碳排放强度为 1.86kg CO₂e/（m²·a）。

## 6.4.4 建筑建造阶段碳排放计算结果分析

按照机械台班数量及对应的碳排放因子，建筑建造阶段碳排放计算结果如表 6-20 所示。

建筑建造阶段碳排放计算统计表　　　　表 6-20

| 单位工程 | 碳排放量（kg $CO_2$e） | |
|---|---|---|
| | 地上 | 地下 |
| 建筑工程 | 592 884.9 | 308 150.6 |
| 装饰工程 | 714 053.0 | 17 240.5 |
| 给水排水工程 | 14 177.4 | 7 736.4 |
| 消防水工程 | 49 508.8 | 28 203.3 |
| 通风工程 | 35 633.4 | 15 011.4 |
| 空调工程 | 67 298.4 | 32 049.5 |
| 消防报警工程 | 22 397.4 | 11 212.5 |
| 通风工程 | 14 758.2 | 4 740.6 |
| 小计 | 1 510 711.5 | 424 344.8 |

从表 6-20 建造阶段各单位工程碳排放量的数值来看，由于地上装饰工程包含了幕墙部分，且由于使用要求较高，工程复杂性增加，其碳排放量远远大于地下装饰工程。与第 5 章中的工程案例相似，可采用减少装饰、提高装配率、建筑装饰一体化等途径减少建造阶段的碳排放量。

## 本章小结

本章详细介绍建造及拆除阶段碳排放量的来源及计算方法；分析建筑建造和拆除的主要方式，包括建造阶段建筑、结构、设备等各分部工程施工工艺流程及主要机具，从活动类别和能源资源消耗类型两个方面列举了建造过程中碳排放的活动内容。通过计算和监测施工中的机械用量、能源消耗以及材料损耗等，采用碳排放因子法计算建造和拆除阶段的碳排放，为设计人员和施工管理人员提供相应的碳排放计算和管理方法，优化建筑设计和建造方式。

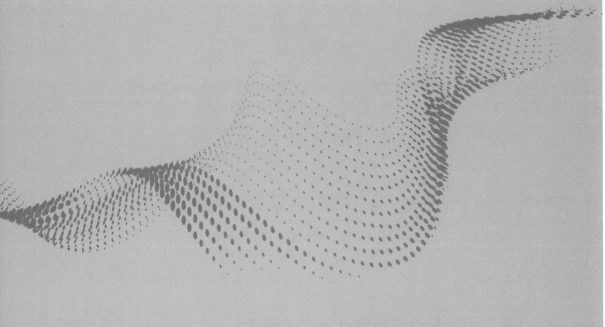

# 第 7 章
# 建筑运行阶段碳排放计算

本章导读

　　建筑在运行阶段的碳排放占社会总碳排放量的
21.6%，主要来源于保障建筑正常运转所必需的能
源消耗，是我国碳排放的主要来源之一。本章主要
针对建筑运行阶段碳排放在不同需求下的计算与核
算方法进行梳理，分别介绍了建筑在设计阶段的运
行碳排放计算方法及建筑在运维阶段的运行碳排放
监测核算方法。通过本章的介绍，将明确建筑运行
碳排放的组成部分、计算及仿真方法、监测计量及
核算方法，为建筑运行阶段节能降碳提供理论基础
及数据支撑。

本章主要内容及逻辑关系如图 7-1 所示。

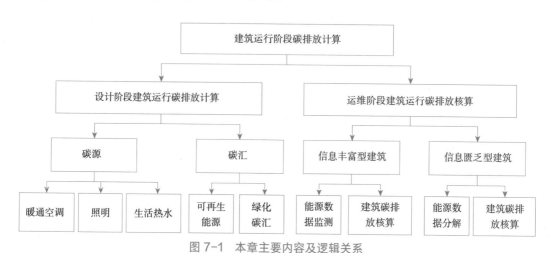

图 7-1　本章主要内容及逻辑关系

# 7.1　建筑运行阶段碳排放计算方法概述

### 7.1.1　建筑运行阶段碳排放概况

根据 IPCC（联合国政府间气候变化专门委员会）体系的定义，4 个主要碳排放部门为工业、建筑、交通、电力。其中，建筑部门的碳排放主要指其运行时产生的碳排放，可分为直接碳排放和间接碳排放。直接碳排放是在建筑行业发生的化石燃料燃烧过程中导致的二氧化碳排放，包括直接供暖、炊事、生活热水、医院或酒店蒸汽等导致的碳排放；间接碳排放是外界输入建筑的电力、热力包含的碳排放，其中热力部分又包括热电联产及区域锅炉送入建筑的热量；此外，还有非二氧化碳温室气体的排放，如制冷剂的逸散等。

根据《中国建筑能耗与碳排放研究报告（2021）》指出，我国建筑运行阶段碳排放总体上呈现上升趋势，但增速明显放缓，年均增速从"十五"期间的 10.31%，下降到"十三五"期间的 2.85%，如图 7-2 和图 7-3 所示。其中，2019 年，建筑直接碳排放约占 26%，电力碳排放约占 53%，热力碳排放占 21%。建筑直接碳排放在 2017 年后呈现下降趋势，建筑电力碳排放近些年仍维持在 8% 的增速，热力碳排放近些年增速约为 3%。从建筑运行阶段碳排放构成看，"十三五"以来，城镇居住建筑碳排放年均增速 3.4%，公共建筑碳排放年均增速 3.9%，农村居住建筑碳排放基本步入平台期。

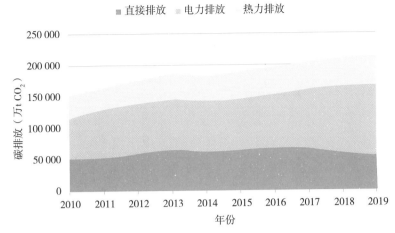

图 7-2　建筑运行阶段碳排放变化趋势
资料来源：蔡伟光（2021）。

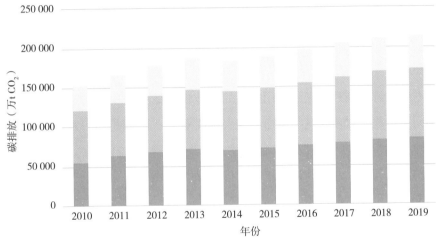

图 7-3　建筑运行阶段碳排放构成
资料来源：蔡伟光（2021）。

### 7.1.2　建筑运行阶段碳排放分类

　　建筑运行阶段是建筑全生命周期碳排放中时间最长的一个阶段，也是常规能源系统碳排放比例最大的一个阶段。该阶段的碳排放主要来源于建筑内设备能源消耗，如图 7-4 所示。

　　运行阶段的碳排放主要来源于机房内设备直接燃烧产生的直接碳排放或者由消耗的电力、蒸汽、热水产生的间接碳排放。例如，对于燃煤锅炉系统来说，使用阶段的碳排放主要包括煤在锅炉内燃烧产生的直接排放以及鼓引风机、水泵等消耗的电力引起的间

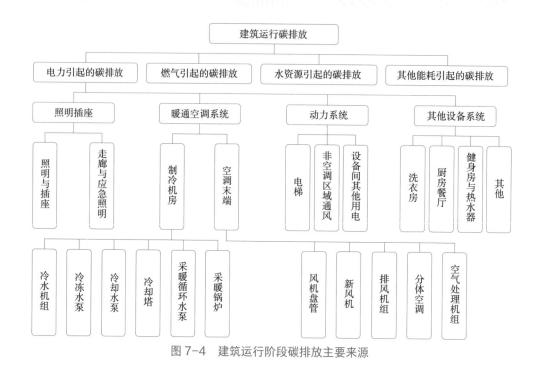

图 7-4　建筑运行阶段碳排放主要来源

接排放；对于水源热泵系统来说使用阶段的碳排放主要是由热泵机组、水泵等消耗的电力引起的间接排放。对于建筑物生命周期碳排放来说，建筑使用阶段产生的碳排放通常会占到整个生命周期的 80% 以上。值得注意的是，空调系统使用的制冷剂是全球变暖潜值很高的温室气体，并且其将在建筑运行过程中逸散殆尽，因此，空调制冷剂的逸散排放也属于运行阶段的碳排放。

综上所述，建筑运行阶段的碳排放计算边界是指输送到位于建筑工程规划许可证中建筑红线边界，为该建筑提供服务的能量转换与输送系统（如各种形式的发电系统、集中供热系统、集中供冷系统等）的燃煤、燃油、燃气、生物质能源、风能、太阳能等能源所产生的碳排放，如图 7-5 所示。此外，在建筑全生命周期范围之内，若可再生能源系统大于用能系统，则建筑运行阶段的碳排放将为负值，这部分碳排放可在建筑物总碳排放量中进行核减。

### 7.1.3　建筑运行阶段碳排放计算方法

建筑物运行阶段碳排放计算通常采用碳排放因子法，即将建筑在运行阶段各用能系统消耗的电能、燃油、燃煤、燃气等各种终端能耗进行综合汇总，并匹配相应的碳排放因子进行计算，进而获得建筑运行阶段总的碳排放量。对于制冷剂等特殊物质释放产生

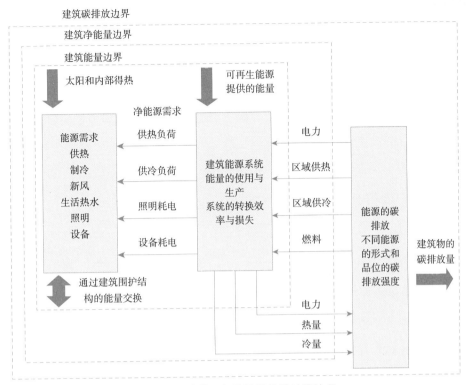

图 7-5 建筑运行阶段碳排放计算边界

资料来源：中华人民共和国住房和城乡建设部（2019）。

的碳排放量，根据其全球变暖潜值转换为二氧化碳当量。建筑运行阶段的碳排放计算需求根据使用目的通常分为两部分，分别为设计阶段对建筑运行碳排放的计算（目的为设计更加节能减碳的建筑）与运维阶段建筑运行碳排放的核算（目的为指导建筑优化运行），具体分类方法详见图 7-1。本章将分别针对这两部分进行讨论。

其中，建筑运行碳排放计算是通过模拟仿真的方法，对暖通空调、生活热水、照明等系统能源消耗产生的碳排放量，以及可再生能源系统产能的减碳量、建筑碳汇的减碳量进行计算。在建筑碳排放边界内将不同的能量消耗换算为建筑物的碳排放量，并进行汇总，最终获得建筑的碳排放量。变配电、建筑内家用电器、办公电器、炊事等受使用方式影响较大的建筑碳排放不确定性大，这部分碳排放量在总碳排放量中占比不高，不影响对设计阶段建筑方案碳排放强度优劣的判断，故参照国际上通用做法，不纳入建筑碳排放量。建筑碳汇主要来源于建筑红线范围内的绿化植被对二氧化碳的吸收，其减碳效果应该在碳排放计算结果中扣减。

建筑运行碳排放核算目前主要采用的方法包括实测法、物料平衡法、碳排放因子法。其中，实测法主要是通过测量仪器测试建筑物温室气体的流量与浓度，以此来获得建筑温室气体的总排放量；物料平衡法主要全面分析建筑物运行过程中的投入物与产出物，分析建筑物的碳排放量；碳排放因子法主要通过监测建筑在运行过程所消耗的各种能源，如电能、燃油、燃煤、燃气等，联合各种能源的碳排放因子，计算出建筑物的实际碳排放量。尽管不同的技术水平及能源结构在一定程度上影响能源的碳排放因子，但由于碳排放因子法简单，其仍然是目前我国建筑运维阶段计算碳排放的主要方法之一。

# 7.2 建筑运行碳排放计算方法

## 7.2.1 建筑运行碳排放计算方法总述

根据《建筑碳排放计算标准》GB/T 51366—2019，建筑运行阶段碳排放计算范围为建设工程规划许可证范围内能源消耗产生的碳排放量和可再生能源及碳汇系统的减碳量。其主要包括生活热水、暖通空调、照明及电梯在建筑运行期间的碳排放量以及可再生能源、碳汇系统的减碳量。碳排放计算中采用的建筑寿命应按照建筑设计文件中的"设计使用年限"，一般为 50 年。

建筑运行阶段碳排放量根据各系统能源消耗量和能源的碳排放因子确定，应按式（7-1）计算：

$$C_{YX}= \sum_{i=1}^{n}E_iF_i-C_P \tag{7-1}$$

式中　$C_{YX}$——建筑运行阶段碳排放量（kg $CO_2e$）；

　　　$E_i$——建筑运行阶段第 $i$ 类能源消耗量，计算方法如 7.2.2~7.2.6 节所述；

　　　$F_i$——第 $i$ 类能源的碳排放因子；

　　　$C_P$——建筑绿地碳汇系统减碳量（kg $CO_2e$）。

各类能耗主要包括电能、气、油、煤等几个方面，在计算时应扣除可再生能源提供的部分。各类能源的碳排放因子可参照第 3 章内容确定，碳汇系统减碳量根据建筑绿地面积计算，即绿地植物通过光合作用的固碳释氧效应产生减碳量，各类绿化碳汇数据根据广东省住房和城乡建设厅颁布的《建筑碳排放计算导则（试行）》附录 3 确定。

## 7.2.2 生活热水系统碳排放计算方法

建筑物生活热水系统碳排放量按式（7-2）计算，采用的生活热水系统的热源效率应与设计文件一致。

$$C_{\mathrm{W}} = \frac{4.187 m q_{\mathrm{r}} (t_{\mathrm{r}} - t_1) \rho_{\mathrm{r}} T}{\eta_{\mathrm{r}} \cdot \eta_{\mathrm{w}}} K F_{\mathrm{w}} \qquad\qquad （7-2）$$

式中　$C_{\mathrm{W}}$——生活热水系统的年碳排放量（kg $CO_2$e/a）；

　　4.187——水的比热容 [kJ/（kg·℃）]；

　　　$m$——用水计算单位数 ( 人或床位等，根据建筑功能确定 )；

　　　$q_{\mathrm{r}}$——热水用水定额 [L/（用水计算单位数·d）]，按现行国家标准《民用建筑
　　　　　节水设计标准》GB 50555 确定；

　　　$t_{\mathrm{r}}$——设计热水温度（℃）；

　　　$t_1$——设计冷水温度（℃）；

　　　$\rho_{\mathrm{r}}$——热水密度（kg/L）；

　　　$T$——年生活热水使用时长（d）；

　　　$\eta_{\mathrm{r}}$——生活热水输配效率（%）；

　　　$\eta_{\mathrm{w}}$——生活热水系统热源年平均效率（%）；

　　　$K$——生活热水耗热量与能源的转换系数，当热水系统采用电力时，该系数为

　　　　　$\dfrac{1}{3600}$（kW·h/kJ）；

　　　$F_{\mathrm{w}}$——为生活热水消耗能源的碳排放因子（kg $CO_2$e/kW·h 或 kg $CO_2$e/kg，根据
　　　　　能源形式确定 )。

　　生活热水耗热量根据热水用水定额等确定。例如现行国家标准《民用建筑节水设计标准》GB 50555 中按不同房间类型设定人均热水用水量，分别乘以对应房间用户数量后加和即可得到热水总用量；生活热水输配效率包括热水系统的输配能耗、管道热损失、生活热水二次循环及储存的热损失，以百分数表示；生活热水系统热源年平均效率依据设备运行能效设定，一般取 0.95、0.88、0.80。

### 7.2.3　暖通空调系统碳排放计算方法

　　暖通空调系统能耗应包括冷源能耗、热源能耗、输配系统及末端空气处理设备能耗以及由于制冷剂使用而产生的温室气体排放。暖通空调系统耗电量应根据历史运行数据及实际使用情况确定，在缺少可靠历史运行数据时，可根据年供冷负荷和年供暖负荷计算暖通空调系统终端能耗。

　　暖通空调系统碳排放量计算方式按式（7-3）计算：

$$C_{\mathrm{HV}} = \frac{(E_{\mathrm{h}} + E_{\mathrm{r}}) F_{\mathrm{hv}} A}{C_{\mathrm{r}}} + C_{\mathrm{C}} \qquad\qquad （7-3）$$

$$C_C = \frac{m_r}{y_e} GWP_r / 1\,000 \qquad\qquad (7-4)$$

式中　$C_{HV}$——暖通空调系统年碳排放量（kg $CO_2e$/a）；

$\quad\quad E_h$——单位面积采暖年耗电量 [kW·h/（a·m²）]，通过经验公式或建筑能耗模拟仿真获得，常见模拟软件如 7.3 节所示；

$\quad\quad E_r$——单位面积制冷年耗电量 [kW·h/（a·m²）]，通过经验公式或建筑能耗模拟仿真获得，常见模拟软件如 7.3 节所示；

$\quad\quad F_{hv}$——空调系统消耗能源的碳排放因子（kg $CO_2e$/kW·h）；

$\quad\quad C_r$——设备年平均效率（%）；

$\quad\quad A$——建筑面积（m²）；

$\quad\quad C_C$——建筑使用制冷剂产生的碳排放量（kg $CO_2e$）；

$\quad\quad m_r$——设备的制冷剂充注量（kg/ 台）；

$\quad\quad y_e$——设备使用寿命（a）；

$GWP_r$——制冷剂的全球变暖潜值。

　　暖通空调系统碳排放量为暖通采暖碳排放量、空调制冷碳排放量以及制冷剂碳排放量之和。暖通空调系统采暖及制冷碳排放量在计算时根据单位面积耗电量进行换算，即先计算能源消耗量，再由能源的碳排放因子确定碳排放量。在计算制冷剂产生的温室气体排放时应统计各台设备的制冷剂类型，由台数乘以每台设备充注量得到 $m_r$，之后换算得各类型制冷剂碳排放量并求和。

## 7.2.4　照明及电梯系统碳排放计算方法

　　照明系统在无光电自动控制系统时，其碳排放量可按式（7-5）计算：

$$C_L = \frac{12 \sum_i P_i A_i t_i}{1\,000} F_l \qquad\qquad (7-5)$$

式中　$C_L$——照明系统年碳排放量（kg $CO_2e$/a）；

$\quad\quad P_i$——第 $i$ 个房间照明功率密度值（W/m²）；

$\quad\quad F_l$——照明设备系统消耗能源的碳排放因子（kg $CO_2e$/kW·h）；

$\quad\quad A_i$——第 $i$ 个房间面积（m²）；

$\quad\quad t_i$——月照明小时数（h/ 月）。

　　电梯系统碳排放按式（7-6）计算，且计算中采用的电梯速度、额定载重量等参数应与设计文件或产品铭牌一致：

$$C_C = \frac{3.6Pt_a VW + E_{standby}t_s}{1\,000}F_c \qquad (7-6)$$

式中　$C_C$——电梯年碳排放耗（kg $CO_2$e/a）；

　　　$P$——特定能量消耗（mWh/kgm）；

　　　$t_a$——电梯年平均运行时间（h）；

　　　$V$——电梯速度（m/s）；

　　　$W$——电梯额定载重量（kg）；

　　　$F_c$——电梯系统消耗能源的碳排放因子（kg $CO_2$e /kW·h）；

　　$E_{standby}$——电梯待机时能耗（W）；

　　　$t_s$——电梯年平均待机时间（h）。

建筑碳排放估算采用的照明功率密度值，月照明小时数可根据房间类型按《建筑碳排放计算标准》GB/T 51366—2019 附录 B 建筑物运行特征进行选取，也可根据设计文件及实际使用情况确定。电梯运行时间和待机时间可根据电梯使用强度设定，也可根据实际运行情况进行调整。特定能量消耗 $P$ 及 $E_{standby}$ 电梯待机时能耗根据运行能量性能等级、空闲 / 待机能量性能等级确定。

## 7.2.5　可再生能源系统碳排放估算方法

可再生能源系统包括太阳能生活热水系统、光伏系统和风力发电系统。通过可再生能源系统产生的热能与电能不计入总体建筑的耗能量，其相关的碳排放为建筑负碳，应在建筑运行碳排放计算过程中扣除。

太阳能热水器系统产生的热能可按式（7-7）计算：

$$Q_S = \frac{A_c J_T(1-\eta_L)\eta_{cd}\eta_r\eta_s}{1\,000} \qquad (7-7)$$

式中　$Q_S$——太阳能热水器系统年供能量（kW·h/a）；

　　　$A_c$——太阳能集热器面积（$m^2$）；

　　　$J_T$——太阳能集热器采光面上的年平均太阳辐照量[MJ/（$m^2$·a）]；

　　　$\eta_{cd}$——集热器平均集热效率（%）；

　　　$\eta_L$——管路和储热装置的热损失率（%）；

　　　$\eta_r$——生活热水输配效率（%）；

　　　$\eta_s$——太阳能热水器平均效率（%）。

光伏系统的年减碳量可按式（7-8）计算：

$$C_{PV}=IK_EK_SA_pF_e \tag{7-8}$$

式中　$C_{PV}$——光伏系统的年发电量（kW·h/a）；

　　　$I$——光伏电池表面的年太阳辐射照度 [kW·h/（m²·a）]；

　　　$K_E$——光伏电池的转换效率（%）；

　　　$F_e$——电力能源的碳排放因子（kg CO₂e /kW·h）；

　　　$K_S$——光伏系统的转换效率（%）；

　　　$A_p$——光伏系统光伏面板净面积（m²）。

### 7.2.6　绿化碳汇碳排放计算方法

绿化碳汇减碳量可按式（7-9）计算：

$$C_P=E_p \times A \tag{7-9}$$

式中　$C_P$——碳汇系统的年固碳量（kg CO₂e/a）；

　　　$E_p$——绿化碳汇因子；

　　　$A$——建筑绿地面积（m²）。

## 7.3　建筑运行碳排放模拟常用软件

### 7.3.1　建筑运行碳排放模拟仿真方法

根据设计阶段建筑运行碳排放计算方法可以得知，建筑运行阶段的碳排放通常均以能源消耗的方式存在，目前主流的建筑运行碳排放计算方法也是通过计算建筑运行消耗能源量乘以能源碳排放因子的方式获取，因此，获得较准确的建筑能耗预估值至关重要。

然而，建筑运行过程中为了维持使用者的舒适性与便捷性，将需要利用众多能耗设备，如热水系统、照明系统、暖通空调系统等。这些设备运行的能耗与众多因素有关，如气象参数、建筑功能分区、建筑使用时间、设备部分负荷性能等，简单的估算将带来较大的误差。为了更精确地估算设计阶段建筑运行碳排放，需要针对建筑的能耗以及建筑运行碳排放进行模拟仿真。本节将主要介绍常见的针对建筑运行阶段的能耗模拟仿真方法。

### 7.3.2　建筑运行能耗模拟仿真的发展历程

建筑能耗模拟的发展开始于 20 世纪 60 年代中期，一些学者采用动态模拟方法分析建筑围护结构的传热特性并计算动态负荷。初期的研究重点是传热的基础理论和负荷计算方法，例如一些简化的动态传热算法，如度日法和温频法等。在这个阶段，建筑模拟的主要目的是改进围护结构的传热特性。全球石油危机之后，建筑能耗模拟越来越受到重视，同时计算机技术的飞速发展，使得大量复杂的计算成为可能。因此在全世界出现了一系列的建筑能耗模拟软件，包括美国的 BLAST、DOE-2，欧洲的 ESP-r，日本的 HASP 和中国的 DeST 等。随着绿色建筑的发展，建筑能耗模拟成为必须。这段时间，建筑模拟软件不断完善，并出现一些功能更为强大的软件，例如 EnergyPlus，建筑模拟的研究重点也逐步从模拟建模（Modeling）向应用模拟方法转移，即将现有的建筑能耗模拟软件应用于实际的工程和项目，改善和提高建筑系统的能效和性能。

随着时代的发展与科学的进步，市场上出现了越来越多的建筑模拟软件。根据建筑模型构建方法，本书将目前市场常见的建筑能耗模拟仿真软件分为 3 类，分别为经验类软件、准稳态类软件和动态类软件。

### 7.3.3　建筑运行碳排放常见模拟仿真软件

（1）经验类软件模拟方法

经验模型模拟工具是采用标准及评估体系，如美国 Energy Star 标准等，对既有建筑和库存数据进行基准测试。该方法在设计阶段是可靠的参考，但其模拟结果的准确性较低，较难用于节能改造评估，且需要大量的现有建筑的实际性能参数和能耗数据，较难实现。

"能源之星"建筑能效基准比对工具（Energy Star Benchmarking Tool）（图 7-6）是美国环保局推出的建筑能效评价工具（软件）。楼宇物业管理人员通过手动输入该楼能耗、建筑面积、运行时间、工作人员数量等数据，可就该建筑单位面积能耗与数据库中类似建筑物的能耗进行比较分析，并以百分制来计算能源利用效率得分。将建筑单位面积能耗数据划分为 1~100 分来进行衡量，对单位面积能耗情况进行相对比较，得分越高，则表明该楼能效越高，单位面积能耗越低。以 50 分为平均线，得分为 25~75 分的建筑占总数的大部分。使用此工具评价建筑得分超过 75 分，则授予"Energy Star"标志认证，标志本楼有值得学习的建筑节能手段，得分在 50~75 分则表示改进运营与维护将对建筑物产生节能效果；得分在 0~50 分，则表示该楼具备很大的节能潜力，可以通过设备更换或者加强管理达到很大的节能效果。

针对不同的建筑类型，"能源之星"建立了对应的数学

图 7-6　能源之星 Energy Star

回归模型。"能源之星"的建筑物能耗来源主要包括：电费账单普查（如美国商用建筑能耗调查）、协会（如美国保健与医院协会）、能源信息提供者（如美国"大盒子"式商店、仓库）。其中，办公建筑、商场、医疗建筑的回归模型是在美国商用建筑能耗调查（CBECS）的基础上建立的。"能源之星"使用的 CBECS 数据库每 4 年对全美范围内约 6 000 栋建筑能耗的情况进行一次搜集，数据调查主要采用电话调查和网上在线调查方式。

依据近三十年气象平均水平、运营时长、租户密度和插头负载等因素对建筑能耗进行标准化，并按照单位面积能耗使用多元线性回归模型对数据库数据样本进行筛选，对样本进行拟合分析。完成模型参数的拟合后，根据能耗情况进行排序，按百分制计算，形成标准打分表格对用户建筑物进行最终打分。建筑物物业或用户可以将建筑物基础信息和能源消耗信息输入"能源之星"网站基准比对页面的"Portfolio Manager"中，利用 Excel 模板上传 Portfolio Manager 中的建筑物数据，通过"能源之星"服务和产品供应商，将评分系统与用户所有建筑物的能源信息和账单处理系统自动结合，并得出相应分数。

"能源之星"项目开发的整个过程包括几个主要阶段：既有建筑数据收集、多座建筑能源使用情况追踪、建立整体基准、设定目标和工作重心、监测评估进程、记录结果、自动导入能源账单数据。其中正确选择目标数据对评分算法的开发影响很大，数据样本应该足够多（数百座以上），同时为了方便评分系统的应用，应该保证数据易于获得且方便更新。应该考虑采用尽可能多的数据来源方式，最好能进行能耗普查。能耗数据普查具有关键性作用，但难度较大，即使该任务由政府组织，也很难得到有效执行。数据库的数据应具有一定代表性，因此应覆盖具有代表性气候特点的城市。数据库的数据应相对全面，因此应能从建筑中获得尽量完整的相关数据和参数。

在能效评分系统中，首先需要考虑天气、气候、运营时长、租户密度和插头负载等变量，标准化建筑物能源消耗数据，以确保不同运行方式和特点的建筑能处于同一基准下进行能效的比对。在完成数据库的数据拟合后，得到评分系统的确切参数，将评定结果与全国其他同类建筑进行对比。评分系统应适用于各种场合。"能源之星"评价体系所需要的数据包括建筑基本信息，地址，逐月能耗（连续 12 个月），建筑类型，面积，使用情况，运行时间等。

（2）动态类软件模拟方法

动态模拟工具是指采用动态能耗模拟软件，如 eQUEST，DOE-2，EnergyPlus 等，基于物理模型，对建筑能耗进行动态的全周期模拟，其得到的模拟结果准确度高，可用于详细的建模设计，但是其需要采集的数据要求较高，建模费时，且对使用者有较高的要求。本部分将以 EnergyPlus 为例介绍动态类软件模拟方法。

EnergyPlus 由美国能源部（Department of Energy，DOE）和劳伦斯伯克利国家实验室（Lawrence Berkeley National Laboratory，LBNL）共同开发。它不仅吸收了 DOE-2 和 BLAST 的优点，并且具备很多新的功能。EnergyPlus 被认为是用来替代 DOE-2 的新一代的建筑能耗分析软件。EnergyPlus 于 2001 年 4 月正式发布，目前已经更新到 EnergyPlus 22.1.0 版，可以免费下载。

EnergyPlus 是一个建筑能耗逐时模拟引擎，采用集成同步的负荷 / 系统 / 设备的模拟方法。在计算负荷时，时间步长可由用户选择，一般为 10~15min。在系统的模拟中，软件会自动设定更短的步长（小至 1min，大至 1h），以便于更快地收敛。EnergyPlus 采用 CTF（Conduction Transfer Function）来计算墙体传热，采用热平衡法计算负荷。CTF 实质上还是一种反应系数，但它的计算更为精确，因为它是基于墙体的内表面温度，而不同于一般的基于室内空气温度的反应系数。EnergyPlus 采用三维有限差分土壤模型和简化的解析方法对土壤传热进行模拟；采用传热传质模型对墙体的热湿传递进行模拟；采用基于人体活动量，室内温湿度等参数的热舒适模型模拟室内人员舒适性情况；采用天空各向异性的天空模型以改进倾斜表面的天空散射强度；先进的窗户传热的计算，可以模拟可控的遮阳装置、可调光的电铬玻璃等；日光照明的模拟，包括室内照度的计算、眩光的模拟和控制、人工照明对负荷及空调系统能耗的影响。在每个时间步长，程序自建筑内表面开始计算对流、辐射和传湿。由于程序计算墙体内表面的温度，可以模拟辐射式供热与供冷系统，并对热舒适进行评估。

EnergyPlus 采用模块化的系统模拟方法，时间步长可变。空调系统由很多个部件构成，这些部件包括风机、冷热水及直接蒸发盘管、加湿器、转轮除湿、蒸发冷却、变风量末端、风机盘管等。部件的模型有简单的，也有复杂的，输入的复杂性也不同。这些部件由模拟实际建筑管网的水或空气环路（Loop）连接起来，每个部件的前后都需设定一个节点，以便连接。这些连接起来的部件还可以与房间进行多环路的连接，因此可以模拟双空气环路的空调系统（如独立式新风系统，Dedicated Outdoor Air System，DOAS）。一些常用的空调系统类型和配置已做成模块，包括双风道的定风量空气系统和变风量空气系统、单风道的定风量空气系统和变风量空气系统、整体式直接蒸发系统、热泵、辐射式供热和供冷系统、水环热泵、地源热泵等，最新版本的 EnergyPlus 还可以模拟变制冷剂流量（VRV）系统。

EnergyPlus 模拟的冷热源设备包括吸收式制冷机、电制冷机、引擎驱动的制冷机、燃气轮机制冷机、锅炉、冷却塔、柴油发电机、燃气轮机、太阳能电池等。这些设备分别用冷水、热水和冷却水回路连接起来。设备模型采用曲线拟合方法。

EnergyPlus 在模拟过程中，首先用户通过输入界面输入有关建筑物的相关信息（房屋围护结构、HVAC 系统、人员、设备组成等），选择相关的输出报告形式，并对可输出参量进行选择，系统根据用户定义的上述各种参数生成输入数据文件（IDF）。EnergyPlus 主程序通过调入输入数据文件（IDF），根据输入数据定义文件（Input Data Dictionary）对相关的输入数据进行转换，EnergyPlus 主程序每一个模块中相关的子程序（Get Input）去读取与模块对应的数据，然后主程序执行相应的运算过程。最后 EnergyPlus 根据用户的要求生成相应的输出文件，并且可以转化为电子数据表格或其他形式以供制表或者总结使用。常用的界面工具包括 IDF Editor，EP-Launch，OpenStudio，EnergyPlus Example File Generator，Weather Data，EP-Compare，OpenStudio Result Viewer。

EnergyPlus 用户界面友好性较差，输入和输出文件都是以 ASCII 文本形式为主，软件只检查输入参数是否合法，而不会检查其合理性，这就需要用户花费大量的时间对建筑模型进行检查和调试，因此，简单的输入文件创建工具一直是 EnergyPlus 用户所期待的。目前有许多工具可用来创建 EnergyPlus 的输入文件（IDF）。包括 Easy EnergyPlus、ECOTECT、Energy-Plugged、EP-GEO & EP-SYS、EP-Quick、ESP-r、j EPlus。这些软件可以联合 IDF Editor 和 EP-Launch 工具来创建、编辑和运行 EnergyPlus 的输入文件。

随着 EnergyPlus 的普及，由于 EnergyPlus 程序输入较为复杂，其用户界面较不友好，EnergyPlus 软件大多直接用于科研，而用于新建建筑设计和既有建筑改造的实际工程模拟分析很少。为此也有许多公司在 EnergyPlus 的基础上开发了第三方界面程序，包括 Emand Response Quick Assessment Tool、DesignBuilder、E-FEN、EPlus Interface、Hevacomp Design Simulation、Hourly Load Calculation Program、MC4 Suite 经验模型评估工具等。其中，DesignBuilder 是当前功能最为完备的 EnergyPlus 用户友好界面，是第一个针对 EnergyPlus 建筑能耗动态模拟引擎开发的综合用户图形界面模拟软件，具备很多优点，包括界面简单易用，建模迅速以及综合的后处理能力，其界面如图 7-7 所示。它提供三维的建筑建模工具，并且能够方便地输入各种参数以及查看各种输出报告，如建筑材料、围护结构、真实的系统控制等。这些界面工具可以使用户能够较为方便快速地建立建筑几何模型，但其空调系统的输入界面较为简单，空调系统流程的可视化往往仅限于系统存在的模板，无法满足复杂空调系统的输入要求。同时由于界面简化的需求和限制，第三方软件很大程度上不能发挥 EnergyPlus 计算内核的全部潜力。因此也可以采用输出 IDF 文件，再在 EnergyPlus 的 IDF 编辑工具中进行编辑，再使用 EnergyPlus 直接模拟的方式来进行模拟。

（3）准稳态类软件模拟方法

准稳态模拟评估工具结合了动态模拟评估工具及经验模型评估工具的部分特点，其

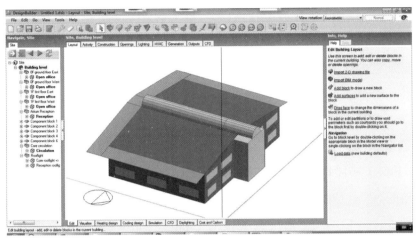

图 7-7　DesignBuilder 的界面

能耗模型采用准稳态模型，既考虑了建筑的物理模型，同时也考虑了易用性，所需输入信息较少，建模花费时间较短，主要代表为世界银行集团国际金融公司（IFC）推出的一个建筑能效资产标识认证体系 EDGE（Excellence in Design for Greater Efficiency）。该工具花费时间少，操作简便，适用于能源计算，如供暖负荷计算，制冷需求计算等，但该方法由于没有详细的结构模型，无法考虑建筑的动态响应，也不适用于建筑结构形式复杂的建筑。本小节将以 EDGE 为案例，介绍准稳态类建筑模拟软件的特点。

EDGE 以建筑最终能耗、最终水耗、运行减少 $CO_2$ 排放量（t）等为评估指标，量化建筑物碳排放量，验证项目的资源效率，其标识如图 7-8 所示。可以说，EDGE 标准是一个创新性评估工具，针对住宅、酒店、零售设施、写字楼、医院等建筑。迄今为止，全球经认证的 EDGE 的建筑面积达 282 6620m²，每年节约的能源达 115 323MW·h，节水超过 287 万 m³，每年减少 $CO_2$ 排放 50 682t。

EDGE 能耗模拟采用的是基于网络端的 EDGE App。软件把建筑分为住宅、宾馆、零售、办公建筑、医院、教育机构六类。EDGE 软件的输入参数由几个大类组成，包括项目信息、基础参数、建筑信息、各区域面积信息、建筑朝向、暖通系统等，每类建筑依据其特点又各自有一些特殊的输入参数以及选项，如酒店入住率，是否有会议室，是否有洗衣服务，是否有游泳池，零售是否包括烹饪及超市，有无公共绿地，教育建筑的种类等。

图 7-8　EDGE 标识

EDGE 的能耗模拟可以分为 3 步：①收集输入参数，包括建筑的位置、建筑的物理尺度、暖通系统的类型与参数、内部区域的划分、热工性能等。②输入模型的基础参数，即上文所述的几个大类的参数，输入这些参数后 EDGE 就会根据输入参数，参照建筑物的位置及建成年代，生成基础模型。③选择保存模型后，进入 Energy Efficiency Measures 输入界面，在这里可以通过调整各项节能措施对建筑模型进行进一步完善。可调整的节能措施包括围护结构（墙体、屋顶及窗户），暖通系统（地源热泵、溴化锂、热回收、预热等），节能灯具，太阳能及可再生能源的利用。由于 EDGE 的默认参数很多，因此对建筑的热工性能及照明密度等参数的详细对标主要通过在节能措施调整中调节。

完成模拟后，EDGE 将输出基准模型（Base Case）与改善后的模型（Improved Case）的各部分能耗对比。如图 7-9 所示，对于不同类型的建筑及不同的输入参数，EDGE 输出的能耗的组成部分也不尽相同，主要包括采暖能耗，制冷能耗，输配系统能耗（风机及水泵），照明能耗，其他附加能耗（炊事、洗衣房、热水、电气设备等），以及其他能耗。

图 7-9　EDGE 模拟结果

EDGE 作为基于规范的能耗模拟与节能评估工具，其能耗模拟计算采用准稳态计算方法，该工具主要应用于固定资产评估，所以其基准建筑运行参数内置默认设定依据国家标准《公共建筑节能设计标准》GB 50189—2015，其固定设定性能参数可手动设置，EDGE 具有多项改造措施，可进行能耗、经济、生态等多方面效应的计算。

该工具输入参数与动态模拟软件（如 EnergyPlus、Dest）相比较为简单，主要包括建筑外观基本信息、暖通系统基本信息，照明系统基本信息。基于此类输入参数，该工具能计算出建筑各能耗系统的能耗。同时，该软件能够计算出使用节能措施后建筑各能耗系统的能耗，并展示出如图 7-10 所示的对比页面。

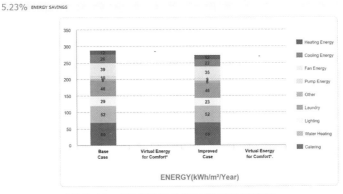

图 7-10　EDGE 工具评估结果显示界面

由于该软件包含能耗模拟内核，能够计算出各种参数下的建筑能耗情况。故该软件特别适用于以下几种情况：

1）新建筑能耗估算与优化设计：通过计算出不同参数下的建筑预期能耗，选择最优的设计方案；

2）既有建筑节能改造节能量计算与节能改造方案选择：通过在节能改造页面选择不同的节能措施，EDGE 可以计算出改造后的预期能耗值，改造成本，回收期等定量结果。通过比较不同改造方案下的改造后与改造前的能耗值，评审组可以选择出最优改造方案。

EDGE 仅需在网页上操作，无需安装客户端，使用方便。并且其学习难度较低，软件使用逻辑清晰，适合工程人员快速上手并应用。一名工程人员进行一个案例的输入，计算，分析，约需要用时 40min~1h。其主要操作流程如下所示：

1）需要计算的建筑类型：住宅，零售，宾馆，办公楼，医院，教育建筑；

2）在设计（Design）界面填入建筑围护结构数据：建筑面积，分区域面积等；

3）在设计（Design）界面填入建筑目前年能耗：电耗，天然气消耗等；

4）在设计（Design）界面填入建筑空调系统形式：风冷热泵，冷水机组，燃气锅炉等；

5）在节能改造（Energy）界面选择不同的节能改造措施：灯具改造，冷热源替换等；

6）获取节能改造前后各用能系统能耗值，回收期，改造成本等结果，工程人员可以此为依据进行评估。

（4）常见建筑运行碳排放仿真软件对比

本节介绍了常见的建筑运行碳排放仿真软件，各软件基本情况如表 7-1 所示。从表 7-1 中可以看出，相比于动态模拟评估工具和经验模型评估工具，准稳态模拟评估工具无需详细的物理模型，也不需要详细的实际用能数据来建立能耗模型。它在输入参数方面做了较大的简化，同时也保留了气象参数、建筑尺度参数及热工参数，从而既简化了建模过程，也兼顾模型的可调性。

常见的建筑运行碳排放仿真软件

表 7-1

| 分类 | | 经验类 | 动态类 | 准稳态类 |
|---|---|---|---|---|
| 工具名称 | | Energy Star | EnergyPlus | EDGE |
| 建模 | 有无详细物理模型 | × | √ | × |
| | 是否需要实际数据 | 需要大量实际数据 | 不需要 | 不需要，但可作为参数输入 |
| | 是否输入建筑尺度参数 | √ | √ | √ |
| 输入参数 | 是否需要输入热工参数 | × | √ | √ |
| | 是否输入气象参数 | √ | √ | √ |
| | 输入参数 | 较少 | 较多 | 较少 |
| | 是否能够设置分区 | × | √ | √ |
| 模拟与设置 | 是否能够调整分区参数（照明密度，设备强度） | × | √ | 部分可调 |
| | 能否设置多种围护结构 | × | √ | × |
| | 能否修改模拟参数 | × | √ | × |
| | 是否为动态算法 | × | √ | × |
| | 负荷计算方法 | — | 反应系数法 | 基于标准的方法 |
| | 是否考虑 HVAC 系统 | × | √ | √ |
| | 有无详细空调系统建模 | × | √ | × |
| | 空调系统能否自行调整（不用模板） | × | √ | × |
| | 功能区是否有默认参数 | × | × | √ |
| | 能否考虑自动控制 | × | √ | × |
| | 是否能修改能耗密度 | √ | √ | × |
| | 是否能计算碳排放 | √ | √ | √ |
| | 是否能计算节水 | × | × | √ |
| | 是否考虑可再生能源 | × | √ | √ |
| 输出 | 输出最小时间间隔 | 月 | 小于 1h | 年 |
| | 有无逐月输出 | × | √ | × |
| | 有无图形输出 | √ | × | √ |
| 易用性 | 一次模拟所需时间 | 短 | 长 | 短 |
| | 建模时间 | 较快 | 比较费时 | 较快 |
| | 软件大小 | 网页端 | 较大 | 网页端 |
| | 是否有图形界面 | √ | × | √ |
| | 界面语言 | 英语 | 英语 | 英语 |
| | 单位 | 英制 | 公制 | 公制 |

在模型设置方面，准稳态模拟评估工具能够进行简单的功能区分区和参数设置，同时 EDGE 软件还保留了部分功能区的默认参数设置（如能耗密度，风机水泵参数等），这部分设置大大简化了参数输入的过程。

在模型计算方面，动态模拟评估工具采用的是动态算法，这些动态算法都需要一定的计算时间，且开始计算后不能随时终止调整计算参数，准稳态模拟评估工具采用的是基于标准的静态算法，因此计算很快，基本没有延时，能够实时反映结果的变化情况。在模块方面，准稳态软件 EDGE 充分考虑了可再生能源的接入，EDGE 还有单独的模块可以计算节水量。

在计算结果输出方面，动态模拟软件能够进行较精细的、准确到逐时的动态模拟，而其余两种工具只能得到逐月数据，准稳态软件 EDGE 只能计算全年值，但在节能改造和节能评估过程中，全年值已经能满足大多数项目及评估的要求。

在易用性方面，动态模拟软件需要使用者具有较高的专业知识和技能，一般需要专门学习，建模及模型设置的过程也比较烦琐。经验模型评估工具只需要按照格式输入历史能耗数据和建筑的基本信息，不需要专业知识支持。准稳态模拟评估工具所需要的输入参数较少，且建模简单，对建筑有一定了解的人就可以使用。

在软件开发方面，EnergyPlus 是专门的软件，需要下载安装。Energy Star 和 EDGE 都有网页端，可以直接用浏览器打开。在图形界面友好性方面，没有图形界面一直是 EnergyPlus 为人所诟病的痛点，虽然有很多第三方公司开发了图形界面软件，但是好的图形界面，如 DesignBuilder，往往收费高昂。相比之下 Energy Star 和 EDGE 的图形界面友好许多。

综上所述，在 3 类节能评估工具中，准稳态模拟评估工具有着体积小、无需详细数据、计算速度快、上手简单的优点，同时也保留了较完整的建筑参数输入数据，能够在一定范围内对能效的影响因素进行探究。虽然有着精度不高，模拟不细的缺点，但是对于能源审计或节能评估项目来说，逐月或全年的模拟数据也基本能满足需求。在调研的两种准稳态模拟评估工具之中，准稳态软件 EDGE 拥有较友好的用户输入界面及图形输出界面，同时作为网页端应用，使用较为方便，其 6 个分类的建筑也基本覆盖了节能评估项目的主要需求，因而不失为节能改造及节能评估模拟工具的一个好选择。

# 7.4 建筑运行碳排放监测、核算与分析

## 7.4.1 运维阶段建筑运行碳排放核算与分析方法

当建筑处于运维阶段时，建筑碳排放主要由建筑实际发生的能量或资源消耗产生。因此，运维阶段建筑运行碳排放核算的关键在于建立高效的建筑能耗核算体系。建筑运行碳排放核算的目的是构建建筑节能减碳的优化策略，因此有必要在建筑运行碳排放核算结果的基础上，构建建筑不同层级（建筑层级、系统层级、设备层级）的建筑能耗与碳排放强度的分析方法，找出建筑运行碳排放的薄弱点，并制定优化策略。常见的运维阶段建筑碳排放核算方法包括下列 3 类，如图 7-11 所示。

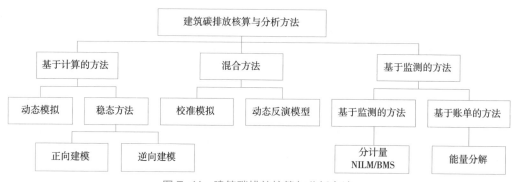

图 7-11　建筑碳排放核算与分析方法

（1）基于计算的方法：这种方法可以通过建筑能耗系统进行仿真建模，其模型既可以是动态模型也可以是稳态模型。这种方法能够较快地识别与计算建筑能耗和建筑碳排放分布，并分析出建筑碳排放薄弱点，但该方法由于没有实测数据的支撑，通常可靠性较弱。

（2）基于监测的方法：该技术通过广泛监测各系统能耗数据，获得被检测系统和单个部件的能耗，它可以提供足够的建筑用能信息，但成本较高、场地条件苛刻、需定期维护，故实际应用受到较多的限制。

（3）混合方法：该方法综合了基于计算方法与基于测量方法的优点，既能够较准确地分析建筑各个层级的碳排放分布情况与优化潜力，其数据也能够通过测量的方法获得验证，具有较好的适用性。

综上所述，如果需要对建筑碳排放进行核算与分析，需要掌握建筑系统层级的基础信息与数据。基于不同建筑能耗信息获取难易程度和数据丰富程度的不同，本章将建

筑物分为信息丰富型建筑和信息匮乏型建筑。在全球很多经济发达的城市中，许多建筑（尤其是一些新建的智能楼宇）配备了先进的在线能源监控系统和综合楼宇管理系统（BMS），便于建筑设计和运行数据的收集、存储和分析。此类建筑物可定义为信息丰富型建筑，其建筑用能特性或碳排放量可通过 BMS 系统实时监控的数据与能源所对应的碳排放因子相乘获得。

然而，目前全世界大部分建筑仍属于信息匮乏型建筑，特别是一些建造时间较为久远的老旧建筑，用于测量建筑能耗及运行状态的仪器设备非常有限，无法提供详细的建筑运行能耗数据。出于经济方面的考虑，很多建筑物的 BMS 系统配备的传感器数量不足，一般很难对建筑能源设备的运行状况进行全面监测，而且建筑和能源系统的许多设计信息（如原始图纸、性能参数和安装文件）也难以获得。此外，由于在定期校准和运维管理方面工作的缺失，很多传感器可能出现读数不准确、甚至传感器不能正常工作等状况，使得一些信息丰富型建筑也会逐渐蜕变为信息匮乏型建筑。对信息匮乏型建筑尽管可以通过建筑中的总电表数据与能源碳排放因子计算获得整体建筑的能耗与碳排放情况，但如果想进一步优化建筑碳排放强度或建筑设备性能将无从着手。

因此，本节将从信息丰富型建筑与信息匮乏型建筑着手，分别构建两类建筑的碳排放监测、核算与分析体系。

## 7.4.2 信息丰富型建筑运行碳排放监测、核算方法

大型公共建筑由于面积大且使用了中央空调等大能耗机电设备，一直是我国建筑节能的重中之重。大型公共建筑的特点是能耗密度高、管理集中、能耗构成复杂，以往的能耗统计方法存在一定的问题：（1）从总电量中通过某种拆分方法估算某个支路的用能状况的结果偏差大；（2）供电局提供数据或者人工抄表数据缺乏实时性；（3）缺乏基础数据平台，各种节能措施的实际效果无法得到客观的反映与评价，缺乏后评估的手段；（4）责任落实不到位，大型公共建筑能耗涉及多个管理责任者，不掌握各自责任范围的实际能源消耗状况，各项也就很难实施通过加强管理来实现的节能措施。

基于此，通常采用对这类建筑建立用能分项计量和实时分析系统的方法，来进行能耗与碳排放分析。所谓分项计量系统是对大型公共建筑中的各种类型和不同功能用途的用电项目，如：照明、空调、办公插座、餐饮、电梯、电开水器等分别安装计量装置。同时利用大型公共建筑内现有的网络体系，通过专用设备实时采集各个电表的用能数据，并通过网络传输到数据中心。远端客户可随时通过网络访问数据中心，了解、分析相关参数，包括不同建筑之间相似系统和设备耗电情况的横向比对，如图 7-12 所示。通过

2222222222222

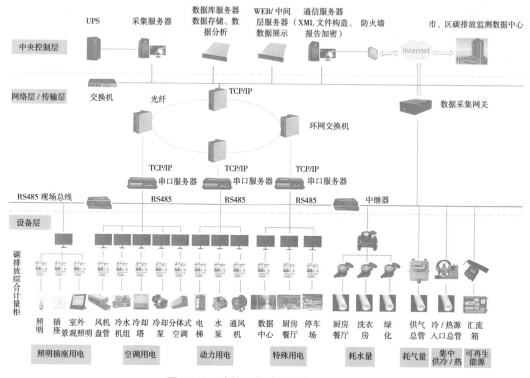

图 7-12　建筑运行碳排放监测系统图

对实时数据的分析不仅可以随时发现建筑中突然出现的用能问题，而且可以捕捉到人工难以察觉的能耗问题，从而提醒运营管理人员及时处理，改善用能效率。

　　大型公共建筑能耗碳排放分项计量系统的主要技术应分为3个主要部分：分项计量数据的采集、数据的传输与存储、数据的统计分析。

　　根据《国家机关办公建筑和大型公共建筑分项能耗数据采集技术导则》（建科〔2008〕114号），分类能耗数据采集指标中，电量应分为4项分项能耗数据采集指标，包括内部设备用电、空调用电、动力用电和特殊用电，其他分类能耗不需分项。内部设备用电包含照明和插座用电、走廊和应急照明用电、室外景观照明用电3个子项。空调用电包含冷热站用电、空调末端用电2个子项。动力用电包含电梯用电、水泵用电、通风机用电3个子项。特殊用电指能耗密度高、占总电耗比重大的用电区域及设备，包括信息中心、厨房餐厅或其他特殊用电。

　　大型公共建筑用能种类多样，系统繁杂，因此必须建立统一的用能数据模型，以此实现规范化。我们针对大型公共建筑的用能特点，提出大型公共建筑用能数据模型，从这一模型出发，计量的任务就是获取各模型节点处的用能数据。从模型的最上层节点出发，根据现场情况和投入资金条件，因地制宜地加装电能表。

建筑能耗监测系统从能耗数据采集和传输上，可以分为楼宇数据采集、市级数据中心、省级数据中心和部级数据中心 4 个层面。首先由楼宇内的分类分项计量装置采集数据并传输到数据采集器（即智能数据网关），再从智能数据网关通过网络发送到市级数据中心或数据中转站。市级数据中心和省级数据中心需要对其管辖范围内的建筑能耗进行监测，生成各种分类汇总数据，编制建设行政主管部门、财政部门需要的各类管理报表。同时，市级数据中心负责将本中心建筑能耗数据汇总上报至省级数据中心，再由省级数据中心将汇总能耗数据上报至部级数据中心。

数据的传输应满足"可靠性""安全性""自动性""实时性"。数据分散管理的运行成本高于远传到数据中心的管理模式，而且，后者大大降低了数据维护的风险。目前，有 ADSL、LAN 和 GPRS 3 种远距离低成本的数据传递服务，根据现场条件不同可以分别采用这三种方式实现数据的有效传输。现场监控中心服务器安装有实时监控软件和 Access 数据库管理软件。管理员可以通过实时监控软件监视系统运行参数变化，采用 Access 数据库管理软件对采集数据进行集中处理。服务器通过网关与 Internet 网络连接，采用 TCP/IP 协议进行通信。

数据采集上传到监测平台后，应使用数据库软件对数据进行统一管理，其数据存储量大，功能强，与其他软件的兼容性好，便于后期数据的统计分析工作，主要分为两种：一种为存储原始数据的数据库，用于存储从各个大型公共建筑传输来的数据，并且通过软件进行数据分析、能耗数据建模以及能耗预测，最终针对具体情况提出节能方案及节能改造建议并返回给各个建筑；另一种为终端数据库，原始数据经处理建模后，再由数据处理和分类软件自动分类存储于终端数据库中，通过服务器，可以将终端数据库中的数据以能效公示的方式发布在 Internet 上，以供用户参考。

### 7.4.3　信息匮乏型建筑运行能耗碳排放核算原理

信息匮乏型建筑由于可获取的用能信息量十分有限，其运行阶段的碳排放核算与性能分析具有较大的挑战。本节将从建筑能耗特点的角度，基于《国家机关办公建筑和大型公共建筑分项能耗数据采集技术导则》，将建筑能源消耗分为 3 类（本章不涉及特殊用电）：暖通空调系统能源消耗（包括冷水机组、水泵、风机、冷却塔等）、内部设备能源消耗（包括照明、插座负载等）以及其他设备能源消耗（包括电梯、换气扇等），如图 7-13 所示。

如果需要进行建筑层级的碳排放核算，只需要根据建筑总电表的表单数据，再根据能源的碳排放因子，即可核算出建筑层级的碳排放。但目前大部分既有建筑均有节能改

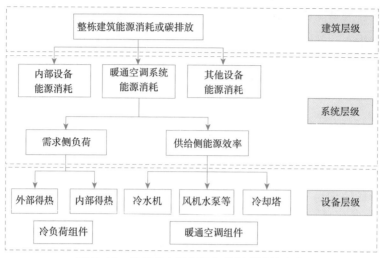

图 7-13　建筑各个层级运行能耗碳排放分类

造的需求，需要对建筑的耗能系统或者耗能设备进行优化分析。因此，如何在建筑能耗数据有限的前提下较为便捷、准确地找出能效或碳排放薄弱点，是既有建筑节能减碳改造工作的关键问题。

基于上述现实需求，本节提出了一种新的建筑能耗或碳排放分解评价方法，如图 7-14 所示。它由 3 个功能模块组成：输入模块、计算模块和输出模块。

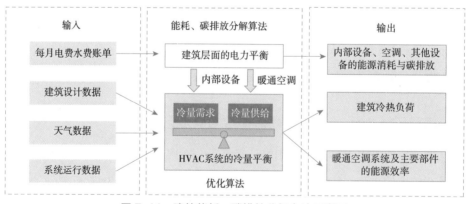

图 7-14　建筑能耗、碳排放分解方法示意图

在输入模块中，需要提供的数据或信息主要包括月结电费单、一般性建筑设计数据、气象数据以及暖通空调系统的部分设计和运行数据。在大多数建筑物中（即使是信息匮乏型建筑），除了天气数据可能需要由当地天文台提供外，其余所需的资料一般均可从建筑设计及运行档案文件中获得，缺少的数据亦可通过短期实地测量予以补充。

计算模块是建筑能耗与碳排放分解评估的核心部分，通过对基于电费单的建筑总能耗的合理拆分获取 3 个子系统的能耗及碳排放情况。在这个模块中，最重要的是通过对建筑用能情况的详细分析及能流分析，建立两个建筑内部的基本能量平衡方程，即建筑层面的电力平衡与暖通空调系统需求侧与供给侧的冷量平衡。通过一些优化算法如试错法，可以将这两个基本的能量平衡方程求解出来，从而获得本方法的输出模块，即各个主要系统部件的能耗、碳排放以及能源效率。该模块的具体建模方法和求解过程将在下一节中详细介绍。

经过上述能耗分解方法，建筑内各主要部件的能耗与碳排放将能够有效地分解出来。如图 7-15 所示，通过与相似建筑数据库中能耗与碳排放数据的对比，即可识别出建筑内性能表现不佳的部件及可能出现的原因，完成建筑各主要部件的能耗与碳排放的评估，为建筑节能降碳运行优化提供策略支撑。

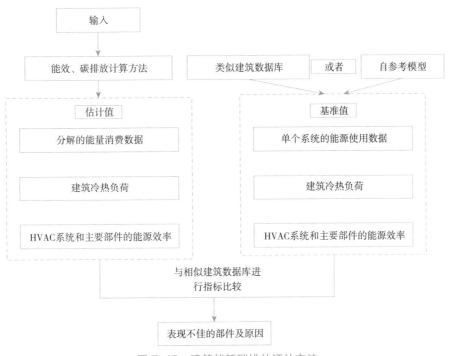

图 7-15　建筑能耗碳排放评估方法

## 7.4.4　信息匮乏型建筑能耗、碳排放核算方法

尽管建筑物中可以使用多种能源，但电力是建筑最重要和最常用的能源，此处假设电力成为提供所有建筑服务（烹饪除外）的唯一能源。如图 7-16 所示，在一个空调建筑中存在两种典型的能量流。第一个能量流是描述所有建筑物中的设备和消费者电力消

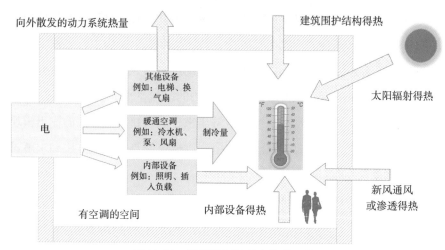

图 7-16　建筑运行过程中能量平衡

耗的电能流，第二个能量流是描述建筑物中所有传热过程的热量流。电能流对热流有很大影响，因为耗电过程总是与传热过程密切相关。通过对电能和热能的能流分析，可以为建筑建立如下的两个能量平衡方程：

第一个能量平衡方程是电量平衡，它表示建筑所有系统电耗（包括暖通空调系统，内部设备系统和其他设备等）必须等于整个建筑的总电耗，该平衡显而易见在任何时候都成立。第二种能量平衡是暖通空调系统需求侧和供给侧之间的冷量平衡，这意味着为了保持室内温度在舒适范围内，需求侧由各种建筑得热所导致的冷负荷应该由暖通空调系统提供的冷量来承担。这种平衡是非常复杂的，因为它涉及许多因素。在需求侧，建筑冷负荷由各种"与电无关的"传热过程（如围护结构传热、人员散热、空气渗透散热等）和内部设备负载的"电相关"传热过程共同决定。在供给侧，暖通空调系统所能提供的冷却能量的多少取决于暖通空调系统（包含冷水机组、水泵、冷却塔等）的耗电量和供冷效率（即系统整体性能系数 SCOP）。

综上所述，建筑内所有的能源性能指标是相互联系的且由这两种平衡决定的，电量平衡连接 3 个主要耗能系统与整个建筑的消耗。冷量平衡将不依赖电的传热过程的得热、内部设备的能耗、HVAC 系统的能耗和能效联系起来。本小节建立的建筑能耗碳排放分解方法将基于上述两个能源平衡方程，通过对所有平衡方程建模和计算，可以分解出各主要部件的能耗与碳排放，主要求解方法如下。

（1）电能平衡

建筑物在某个月度下的电量平衡方程如式（7-10）所示：

$$E_{\text{Building}}=E_{\text{HVAC}}+E_{\text{Internal}}+E_{\text{others}} \tag{7-10}$$

式中　　　　　　　　$E_{\text{Building}}$——整个建筑的总电耗，可通过月结电费单获得；

$E_{\text{HVAC}}$、$E_{\text{Internal}}$、$E_{\text{others}}$——分别是每月暖通空调系统、内部设备和其他设备电耗。

（2）冷量平衡

为了在暖通空调系统的需求侧和供给侧之间建立冷量平衡方程，需要确定需求侧由各种得热量引起的冷负荷和暖通空调系统提供的冷量（即供应侧）。

1）需求侧冷负荷计算

本书采用一种简化的冷负荷计算方法来估算需求侧每月累计冷负荷。该方法假定，在很长一段时间内（例如一个月），总冷负荷等于所有单独得热的总和，且各种得热方式之间的相互影响是可以忽略的，因此需求侧的冷负荷可由式（7-11）计算获得：

$$CL_{\text{Demand}}=Q_{\text{Conductive}}+Q_{\text{Solar}}+Q_{\text{Air}}+Q_{\text{Occupant}}+Q_{\text{Internal}} \tag{7-11}$$

式中　$CL_{\text{Demand}}$——在需求侧计算的总冷负荷；

$Q_{\text{Conductive}}$——围护结构得热；

$Q_{\text{Solar}}$——太阳辐射得热；

$Q_{\text{Air}}$——新风通风或渗透得热；

$Q_{\text{Occupant}}$——人员得热；

$Q_{\text{Internal}}$——内部设备得热（即照明、办公设备和电器）。

上面的前四个得热量（即 $Q_{\text{Conductive}}$、$Q_{\text{Solar}}$、$Q_{\text{Air}}$ 和 $Q_{\text{Occupant}}$）是与电力无关的得热。如何计算这些得热的详细信息请参考相应的专业书籍。由建筑内部设备贡献的得热量（即 $Q_{\text{Internal}}$）是一个依赖于内部设备耗电的得热量。根据能量守恒定律可知，建筑照明、插座等内部设备的耗电量最终几乎全部变成发热量，因此它可以使用式（7-12）计算。

$$Q_{\text{Internal}}=E_{\text{Internal}} \tag{7-12}$$

结合式（7-11）和式（7-12），需求侧冷负荷由两部分确定，如式（7-13）所示。第一部分是可以从输入数据直接计算出的所有与电无关的得热量，第二部分是依赖于内部设备耗电的用电设备得热量，在没有分项计量的建筑中这部分耗电量通常是未知的。

$$CL_{\text{Demand}}=（Q_{\text{Conductive}}+Q_{\text{Solar}}+Q_{\text{Air}}+Q_{\text{Occupant}}）+E_{\text{Internal}} \tag{7-13}$$

2）供给侧冷负荷计算

暖通空调系统提供的总冷量可以通过式（7-14）计算获得：

$$CL_{\text{Supply}}=E_{\text{HVAC}} \times SCOP \tag{7-14}$$

式中　　　　　　　　$CL_{\text{Supply}}$——HVAC 系统提供的总冷量；

$SCOP$（系统性能系数）——代表整个暖通空调系统月平均效率。

理想情况下，冷量在传输过程中不会有损耗，故空调系统提供的冷量应等于需求侧计算得到的冷负荷。然而，在实际情况中，冷量输配系统（如冷冻水系统、AHU 和新风系统）在传输过程中存在一些额外的得热量，主要包括冷冻水管道和送风管道的冷量损耗、水泵和风机对流体做功后的温升热量等，会导致空调系统需要提供额外的附加冷负荷，本书称之为输配系统得热量（$Q_{\text{Delivering}}$）。在这种情况下，空调系统提供的总冷量等于需求侧计算的冷负荷和输配系统得热量之和，如式（7-15）所示：

$$CL_{\text{Supply}}=CL_{\text{Demand}}+Q_{\text{Delivering}} \tag{7-15}$$

在大多数建筑中，水管和风管通常都是保温良好的，故冷冻水管道和风管的冷量的损耗是可以忽略的。因此，$Q_{\text{Delivering}}$ 主要是由冷冻水输配系统的泵或风机耗电贡献的。为了计算 $Q_{\text{Delivering}}$ 我们在式（7-16）中定义一个新的参数 $\alpha$：

$$\alpha=\frac{E_{\text{Delivering}}}{E_{\text{HVAC}}} \tag{7-16}$$

式中　$\alpha$——制冷系统中输配系统损耗占整个暖通系统的能耗比。

$E_{\text{Delivering}}$——输配系统的能量损耗，其值等于输配系统中水泵和风机的损耗。

考虑到输配系统消耗来源于电力且最终将转化为热量，$Q_{\text{Delivering}}$ 的计算方法如式（7-17）所示：

$$Q_{\text{Delivering}}=E_{\text{Delivering}}=\alpha \times E_{\text{HVAC}} \tag{7-17}$$

$SCOP$ 和 $\alpha$ 是决定暖通空调系统冷量平衡的两个非常重要的变量，其取值取决于暖通空调的实际运行情况，具体取值方法可以参考相关文献。

3）容错优化平衡方程解法

在实际的应用过程中，由于输入参数的不确定性以及简化模型带来的误差，上述平衡方程难以得到精确的数学解。例如，冷量平衡方程是基于室内温度恒定的假设而建立的，而在一般舒适性空调的建筑中，室内温度很难一直保持恒定不变。温度的变化意味着冷量平衡方程的打破，从而可能会进一步导致电量平衡与冷量平衡的组合方程的无解。因此，一种能正确求解组合方程并能容忍一定不确定性和误差的方程解法，对于建筑能耗的拆分以及运行碳排放的计算至关重要。

本文提出一种基于容错优化的求解算法，该方法的原理是在保持冷量平衡的基础上，尽量保持式（7-10）~式（7-14）和式（7-17）平衡。图 7-17 是某个特定月份建筑电量与冷量平衡示意图。如图 7-17 所示，我们将在计算的过程中采用试错法进行方程的求解，主要的试错变量为 $E_{\text{HVAC}}$，$E_{\text{Internal}}$ 和 $E_{\text{Others}}$。它们的总和等于建筑总能耗，其

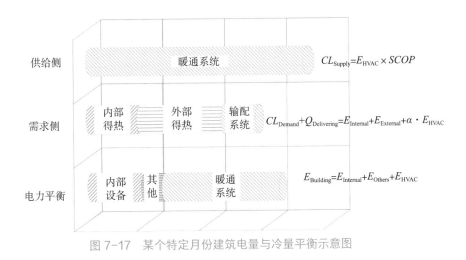

图 7-17　某个特定月份建筑电量与冷量平衡示意图

中两个为独立变量，通过不同的 $E_{HVAC}$，$E_{Internal}$ 和 $E_{Others}$ 组合，可以获得不同的 $CL_{Supply}$ 和 $CL_{Demand}$ 数值，进而可获得如式（7-18）所示的不平衡残差：

$$\mu_R = \frac{CL_{Supply} - (CL_{Demand} + Q_{Delivering})}{0.5 \times [CL_{Supply} + (CL_{Demand} + Q_{Delivering})]} \tag{7-18}$$

原则上来说，电量平衡与冷量平衡的组合方程应该使得式（7-18）的残差为零。然而，由于输入参数的不确定性或模型简化误差等因素，理论上完美的冷量平衡很难实现，从而导致方程无解。因此，不要求式（7-18）所示的残差始终保持为 0，而使得式（7-18）找到最小残差作为一种可行的替代方案。在这种替代方案下，能够保证电量平衡与冷量平衡的组合方程始终有解，且能够容忍一定程度的误差。

综上所述，综合电量平衡与冷量平衡，将建筑能耗与碳排放合理地拆分到 3 个子系统上，从而获得暖通空调、内部设备、其他设备等主要部件的能效与碳排放状况，为未来建筑能耗与碳排放的节能减碳优化提供数据基础。

## 本章小结

建筑运行阶段碳排放是建筑全生命周期过程中的主要碳排放来源之一，是我国建筑"双碳"领域的重要抓手。根据建筑是否已经建成，建筑运行碳排放可分为设计阶段的建筑运行碳排放与运维阶段的建筑运行碳排放，本章主要对设计阶段的建筑运行碳排放估算方法与运维阶段的建筑运行碳排放核算方法进行了相应梳理。其中，设计阶段建筑运行碳排放主要由照明、暖通、热水等设备的用能引起，这部分的碳排放计算方法主要通过计算或模拟仿真相应设备的能耗与相应的能源碳排放因子相乘获得；而运维阶段建筑运行碳排放是实际发生的，其碳排放的核算方法主要通过能耗监测或采用能耗分解方法获取的建筑用能与相应的能源碳排放因子相乘获得。通过对设计阶段与运维阶段的建筑运行碳排放梳理，能够为建筑的节能减碳提供数据基础，助力建筑领域"双碳计划"的顺利实现。

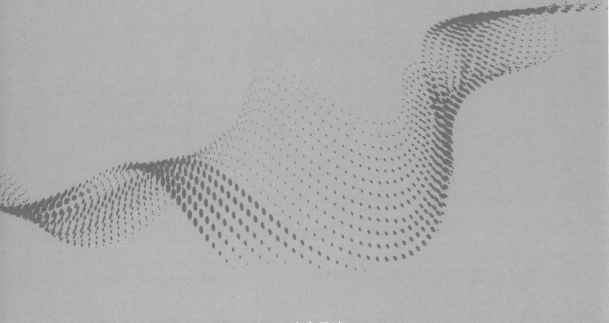

# 第 8 章
# 装配式建筑碳排放计算

## 本章导读

　　装配式建筑作为建筑的一种特殊分类形式，以构件作为建筑的基本构成，用构件承载组成建筑的各类工程信息。以构件为核心，通过追踪构件的各项信息，包括构件固有信息和构件施工信息等，可以准确地对装配式建筑进行碳排放计量，优化建筑设计。本章将重点说明装配式建筑的特殊性与装配式建筑特有的碳排放计算要点。

本章主要内容及逻辑关系如图 8-1 所示。

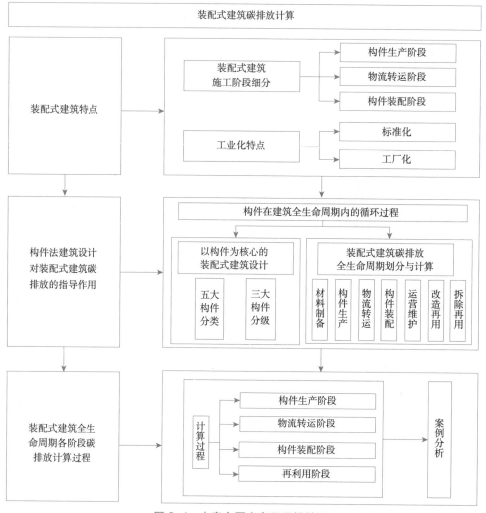

图 8-1　本章主要内容及逻辑关系

# 8.1　装配式建筑的特点

## 8.1.1　装配式建筑与传统建筑的区别

　　装配式建筑是由工厂加工生产的各类预制构件，运至施工现场装配而成的一种工业化建筑形式，是传统建筑的进化与延伸。传统建筑建造模式，是指将设计与建造环节分开，其中设计环节仅从目标建筑体及结构的设计角度出发，而后将所需建材运送至目的地，进行现场施工，完工交底验收的方式。装配式建筑建造模式则是设计生产施工一体化的生产建造方式，是从标准化的设计，至构配件的工厂化生产，再进行现场装配的过程。装配式建造模式是按照大工业生产方式改变建筑建造模式，使之逐步从手工业生产转向社会化大生产的过程。装配式建筑建造工业化的基本途径是构件设计标准化、构配件生产工厂化、施工机械化和组织管理信息化，并逐步采用现代科学技术的新成果，以提高劳动生产率，加快建设速度，降低工程成本，提高工程质量。

装配式建筑建造模式与传统的现场建造方式不同，二者在建造环节、产业链构成，甚至工程建设和市场运行模式上都存在差别。此外，面对房屋使用者的开发商实际上是房屋的集成商和营销商，其工作和现在建筑设计院、施工单位或总承包商不同，它是采用公开的定型装配式工业化建筑体系或自主研发装配式工业化建筑体系，根据用户对建筑使用功能的要求，基于模数化、标准化的组合设计，选用合适的标准化、商品化预制构件和建筑部品，通过商品物流组织模式转运至施工现场，采用专业设备进行机械化装配，并采用标准化工艺处理好连接部位，最终形成预定功能的建筑产品。同时，开发商需要基于信息化的管理手段，为其建筑产品提供类似"汽车4S店"的运行维护和技术支撑。因此，在建筑行业全产业链上，材料供应商、部品制备商、房屋的集成商和营销商成为主角，而物流商、部品营销商、零配件商、运营维护商等都是其中的重要参与者。另外，还包含以科研院所为代表，承担装配式建筑体系研发、构配件标准化系列化研发、基础理论研究、设计标准制定、技术咨询和服务等产业技术支撑方。同时，装配式建筑产业的发展也会带动相关配套产业的发展，如保温隔热材料、防腐材料、防火材料、焊接材料、部品机械加工、机械化或智能型加工设备等辅助产业。

### 8.1.2　装配式建筑的工厂化特征

传统的现场建造理念统领的建筑开发，其建筑体系和结构体系的设计、施工营造各自独立。而工业化预制装配模式，采用产业化方式在工厂里制造各种建筑构件，再通过工业化装配技术在现场科学合理地组织施工，机械化水平的提高减少了繁重、复杂的手工劳动和湿作业。预制构配件生产企业具有制造企业的特点，承担了传统施工模式过程中的大部分工作，是建筑走向工业化的重要保障。

以北京万科工业化建筑实验楼预制装配建造为例，其预制构件的"构件生产阶段"工艺流程包括：工厂模具制作、绑扎钢筋及预埋件、混凝土浇筑与振捣、脱模、养护、堆场；"物流转运阶段"可细分为：装运（将构件吊装至专用运输车辆）、运输、二次搬运（将构件吊装至堆放场地）；"装配施工阶段"装配流程大致分为：预制构件吊装、装配施工护栏、安装阳台支架、浇筑连接楼板及梁、整体浴室吊装等。

由于施工现场作业向预制构件厂的转移，建筑碳排放计算范围也随之发生改变，即由"建筑施工阶段碳排放"细化扩展为"构件生产阶段"+"物流转运阶段"+"装配施工阶段"3个阶段，所以需要综合分析工厂加工及施工装配工艺的规律和特点，有利于建立符合工业化预制装配模式特点且边界明晰的碳排放模型（图8-2）。通过传统建筑与装配式建筑全生命周期对比研究，建立符合工业化建造特点的装配式建筑全生命周期阶段划分。

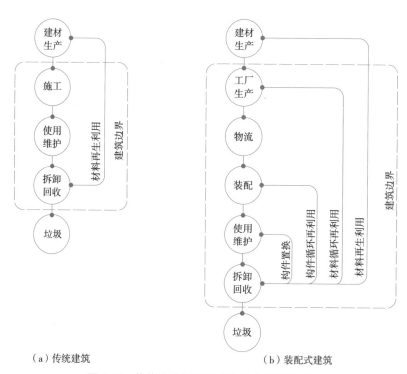

（a）传统建筑　　　　　　　　（b）装配式建筑

图8-2　传统建筑与装配式建筑生命周期对比

资料来源：王玉（2016）。

### 8.1.3　装配式建筑设计与建造特点

（1）工业化的建筑设计与建造模式

工业化建造是指，在建筑行业中引进制造业的工业化生产方式，用社会化大生产替代传统的手工业生产，在工厂生产构件并进行部分组装作业，最终在现场完成剩余的构件装配。工业化的构件生产不仅能提高构件的质量和产量，同时标准化设计与装配模式可以降低现场施工的人力和时间，提高工程质量。

（2）协同的建筑设计与建造模式

装配式建筑产品采用协同的建筑设计与建造模式。其从根本上改变了传统建筑设计与建造中建筑设计师与实际建造脱离，以及设计图纸与建造工法脱离的情况。要求建筑设计师、施工单位、招标方等在设计阶段就开始协同合作，控制实际施工中的构件生产、运输、装配等环节，并考虑实际施工中的工法。因此，建筑设计师、施工单位、招标方在设计阶段需要更加密切配合，一同完成设计工作。

（3）模数化的建筑设计与建造模式

装配式建筑产品采用模数化的建筑设计与建造模式。对每个构件都进行利于生产和装配的模数化设计，从而减少构件种类，提高构件通用性，降低建筑整体装配难度，进而提高施工过程可控性。同时，模数化的建筑设计与建造也利于通过更换部分构件进行建筑的维护修缮。

# 8.2  装配式建筑的基本构成——构件

## 8.2.1  以构件为核心的装配式建筑设计

构件是建筑的基本物质构成，以构件为核心的建筑设计是通过在设计过程中研究构件的生产、运输、定位、连接、成型、使用、再利用等状态，从底层以微观到宏观，以控制构件的方式构建起建筑设计与建造方式的关联性。

以构件为核心的建筑设计研究构件本身的特性和构件之间的组合方式，它们分别对应构件的两种属性：第一，构件本身的特性即构件的物理属性——如构件的材料、尺寸、重量等。第二，构件之间的组合方式及构件的空间属性——如构件的位置、连接等。在设计阶段控制构件可以实际地指导建造，而在设计阶段规划建造过程则可以反向优化建筑设计。以构件为核心的建筑设计建立了清晰的设计逻辑，适用于工业化设计与建造的建筑产品，符合装配式建筑的特点。同时，以构件为核心的建筑设计方法为装配式建筑提供了建筑定量数据信息载体的创建方法与规则，使 BIM 具备高效化、定量化、精准化反映真实项目实际工程信息的能力。

### 8.2.2 构件与建筑的关系

如果把建筑物看成是一个产品，那么建筑构件就是这个产品中的零件。构件作为建筑的基本物质构成，承载相应的空间和功能，位于装配式建筑产品设计的起始点。因此，构件物理属性和构件空间属性的综合设计成为建筑产品设计的主要内容。

装配式建筑构件具有"可逆"的循环再利用特征（图8-3）。

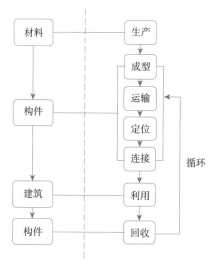

图 8-3 建筑构件循环过程

（1）矿产资源经过开采加工形成各类建筑材料。

（2）材料形成构件，构件的"成型—运输—定位—连接"过程即是建筑从无到有的物化过程，也称建造过程。

（3）构件组成建筑产品后，构件的利用过程也是建筑的使用过程。

（4）建筑产品拆除回归构件形态，构件的回收过程也是建筑的拆卸过程，即建筑建造过程的逆过程。

（5）构件循环过程是指构件再次"运输—定位—连接"，即构件经历再一次的建造形成建筑的过程。此后构件进入"运输—定位—连接—利用—回收"的循环，建筑进入"建造—使用—拆卸"的循环。

### 8.2.3 构件的分类

装配式建筑的构件根据功能性和独立性，通常分为5个部分：结构构件系统、围护构件系统、内装修构件系统、管线设备构件系统和环境构件系统（图8-4）。

图 8-4　建筑构件系统组成

（1）结构构件系统

结构构件通常分为基础构件、主体结构构件、屋顶结构构件等其他结构构件。其中基础构件包括基座、基座架和地梁等，可能出现混凝土构件和砖砌独立基础构件，如混凝土基座预埋钢构件。主体结构构件可以分为横向结构构件，如梁、板等；竖向结构构件，如柱、剪力墙等。

（2）围护构件系统

围护构件系统主要指的是建筑立面的围护构件，对被其包裹在内的结构构件系统、内装修构件系统、管线设备构件系统等起到保护作用。围护构件系统应符合建筑节能与保温的要求。

围护构件系统应与结构构件系统在物理层面上相互独立，具备单独更换的能力。围护构件系统根据重量可以大体区分为重型和轻型两类，重型围护构件系统重量较大，所以对结构计算以及抗震计算有较大影响；轻型围护体对结构计算影响不大，主要考虑构造上的设计。重型围护构件系统以混凝土外挂墙板为代表，该类围护体虽然重量较大，但在造价和性能上皆具有显著优势；轻型围护构件系统以金属幕墙为代表，常见的如铝板、玻璃幕墙、外挂石材等，在建筑造型上具有较大优势，但价格一般较高，建筑性能上也不及混凝土等重型材料，装配效率相比稍低。

（3）内装修构件系统

内装修构件系统主要包括建筑内隔断，墙体、屋顶和地面的装修构件，以及各类功能性的室内模块，如：整体卫浴、整体厨房等。

（4）管线设备构件系统

管线设备构件系统包括建筑内公共管道、线缆、机械电气设备（如电梯）等。

（5）环境装饰构件系统

环境装饰构件系统包括建筑产品周围的环境设施构件，如建筑产品外部的走廊、栏杆、环境小品以及构成房屋装饰性元素的构件等。

### 8.2.4 构件的分级

构件的成型、装配分别在原材料厂、构件厂、工地工厂以及装配施工作业面进行。根据构件的装配地点，构件可分为3个层级。其中，材料厂商提供原材料，在构件工厂经过初步加工后的构件为一级构件。一级构件可以是单一材质，也可以是复合材质，因为构件厂与工地的距离可能较远，因此需要满足便于运输的要求。

由于工地施工条件限制，通常没有足够的空间完成装配，因此在工地附近的场地设置有工地工厂，作为大型构件装配和临时构件堆放场地。设置工地工厂的另一个优点是为并行施工提供了可能性，工人可以同时在装配施工作业面和工地工厂两地进行作业，相互配合，进一步缩短装配时间。工地工厂需设置在装配施工作业面附近且交通便捷的开阔场地，保证有一面与装配施工作业面相连。一级构件由车辆运输至工地工厂装配形成二级构件。

二级构件通常重量和体量较大，由人工搬运或吊装至施工作业场地，装配形成三级构件。三级构件为一个完整的单元构件，在施工作业面由连接构件相连装配组成建筑整体，如图8-5所示。

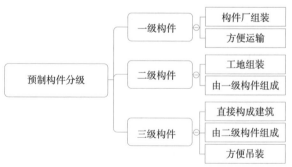

图8-5 预制建筑构件分级方式

# 8.3　装配式建筑全生命周期各阶段划分与碳排放计算方法

## 8.3.1　装配式建筑碳排放生命周期划分

基于本章前述内容，根据装配式建筑的特征与建筑预制构件的特殊性，装配式建筑的生命周期可划分为 7 个阶段，分别是：

（1）材料制备阶段，指使用各种设备和技术手段将原材料（如铁矿石、石灰石、铝土矿、铜矿、木材和石油等）开采、加工用作施工材料（如钢铁、水泥、铝和塑料）的阶段，包括原材料的开采、运输、制备环节。

（2）构件生产阶段，指工厂制作预制构件阶段，例如结构预制构件、门窗和复合墙板、建筑设备等产品，包括厂内的材料和构件周转环节。

（3）物流转运阶段，指预制构件检验合格后运送到施工现场，并完成卸货堆场的过程。该阶段涉及预制构件装车、运输、产品保护、卸货堆场等环节。

（4）装配施工阶段，指在起重机械、转运设备等工具辅助支持下，构件由堆场按照施工组织方案进行现场装配到交付建筑前的环节。

（5）运营维护阶段，指从建筑装配完成后交付给业主开始，贯穿建筑正常使用过程，包括各种日常维修和设备维护，例如空调照明系统维修、给水排水系统维修、定期进行墙体翻新粉刷、定期检查围护结构和与建筑相关的基础设施系统等。

（6）改造再利用阶段，指为延长建筑自身使用寿命而进行的功能空间重新分割和再利用，例如城市老旧厂房改造为艺术文化中心、办公区，商业综合体重新改造为单身公寓等。

（7）拆除再利用阶段，指整栋建筑拆除为构件级别后，经质量评估鉴定重新用于其他建造项目中，也包括整体性拆除后在异地重新建设的过程。

## 8.3.2　装配式建筑碳排放生命周期各阶段碳排放计算内容与计算边界

（1）材料制备阶段

主要计算内容是将项目中所有使用到的材料用量乘以对应材料的碳排放因子。

该阶段碳排放内容如图 8-6 所示。

（2）构件生产阶段

装配式建筑由预制建筑构件组成，这些预制建筑构

图 8-6　装配式建筑材料制备
阶段碳排放统计内容

件通常在专门的预制构件厂中生产，这是装配式建筑与传统建筑有所区别的一环，由于构件生产环节涉及材料的加工、制作，设备与模具的使用，因此是必须进行碳排放统计的部分。计算边界主要为：构件生产阶段涉及的"人机料"三要素对应的碳排放活动。

该阶段碳排放内容如图 8-7 所示。

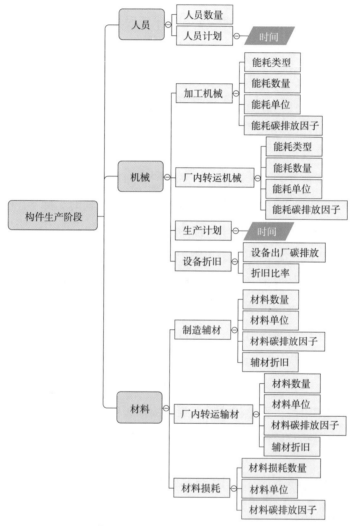

图 8-7　装配式建筑构件生产阶段碳排放统计内容

（3）物流转运阶段

预制建筑构件通常有较大的单件重量或者单件体积，因此运输预制建筑构件的过程会产生不可忽视的碳排放。计算边界主要为：物流转运阶段涉及的"人机料"三要素对应的碳排放活动。

该阶段碳排放内容如图 8-8 所示。

（4）装配施工阶段

预制建筑构件单件重量或体积较大，因此在进行工程装配时必须采用大量机械设备进行辅助，这些机械产生的碳排放会大大超过传统建筑人工作业产生的碳排放。计算边界主要为：构件装配阶段涉及的"人机料"三要素对应的碳排放活动。

该阶段碳排放内容如图 8-9 所示。

（5）运营维护阶段

建筑项目竣工交付给业主后，将持续产生使用能耗，这部分能耗形成的碳排放称为运营碳排放。同样，建筑运行过程发生损坏、老化，必须对构件进行更换维修以保持建筑系统的整体运营稳定性，因此产生的碳排放称为维护碳排放。计算边界主要为：建筑净耗能折算碳排放量和构件维护涉及的"人机料"三要素对应的碳排放活动。

该阶段碳排放内容如图 8-10 所示。

（6）改造再利用阶段

建筑的废弃很多时候并非是结构到达使用寿命而不得不进行拆除，而是建筑本身的使用功能

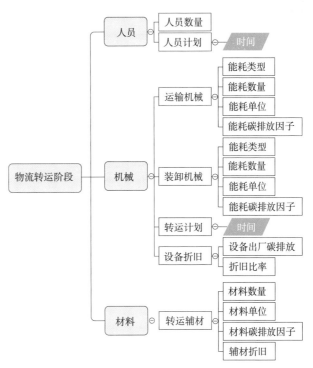

图 8-8　装配式建筑物流转运阶段碳排放统计内容

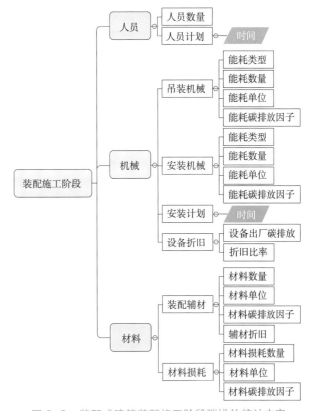

图 8-9　装配式建筑装配施工阶段碳排放统计内容

图 8-10 装配式建筑运营维护阶段碳排放统计内容

已经不符合时代需要或者无法满足新时代的使用需求，被迫拆除重建。为延长建筑寿命，减少无谓的重建，就需要对建筑进行改造更新。这一行为产生的碳排放就是改造再利用阶段碳排放。计算边界主要为建筑改造工程涉及的"人机料"三要素对应的碳排放活动以及因改造再利用延长使用寿命带来的"减碳"活动。

该阶段碳排放内容如图 8-11 所示。

（7）拆除再利用阶段

当建筑系统整体安全性已经无法继续延续时，必须对建筑进行拆除。在此过程中发生的拆除行为、产生的垃圾、对部分垃圾的回收处理以及对不可回收垃圾的填埋处理都将产生碳排放。计算边界主要为建筑拆除再利用阶段涉及的"人机料"三要素对应的碳排放活动、建筑垃圾处置对应的碳排放活动以及构建循环利用带来的"减碳"活动。

该阶段碳排放内容如图 8-12 所示。

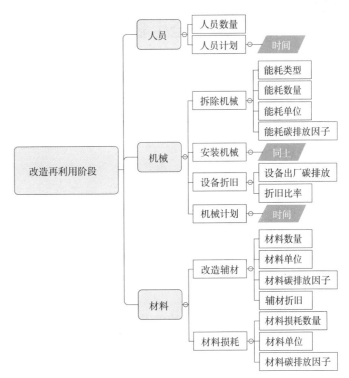

图 8-11　装配式建筑改造再利用阶段碳排放统计内容

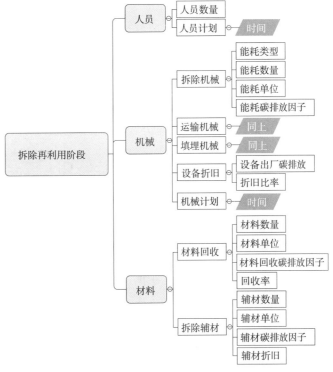

图 8-12　装配式建筑拆除再利用阶段碳排放统计内容

239

# 8.4 装配式建筑全生命周期各阶段碳排放计算过程

装配式建筑全生命周期各阶段中材料制备阶段、运营维护阶段和拆除再利用阶段与传统建筑并无明显区别，详细内容参照本书第 2 章，本章主要说明构件生产阶段、物流转运阶段、装配施工阶段和改造再利用阶段这 4 个装配式建筑特有生命周期阶段的定义与碳排放计算公式。

## 8.4.1 构件生产阶段碳排放计算过程

构件生产阶段碳排放计算公式为：

$$Q_{SC} = \sum_{i=1}^{n} \left( n_i \cdot f_i + T_i \cdot R_i + Q_i \cdot EF_i + m_i \cdot F_i \right) \tag{8-1}$$

式中  $n_i$——第 $i$ 种构件生产所需人工工日（工日）；

$f_i$——人工的平均碳排放因子（kg $CO_2$e/ 工日）；

$T_i$——第 $i$ 种构件生产所需机械设备使用时长（台班）；

$R_i$——第 $i$ 种构件生产所需机械设备的单位时长能源碳排放因子（kg $CO_2$e / 台班）；

$Q_i$——第 $i$ 种构件生产所需小型机械设备电力消耗量（kW·h）；

$EF_i$——预制构件厂所在区域的电网平均碳排放因子（kg $CO_2$e/kW·h）；

$m_i$——第 $i$ 种构件生产所需辅材、耗材消耗量（t）；

$F_i$——第 $i$ 种构件生产所需辅材、耗材碳排放因子（kg $CO_2$e /t）。

## 8.4.2 物流转运阶段碳排放计算过程

构件转运阶段碳排放计算公式为：

$$Q_{ZY} = \sum_{i=1}^{n} \left( n_i \cdot f_i + Q_i \cdot L_i \cdot T_i + m_i \cdot F_i \right) \tag{8-2}$$

式中  $n_i$——第 $i$ 种构件转运所需人工工日（工日）；

$f_i$——人工的平均碳排放因子（kg $CO_2$e/ 工日）；

$Q_i$——第 $i$ 种构件工程量（t 或 m³）；

$L_i$——第 $i$ 种构件转运距离（km）；

$T_i$——第 $i$ 种构件转运单位工程量单位运输距离碳排放因子 [kg $CO_2$e/（t·km）] 或 [kg $CO_2$e/（m³·km）]；

$m_i$——第 $i$ 种构件转运所需辅材、耗材消耗量（t）；

$F_i$——第 $i$ 种构件转运所需辅材、耗材碳排放因子（kg $CO_2$e /t）。

### 8.4.3 装配施工阶段碳排放计算过程

装配施工阶段的碳排放计算公式为：

$$Q_{ZP} = \sum_{i=1}^{n} \left( n_i \cdot f_i + Q_i \cdot EF_i + m_i \cdot F_i \right) \qquad (8-3)$$

式中 $n_i$——第 $i$ 种构件装配所需人工工日（工日）；

$f_i$——人工的平均碳排放因子（kg $CO_2$e/ 工日）；

$Q_i$——第 $i$ 种构件装配所用机械设备能源消耗量（化石能源 kg 或电力 kW·h）；

$EF_i$——第 $i$ 种构件装配使用机械设备消耗能源的碳排放因子 [kg $CO_2$e/kg 或 kg $CO_2$e/（kW·h）]；

$m_i$——第 $i$ 种构件装配所需辅材、耗材消耗量（t）；

$F_i$——第 $i$ 种构件装配所需辅材、耗材碳排放因子（kg $CO_2$e /t）。

### 8.4.4 改造再利用阶段碳排放计算过程

改造再利用阶段的碳排放计算公式为：

$$Q_{GZ} = \sum_{i=1}^{n} \left( n_i \cdot f_i + Q_i \cdot EF_i + m_i \cdot F_i \right) - Q_{WH} \cdot \frac{\left( y_{actual} - y_{plan} \right)}{y_{plan}} \qquad (8-4)$$

式中 $n_i$——第 $i$ 种构件改造再利用所需人工数（工日）；

$f_i$——人工的平均碳排放因子（kg $CO_2$e/ 工日）；

$Q_i$——第 $i$ 种构件改造再利用所需机械设备能源消耗量（化石能源 kg 或电力 kW·h）；

$EF_i$——第 $i$ 种构件改造再利用机械设备消耗能源的碳排放因子 [kg $CO_2$e/kg 或 kg $CO_2$e/（kW·h）]；

$m_i$——第 $i$ 种构件改造再利用所需辅材、耗材消耗量（t）；

$F_i$——第 $i$ 种构件改造再利用所需辅材、耗材碳排放因子（kg $CO_2$e /t）；

$Q_{WH}$——建筑物化过程碳排放量，等于材料制备、构件生产、物流转运和装配施工碳排放之和（kg $CO_2$e）；

$y_{actual}$——建筑实际使用年限（年）；

$y_{plan}$——建筑计划使用年限（年）。

# 8.5 案例分析

## 8.5.1 项目简介

项目名称：立方之家 – 阳光方舟 2.0 / C–House–Solar Ark 2.0（图 8–13）

项目地点：中国山东省德州市德城区太阳能小镇

建造时间：2018 年 7 月 9 日~2018 年 7 月 30 日（共 20 天）

占地面积：625m²

建筑面积：183m²

简介："C–House"绿色低碳产能房屋集中体现了新型光伏与建筑一体化（BIPV）产能建筑设计理念。"C–House"中的"C"既是其设计理念核芯（Core）和立方（Cube）的英文首字母，也代表着"C–House"的可变共享、高速建造、智能化产能用能、易维护长寿命、BIM 工程管理等关键技术的研发和应用。核芯（Core）是指在房屋中间布置的能源核芯筒，所有的建筑设备与服务功能均集中于核芯筒之中，并通过核芯筒外壁的换热系统与室内环境进行冷热交换和环境调控，提升设备系统的制冷 / 制暖效率；立方（Cube）是指"C–House"的产能表皮系统，整个建筑顶面和侧面铺满光伏发电板，实现简洁整体立面效果的同时最大化建筑的产能能力。

"C–House"是一栋仅需 20 天即可完成的装配式超高速建造房屋，基于构件的各构件组独立设计理念让整个房屋系统能够实现重复拆装循环利用 30 次，同时各构件组独

图 8–13　2018 国际太阳能十项全能竞赛参赛作品——立方之家 – 阳光方舟 2.0

立设计理念让房屋除能够应用于城市独栋建筑外，还可拓展为展览、办公、自保障房屋或生态脆弱地区的服务用房。

该房屋系统先进的设计、建造、使用理念为建筑减碳提供了新的思路与实践探索。图 8-14 为建筑内部。

图 8-14　"C-House"建筑内部

### 8.5.2　材料制备阶段碳排放计算过程

材料制备阶段的碳排放统计的是建筑材料由自然界原始储藏经人工开采、加工形成建筑构件的过程中所产生的碳排放量。在计算上，如无特殊需求，通常使用国家颁布的标准材料碳排放因子进行计算。

计算清单包含材料名称、材料类型、材料物理参数（体积、面积、重度、质量等）、材料数量以及材料碳排放因子，如果采用 BIM 进行计算还要包括材料 ID，以便溯源检查数据（图 8-15）。

"C-House"工程采用 Revit 构件信息直接导出计算的方式统计材料制备阶段碳排放数据，将构件中的各类单一材料分别展开导出，并进行碳排放量计算，最终获得"C-House"材料制备阶段碳排放量为 218.39t $CO_2$，其中金属材料碳排放量 8.22t $CO_2$、玻璃材料碳排放量 118.97t $CO_2$、木材（非再生林产木材，如：红木家具）碳排放量 0.09t $CO_2$、负碳材料（如竹板材以及再生林产木材）碳排放量 -7.51t $CO_2$、混凝土材料碳排放量 23.04t $CO_2$ 以及其他各类材料碳排放量 75.58t $CO_2$。

| 材料名称 | 材料类型 | 材料ID | 材料面积（平方米） | 材料体积（立方米） | 材料容重（千牛/立方米） | 材料重量（kg） | 材料数量 | 材料碳排放因子（co2·kg/kg） | 材料碳排放量（kg） |
|---|---|---|---|---|---|---|---|---|---|
| C-House外墙保温材料（子类）：C-House外墙保温材料（子类） | 岩棉 | | 25.211 | 1.663 | 1.5 | | | | |
| C-House外墙保温材料（子类）：C-House外墙保温材料（子类） | 岩棉 | | 25.3 | 0.323 | 1.5 | | | | |
| C-House外墙保温材料（子类）：C-House外墙保温材料（子类） | 岩棉 | | 25.211 | 1.663 | 1.5 | | | | |
| C-House外墙保温材料（子类）：C-House外墙保温材料（子类） | 岩棉 | | 25.3 | 0.323 | 1.5 | | | | |
| C-House外墙保温材料（子类）：C-House外墙保温材料（子类） | 岩棉 | | 29.446 | 1.962 | 1.5 | | | | |
| C-House外墙保温材料（子类）：C-House外墙保温材料（子类） | 岩棉 | | 29.452 | 0.377 | 1.5 | | | | |
| C-House外墙保温材料（子类）：C-House外墙保温材料（子类） | 岩棉 | | 29.446 | 1.962 | 1.5 | | | | |
| C-House外墙保温材料（子类）：C-House外墙保温材料（子类） | 岩棉 | | 29.452 | 0.377 | 1.5 | | | | |
| C-House外墙保温材料（子类）：C-House外墙保温材料（子类） | 岩棉 | | 25.211 | 1.663 | 1.5 | | | | |
| C-House外墙保温材料（子类）：C-House外墙保温材料（子类） | 岩棉 | | 25.3 | 0.323 | 1.5 | | | | |
| C-House外墙保温材料（子类）：C-House外墙保温材料（子类） | 岩棉 | | 25.211 | 1.663 | 1.5 | | | | |
| C-House外墙保温材料（子类）：C-House外墙保温材料（子类） | 岩棉 | | 25.3 | 0.323 | 1.5 | | | | |
| C-House外墙保温材料（子类）：C-House外墙保温材料（子类） | 岩棉 | | 29.446 | 1.962 | 1.5 | | | | |
| C-House外墙保温材料（子类）：C-House外墙保温材料（子类） | 岩棉 | | 29.452 | 0.377 | 1.5 | | | | |
| C-House外墙保温材料（子类）：C-House外墙保温材料（子类） | 岩棉 | | 29.446 | 1.962 | 1.5 | | | | |
| C-House外墙保温材料（子类）：C-House外墙保温材料（子类） | 岩棉 | | 29.452 | 0.377 | 1.5 | | | | |
| 岩棉：16 | | | | 2.04 | | 306 | | 0.35 | 107.1 |
| C-House外墙板-2460：C-House外墙板-2460 | 欧松板 | | 89.784 | 0.561 | 3.9 | | | | |
| C-House外墙板-2460：C-House外墙板-2460 | 欧松板 | | 89.784 | 0.561 | 3.9 | | | | |
| C-House外墙板-2460：C-House外墙板-2460 | 欧松板 | | 89.784 | 0.561 | 3.9 | | | | |
| C-House外墙板-2460：C-House外墙板-2460 | 欧松板 | | 89.784 | 0.561 | 3.9 | | | | |
| 欧松板：4 | | | | 2.244 | | 875.16 | | 4.6 | 4025.736 |
| C-House外墙板：C-House外墙板-2110 | 欧松板 | | 77.358 | 0.487 | 3.9 | | | | |
| C-House外墙板：C-House外墙板-2110 | 欧松板 | | 77.358 | 0.487 | 3.9 | | | | |
| C-House外墙板：C-House外墙板-2110 | 欧松板 | | 77.358 | 0.487 | 3.9 | | | | |
| C-House外墙板：C-House外墙板-2110 | 欧松板 | | 77.358 | 0.487 | 3.9 | | | | |
| 欧松板：4 | | | | 1.948 | | 759.72 | | 4.6 | 3494.712 |

图 8-15　材料制备阶段碳排放统计清单（部分）

## 8.5.3　构件生产阶段碳排放计算过程

计算清单包含四部分内容：构件信息、人工信息、设备信息、辅料信息。

构件信息包括构件名称、构件 ID、构件分类、构件类型和构件数量；人工信息包括工人工种、工人 ID、工人使用数量和工作时长；设备信息包括设备名称、设备 ID、设备数量、设备能源类型、加工耗能、设备使用时长和设备能源碳排放因子；辅料信息包括辅料名称、辅料 ID、辅料用量和辅料碳排放因子（图 8-16）。

| 构件信息 | | | | | 人工信息 | | | | 加工设备信息 | | | | | | | | 辅料信息 | | | |
|---|---|---|---|---|---|---|---|---|---|---|---|---|---|---|---|---|---|---|---|---|
| 构件名称 | 构件ID | 构件分类 | 构件类型 | 构件数量 | 工人工种 | 工人ID | 工人使用数量 | 工作时长（h） | 设备名称 | 设备ID | 设备数量 | 设备能源类型 | 加工耗能 | 设备使用时长（h） | 设备能源碳排放因子 | 加工设备碳排放（吨） | 辅料名称 | 辅料ID | 辅料用量 | 辅料碳排放因子 |
| 柱脚底板 - 8 孔：10mm | | 结构 | 柱 | 16 | | | 1 | 1 | | | | 电 | 20 | 1 | 0.8112 | 0.259584 | | | | |
| 梁柱连接构件-200 | | | | 50 | | | 1 | 1 | | | | 电 | 20 | 1 | 0.8112 | 0.8112 | | | | |
| 矩形方钢管-柱 | | | | 16 | | | 2 | 0.5 | | | | 电 | 8 | 0.5 | 0.8112 | 0.1038336 | | | | |
| 矩形方钢管-梁 | | | 梁 | 12 | | | 2 | 0.5 | | | | 电 | 8 | 0.5 | 0.8112 | 0.0778752 | | | | |
| 角钢：L75 x 90 | | | | 71 | | | 2 | 0.5 | | | | 电 | 10 | 0.5 | 0.8112 | 0.575952 | | | | |
| C-House外墙板-2460 | | 围护 | 外墙 | 4 | | | 3 | 8 | | | | 电 | 120 | 8 | 0.8112 | 0.389376 | | | | |
| C-House外墙板-2110 | | | | 4 | | | 3 | 8 | | | | 电 | 120 | 8 | 0.8112 | 0.389376 | | | | |
| 东门 | | | | 1 | | | 3 | 4 | | | | 电 | 60 | 4 | 0.8112 | 0.048672 | | | | |
| 基本屋顶：C-House 屋面 | | | 屋顶 | 1 | | | 8 | 24 | | | | 电 | 390 | 24 | 0.8112 | 0.316368 | | | | |
| 幕墙玻璃：深色幕墙玻璃-834x2255 | | | 幕墙 | 2 | | | 2 | 2 | | | | 电 | 20 | 2 | 0.8112 | 0.032448 | | | | |
| 幕墙玻璃：深色幕墙玻璃-559x2255 | | | | 4 | | | 2 | 1.5 | | | | 电 | 15 | 1.5 | 0.8112 | 0.048672 | | | | |
| 幕墙玻璃：深色幕墙玻璃-925x2255 | | | | 19 | | | 2 | 2 | | | | 电 | 20 | 2 | 0.8112 | 0.308256 | | | | |
| 幕墙玻璃：深色幕墙玻璃-1042x2255 | | | | 3 | | | 2 | 2 | | | | 电 | 20 | 2 | 0.8112 | 0.048672 | | | | |
| 幕墙玻璃：深色幕墙玻璃-1495x2255 | | | | 3 | | | 2 | 2 | | | | 电 | 20 | 2 | 0.8112 | 0.048672 | | | | |
| 幕墙玻璃：釉面幕墙玻璃-336x2255 | | | | 2 | | | 2 | 1.5 | | | | 电 | 15 | 1.5 | 0.8112 | 0.024336 | | | | |
| 幕墙玻璃：釉面幕墙玻璃-336x2255 | | | | 4 | | | 2 | 1.5 | | | | 电 | 15 | 1.5 | 0.8112 | 0.048672 | | | | |
| 幕墙玻璃：釉面幕墙玻璃-420x2255 | | | | 5 | | | 2 | 1.5 | | | | 电 | 15 | 1.5 | 0.8112 | 0.06084 | | | | |
| 幕墙玻璃：釉面幕墙玻璃-925x1660 | | | | 20 | | | 2 | 2 | | | | 电 | 20 | 2 | 0.8112 | 0.32448 | | | | |
| 折叠门：南门 | | | | 1 | | | 3 | 4 | | | | 电 | 40 | 4 | 0.8112 | 0.032448 | | | | |
| 冷弯空心型钢 - 矩形柱：J200x150x4.0 | | PV | PV支撑架 | 12 | | | 2 | 0.5 | | | | 电 | 8 | 0.5 | 0.8112 | 0.0778752 | | | | |
| 光伏板C型钢龙骨：C型钢龙骨-A | | | | 16 | | | 2 | 0.5 | | | | 电 | 8 | 0.5 | 0.8112 | 0.1038336 | | | | |
| 光伏板C型钢龙骨：C型钢龙骨-A2 | | | | 16 | | | 2 | 0.5 | | | | 电 | 8 | 0.5 | 0.8112 | 0.1038336 | | | | |
| 光伏板C型钢龙骨：C型钢龙骨-A3 | | | | 10 | | | 2 | 0.5 | | | | 电 | 8 | 0.5 | 0.8112 | 0.064896 | | | | |
| 光伏板C型钢龙骨：C型钢龙骨-B | | | | 12 | | | 2 | 0.5 | | | | 电 | 8 | 0.5 | 0.8112 | 0.0778752 | | | | |
| 梁柱连接构件-1：梁柱连接构件-150 | | | | 52 | | | 1 | 1 | | | | 电 | 15 | 1 | 0.8112 | 0.632736 | | | | |
| 梁柱连接构件-1：梁柱连接构件-170 | | | | 12 | | | 1 | 1 | | | | 电 | 15 | 1 | 0.8112 | 0.146016 | | | | |

图 8-16　构件生产阶段碳排放统计清单

“C-House”项目由于进行得较早，未对辅料使用情况进行记录（后续阶段也未计入）。“C-House”构件生产阶段“人机料”碳排放量总计 11t $CO_2$。

## 8.5.4　物流转运阶段碳排放计算过程

物流转运阶段是建筑构件从构件生产厂装车运输至建造现场并存放至构件堆场的过程。碳排放统计同样包括了该阶段中全部“人机料”的使用。

计算清单主要包含两部分内容：设备信息和人员信息。

设备信息包括设备类型、设备 ID、设备数量、设备使用能源、设备使用时长 / 运输里程、设备单位能源消耗量和设备能源碳排放因子；人员信息包括装车人员、运输人员、卸车人员三个部分，每个部分都包含人员数量、人员 ID、工作时长（图 8-17）。

| | 设备信息 | | | | | | | 人员信息 | | | | | | | | |
| 设备类型 | 设备ID | 设备数量 | 设备使用能源 | 设备使用时长/运输里程（km） | 设备单位能源消耗量 | 设备能源碳排放因子 | 设备碳排放量（吨） | 装车人员 | | | 运输人员 | | | 卸车人员 | | |
| | | | | | | | | 人员数量 | 人员ID | 工作时长（d） | 人员数量 | 人员ID | 工作时长（d） | 人员数量 | 人员ID | 工作时长（d） |
| 平板载重货车（80吨） | | 2 | 柴油 | 740.5 | | 4 | 1.81424 | 4 | | 1 | 2 | | 1 | 4 | | 1 |
| 平板载重货车（80吨） | | 3 | 柴油 | 6.9 | | 4 | 0.73 | 4 | | 1 | 4 | | 1 | 4 | | 1 |

图 8-17 物流转运阶段碳排放统计清单

"C-House" 物流转运阶段产生碳排放 1.81t $CO_2$。

## 8.5.5 构件装配阶段碳排放计算过程

构件装配阶段是各类建筑构件系统在建造场地装配成建筑的全过程，碳排放统计的是建筑构件在这个过程产生的碳排放。

计算清单主要包含三部分内容：人员信息、建造设备信息和辅料信息。

人员信息包括工人工种、工人 ID、工人使用数量和工作时长；建造设备信息包括设备名称、设备 ID、设备数量、设备能源类型、设备使用时长和设备能源碳排放因子；辅料信息包括辅料名称、辅料 ID、辅料用量和辅料碳排放因子（图 8-18）。

| 人工信息 | | | | 建造设备信息 | | | | | | | 辅料信息 | | | |
| 工人工种 | 工人ID | 工人使用数量 | 工作时长（d） | 设备名称 | 设备ID | 设备数量 | 设备能源类型 | 设备使用时长（d） | 设备能源碳排放因子 | 设备碳排放量（吨） | 辅料名称 | 辅料ID | 辅料用量 | 辅料碳排放因子 |
| | | 8 | 28 | 80吨汽车吊 | | 1 | 电 | 20 | 0.8112 | 2.04450112 | | | | |
| | | | | 移动升降平台 | | 2 | 电 | 26 | 0.8112 | 1.926048384 | | | | |
| | | | | 切割机 | | 1 | 电 | 7 | 0.8112 | 0.02725632 | | | | |
| | | | | 木工锯 | | 1 | 电 | 7 | 0.8112 | 0.1362816 | | | | |
| | | | | 交流电焊机 | | 3 | 电 | 21 | 0.8112 | 4.45640832 | | | | |
| | | | | 电动扳手 | | 6 | 电 | 28 | 0.8112 | 0.32707584 | | | | |
| | | | | 电钻 | | 6 | 电 | 28 | 0.8112 | 0.21805056 | | | | |

图 8-18 构件装配阶段碳排放统计清单

"C-House" 构件装配阶段人机料共产生碳排放 20.34t $CO_2$。

## 8.5.6 运营维护阶段碳排放计算过程

该阶段产生的碳排放主要分为两种，一种是运营碳排放（设备耗能），一种是维护碳排放（构件更换）。

运营碳排放又分为耗能碳排放和产能碳排放。耗能碳排放是建筑在运行过程中所有设备消耗能源产生的碳排放，对建筑进行绿色节能优化设计不在本章的讨论范围内，因此不进行赘述；产能碳排放指使用了清洁能源产能设备的建筑在运行过程中其产能设备制造的能源所形成的负碳量。

维护碳排放则是为了使建筑在使用寿命中保持正常使用，对建筑构件进行必要的维

| | | 能源（kw·h） | 碳排放（吨） |
|---|---|---|---|
| 2018年度 | 年度总耗能情况 | 10455 | 8.481096 |
| | 年度总产能情况 | 11928 | 9.6759936 |
| | 年度能量平衡情况 | -1473 | -1.1948976 |
| 2018年至今 | 总耗能情况 | 31112 | 25.2380544 |
| | 总产能情况 | 35411 | 28.7254032 |
| | 能量平衡情况 | -4299 | -3.4873488 |

图 8-19　运营维护阶段碳排放统计清单

图 8-20　"C-House"产能情况

修更换所造成的碳排放。区别于改造再利用阶段，维护碳排放仅统计保持原设计功能条件下的局部维修与更换，不涉及结构、维护、设备等主要构件组的更换升级所造成的碳排放。在维护过程中产生的人员、设备碳排放也是该阶段碳排放统计的内容。

计算清单包括房屋系统耗能情况与产能情况（图 8-19）。通常清单需逐月统计能耗使用情况，如有智能化系统提供自动统计参数亦可直接使用（图 8-20）。

"C-House"运行 3 年，总能耗 31 112kW·h，总产能 35 411kW·h，运营碳排放总计 -3.49t $CO_2$；由于建造时间短，无需进行构件维护替换，因此维护碳排放为 0。

### 8.5.7　改造再利用阶段碳排放计算过程

计算清单包括可再利用构件信息和不可再利用构件信息两部分。

可再利用构件信息包括再利用构件名称、再利用构件 ID、构件材料碳排放量、构件生产碳排放量以及再利用次数；不可再利用构件信息包括不可利用构件名称和构件材料碳排放量（图 8-21）。

"C-House"在进行一次整体异地复用后，相较于传统拆除—再建模式，由于构件复用节约碳排放 147.72t $CO_2$，不可再生构件产生碳排放 82.56t $CO_2$，总计产生 -60.16t $CO_2$。

### 8.5.8　碳排放分析

"C-House"经过一次复用产生等效二氧化碳 135.82t。其中材料制备所产生的碳排放最高，因避免拆除的建筑复用节省的碳排放相当于材料制备碳排放量的 65% 的负碳。说明合理选择建筑材料是有效控制建筑碳排放总量的重要方法，提高构件循环利用率也能带来可观的负碳收益（图 8-22）。

| 可再利用构件 | | | | | 不可再利用构件 | |
|---|---|---|---|---|---|---|
| 再利用构件名称 | 再利用构件ID | 构件材料碳排放量（吨）| 构件生产碳排放量（吨）| 再利用次数 | 不可利用构件名称 | 件材料碳排放量（吨）|
| 柱脚底板 - 8 孔: 10mm | | | 0.259584 | 2 | 混凝土 | 29.88228105 |
| 梁柱连接构件-200 | | | 0.8112 | 2 | NALC板 | 0.30475 |
| 矩形方钢管-柱 | | | 0.1038336 | 2 | 大理石 | 52.32 |
| 矩形方钢管-梁 | | | 0.0778752 | 2 | | |
| 角钢: L75 x 90 | | | 0.575952 | 2 | | |
| C-House外墙板-2460 | | | 0.389376 | 2 | | |
| C-House外墙板-2110 | | | 0.389376 | 2 | | |
| 东门 | | | 0.048672 | 2 | | |
| 基本屋顶: C-House 屋面 | | | 0.316368 | 2 | | |
| 幕墙玻璃: 深色幕墙玻璃-834x2255 | | | 0.032448 | 2 | | |
| 幕墙玻璃: 深色幕墙玻璃-559x2255 | | | 0.048672 | 2 | | |
| 幕墙玻璃: 深色幕墙玻璃-925x2255 | | | 0.308256 | 2 | | |
| 幕墙玻璃: 深色幕墙玻璃-1042x2255 | | | 0.048672 | 2 | | |
| 幕墙玻璃: 深色幕墙玻璃-1495x2255 | | | 0.048672 | 2 | | |
| 幕墙玻璃: 釉面幕墙玻璃-336x2255 | | | 0.024336 | 2 | | |
| 幕墙玻璃: 釉面幕墙玻璃-336x2255 | | | 0.048672 | 2 | | |
| 幕墙玻璃: 釉面幕墙玻璃-420x2255 | | | 0.06084 | 2 | | |
| 幕墙玻璃: 釉面幕墙玻璃-925x1660 | | | 0.32448 | 2 | | |
| 折叠门: 南门 | | | 0.032448 | 2 | | |
| 冷弯空心型钢 - 矩形柱: J200x150x4.0 | | | 0.0778752 | 2 | | |
| 光伏板C型钢龙骨: C型钢龙骨-A | | | 0.1038336 | 2 | | |
| 光伏板C型钢龙骨: C型钢龙骨-A2 | | | 0.1038336 | 2 | | |
| 光伏板C型钢龙骨: C型钢龙骨-A3 | | | 0.064896 | 2 | | |
| 光伏板C型钢龙骨: C型钢龙骨-B | | | 0.0778752 | 2 | | |
| 梁柱连接构件-1: 梁柱连接构件-150 | | | 0.632736 | 2 | | |
| 梁柱连接构件-1: 梁柱连接构件-170 | | | 0.146016 | 2 | | |

图 8-21 改造再利用阶段碳排放统计清单

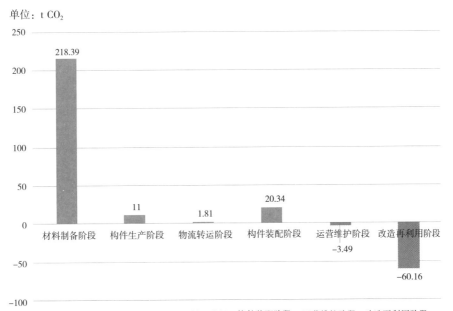

图 8-22 "C-House"全生命周期碳排放分布图

当随着建筑使用年限的增加，为保持建筑整体系统的运行，建筑构件的更换将会增加建筑维护的碳排放，以建筑每 10 年更换占总量 4% 的构件进行计算，每 10 年将增加 10.34t 碳排放；同时，由于采用太阳能，建筑运行过程也在持续增加负碳产量，每 10 年约产生 11.6t 负碳。考虑到太阳能组件的寿命与更换，"C-House"在运营维护阶段基本保持碳中和。

另一方面，从对"C-House"的碳排放计算中也可以发现，单看建筑本身，全生命周期各阶段都显现出正向的碳增长。因再利用实现的负碳，本质上为虚拟碳，即并非实际产生或减少的碳排放，而是通过技术手段让本应产生或降低碳排放的事件不发生形成等效的碳排放量。如果采用负碳材料使材料制备阶段碳排放达到碳中和，不但对建筑类型、层高、结构形式等有严苛的要求，也会使成本极大提高。因此让建筑成为清洁能源的生产平台才是目前实现零碳建筑较为有效的方法。虽然"C-House"因太阳能发电产生的负碳量不是很高，无法实现全生命周期碳中和，但是随着新能源效率的提高、太阳能建筑一体化设计的完善，"C-House"的下一代产品 Solar Ark 3.0 已经实现了全屋运行9 年达到碳中和的设计目标。

## 本章小结

本章从装配式建筑与传统建筑的不同点入手，基于装配式建筑的工业化特征：标准化与工厂化，对装配式建筑的全生命周期进行了拓展，即将"建筑施工阶段"细化扩展为"构件生产阶段"+"物流转运阶段"+"装配施工阶段"3 个阶段。

本章还建立了装配式建筑的核心组成要素——构件的概念，并进一步说明构件法建筑设计对装配式建筑设计、建造以及碳排放计算的指导作用。同时详细阐述了构件与建筑的关系，即构件是建筑的基本物质构成，承载相应的空间和功能，并展示了构件在建筑全生命周期内的循环过程。进而根据功能性的不同，将建筑构件划分为结构构件系统、围护构件系统、内装修构件系统、管线设备构件系统、环境构件系统 5 大类；根据构件装配地点的不同，将构件分为 3 个层级。

此外，根据装配式建筑的特点，将装配式建筑的全生命周期划分为"材料制备阶段、构件生产阶段、物流转运阶段、构件装配阶段、运营维护阶段、改造再利用阶段、拆除再利用阶段"7 个阶段。着重针对有别于传统建筑的"构件生产阶段、物流转运阶段、构件装配阶段、改造再利用阶段"4 个阶段的计算边界、碳排放构成以及碳排放计算公式给予重点描述。最后以"C-House"项目为实例对装配式建筑全生命周期的碳排放计算方法和流程进行了展示与说明。

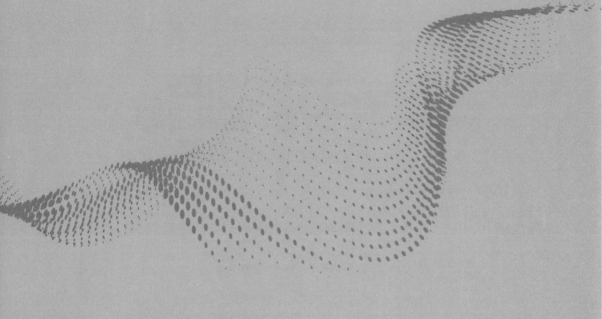

# 第 9 章
# 建筑装饰装修碳排放计算

## 本章导读

　　建筑装饰装修作为我国建筑业中的三大行业之一，其 2020 年行业产值高达 4.7 万亿元，伴随产生的大量碳排放不容忽视。由于建筑装饰装修具有施工工艺复杂、翻修频率高等特点，其碳排放计算存在范围界定困难、碳排放因子繁多等难题。本章从建筑装饰装修碳排放相关概念和内涵、建筑装饰装修碳排放计算方法和建筑装饰装修碳排放计算案例三个方面来介绍建筑装饰装修的碳排放计算原理及方法。

本章主要内容及逻辑关系如图 9-1 所示。

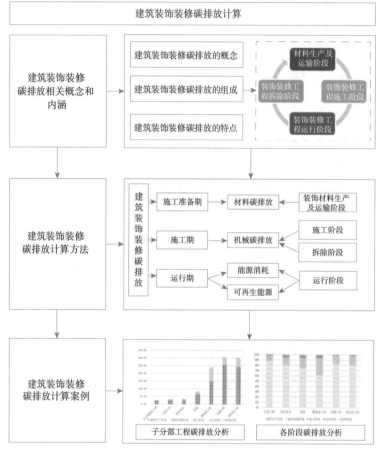

图 9-1　本章主要内容及逻辑关系

# 9.1　建筑装饰装修碳排放相关概念和内涵

## 9.1.1　建筑装饰装修碳排放的相关概念

（1）建筑装饰和装修的概念

建筑物和构筑物通常由地基基础工程、主体结构工程和装饰装修工程三部分组成，室内外装饰装修依附于建筑物和构筑物主体结构，是建筑工程的重要组成部分。装饰装修工程，是指为使建筑物或构筑物内外空间达到一定的环境标准要求，使用建筑装饰装修材料对建筑物或构筑物的内外表面进行加工改造处理的工程建造活动。装饰装修工程主要由以下几部分组成：地面装饰装修工程、抹灰工程、门窗安装工程、吊顶工程、隔墙工程、饰面板工程、幕墙工程、涂饰工程、裱糊与软包工程、其他细部工程和电气设备安装工程等。

建筑装饰装修按照建筑物使用性质的不同，可以分为公共建筑装饰装修和住宅装饰装修，如图 9-2 所示。公共建筑装饰装修的对象一般是宾馆、写字楼、娱乐中心、学校、体育场馆、医院等公共设施。住宅装饰装修的对象主要以住宅居室内部为主。

（a）公共建筑装饰装修　　　　　　　　　　（b）住宅建筑装饰装修

图 9-2　建筑装饰装修效果

### （2）建筑装饰装修碳排放的概念

以建筑装饰装修的全生命周期为一个系统，该系统由于消耗能源和资源向外界环境排放温室气体。将建筑装饰装修全生命周期产生的温室气体总量用 $CO_2$ 当量表示，即为建筑装饰装修的碳排放。根据《住宅室内装饰装修管理办法》规定，室内装饰装修工程保修期限一般为 2 年，有防水要求的厨房、卫生间和外墙面的防渗漏的保修期限是 5 年。按照行业惯例，装饰装修设计使用年限一般以 10 年左右为一个周期。因此，将 10 年作为建筑装饰装修碳排放全生命周期的时间边界进行计算。

### 9.1.2　建筑装饰装修碳排放的组成

根据生命周期评价理论，可将装饰装修工程全生命周期由建筑装饰装修材料生产及运输、施工、运行与拆除这 4 个阶段组成，如图 9-3 所示。各阶段的碳排放计算内容如下：

图 9-3　装饰装修工程碳排放阶段

（1）建筑装饰装修材料生产及运输阶段

该阶段包括装饰材料生产和材料运输两部分。材料生产阶段包括地板、墙面、格栅、油漆、门窗等装饰材料的原材料开采、运输和加工中产生的碳排放，材料运输阶段指将各类装饰材料运送至施工现场的过程中产生的碳排放。

（2）建筑装饰装修施工阶段

该阶段自装饰装修工程施工时"人机材"进场开始，至装饰装修工程完工交付使用为止，碳排放核算范围为现场因施工而产生的碳排放。

（3）建筑装饰装修运行阶段

该阶段指建筑运行阶段电动门等设备运营所产生的碳排放量。另外，利用光伏幕墙等可再生能源系统带来的减碳量应在该阶段总碳排放中扣除。但该阶段不包括电视、电脑、洗衣机等电器设备的能源消耗而产生的碳排放，因为这些设备并不是为了实现建筑装饰装修功能，且个体使用差异较大难以估量。

（4）建筑装饰装修拆除阶段

该阶段自装饰装修工程拆除时"人机材"进场开始，至装饰装修工程拆除完毕为止，碳排放指现场因施工机械运作消耗能源产生的碳排放。

### 9.1.3　建筑装饰装修碳排放的特点

装饰装修工程的特点是工程量大，材料品种繁多。一般民用建筑中，平均每平方米的建筑面积就有 $3\sim5m^2$ 的内抹灰，$0.15\sim0.75m^2$ 的外抹灰；装饰装修工程劳动量占总劳动量的 25%~30%，工期占总工期的 30%~40%，装饰要求高的约占总工期的 50% 以上。因此，装饰装修工程碳排放有以下几项特点。

（1）工艺复杂

建筑装修设计风格各不相同，装修材料品种繁多，使得装饰装修工程工艺十分复杂。例如门窗工程，可以按照开启方式、组成材料、镶嵌材料、开设位置进行分类，如表 9-1 所示。

门窗工程分类　　　　　　　　　　　　　表 9-1

| 分类标准 | 类别 |
|---|---|
| 开启方式 | 平开门窗、推拉门窗、旋转门窗、固定门窗等 |
| 组成材料 | 塑料门窗、木门窗、钢门窗、玻璃钢窗、铝合金窗等 |
| 镶嵌材料 | 玻璃窗、纱窗、百叶窗、保温窗、防风沙窗等 |
| 开设位置 | 侧窗和天窗等 |

一方面，装饰装修工程材料生产过程工艺复杂。装饰装修工程所用材料大多是在自然材料的基础上，经一系列物理变化或化学反应形成的复合材料，生产加工过程复杂，例如门窗工程中的隐框窗生产加工涉及 50 余道工艺，如图 9-4 所示。

图 9-4　隐框窗生产工艺流程

另一方面，装饰装修工程施工过程工艺复杂。例如常见的平开木门窗、悬挂式推拉木门窗、下承式推拉窗的施工工艺如下：

1）平开木门窗的施工工艺：①确定安装位置；②弹安装位置线；③将门窗框就位，摆正；④临时性固定；⑤校正、找直；⑥门窗框的固定；⑦将门窗扇放在框上；⑧制作或修整合页安装位置；⑨安装。

2）悬挂式推拉木门窗的施工工艺：①确定安装位置；②将顶部和侧框板进行固定；③工滑轨的安装固定；④固定导轨；⑤安装门扇；⑥把门延下导轨垫平；⑦悬挂件的固定；⑧固定门；⑨安装。

3）下承式推拉窗的施工工艺：①确定安装位置；②对下框板固定；③对侧框板固定；④对上框板固定；⑤凿木槽，并将滑槽粘在木槽内；⑥专用轮盒安装；⑦将窗扇装上轨道；⑧检查；⑨调整，并安装。

（2）翻新频率高

建筑装饰装修的使用时间约10年，在建筑的一个生命周期内，大约会有5~8次的装饰装修活动。相对于建筑设计使用年限70~100年，建筑装饰装修工程的翻新频率高，其产生的碳排放不容忽视，翻新如图9-5所示。

（a）吊顶装饰装修翻新　　　　　　　　　（b）墙面装饰装修翻新

图9-5　建筑装饰装修翻新

（3）面广量大

我国建筑装饰装修行业产值逐年增长，2020年建筑装饰装修行业总产值4.7万亿元，其中公共建筑装修2.3万亿元，住宅建筑装修2.4万亿元，总产值增长率下降6.83%，但依旧呈增长趋势，如图9-6所示。在建筑装饰装修体量增长的基础上，其碳排放也不断攀升。

## 9.1.4　建筑装饰装修碳排放的主要影响因素

（1）建筑装饰装修材料的低碳性能

建筑装饰装修材料的低碳性能对建筑装饰装修的碳排放起到决定性作用，选择低碳

图 9-6　中国建筑装饰装修行业产值及增速

资料来源：《中国建筑装饰行业发展前景与投资战略规划分析报告》，2020。

性能高的材料，可以显著减少建筑装饰装修的碳排放量，尤其是对用量较大的材料，应当提高低碳标准要求。

（2）材料和施工工艺的选择

在施工过程中合理调整施工工艺能够有效减少含碳量较高的建筑装饰装修材料用量，例如用硅钙板、石膏板、金属板代替胶合板，用实木材料代替大芯板、实木颗粒板、复合地板，用人造石材、瓷砖代替天然深颜色的大理石，用钉、铆、挂的施工工艺代替黏结工艺，用点粘加锚固法代替条粘法、满粘法，通过调整材料或施工工艺从而降低建筑装饰装修的碳排放。

（3）建筑装饰装修材料的回收利用

建筑装饰装修有着全生命周期短和翻新频率高的特点，若能对废旧材料进行二次回收利用，将大幅减少建筑装饰装修产生的碳排放量。就塑料而言，聚乙烯是其主要组成，可降解性差，在生产和焚烧过程中会产生大量温室气体，因此对其进行合理的回收利用是十分有必要的。在室内外装饰设计中融入自然环保、节约资源、废物利用等理念，不仅可以降低室内外装饰装修的成本，也能够给人们带来心理上的愉悦。

（4）可再生能源等降碳技术的应用

运行阶段是建筑装饰装修全生命周期中所占时间最长的阶段，其中产生的碳排放主要来源于电动门铃、电动门等运营设施。若能够在建筑装饰装修中应用光伏幕墙等可再生能源技术，能够有效减少建筑装饰装修在运行阶段的碳排放量。

# 9.2 建筑装饰装修碳排放计算方法

## 9.2.1 建筑装饰装修碳排放总量分解

碳排放的计算方法多种多样，包括碳排放因子法、质量平衡法、生产线直接能耗法等。其中，碳排放因子法的基本原理是"碳排放量＝∑活动数据 × 碳排放因子"。式中，活动数据即为材料或能源的用量，碳排放因子指生产单位产品或消耗单位能源所排放的二氧化碳量。该方法原理简单、方便直接、可信度高、所需数据较少、适用范围广，是目前碳排放计算的主流方法。因此，出于计算便利性和方法可普及性的考虑，采用碳排放系数法对建筑装饰装修碳排放量进行计算。

根据全生命周期评价理论，可将建筑装饰装修全生命周期分为建筑装饰装修材料生产及运输、施工、运行与拆除这4个阶段，其全生命周期碳排放计算方法如下：

$$C=C_{JC}+C_{SG}+C_M+C_{CC} \tag{9-1}$$

式中　　　　　　$C$——表示建筑装饰全生命周期碳排放总量；

$C_{JC}$、$C_{SG}$、$C_M$、$C_{CC}$——分别表示建筑装饰装修材料生产及运输、施工、运行与拆除这四个阶段的碳排放量。

建筑装饰装修碳排放量的构成包括了建筑装饰装修工程所需材料的上游生产阶段和运输阶段，以及工程施工、运行和拆除阶段产生碳排放的总和，其构成如图9-7所示。

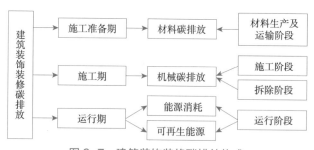

图 9-7　建筑装饰装修碳排放构成

## 9.2.2 建筑装饰装修材料生产及运输阶段碳排放

建筑装饰装修材料、构件、部品从原材料开采、加工制造直至产品出厂并运输到施工现场，各个环节都会产生碳排放，如图9-8所示，这是建筑装饰装修材料内部含有的排放。

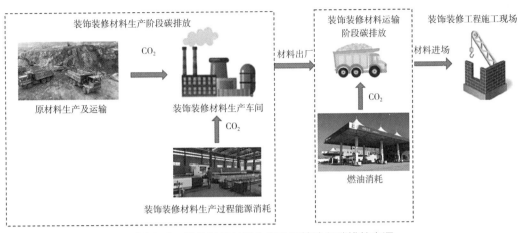

图 9-8 装饰装修材料生产及运输阶段碳排放来源

可将建筑装饰装修材料碳排放划分为建筑装饰装修材料生产阶段碳排放与建筑装饰装修材料运输阶段碳排放，如式（9-2）所示。

$$C_{JC} = \frac{C_{SC} + C_{YS}}{A} \qquad (9-2)$$

式中 $C_{JC}$——装饰材料生产及运输阶段单位建筑面积碳排放量（kg $CO_2e/m^2$）；

$\quad$ $C_{SC}$——装饰材料生产阶段碳排放（kg $CO_2e$）；

$\quad$ $C_{YS}$——装饰材料运输阶段碳排放（kg $CO_2e$）；

$\quad$ $A$——建筑面积（$m^2$）。

纳入建筑装饰装修材料生产及运输阶段碳排放计算的主要建筑装饰装修材料的确定应符合下列规定：

（1）所选主要建筑装饰装修材料的总质量不应低于建筑装饰装修中所耗材料总质量的 95%；

（2）当符合第（1）条的规定时，质量比小于 0.1% 的建筑装饰装修材料可不计算。这一规定的主要目的是保证建筑装饰装修材料生产及运输阶段的碳排放至少包括建筑装饰装修所耗的主要材料、其他建筑装饰装修材料以及未来可能出现的新型材料。如果其质量比大于 0.1% 且采用高能耗工艺生产的材料，也应包含在计算范围内。

建筑装饰装修材料生产阶段碳排放应根据材料消耗量和相应碳排放因子的乘积确定，如式（9-3）所示。其中，建筑装饰装修的主要装饰材料消耗量（$M_i$）应通过查询设计图纸和采购清单等装饰施工相关技术资料确定。装饰装修材料生产阶段的碳排放因子（$F_i$）应包括：

（1）建筑装饰装修材料生产涉及原材料的开采、生产过程的碳排放；

（2）建筑装饰装修材料生产涉及能源的开采、生产过程的碳排放；

（3）建筑装饰装修材料生产涉及原材料、能源的运输过程的碳排放；

（4）建筑装饰装修材料生产过程的直接碳排放。在计算时，建筑装饰装修材料生产阶段的碳排放因子宜选用经第三方审核的碳足迹数据。

$$C_{SC}= \sum_{i=1}^{n}M_i F_i \qquad (9-3)$$

式中　$C_{SC}$——装饰装修材料生产阶段碳排放（kg $CO_2e$）；

　　　$M_i$——第 $i$ 种主要装饰材料的消耗量（t）；

　　　$F_i$——第 $i$ 种主要装饰材料的碳排放因子（kg $CO_2e/t$）。

使用低价值废料和再生原料生产有利于降低建筑装饰装修全生命周期的碳排放，如图 9-9 所示。因此，在建筑装饰装修材料生产过程中，当使用低价值废料为原料时，可忽略其上游过程的碳排放；当使用其他再生原料时，应按其所替代的初生原料的碳排放的 50% 计算。

（a）废料回收　　　　　　　（b）木材废料粉碎　　　　　　（c）木屑重新压制成型再利用

图 9-9　装饰装修材料废料回收再利用（以木作材料为例）

建筑装饰装修材料运输阶段碳排放应按式（9-4）计算，为建筑装饰装修材料从生产地到施工现场的运输过程所产生的碳排放。主要建筑装饰装修材料的运输距离宜优先采用实际的材料运输距离。当材料实际运输距离未知时，可按默认值 500km 取值。

$$C_{YS}= \sum_{i=1}^{n}M_i D_i F_i \qquad (9-4)$$

式中　$C_{YS}$——装饰装修材料运输过程碳排放（kg $CO_2e$）；

　　　$M_i$——第 $i$ 种主要装饰材料的消耗量（t）；

　　　$D_i$——第 $i$ 种主要装饰材料平均运输距离（km）；

$F_i$——第 $i$ 种装饰材料的运输方式下，单位质量运输距离的碳排放因子 [kg $CO_2$ e/（t·km）]。

### 9.2.3　施工及拆除阶段碳排放

建筑装饰装修施工阶段和拆除阶段的碳排放产生机理具有相似性，均为使用各种机具设备时消耗燃料和动力产生的碳排放。建筑装饰装修施工阶段碳排放计算的时间边界应从项目开工起至项目竣工验收止，拆除阶段碳排放计算的时间边界应从拆除起至拆除肢解并从楼层运出止。建筑装饰装修施工和拆除阶段的空间边界应包括整个建筑装饰装修施工场地区域，区域内的机械设备、小型机具、临时设施等使用过程中消耗能源产生的碳排放以及现场制作的构件和部品产生的碳排放都应计入碳排放总量，而在施工场外生产的材料、构件和部品则不计入施工阶段的碳排放总量。此外，施工阶段的办公用房、生活用房和库房因使用周期短，为便于周转使用，通常采用夹心彩钢板制作的活动板房、集装箱房屋。这类简易临时房屋安装和拆除简便，其施工和拆除能耗小，在计算建筑装饰装修施工阶段碳排放时可不计入。

建筑装饰装修施工阶段的碳排放量应按式（9-5）和式（9-6）计算：

$$C_{SG} = \frac{C_{JX,SG}}{A} \tag{9-5}$$

$$C_{JX,SG} = \sum_{i=1}^{n} E_{sg,i} EF_{sg,i} \tag{9-6}$$

式中　$C_{SG}$——建筑装饰装修施工阶段单位建筑面积的碳排放量（kg $CO_2$e/m$^2$）；

$C_{JX,SG}$——建筑装饰装修施工阶段碳排放量（kg $CO_2$e）；

$A$——建筑面积（m$^2$）；

$E_{sg,i}$——建筑装饰装修施工阶段第 $i$ 种机械所耗能源总用量（kW·h 或 kg）；

$EF_{sg,i}$——建筑装饰装修施工阶段第 $i$ 种机械所耗能源的碳排放因子（kg $CO_2$e/kW·h 或 kg $CO_2$e/kg）。

其中，施工阶段的能源总用量宜采用施工工序能耗估算法计算，如式（9-7）所示，它包括完成各子分部工程施工耗能和各项措施项目实施耗能，应根据各子分部工程和措施项目的工程量、单位工程的机械台班消耗量和单位台班机械的能源用量逐一计算，汇总得到施工阶段能源总用量。施工临时设施消耗的能源应根据装饰装修施工企业编制的临时设施布置方案和工期计算确定，当没有相关资料时，可以按分部工程消耗能源的 5% 估算施工临时设施消耗的能源用量。

$$E_{sg} = E_{fb, sg} + E_{cs, sg} \qquad (9-7)$$

式中　$E_{sg}$——建筑装饰装修施工阶段机械所耗能源总用量（kW·h 或 kg）；

　　　$E_{fb, sg}$——建筑装饰装修施工阶段子分部工程机械总能源用量（kW·h 或 kg）；

　　　$E_{cs, sg}$——建筑装饰装修施工阶段措施项目机械总能源用量（kW·h 或 kg）。

建筑装饰施工阶段分部工程机械总能源用量 $E_{fb, sg}$ 计算如式（9-8）所示：

$$E_{fb, sg} = \sum_{i=1}^{n} T_{cs, i} R_{cs, i} \qquad (9-8)$$

式中　$T_{cs, i}$——建筑装饰装修施工阶段子分部工程第 $i$ 种施工机械台班消耗量（台班）；

　　　$R_{cs, i}$——建筑装饰装修施工阶段子分部工程第 $i$ 种施工机械单位台班的能源用量（kW·h/ 台班或 kg/ 台班）；

　　　$i$——施工机械序号。

脚手架、垂直运输、建筑物超高、成品保护等可计算工程量的措施项目，其能耗 $E_{cs, sg}$ 计算如式（9-9）所示：

$$E_{cs, sg} = \sum_{i=1}^{n} T_{cs, i} R_{cs, i} \qquad (9-9)$$

式中　$T_{cs, i}$——建筑装饰施工阶段措施项目中第 $i$ 种施工机械台班消耗量（台班）；

　　　$R_{cs, i}$——建筑装饰施工阶段措施项目中第 $i$ 种施工机械单位台班的能源用量（kW·h/ 台班或 kg/ 台班）；

　　　$i$——施工机械序号。

建筑装饰装修拆除阶段的单位建筑面积的碳排放量计算如式（9-10）和式（9-11）所示：

$$C_{CC} = \frac{C_{JX, CC}}{A} \qquad (9-10)$$

$$C_{JX, CC} = \sum_{i=1}^{n} E_{cc, i} EF_{cc, i} \qquad (9-11)$$

式中　$C_{CC}$——建筑装饰装修拆除阶段单位建筑面积的碳排放量（kg $CO_2$e/m$^2$）；

　　　$C_{JX, CC}$——建筑装饰装修拆除阶段机械碳排放量（kg $CO_2$e）；

　　　$A$——建筑面积（m$^2$）；

　　　$E_{cc, i}$——建筑装饰装修拆除阶段第 $i$ 种机械所耗能源总用量（kW·h 或 kg）；

　　　$EF_{cc, i}$——建筑装饰装修拆除阶段第 $i$ 种机械所耗能源的碳排放因子（kg $CO_2$e/ kW·h 或 kg $CO_2$e/kg）。

建筑装饰装修拆除方式主要有人工拆除和机械拆除，亦采用施工工序能耗估算法计算碳排放，计算过程与施工阶段类似，图 9-10 为建筑装饰装修拆除示意。

图 9-10 建筑装饰装修拆除

建筑装饰装修拆除后的垃圾外运产生的能源用量应按 9.2.2 节建筑装饰装修材料运输的规定计算。

$$E_{cc}=E_{fb, cc}+E_{cs, cc}$$ （9-12）

式中 $E_{cc}$——建筑装饰装修拆除阶段机械所耗能源总用量（kW·h 或 kg）；

$E_{fb, cc}$——建筑装饰装修拆除阶段子分部工程机械总能源用量（kW·h 或 kg）；

$E_{cs, cc}$——建筑装饰装修拆除阶段措施项目机械总能源用量（kW·h 或 kg）。

建筑装饰装修拆除阶段子分部工程机械总能源用量 $E_{fb, cc}$ 计算如式（9-13）所示：

$$E_{fb, cc}= \sum_{i=1}^{n}Q_{jx, i}W_{jx, i}$$ （9-13）

式中 $Q_{jx, i}$——建筑装饰装修拆除阶段子分部工程第 $i$ 种拆除机械台班消耗量（台班）；

$W_{jx, i}$——建筑装饰装修拆除阶段子分部工程第 $i$ 种拆除机械单位台班的能源用量（kW·h/ 台班或 kg/ 台班）；

$i$——施工机械序号。

脚手架、垂直运输、建筑物超高等可计算工程量的措施项目，其能耗 $E_{cs, cc}$ 计算如式（9-14）所示：

$$E_{cs, cc}= \sum_{i=1}^{n}T_{cs, i}R_{cs, i}$$ （9-14）

式中 $T_{cs, i}$——建筑装饰装修拆除阶段措施项目中第 $i$ 种拆除机械台班消耗量（台班）；

$R_{cs, i}$——建筑装饰装修拆除阶段措施项目中第 $i$ 种拆除机械单位台班的能源用量（kW·h/ 台班或 kg/ 台班）；

$i$——施工机械序号。

### 9.2.4 运行阶段碳排放

随着建筑装饰装修行业的高速发展和人民日益增长的美好生活需要，建筑装饰装修部品的制造技术有了很大的进步，各类电动工具已经在行业内得到普遍应用，如电动门、电动窗等，如图 9-11 所示。同时，光伏技术在建筑装饰装修中的应用能够促进实现建筑装饰装修在运行阶段的节能降碳，如图 9-12 所示。因此，建筑装饰装修运行阶段碳排放计算范围应包括各类部品运行期间消耗能源产生的碳排放量和可再生能源系统的减碳量，如图 9-13 所示。

（a）电动门

（b）电动天窗

图 9-11　电动设备

图 9-12　光伏幕墙

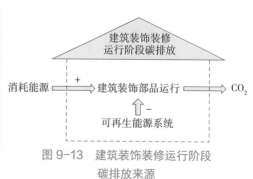
图 9-13　建筑装饰装修运行阶段碳排放来源

建筑装饰装修运行阶段单位建筑面积的总碳排放量（$C_M$）应按式（9–15）计算，其中采用的建筑装饰装修寿命应与实际使用寿命或设计文件一致，当建筑装饰装修尚未报废且设计文件不能提供时，室内装饰装修应按 10 年计算，室外装饰装修应按 25 年计算。

$$C_M = \frac{(C_X - C_P)\, y}{A} \tag{9–15}$$

式中　$C_M$——建筑装饰装修运行阶段单位建筑面积碳排放量（kg $CO_2$/m$^2$）；

　　　$C_X$——建筑装饰装修运行阶段能源消耗的年碳排放量（kg $CO_2$/a）；

　　　$C_P$——建筑装饰装修运行阶段可再生能源的年减碳量（kg $CO_2$/a）；

　　　$y$——建筑装饰装修寿命（a）；

　　　$A$——建筑面积（m$^2$）。

建筑装饰装修在运行阶段的总用能根据不同类型的能源进行汇总，建筑装饰装修运行阶段能源消耗的年碳排放量（$C_X$）根据不同类型能源消耗量和不同类型能源的碳排放因子确定，如式（9–16）所示：

$$C_X = \sum_{i=1}^{n} E_i EF_i \tag{9–16}$$

式中　$C_X$——建筑装饰装修运行阶段能源消耗的年碳排放量（kg $CO_2$/a）；

　　　$E_i$——建筑装饰装修运行阶段第 $i$ 类能源年消耗量（kW·h/a 或 kg/a）；

　　　$EF_i$——第 $i$ 类能源的碳排放因子（kg $CO_2$/kW·h 或 kg $CO_2$/kg）；

　　　$i$——建筑装饰装修运行消耗能源类型。

在建筑装饰装修全生命周期内，可再生能源替代常规能源的使用能够减少碳排放量，该部分在应用能系统的常规能源消耗量中直接扣除。当可再生能源系统的供能量大于能源系统的常规能源消耗量并对外输送时，计算结果为负值，可在建筑装饰装修运行阶段的总碳排放量中核减。建筑装饰装修运行阶段可再生能源主要考虑太阳能，光伏系统的年减碳量可按式（9–17）计算：

$$C_P = I K_E (1 - K_S) A_P EF_P \tag{9–17}$$

式中　$C_P$——建筑装饰装修运行阶段可再生能源的年减碳量（kg $CO_2$/a）；

　　　$I$——光伏电池表面的年太阳辐射照度 [kW·h/（m$^2$·a）]；

　　　$K_E$——光伏电池的转换效率（%）；

　　　$K_S$——光伏电池的损失效率（%）；

　　　$A_P$——光伏电池光伏面板净面积（m$^2$）；

　　　$EF_P$——区域电网平均碳排放因子。

# 9.3 建筑装饰装修碳排放计算案例

## 9.3.1 案例简介

选取深圳市某住宅楼作为案例工程，该工程总建筑面积 19 940m²，其中地上建筑面积 14 790m²，地下建筑面积 5 150m²，包含地下车库、人防、客房、配套用房、下沉庭院、设备房等。为准确反映建筑装饰装修碳排放情况，本节选取该案例工程的 1 栋作为案例进行计算，总建筑面积为 6 500m²，如图 9-14 所示。施工工期为 2020 年 4 月至 2021 年 3 月，共 12 个月。

（a）案例住宅楼外景　　　　　　　　　　（b）案例住宅楼内景

图 9-14　案例图片

## 9.3.2 碳排放计算过程

### （1）材料生产阶段

相比于学校、办公楼等建筑，住宅装饰装修工程的建设更具有标准化，2002 年 4 月出版的《住宅装饰装修工程施工规范》GB 50327—2001 和 2013 年 12 月实施的《住宅室内装饰装修工程质量验收规范》JGJ/T 304—2013 为住宅装饰装修标准化建设提供了指引和保证。住宅装饰装修工程建材除常规的门槛石、白色涂料墙面、木质踢脚线、石材窗台板等建材外，还具有衣柜、窗帘盒、阳台晾晒架等办公楼、学校建筑不必备的建材。根据工程量清单统计，本案例工程 1 栋装饰装修工程累计使用了轻钢龙骨、石膏板、夹丝玻璃、阻燃夹板、方钢管、膨胀螺栓等 244 种建材，涵盖石材、木作、瓷砖、玻璃、地板、隔断、软饰、龙骨、胶粘剂等多个类别。

材料生产阶段的碳排放量包含该工程所耗材料的原材料开采及生产、能源开采及生产、原材料及能源运输、生产加工等过程中产生的碳排放，基于式（9-3）将每个材料的碳排放因子与相应材料消耗量相乘，累加得到材料生产阶段的碳排放。选取瓷砖、木地板、石膏板、防潮密度板、白乳胶等作为计算示例，结果如表 9-2 所示。

材料生产阶段碳排放计算示例　　　　　　　　　　　　　　　　表 9-2

| 建材名称 | 所在项目名称 | 每单位项目工程所含建材量 | 所在项目工程量 | 建材碳排放因子 | 计算步骤 | 碳排放量（kg CO₂） | 备注 |
|---|---|---|---|---|---|---|---|
| 瓷砖 | 块料墙面 | 0.006 9 片 | 145.32m² | 846.0kg CO₂/m³ | $0.006\ 9 \times 145.32 \times 0.01 \times 846.00$ | 8.483 | 每片瓷砖体积按照 0.01m³ 计算 |
| 14mm 橡木多层实木复合地板（WF-100） | 竹、木（复合）地板 | 1.05m² | 118.14m² | 750.2kg CO₂/m³ | $1.05 \times 118.14 \times 0.014 \times 750.20$ | 1 302.797 | 无 |
| 9mm 石膏板 | 吊顶天棚 | 1.15m² | 115.00m² | 802.2kg CO₂/m³ | $1.15 \times 115 \times 0.09 \times 802.20$ | 954.819 | 无 |
| 9mm 防潮密度板 | 墙面装饰板（电视背景墙） | 0.79m² | 12.37m² | 215.3kg CO₂/m³ | $0.79 \times 12.37 \times 0.009 \times 215.3$ | 18.936 | 无 |
| 白乳胶 | 衣柜 | 2.34kg | 16.34m² | 4.12kg CO₂/kg | $2.34 \times 16.34 \times 4.12$ | 157.463 | 无 |

将工程量清单中的 7742 个建材信息按如上示例计算，累加后可得到本案例工程 1 栋装饰装修工程所用建材的生产阶段碳排放量，为 599.37t $CO_2e$。

（2）材料运输阶段

材料运输阶段碳排放应包含材料从生产地到施工现场的运输过程的直接碳排放和运输过程所耗能源的生产过程的碳排放，基于式（9-4）对材料运输碳排放量进行计算。在本案例中，默认运输距离为 500km，默认运输方式选用轻型汽油货车（载重 2t），其碳排放因子为 0.334kg $CO_2e$/（t·km）。选取瓷砖、木地板、石膏板、轻钢龙骨、密度板、白乳胶 6 种典型材料作计算示例，计算结果如表 9-3 所示。

材料运输阶段碳排放计算示例　　　　表 9-3

| 建材名称 | 所在项目名称 | 每单位项目工程所含建材量 | 所在项目工程量 | 所耗建材质量（kg） | 计算步骤 | 运输碳排放（kg CO₂） |
|---|---|---|---|---|---|---|
| 瓷砖 | 块料墙面（墙 6） | 0.006 9 片 | 145.32m² | 25.07 | 0.025 07 × 500 × 0.334 | 4.19 |
| 14mm 橡木多层实木复合地板（WF-100） | 竹、木（复合）地板 | 1.05m² | 118.14m² | 1 606.41 | 1.606 41 × 500 × 0.334 | 268.27 |
| 9mm 石膏板 | 吊顶天棚 | 1.15m² | 115.00m² | 4 546.76 | 4.546 76 × 500 × 0.334 | 759.31 |
| 9mm 防潮密度板 | 墙面装饰板（电视背景墙） | 0.79m² | 12.37m² | 70.76 | 0.070 76 × 500 × 0.334 | 11.82 |
| 白乳胶 | 衣柜 | 2.34kg | 16.34m² | 38.22 | 0.038 22 × 500 × 0.334 | 6.38 |

　　将工程量清单中的 7 742 个建材信息按如上示例计算，累加后可得到本案例工程 1 栋装饰装修工程所用建材的运输阶段碳排放量，为 207.58 t $CO_2$e。

（3）施工及拆除阶段

　　建筑装饰装修施工阶段的碳排放量应包括完成各子分部工程施工产生的碳排放和各项措施项目实施过程产生的碳排放，即等于施工过程的碳排放量之和。基于式（9-5）~ 式（9-9）计算因机具机械使用所消耗的能源动力产生的碳排放，在本案例中选取切割机、手提砂轮机（$\phi$150mm）、520W 电锤等机械作为示例进行计算，如表 9-4 所示。

施工阶段机械碳排放计算示例　　　　表 9-4

| 机械名称 | 所在项目名称 | 项目工程量 | 每单位项目中所耗台班 | 碳排放因子 | 碳排放量（kg） | 备注 |
|---|---|---|---|---|---|---|
| 切割机 | 镜面玻璃 | 5.7m² | 0.020 0 | 3.75kg CO₂/ 台班 | 0.427 | 每台班消耗 6.45kW·h 电力，电力碳排放因子 0.581 0kg CO₂/kW·h |
| 手提砂轮机（$\phi$150mm） | 石材台阶面 | 44.8m² | 0.067 3 | 1.53kg CO₂/ 台班 | 4.625 | 每台班消耗 2.64kW·h 电力，电力碳排放因子 0.581 0kg CO₂/kW·h |
| 520W 电锤 | 置物台 | 1.85m² | 0.171 4 | 2.29kg CO₂/ 台班 | 0.726 | 每台班消耗 3.94kW·h 电力，电力碳排放因子 0.581 0kg CO₂/kW·h |

　　将工程量清单中的机械信息按如上示例计算，累加后可得到本案例工程 1 栋装饰装修工程施工阶段机械碳排放量，为 14.54t $CO_2$e；拆除阶段机械台班信息未在工程量清单中体现，按照施工阶段台班的 50% 计算，可得拆除阶段机械碳排放量，为 7.27t $CO_2$e。

（4）运行阶段

建筑装饰装修运行阶段碳排放应包括各类建筑装饰装修部品在运行期间消耗能源产生的碳排放量和可再生能源系统的减碳量。在本案例工程 1 栋装饰装修中暂未使用可再生能源，则计算时只需考虑因能源消耗产生的碳排放。基于式（9-15）~ 式（9-17）对建筑运行阶段能源消耗碳排放量进行计算，以门铃为示例如表 9-5 所示。可得运行阶段的年碳排放量为 78.89kg $CO_2e/a$，在 10 年运行期间的碳排放量为 788.9kg $CO_2e$。

运行阶段年碳排放计算示例　　　　　　　　　表 9-5

| 部品名称 | 数量 | 单位数量的能源年消耗量<br>（kW·h） | 能源碳排放因子<br>（kg $CO_2$/kW·h） | 能源消耗年碳排放量<br>（kg $CO_2e$） |
|---|---|---|---|---|
| 门铃 | 62 | 2.19 | 0.581 0 | 62 × 2.19 × 0.581 0=78.89 |

## 9.3.3　结果分析

（1）子分部工程分析

本案例工程 1 栋装饰装修工程分为简单家具、楼地面工程、门工程、墙柱面工程、天棚工程、卫生间配套工程、其他等 7 类子分部工程，各子分部工程包含项目内容如表 9-6 所示。

各子分部工程所含内容　　　　　　　　　表 9-6

| 部区名称 | 项目名称 | 计量单位 | 部区名称 | 项目名称 | 计量单位 |
|---|---|---|---|---|---|
| 简单家具 | 吧台 | m | 墙柱面工程 | 白色涂料墙面 | $m^2$ |
| | 茶水柜矮柜 | $m^2$ | | 块料墙面（墙 6） | $m^2$ |
| | 茶水柜吊柜 | $m^2$ | | 墙面夹丝玻璃 | $m^2$ |
| | 厨房低柜 | $m^2$ | | 墙面喷刷涂料（墙 1） | $m^2$ |
| | 储物柜 | $m^2$ | | 墙面装饰板 | $m^2$ |
| | 衣柜 | $m^2$ | | 墙面装饰板（茶水柜上侧） | $m^2$ |
| | 置物架 | $m^2$ | | 墙面装饰板（窗帘挡板） | $m^2$ |
| | 置物台 | $m^2$ | | 墙面装饰板（电视背景墙） | $m^2$ |
| 楼地面工程 | 地毯楼地面 | $m^2$ | | 墙面装饰板（沙发背景墙） | $m^2$ |
| | 地毯楼地面（地 6） | $m^2$ | | 石材窗台板 | $m^2$ |
| | 防腐木地板 | $m^2$ | | 石材墙面 | $m^2$ |
| | 金属踢脚线 | m | | 造型木饰面墙面 | $m^2$ |
| | 金属装饰线 | m | 天棚工程 | 吊顶天棚 | $m^2$ |
| | 块料楼地面（地 3） | $m^2$ | | 吊顶天棚（白色无机防水涂料 PT-01） | $m^2$ |

续表

| 部区名称 | 项目名称 | 计量单位 | 部区名称 | 项目名称 | 计量单位 |
|---|---|---|---|---|---|
| 楼地面工程 | 块料踢脚线 | m | 天棚工程 | 吊顶天棚（天2） | $m^2$ |
| | 栏杆底座侧面石材 | $m^2$ | | 天棚龙骨支撑 | 项 |
| | 栏杆底座石材压顶干挂 | $m^2$ | | 天棚抹灰（天10） | $m^2$ |
| | 门槛石 | $m^2$ | | 天棚抹灰（阳台原顶刷涂料） | $m^2$ |
| | 木质踢脚线 | m | | 造型吊顶天棚 | $m^2$ |
| | 石材楼地面 | $m^2$ | 卫生间配套工程 | 镜面玻璃 | $m^2$ |
| | 石材楼地面（地1） | $m^2$ | | 卫生间暗门 | 樘 |
| | 石材台阶面 | $m^2$ | | 卫生间扶手 | 个 |
| | 石材踢脚线 | m | | 洗手台 | $m^2$ |
| | 石材踢脚线（踢1） | m | | 洗漱台 | m |
| | 橡胶板楼地面 | $m^2$ | 门工程 | 扪布暗门 | $m^2$ |
| | 竹、木（复合）地板 | $m^2$ | | 扪布硬包暗门 | $m^2$ |
| 其他 | 金属收边 | m | | 木门五金配件 | 樘 |
| | 玻璃边框 | $m^2$ | | 木质门带套 | 樘 |
| | 灯槽、设备带等节点的角钢加固 | 项 | | 浅色硬包暗门 | $m^2$ |
| | 电梯不锈钢门套 | $m^2$ | | 室内门 | 樘 |
| | 钢墙架 | t | | 推拉门 | 樘 |
| | | | | 推拉门门套 | $m^2$ |
| | | | | 艺术玻璃推拉门 | 樘 |

按照上文中的计算示例方法，计算简单家具、楼地面工程、门工程、墙柱面工程、天棚工程、卫生间配套工程、其他等7类子分部工程的碳排放量，得到本案例工程1栋装饰装修的碳排放总量为1 004.39t $CO_2$，单位面积碳排放量为154.52kg $CO_2/m^2$，各子分部工程碳排放量如图9-15所示。其中墙柱面工程、天棚工程、楼地面工程的碳排放量占比最高，是影响装饰装修碳排放量的关键部区。

（2）碳排放阶段分析

计算各子分部工程的碳排放量组成，可得到成分图，如图9-16所示。案例装饰装修各阶段碳排放量由高至低为：材料生产阶段、材料运输阶段、施工阶段、拆除阶段、运行阶段，因材料产生的碳排放在各子分部工程中均占最大比例，可见材料生产及运输是实施减碳举措的关键。

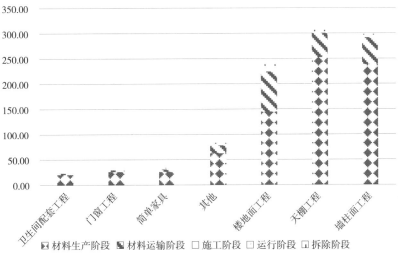

图 9-15　案例工程 1 栋装饰装修碳排放量统计（t CO$_2$）

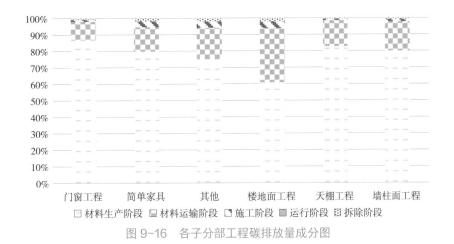

图 9-16　各子分部工程碳排放量成分图

## 本章小结

　　本章首先介绍了建筑装饰装修碳排放的相关概念、组成、特点和主要影响因素。然后，将建筑装饰装修碳排放总量分解为建筑装饰装修材料生产及运输阶段碳排放、施工及拆除阶段碳排放、运行阶段碳排放，并分别提出碳排放计算方法。最后，选取装饰装修案例进行计算，对子分部工程的排放量和构成进行对比分析，发现墙柱面工程、天棚工程和楼地面工程是建筑装饰装修中的碳排放量较大的子分部工程，建筑装饰装修材料生产和运输阶段是碳排放占比较大的两个阶段。

# 第 10 章
# 建筑碳排放计算分析
# 软件设计

## 本章导读

在确定全生命周期各阶段碳排放来源、碳排放计算方法及对应碳排放因子数据库的基础上，世界各国及建筑行业亟需操作便捷、功能全面且精度较高的信息化软件来对建筑活动产生的碳排放量进行快速、直接计算。在本章中，首先对国内外现有常用建筑碳排放计算分析软件进行梳理，随后介绍了基于敏捷开发模式的建筑碳排放计算分析软件设计思路和流程，最后，阐明了建筑碳排放计算分析软件通用的软件架构及数据库架构的设计思路和方法。

本章主要内容及逻辑关系如图 10-1 所示。

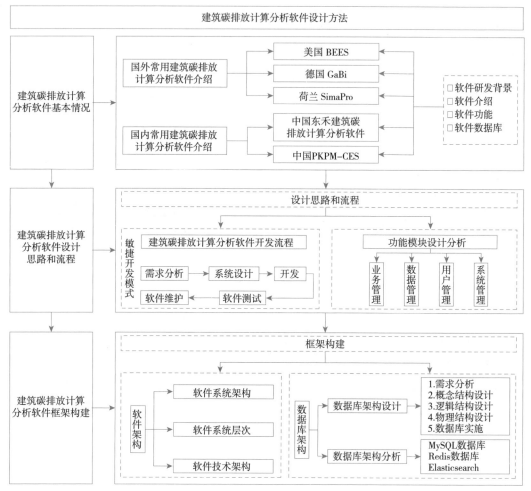

图 10-1　本章主要内容及逻辑关系

# 10.1　建筑碳排放计算分析软件基本情况

现阶段，国内外现有主流的建筑碳排放计算分析软件及模型包含：

（1）美国：BEES（Building for Environmental and Economic Sustainability）、Scout 模型；

（2）英国：SAP 模型（The Government's Standard Assessment Procedure for Energy Rating of Dwellings）、SBEM 模型（A Technical Manual for Simplified Building Energy Model）、ECCABS；

（3）德国：GaBi Software、DGNB 德国可持续建筑评估技术体系、CoreBee 模型、Invert/EE-Lab 模型；

（4）荷兰：SimaPro；

（5）日本：LCCM（Life Cycle Carbon Minus）；

（6）中国：东禾建筑碳排放计算分析软件、PKPM-CES 建筑碳排放设计分析软件、斯维尔建筑碳排放 CEEB2022、亿科环境科技公司 eFootprint 等。

在本节中，选取美国 BEES、德国 GaBi、荷兰 SimaPro、中国东禾建筑碳排放计算分析软件及中国 PKPM-CES 这 5 个同类产品中具有代表性的国内外常用建筑碳排放计算分析软件，从研发背景、软件介绍、软件功能及包含的数据库等方面进行详细描述与对比分析。

## 10.1.1　国外常用建筑碳排放计算分析软件介绍

（1）国外常用建筑碳排放计算分析软件研发背景

为确保《联合国气候变化框架公约》的有效实施，同时有效监管并控制建筑行业的碳排放，以欧盟、美国及日本等为代表的发达国家先后出台并颁布相应的法律法规、评价标准、补贴政策和推广机制以实现建筑行业低碳目标。

上述公约缔约国在不断完善健全政策法规及建筑相关评价标准的同时，也十分注重对建筑碳排放进行定量计算的研究。美国、德国及荷兰等主要国家在对建筑生命周期各主要阶段计算方法研究的基础上，也在加紧研发和设计用于建筑碳排放计算分析的专用软件。

（2）美国 BEES（Building for Environmental and Economic Sustainability）

美国建筑技术研究领先，很早就开始关注建筑领域的环境和经济的有效平衡，注重节能、绿色、环保、减少有害物生产及排放等。然而，设计和建造环境和经济平衡的建筑产品并非易事，亟需开发和实施一套系统的方法，根据决策者的价值观，选择在环境和经济表现之间达到最为平衡的建筑产品。因此，美国国家标准与技术研究院（NIST）于 1994 年启动了 BEES 项目（图 10-2）。

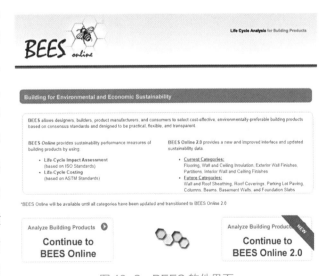

图 10-2　BEES 软件界面
资料来源：NIST（2020）。

1）软件介绍

BEES（Building for Environmental and Economic Sustainability）是专门针对建筑领域，用于评价建筑环境影响的软件，由美国国家标准与技术研究院（NIST）能源实验室研发。通过结合多学科知识原理与分析方法，以建材的全生命周期作为评估范围，使用 BEES 可以开展建筑经济效益与环境影响分析，能够为建设单位和建筑师在进行项目投资和设计工作时提供决策依据。

此后，由 Barbara C. Lippiatt 主导研发的，得到美国环境保护署（U.S. Environmental Protection Agency Office）和住房城市发展合作和住房科技部（U.S. Department of Housing and Urban Development Partnership for Advancing Technology in Housing）鼎力支持的 BEES 2.0（蜜蜂 2.0，全称为"环境和经济可持续建筑软件 2.0"），于 2000 年 6 月经 NIST（National Institute of Standards and Technology）发布，图 10-2 为 BEES 软件界面。

在操作系统支持下，BEES 软件 2.0 版能为设计师、建筑商、产品制造商提供 65 种建筑产品的性能数据（包括与环境相关的和与经济相关的）。BEES 以 ISO 14040 标准为基础，实现全生命周期的评估分析（LCA）。具体的经济测量和环境性能评估是按照美国材料实验协会（ASTM）标准进行测量，包括标准全生命周期成本法（E917）、多属性决策分析标准（E1765）、建筑标准分类（E1557）。软件内涵盖设置产品系统边界的决策标准、用于库存分析的库存数据类别、自然资源消耗当量因子等具体信息或操作指南。此外，BEES 技术手册及用户指南中也详细解释了 BEES 软件整体表现评分体系的各主要构成部分。BEES 软件整体表现评分体系如图 10-3 所示。

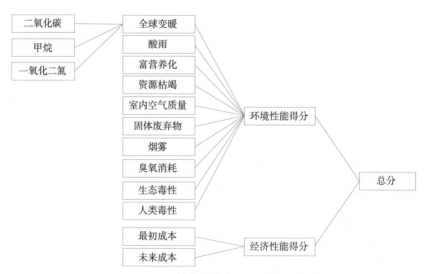

图 10-3　BEES 软件整体表现评分体系主要构成
资料来源：Lippiatt（2000）。

2）软件功能

用户通过使用 BEES 软件，遵循设置研究分析参数、定义备选的建筑产品及查阅 BEES 结果的主要操作步骤，可实现平衡建筑产品的环保和经济效益的目标。软件提供建筑产品整体性能分析功能，以及环境性能、经济性能、基于流量贡献划分的环境影响类别性能、基于生命周期阶段划分的环境影响类别性能和内含能等多维度细化性能的可视化分析功能（图 10-4）。

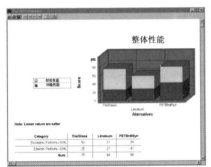
（a）整体性能结果

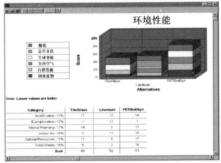
（b）环境性能结果

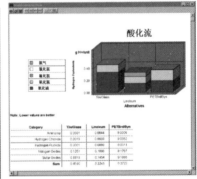
（d）由流量划分的环境影响类别性能结果

（c）经济性能结果

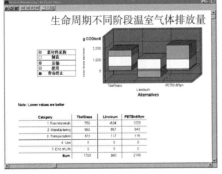
（e）按生命周期阶段划分的环境影响类别性能结果

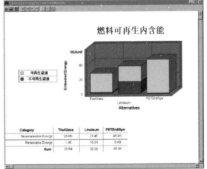
（f）内含能结果

图 10-4　BEES 软件分析结果图

资料来源：Lippiatt（2000）。

（3）德国 GaBi Software

1）软件介绍

GaBi 软件是由德国专业公司 PE INTERNATIONAL 和斯图加特大学聚合体实验与科学研究所首先联合研发的软件系统，于 1990 年研制出首个版本 GaBi 1.0，其中包含针对建筑行业 LCA 的 GaBi Build-it。该软件不仅局限于建筑产业的可持续发展，而是一款聚焦各产业及其供应链可持续发展的软件。其产品开发和设计核心在于推出一系列可

图 10-5　GaBi 6.0 操作界面

持续发展产品，以建立竞争优势并提高用户的收益，帮助实现各产业产品的可持续发展战略目标，同时确定供应链管理热点，通过优化材料使用并改进工艺流程来降低企业风险。图 10-5 为软件操作界面。

2）软件功能

与政府主导研发的公益性软件（形成行业技术标准）如美国 BEES 相比，商业软件 GaBi 服务的是各企业用户，通过软件应用，对产品可持续性表现进行投资使整个组织获益——从公司经营战略、产品开发到运营和供应链管理各方面进行全生命周期成本评估（LCA——Life Cycle Assessment）。如表 10-1 所示，软件服务包括评价、影响分析和方案优化。

GaBi Software 产品服务　　　　　　　　　　　　　　　　　表 10-1

| 服务名称 | 描述 |
| --- | --- |
| 评价 | 对所有可持续发展的影响因素（碳、水、能源、排放、废弃物，使用材料和自然资源）进行评价 |
| 影响分析 | 环境影响、社会影响、成本、健康和安全正义、品牌优势与风险控制 |
| 方案优化 | 从全生命周期成本视角考虑优化企业的供应链，创造可持续产品优势，提升核心竞争力 |

GaBi 系列软件及其服务主要功能包括：提供产品可持续设计、建模、供应链管理等风险控制及改进方案，实现产品设计与规划的可持续性。

软件功能模块包含以 ISO 14040/14044 为依据进行全生命周期评价、产品碳足迹计算分析（如 PAS 2050，GHG 协议——产品和范围 3 标准）、规划环境和生态设计、水足迹计算分析。GaBi 从全生命周期角度出发，为每个产品或系统的每个部分建立模型，

Gabi 同时提供简洁明了的数据库，详细地描述了从原料采购到加工产生能源和产品的环境影响。此外，它着眼于对环境影响的评估，并提供了制造、配送、循环、排污和可持续发展各方面的替代选项。

以 GaBi 6.0 为例，软件通过将选取的评价对象编辑成一个计划方案来进行分析。操作遵循如下流程：首先，列举产品的材料清单及相关信息；其次，设定系统边界并建立模型；然后，按生命周期阶段划分，并分解工艺技术；最后，进行平衡计算，结果如图 10-6 所示。

3）软件数据库

GaBi 软件，作为生命周期评估方案供应商，为用户提供独特的高质量数据库以满足其需求。GaBi 中主要包含 GaBi Databases、Ecoinvent、US LCI、Environmental Footprint Database v2.0 这 4 类数据库。其中，GaBi 数据库是目前全球最大的 LCI 行业数据库。此外，区域化的水和土地使用数据包含在整个 GaBi 数据库中，可以与用户自己的区域化数据同时使用。该数据库中包含近 1.7 万个流程和规划模型，为快速变化的商业环境下的战略决策提供可靠的依据，如图 10-7 所示。

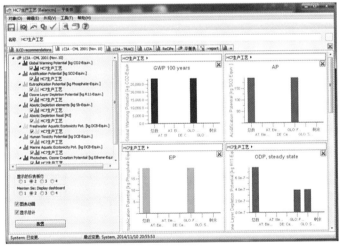

图 10-6　GaBi 平衡计算结果
资料来源：金栖凤（2015）。

图 10-7　可用 GaBi 数据集搜索界面
资料来源：GaBi（2022）。

（4）荷兰 SimaPro 工具

1990 年为有效解决"衡量评估生态绩效"这一问题，PRé Sustainability 团队开发了第一版 SimaPro。在当今世界范围内，诸多大型的企业、研究人员和咨询顾问通过 PRé 研发的方法和工具实现了更合理有效的决策。PRé 通过基于事实的咨询服务、培训和基于全生命周期思维的软件解决方案，帮助企业将可持续发展战略转化为行动。PRé 参与了世界各地的许多可持续发展倡议并采取行动，这其中包括启动了行业主导的产品社会指标圆桌会议（Industry-Led Roundtable for Product Social Metrics），并开发了获得广泛认可和应用的环境影响评估方法 ReCiPe&Eco-Indicator 99。SimaPro 能够衡量、改善和沟通组织的可持续发展绩效，还可帮助企业制定有效的战略，并在供应链管理、产品开发或组织中协调整合了可持续性。SimaPro 作为 PRé 的旗舰产品，旨在创建一个充满活力的生态系统，连接不同的世界、系统、人和公司，以支持更可持续的未来发展战略。

1）软件介绍

SimaPro 由荷兰 Leiden 大学环境科学中心研发，软件官网提供免费试用版本下载。考虑到专业的全生命周期评估人员为此工具的面向对象，研发团队为降低软件操作难度、拓展适用范围，基于工具的复杂性与全面性，开发了 SimaPro 简易型、分析型和开发型 3 个主要版本（图 10-8），各版本功能对比如表 10-2 所示，并且提供了评估流程图作为使用指南。此外，各版本之间可共享数据资源，具备自动划分评估边界及多样化呈现评估结果的功能，使软件在评估精度、效率及操作性等方面具备显著优势，使 SimaPro 在建筑环境影响综合评估、分项评估、设计指导及环境产品声明中的应用价值得到了提升。

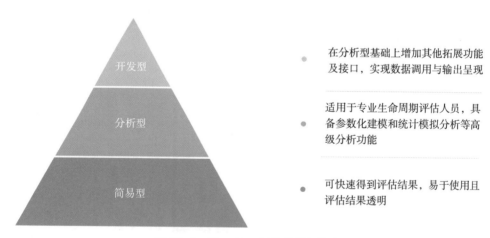

图 10-8　SimaPro 工具分类与特点
资料来源：刘依明，刘念雄（2021）。

SimaPro 在超过 30 年的时间里一直是领先的 LCA 软件，被应用于全球 80 多个国家的工业部门、研究机构以及咨询顾问公司。SimaPro 旨在成为一个具有科学依据的信息来源，能够提供高度透明的信息并避免黑箱过程，是收集、分析和监控产品和服务可持续性绩效数据的有效解决方案。该软件可用于各种场景：可持续发展报告、碳和水足迹

SimaPro 各主要版本功能对比　　　　　　　　表 10-2

| 功能 ＼ 版本 | SimaPro 简易型 | SimaPro 分析型 | SimaPro 开发型 |
|---|---|---|---|
| 多用户版本 | | √ | √ |
| 输出格式多样化 | | √ | √ |
| 方案分析 | | √ | √ |
| 统计模拟分析 | | √ | √ |
| 群组分析 | √ | √ | √ |
| 数据输入 | √ | √ | √ |
| 数据输出（Excel 和文本） | √ | | √ |
| 编辑数据资料库 | | √ | √ |
| 项目数据迁移 | | √ | √ |
| 双向数据调用 | | | √ |
| 与 Excel/SQL 数据库关联 | | | √ |
| 解析功能 | | | √ |
| 清单数据系统存储 | √ | √ | √ |
| 输出模型至 Excel | | √ | √ |

评估、产品设计、建成环境产品声明和确定关键绩效指标。通过使用 SimaPro，用户可以采用系统和透明的方式轻松建模和分析复杂的全生命周期，衡量产品和服务在所有生命周期阶段对环境的影响，并确定从原材料提取到制造、分配、使用和处理的供应链上每一个环节的热点。

2）应用场景及功能

SimaPro 的软件应用场景包含业务场景和教育场景这两大主要类别。

①业务场景

在业务场景下，SimaPro 旨在使用户付出的可持续发展努力可衡量，将可持续发展嵌入用户的日常运营中，并将可持续发展举措转化为竞争优势。SimaPro 能够帮助用户实现公司范围内的协作，量身定制的沟通功能对在全公司范围内共享研究及工作成果提供至关重要的支持。SimaPro 业务场景包含 SimaPro Power、SimaPro Expert 和 SimaPro Business 三款用户包：

（a）SimaPro Power 用户包

用户使用 SimaPro Power 可构建复杂模型，可以从全生命周期的角度建模，包括不确定性计算、过程和项目参数解析、单元过程的洞察与分析、多个输出过程的分配与解析、弱点分析和复杂的废物处理流程分析。解析功能允许用户从 Excel 导入参数集，节省了时间，提高工作效率。

（b）SimaPro Expert 用户包

SimaPro Expert 是为需要强大建模和评估功能的 LCA 专家设计的。该版本允许用户建模进行详细的 LCA 研究，具有先进的分析功能，如过程和项目参数以及蒙特卡洛分析。此外，支持以不同的格式导入和导出数据。

（c）SimaPro Business 用户包

用户使用 SimaPro Business 能够轻松地查看产品、服务或组织的环境影响，并构建和对比场景。SimaPro 为企业用户提供 SimaPro Share 和 SimaPro Explore 的许可，使用此工具，可以对产品全生命周期进行更改，并了解各种选择可能产生的影响。同时，提供用户友好的界面，使结果可访问和可操作。

②教育场景

在教育场景下，SimaPro 允许用户查看整个供应链网络，并提供对数据库和单元流程的全面了解，这对于高质量的研究至关重要。软件市场中没有与 SimaPro 相似的出于学术目的的同类型产品，因此，SimaPro 在全球数百所大学中被广泛推广使用。SimaPro 教育场景包含 SimaPro PhD、SimaPro Classroom 和 SimaPro Faculty 三款用户包：

（a）SimaPro PhD 用户包

SimaPro PhD 是为需要高级建模和评估功能的 LCA 从业者设计的。SimaPro PhD 采用单用户许可模式，即一次仅支持一位用户处理相同的数据库和项目。SimaPro PhD 拥有强大的网络视图，有助于用户深入挖掘模型并可视化结果。

（b）SimaPro Classroom 用户包

SimaPro Classroom 是面向教师和学生的 SimaPro 基础版。SimaPro Classroom 是一个多用户、客户端服务器网络版本，最多可支持 40 个用户。教师通过用户创建向导可以轻松地分配密码和用户权限。

（c）SimaPro Faculty 用户包

SimaPro Faculty 是用于教育的 SimaPro 的基本版本。它为讲师提供了有效地教授全生命周期评估并指导下一代可持续发展专业人员所需的功能。SimaPro Faculty 是一个学习全生命周期思维概念和通过实践作业了解 LCA 的很好的工具。该用户包可以安装在院系里所有使用 Windows 系统的学生和员工的电脑上。

3）软件数据库

在对数据清单进行计算分析或是对环境影响进行评估时，SimaPro 支持调用多种数据库，其中包括著名的 Ecoinvent V3 数据库、European and Danish Input/Output 数据库和 US Life Cycle Inventory 数据库（US LCI），以及 Agri-footprint、AGRIBALYSE、

Carbon Minds、DATASMART LCI package、Environmental Footprint database、ESU world food LCA database、EXIOBASE、IDEA Japanese Inventory database、Industry data library：PlasticsEurope，ERASM，World Steel、Quantis World Food LCA Database、Social hotspots database、WEEE LCI database 等共计 15 种数据库。用户可通过支付一定费用来获取完整数据库。

## 10.1.2　国内常用建筑碳排放计算分析软件介绍

（1）国内常用建筑碳排放计算分析软件研发背景

"双碳"战略提出后，建筑行业作为我国碳排放的第一大来源备受政府和业界关注。2019 年，《建筑碳排放计算标准》被住房和城乡建设部批准为国家标准，编号为 GB/T 51366—2019。《建筑节能与可再生能源利用通用规范》中明确了设计单位承担建筑节能工程质量设计主要责任，要求在建筑节能设计专篇中应增加建筑能耗、可再生能源利用及建筑碳排放的分析报告，并且强制执行。前述规范要点表明对建筑碳排放量进行计算将已逐渐成为强制性要求。同时，各地建筑碳排放的相关政策也陆续发布。如广东省住房和城乡建设厅发布的《建筑碳排放计算导则（试行）》的通知中按照建筑领域碳排放计算边界，给出了建造、运行、拆除三个阶段的碳排放计算方法，可用于已建成建筑的碳排放计算，也可用于设计阶段的建筑碳排放估算。前述政策要求建筑行业开展碳排放计算分析工作，由于碳排放计算涉及复杂的建筑材料、碳排放因子、建筑施工与运行过程，人工计算难以满足要求，因此国内相关计算软件应运而生。

（2）东禾建筑碳排放计算分析软件

1）软件介绍

东禾建筑碳排放计算分析软件由东南大学依托学校建筑学、土木工程等传统优势学科及东南大学长三角碳中和战略发展研究院、国家装配式建筑产业基地等相关低碳平台、低碳型建筑环境与设备节能教育部工程研究中心和智慧建造与运维国家地方联合工程研究中心等先进研究平台自主研发，先后于 2021 年 8 月 27 日、2022 年 3 月 25 日发布两个软件版本。

2）软件功能

软件主要由数据接入层、数据处理层、服务层、应用层和用户界面层这 5 个主要层次构成。软件嵌入了 WEB-BIM、区块链和准稳态能耗模拟等相关技术，同时软件也内置了基于《建筑碳排放计算标准》GB/T 51366—2019 的碳排放计算导则及碳排放计算分析报告。

①区块链技术

东禾建筑碳排放计算分析软件嵌入了区块链技术，其中智能合约按照国家碳排放计算标准，自动精准执行；源数据不可篡改，碳排放计算结果真实可信；源数据、计算结果等数据全程留痕，可进行精准溯源。针对区块链在建筑碳排放及碳交易中发挥的重要作用，后文第 12 章中从区块链技术理论、基于区块链的建筑碳排放计算软件设计以及基于区块链的建筑碳交易软件设计三个方面进行了详细介绍。

② WEB–BIM 技术

东禾建筑碳排放计算分析软件构建了基于网页端协同的建筑碳排放计算与管理的新模式，是在智慧管理框架下，依托三维可视化技术，运用数字基础资源、多维信息采集、协同工作模式、信息智能交付、信息化测算分析等手段，依据建筑全生命周期碳排放测算标准、量化建筑碳排放计算指标、深度解析 BIM 模型，建设了开放共享的信息化平台，构建了基于模型解析一步到位、碳排放计算可循可视的建筑碳排放计算管理新模式。

③准稳态能耗模拟

在东禾建筑碳排放计算分析软件中的运行阶段模块中，首先，根据建筑围护结构信息，采用 ISO 13789 计算建筑围护结构的表面传导、对流、辐射的相关热传递参数，其次，根据气象数据、建筑人员信息及建筑围护结构的热传递参数，采用 ISO 13790 计算建筑空间制冷、制热的负荷需求，并根据建筑设备信息，采用 NEN 2916 计算各设备的能效，采用 EN 15232 计算建筑能源管理系统对建筑能耗的影响；最后，将建筑的冷、热负荷与设备的能效相结合，计算建筑的一次、二次能源消耗量。此外，在该模块计算过程中，规定了参数上下限范围，通过迭代求解得到最优结果，对模型进行校准。

④碳排放计算导则

东禾建筑碳排放计算分析软件内置的碳排放导则主要依据《建筑碳排放计算标准》GB/T 51366—2019 及东禾 2.0 版本中新增的《建筑碳排放计算导则（试行）》，可适用于建筑的全生命周期，包含设计、建材生产及运输、建造施工、运营维护、拆除等各主要阶段的碳排放计算分析。计算采用了碳排放因子法。

⑤碳排放计算分析报告

东禾建筑碳排放计算分析软件可自动生成建筑碳排放分析报告书，具有唯一二维码编码，符合标准要求与审查要求，可进行溯源。报告书中包括项目概况、各阶段计算方法和结果及结果汇总。同时，软件测试第三方评价报告也获得了中国质量认证中心（CQC）的权威认证。

（3）PKPM-CES 建筑碳排放计算分析软件

1）软件介绍

中国建筑科学研究院有限公司北京构力科技有限公司与《建筑碳排放计算标准》GB/T 51366—2019 主编单位中国建筑科学研究院有限公司建筑环境与能源研究院合作研发了 PKPM-CES 建筑碳排放计算分析软件。该软件基于国家标准《建筑碳排放计算标准》GB/T 51366—2019 研发而成，适用于建筑全生命周期。

2）软件功能

中国建筑科学研究院有限公司北京构力科技有限公司于 2021 年 6 月发布的绿建与节能系列软件 PKPM-CES V3.3 建筑碳排放计算分析软件具有如下功能：

①基于国家碳排放计算标准进行研发

PKPM-CES 基于国家标准《建筑碳排放计算标准》GB/T 51366—2019 研发而成，并采用建筑碳排放国标编制测算工具——爱必宜（IBE）作为碳排放计算内核，设计参数全面，计算结果准确。此外，软件还支持《建筑节能与可再生能源利用通用规范》GB 55015—2021 及广东省《建筑碳排放计算导则（试行）》等国家或省市地方标准。

②支持建筑全生命周期碳排放计算分析

软件面向实际工程需求，根据项目所处阶段提供不同精度的计算方法。支持建筑设计阶段的碳排放预估，也同样能够在建筑施工结束后对碳排放量进行核算。

③内置案例库

PKPM-CES 提供智能案例库，软件可根据项目的建筑类型、结构类型等建筑基本信息，智能匹配参考方案。针对建材用量，可参考软件内置的既有案例库中的相似案例，修正项目整体材料用量，提高计算结果的合理性。

④支持建筑减碳计算分析

软件支持可再生能源、绿色植被（碳汇）等节碳、减碳、碳中和等控制措施的优化计算，涵盖光热、光伏、风力等不同种类，用户也可分别设置和调整相应的具体参数。

⑤自动生成碳排放计算分析报告书

计算完毕后，结果分析界面中展示详细图表，包括各阶段总碳排放量、单位面积碳排放量占比等结果。此外，可自动生成《建筑全生命周期碳排放计算分析报告书》。

### 10.1.3　国内外常用建筑碳排放计算分析软件对比分析

表 10-3 从开发单位、开发时间、依据标准、结果呈现形式、评估对象及建筑全生命周期覆盖阶段等方面对 BEES、GaBi Software、SimaPro、东禾建筑碳排放计算分析软

建筑碳排放软件基本信息及功能对比　　　　　　　　　表 10-3

| 软件 | 开发单位 | 开发时间 | 依据标准 | 结论呈现形式 | 评估对象 | 是否覆盖全生命周期 |
|---|---|---|---|---|---|---|
| BEES | 美国国家标准与技术院（NIST）能源实验室 | 1994 | • US LCI | • 量化指标<br>• 分数<br>• 经济成本（美元） | 建筑行业<br>建筑材料 | 是 |
| GaBi Software | 德国 PE INTER-NATIONAL 和斯图加特大学聚合体实验与科学研究所联合研发 | 1990 | • GaBi Databases<br>• Ecoinvent<br>• US LCI<br>• European LCD | • 量化指标 | 汽车<br>建筑<br>石化<br>消费品<br>农产品<br>教育<br>能源<br>电子<br>医学&生命科学<br>信息<br>金属&采矿业 | 是 |
| SimaPro | 荷兰 PR é Sustainability | 1990 | • Ecoinvent<br>• US LCI<br>• European LCD<br>• US Input Output<br>• EU and Danish Input Output<br>• Dutch Input Output<br>• Industry dataV.2.IVAM<br>• Japanese input—output<br>• US Input Output 98 Library<br>• ETH-ESU 96 Unit Process | • 量化指标<br>• 分数 | 汽车<br>建筑<br>石化<br>消费品<br>农产品<br>教育<br>能源<br>电子<br>医学&生命科学<br>信息<br>金属&采矿业 | 是 |
| 东禾建筑碳排放计算分析软件 | 中国东南大学 | 2021 | 《建筑碳排放计算标准》GB/T 51366—2019 | • 碳排放计算分析报告<br>• 建筑全寿命周期碳排放量构成及分析 | 建筑行业 | 是 |
| PKPM-CES | 中国建筑科学研究院有限公司北京构力科技有限公司联合中国建筑科学研究院有限公司建筑环境与能源研究院合作研发 | 2021 | 《建筑碳排放计算标准》GB/T 51366—2019 | • 碳排放计算分析报告<br>• 减碳量分析报告<br>• 建筑全生命周期碳排放计算专篇 | 建筑行业 | 是 |

资料来源：李蕊 & 石邢（2012）；刘依明 & 刘念雄（2021）。

件和 PKPM-CES 等国内外建筑碳排放软件进行对比分析。由表 10-3 可以看出，5 款软件均覆盖建筑全生命周期；BEES、东禾建筑碳排放计算分析软件和 PKPM-CES 的评估对象仅为建筑行业及建筑相关材料，而 GaBi Software 和 SimaPro 的评估对象还涉及汽车、石化、消费品、农产品、教育、能源、电子医学及生命科学、信息和金属及采矿业。此外，软件计算结果的主要呈现形式包含量化指标、分数和碳排放计算分析报告。同时，表中还可以发现，国内软件——东禾建筑碳排放计算分析软件和 PKPM-CES 均是基于国家标准《建筑碳排放计算标准》GB/T 51366—2019 在近几年内研发而成的，而国外同类型建筑碳排放软件发展较早，初代版本发布至今已超过 30 年。

## 10.2　设计思路和流程

### 10.2.1　软件开发流程

软件开发是根据用户需求建立用于解决实际问题的软件系统的过程。1970 年 Winston Royce 提出的瀑布模型是一种经典的软件开发流程，在该模型中将软件开发流程划分为计划、需求分析、系统设计、编码、测试及系统维护这 6 个主要阶段，并规定开发流程中的各项活动相互衔接、逐步进行。

区别于传统的瀑布模型，近年来兴起的敏捷开发模式因其快速响应用户需求变更、极短的单个迭代开发周期、强调客户参与软件使用反馈等特点，已成为软件开发企业或团队应用更为广泛的一种软件开发模式。由于碳排放计算分析市场需求旺盛而急迫，需要迅速开发出适应市场需求的产品，并根据市场需求变化不断更新提升。因此，建筑碳排放计算分析软件开发更加适宜采用敏捷开发模式进行软件开发。

在敏捷开发模式下，建筑碳排放计算分析软件项目将被划分为若干个子项目，各子项目可同时开发、独立进行，通过多次迭代细化完成，每次迭代都有明确的目标并向用户交付可运行的软件，同时开发团队可以动态调整开发过程和软件架构以应对用户提出的新需求和需求变更（图 10-9）。相较于传统开发流程，使用敏捷开发模式开发建筑碳排放计算分析软件具有如下特点及优势：

①轻量级架构

架构设计遵循简单化原则。随着迭代的不断进行，建筑碳排放计算分析软件开发团队对软件功能需求的理解逐渐深入，同时通过与企业、组织、个人等各类用户的周期性沟通交流，根据用户的使用意见反馈逐步修改、优化软件的架构设计，使软件保持良好的适应性，不断提升软件在同类产品市场中的竞争力。

②迭代分析

开展架构设计工作前，进行预先的需求收集和需求分析，迭代式收集建筑碳排放计算分析软件用户的业务功能需求。每个迭代周期内，只针对当前迭代中的需求进行分析、

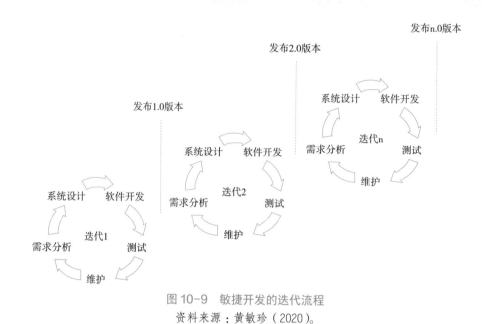

图 10-9　敏捷开发的迭代流程

资料来源：黄敏珍（2020）。

设计、测试和发布。

③小批量持续发布

为应对建筑碳排放评估、预测和核算等需求不明确或需求频繁变更的问题，可使用迭代的方式进行建筑碳排放计算分析软件的开发，细化需求到若干子项目后，各子项目可独立、同步开展研发和交付活动，交付周期可以是一个月、一个星期，甚至更短，每次小批量地发布、持续地交付。

④开发测试交叉进行

在每个迭代周期内，建筑碳排放计算分析软件开发团队根据用户的需求完成相应任务工作后，需要对软件进行严格测试，避免添加、删减或变更某一特定功能对软件整体的使用造成影响。并与建筑碳排放计算分析的用户保持定期沟通，对需求多次进行确认，确保开发的功能是有价值的。概括来说，采用敏捷开发模式进行建筑碳排放计算分析软件开发的过程中，开发和测试没有严格的流程控制，是交叉进行的。

⑤节省开发时间

在建筑碳排放计算分析软件的开发过程中，软件开发团队可同时开发多种子项目，最后进行汇编的开发模式，即建筑信息模型导入模块、建筑生命周期中不同阶段（建材生产及运输阶段、建造及拆除阶段、运行阶段）数据导入及碳排放计算分析模块、决策服务模块、可视化功能模块等软件业务功能模块／子项目同时开发，实现开发资源的合理配置，保证程序开发的质量，缩短开发时间，提高开发效率。

⑥降低维护成本

敏捷开发模式下，在程序的开发阶段就应考虑程序设计的兼容性和开放性。在当前软件程序更新换代愈发频繁的背景下，开发团队必须不断地完善软件的功能，提高软件的适应性、安全性和应用价值，以在竞争激烈的建筑碳排放计算分析软件市场中生存。软件程序产生的费用主要集中在两个阶段，一是程序设计和开发阶段，二是后期程序维护阶段。在程序维护的过程中，需要投入大量的时间和资源成本。软件程序的难度系数越高、兼容性越差意味着后期需要修正的地方越多。因此，在敏捷开发模式中，从研发阶段开始，就应确保程序设计具有兼容性和开放性的特质，提升、保障前期产品的兼容性，能够有效降低维护成本。

（1）需求分析

软件需求分析也被称为系统需求分析或需求分析工程，是软件开发人员经过一系列调研，识别、分析并准确理解用户和项目的功能、性能、可靠性等具体要求，将用户非形式的需求表述转化为完整的需求定义，从而确定软件系统中应包含的具体功能或特定架构的过程。从系统分析视角出发，需求分析方法包含功能分解方法、结构化分析方法、信息建模法和面向对象的分析方法这4种主要方法。其中，功能分解方法是建筑碳排放计算分析软件中使用频率较高的需求分析方法。因此，在对建筑碳排放计算分析软件进行需求分析时，应采用功能分解法对用户需要软件涵盖的业务功能进行分析，此外，也应对软件的系统架构进行需求分析。

1）建筑碳排放计算分析软件业务功能需求分析

对企业用户及个人用户的实际需求进行分析，用户需要能够在导入具体项目数据后，借助软件来对项目的各主要阶段碳排放进行计算与分析，并生成各阶段及汇总的计算和分析报告。因此，建筑碳排放计算分析软件中应包含待评估建筑项目的创建、建筑详细信息的导入或输入、建筑生命周期各主要阶段对应数据的录入、建筑碳排放计算、生成并导出建筑碳排放分析报告及决策服务这6个关键业务功能。

①待评估建筑项目的创建。在这一业务功能模块下，用户可灵活勾选需计算的项目阶段（可行性研究及方案设计、初步设计、施工图设计、建造、运行和拆除），并选取各阶段对应的不同的计算模块或标准。此外，为了标准化、批量化处理数据，还应为用户提供可供下载的模板，用户可以根据模板填写数据，导入模板表格之后进行下一步操作。

②建筑详细信息的导入或输入。在这一业务功能模块下，用户可将项目的名称、建筑类型、结构类型、建筑面积、建筑楼层、设计使用年限、绿化面积、建设单位、设计

单位、建筑位置和建设时间等建筑基础信息导入到软件数据库中。此外，为了使碳排放软件与建筑行业能够有效衔接，主流软件的对接是非常必要的，如建议软件开发团队设计 BIM 模型的导入及使用功能，有助于减少用户输入建筑空间、形态、材料等相关数据的工作量。

③建筑生命周期各主要阶段对应数据的录入。在这一业务功能模块下，用户可以自动导入或手动输入建筑生命周期各主要阶段的相关数据。同时用户也可以新增数据或是对单条数据进行编辑和删除操作。

④建筑碳排放计算。在这一业务功能模块下，基于系统录入的相关数据，用户可以调用软件中的碳排放因子库进行碳排放量计算。

⑤生成并导出建筑碳排放分析报告。在这一业务功能模块下，待各阶段数据加载并汇总后，软件针对特定建筑可以生成可供用户查看并下载的具有唯一编码的碳排放分析报告。

⑥决策服务。在这一业务功能模块下，在对数据计算分析的基础上，对标行业排放水平及相关政策要求，为各类用户在项目中实施碳减排以及开展碳交易提供具有针对性的碳管理决策建议。

2）建筑碳排放计算分析软件系统架构需求分析

通过对软件的系统架构需求进行分析，建筑碳排放计算分析软件的架构自下而上应分为数据录入（接入）层、数据处理层、服务层、应用层及用户界面层这 5 个主要层级。

①在数据录入（接入）层中，用户可以导入或是手动输入建筑相关数据。此外，软件应充分兼容不同来源的数据，提供自动化接入功能，例如可使用如 IOT 物联网 API 接口技术，通过在施工现场设置数据传输设备，将总用电量、机电设备用电、施工电梯照明用电、分区域施工楼层用电等数据接入软件系统。

②在数据处理层中，可对数据进行汇聚、过滤、清洗、异构存储等操作。

③在数据服务层中，服务注册中心、服务配置中心、统一认证服务、报表服务、日志采集服务、BIM 引擎、工作流引擎和区块链引擎等软件关键服务应被充分考虑并进行设计。

④在数据应用层中，除了包含建筑碳排放计算功能外，应考虑到数据接入与能耗计算，BIM 模型处理和准稳态能耗计算等应用功能。

⑤在用户界面层中，应包含建筑碳排放计算业务前台、业务管理后台，同时考虑数据监管与日常管理，以及区块链后台和日志监控。

（2）系统设计

软件系统设计就是将软件分解成具有特定功能的单元或是模块。建筑碳排放计算分析软件的系统设计应分为概要设计和详细设计两个阶段。

1）建筑碳排放计算分析软件概要设计

首先，建筑碳排放计算分析软件开发者需要对软件系统进行概要设计。这一阶段的主要工作任务包含系统基本处理流程设计、系统组织结构设计、系统模块之间的接口关系、功能模块划分及对应功能分配以及数据架构设计等，这些设计活动为下一阶段软件详细设计夯实了基础。同时可使用软件结构图来展现建筑碳排放计算分析软件的模块结构。

建筑碳排放计算分析软件设计人员需要在充分、准确理解各类用户实际需求的基础上，对建筑碳排放计算分析软件的业务需求和系统架构需求进行分解，并将分解后的各子项目或建筑碳排放计算分析子任务转化成恰当、合理的软件功能需求。

2）建筑碳排放计算分析软件详细设计

详细设计是概要设计的延续，同样需要基于碳排放计算分析的需求分析来进行设计。这一阶段的主要工作包含对应实现功能的描述、输入输出数据的设计、实现算法的设计、数据结构的设计、交互界面的设计等，此外，还应确保软件的各项需求完全分配到整个软件中。需不断细化详细设计，用来保障开发人员能够根据详细设计报告进行编码。

（3）软件开发、测试与维护

软件编码开发是将详细设计中的描述和设计转换为计算机可以接受的程序。碳排放计算分析软件研发团队根据软件系统详细设计方案中对碳排放计算分析数据的数据结构、建筑全生命周期碳排放计算、BIM 可视化与区块链等功能描述的设计要求，选取适当的程序设计语言和编码风格进行程序编写，分别实现各模块的功能，从而达到碳排放计算分析目标系统的功能、性能、接口、界面等方面的要求。

软件测试是在规定的条件下对程序进行操作，以发现程序错误、评估开发的软件是否满足系统设计要求。测试人员须依据规范的软件检测过程和检测方法对软件的文档、程序和数据进行测试。由于集成了计算与分析等多种功能，建筑碳排放计算分析软件的测试会选取单元测试、系统测试、静态测试及动态测试等多种测试方法组合使用，用以识别软件缺陷和漏洞，并对软件功能、性能及安全性等方面进行评测。

软件维护是指在软件运行或维护阶段对软件产品进行修正错误、提升性能或调整某些特定属性等操作。这意味着软件维护不仅需要排除识别或暴露出的故障、问题，使软件能正常工作，而且还可以使它扩展功能，提高性能，为用户带来明显的经济效益。根据维护工作的性质，软件维护活动可分为：纠错性维护（改正性维护）、适应性维护、完善性维护或增强及预防性维护四种类型。通常情况下，软件维护团队在对建筑碳排放计算分析软件进行维护工作时，会根据软件的开发阶段和具体的维护需求选取对应的维护活动类型，或是采取两种或多种维护类型组合的方式进行维护工作。建筑碳排放计算分析软件在使用过程中，使用量与应用领域会不断扩大，未来会面向更多类型客户，也会拓展到建筑以外的其他领域，需要不断维护其稳定性、健壮性，同时也要开发新功能适应客户与市场需求。

### 10.2.2 功能模块设计分析

建筑碳排放计算分析软件需包含用户管理模块、业务管理模块、数据管理模块及系统管理模块这4类主要功能模块，如图10-10所示。

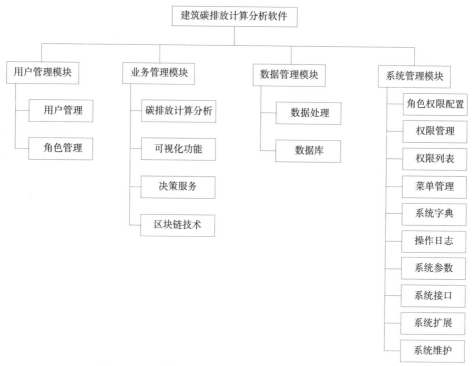

图10-10 建筑碳排放计算分析软件功能模块结构图

（1）用户管理模块

1）用户管理

对接用户数据。软件支持对接外部系统用来获取用户基础数据包括姓名、单位、用户属性、用户状态等。支持通过文件导入外部系统的用户基础数据。为了提升效率，建筑碳排放计算分析软件系统应提供导入模板下载，根据模板"自动批量"导入用户信息；此外，还需支持通过接口获取外部系统（如其他工程软件）的用户基础数据，使得不同系统之间的用户数据可以共享联通。

本地用户数据维护。建筑碳排放计算分析软件系统应对获取的用户数据进行本地维护，包括添加属性、绑定角色、权限设置、状态管理等。

2）角色管理

建筑碳排放计算分析软件主要包含 2 类主要角色，即服务提供者和服务使用者：

①服务提供者根据需求分析提供建筑碳排放计算分析业务功能的软件模块。从业务角度看，它是服务的拥有者和提供者；从体系结构看，它是访问服务的平台。

②服务使用者（即服务的用户）通过客户端应用程序（如浏览器或智能手机）调用服务提供者所提供的服务，用以完成与碳排放计算分析相关的特定业务需求。

如果软件需要通过第三方机构进行更大范围地使用和推广，可以在角色中增设服务代理，帮助软件扩大应用面。

3）角色维护

软件用户可对系统中的角色信息进行维护。角色信息包括角色名称、单位、描述等。支持角色的自定义功能，可以在系统中的组织结构下新建该组织结构的角色。软件应支持用户对角色的相关信息进行编辑或修改，同时，支持维护角色的状态，可进行激活、冻结的操作，此外，还应支持用户进行角色删除操作。

（2）业务管理模块

在建筑碳排放计算分析软件业务管理模块中，首先应确保软件能够实现如图 10-11 所示的建筑碳排放计算分析软件业务流程，软件能够满足用户对建筑生命周期各主要阶段进行碳排放计算分析的基本需求。同时，设计可视化操作和查看功能，使数据和信息以直观的视觉化形式表达。此外，可考虑决策服务功能，并将区块链技术引入软件业务管理功能模块中，以实现数据可溯源，并确保数据可靠性。

1）碳排放计算分析

根据相关的碳排放计算标准进行碳排放的科学计算，计算结果涵盖建筑全生命周期各阶段、各系统及各环节碳排放总量及强度。同时，软件应提供可适应建筑全生命周期不同阶段的碳排放预测、估算、精算和核算等功能，满足不同类型用户差异化的碳排放计算分析需求。用户通过输入设备或材料的使用情况，可以调用碳排放因子库数据对建筑全生命周期各类活动的碳排放量进行计算和分析。

2）可视化功能

可视化功能应体现在已集成碳排放计算参数的建筑 BIM 模型的导入和可视化操作上，包含模型导入和模型查看，能够展示不同阶段的碳排放来源和碳排放强度。

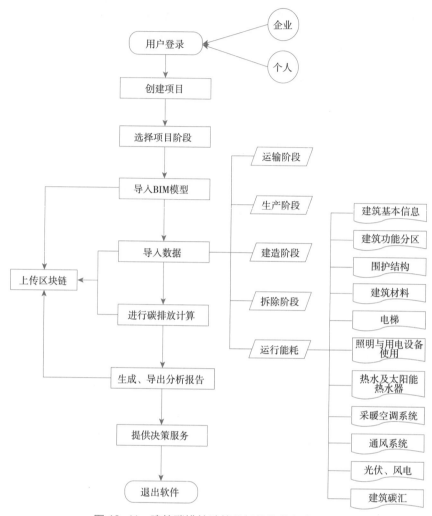

图 10-11　建筑碳排放计算分析软件业务流程图

3）决策服务

在对数据计算分析的基础上，对标行业排放水平及相关政策要求，为项目实施碳减排以及开展碳交易提供具有针对性的碳资产管理决策建议。

4）区块链技术

区块链技术具有源数据不可篡改以及源数据、计算结果等数据可进行精准溯源的特点。因此，将区块链技术引入建筑碳排放计算分析软件业务管理功能模块中，来确保碳排放数据计算的真实可靠。所录入的源头数据和输出的碳排放计算结果、碳排放分析报告，都在区块链上全程记录且不可篡改，发生故障或应对第三方碳审查时，可以通过区块链进行数据追溯，精准识别问题源头。

（3）数据管理模块

1）数据处理

在数据处理子模块中包含数据导入、数据处理分析、数据存储及数据导出这四个关键功能。

①在建筑碳排放计算软件的数据导入功能中，碳排放软件提供碳排放数据导入模板，确定导入模板的格式、名称、大小等。在导入模板中应加入导入说明，即对导入规则的解释，避免导入失败；支持分步导入和直接导入；同时能够进行数据字典的转换，并具备数据验证功能。

②在建筑碳排放计算软件的数据处理分析功能中，用户可对数据进行增减或修改等操作；在确定数据属性符合需求后，运行数据处理分析功能后可获得直观的数据结果呈现。

③在建筑碳排放计算软件的数据存储功能下，可进行海量数据的搜索与分析；可以存储文档、保证对象的完整体，适合采用多字段灵活的联合搜索；注重负载均衡，也充分考虑排序的特性，保证大批量获取数据的效率。

④在建筑碳排放计算软件的数据导出功能中，明确数据导出限制，支持特定的导出格式（如 .xls 和 .csv）。

2）数据库

建筑碳排放计算分析软件的数据库主要涵盖三方面：记录用户输入的项目相关数据的数据库、碳排放因子库及建筑基本信息数据库。

用户输入的项目相关数据的数据库中主要包含项目的具体信息，包括项目名称、项目阶段、建筑类型、结构类型、建筑面积、建筑使用年限、项目所处城市、建设信息等项目基本信息，此外还包含建材生产、建材运输、建筑建造及拆除阶段等的各类建材、机械及装备的使用情况等（图 10-12）。

建筑基本信息数据库中包含城市（省份）、城市冷水温度、照明参数、太阳光照等数据（图 10-13）。

此外，数据管理模块中可以将全球碳预算数据库（GCB）、全球大气研究排放数据库（EDGAR）、中国碳排放数据库（CEADs）及中国多尺度排放清单模型（MEIC）等国内外常用的碳排放因子库内置于建筑碳排放计算分析软件的数据库中。

（4）系统管理模块

在建筑碳排放计算分析软件的系统管理模块中，角色权限配置、权限管理、权限列表、菜单管理、操作日志、系统参数、系统接口、系统字典、系统维护及系统扩展等通

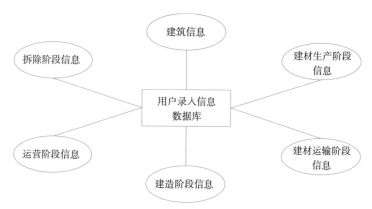

图 10-12　用户录入信息数据库

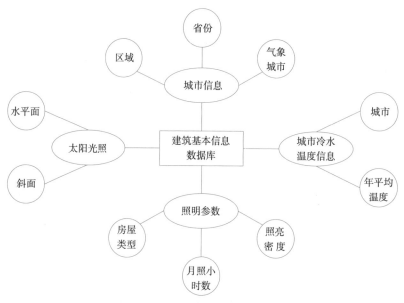

图 10-13　建筑基本信息数据库

用软件中常见的子功能模块应被软件开发团队充分考量并结合建筑碳排放计算分析软件实际需求进行设计（图 10-14）。

在 10 个模块中，角色权限配置、权限管理、权限列表、菜单管理、操作日志和系统字典 6 个子功能模块设计和一般软件系统近似：

角色权限配置子功能模块中，赋予用户配置角色的权限。

权限管理子功能模块中，软件系统应支持菜单、数据和操作这三个主要维度下不同级别的权限类别管理。

权限列表子功能模块中，权限列表基于菜单的层级结构进行构建，包括数据权限和操作权限的设定。

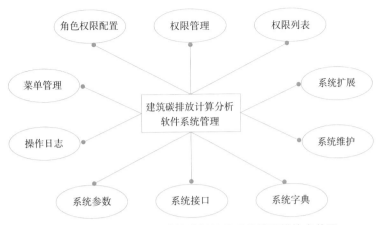

图 10-14　建筑碳排放计算分析软件系统管理模块实体图

菜单管理子功能模块中，包含菜单配置及菜单编辑两个关键功能。

操作日志子功能模块中，包含日志记录及日志查询两个关键功能。

系统字典子功能模块中，包含数据字典查看及数据字典维护两个关键功能。

系统参数、系统接口、系统维护和系统扩展等 4 个子功能模块，需要重点结合建筑碳排放计算分析软件的需求和特点进行设计：

系统参数子功能模块中，支持查看系统中参数，支持 Excel 等各类格式文档的导出功能，使之能够对接其他不同类型工程软件。

系统接口子功能模块中，设计第三方单点登录接口，即获得认证的第三方系统调用建筑碳排放计算分析软件接口时，无需重复登录操作，可自动跳转至建筑碳排放计算分析软件系统。此外，建筑碳排放计算分析软件系统应支持 http、web service 等对应的接口方式，支持对接大数据平台及各类数据模型库，支持提取数据模型建模所需要的数据，满足数据模型提取需求。

系统维护子功能模块中，软件团队需对软件系统进行日常运行维护工作，并且提供咨询服务，帮助解答与建筑碳排放计算分析相关的各类用户提出的与系统有关的各种业务和技术问题；此外，应定期对软件数据库进行优化、对数据库数据进行清理。在实施并完成系统维护工作后，提供运维清单或运维总结报告。

系统扩展子功能模块中，系统扩展应满足存储层、业务层及系统架构这三个层级的可扩展性需求。在存储层可扩展性的设计上，对建筑碳排放计算分析软件中的建模数据可采用多分片 + 多副本的方式存储，从而有效避免单机限制，降低单机故障问题出现可能造成的消极影响；在业务层可扩展性的设计上，支持按碳排放计算、碳排放可视化分析等业务模块进行拆分，既能满足多用户高并发访问，也能避免单体项目宕机故障的风险；在系统架构的可扩展性的设计上，建筑碳排放软件的开发可采用积木式架构，积累自有可复用的建筑碳排放计算分析组件库，为与建筑碳排放相关的不同类型业务系统（如基于碳排放的碳交易系统、基于碳排放的装配式构件供应链管控系统等）开发提供多种组件组合的可能，同时支持特定场景下的组件替换。

# 10.3 框架构建

## 10.3.1 软件架构

（1）软件系统架构

软件系统架构是对软件的架构体系进行设计，作为软件开发中必不可少的一部分，它在软件的复杂性管理、冲突分析等方面都有着非常重要的意义。开发人员通过软件架构设计实现用户的需求满足和软件的性能优化，从一定程度上实现软件架构的最优化。

在建筑碳排放计算分析软件的系统架构中，由初始数据导入、建筑特征数据、内置碳排放因子、活动数据计算和碳排放计算 5 个模块构成，如图 10-15 所示。

第一模块是进行初始数据的导入：可以手工导入建筑性质、功能和规模等信息，也可以通过相关的 BIM 模型自动导入。

第二模块是建筑特征数据分析：包括建筑运行特征、施工消耗、拆除消耗、建材用量、可再生能源和场地绿化面积及绿化类型，通过建筑特征数据可以得到工程量与资源消耗量，进而得到总体的能源消耗数据。

第三模块是内置碳排放因子库：通过收集建筑材料、运输机械、施工机械、能源、水资源等碳排放因子从而计算具体的碳排放。

第四模块进行碳排放活动数据的计算：包括运行阶段碳排放计算、建造及拆除阶段碳排放计算、建材生产及运输阶段碳排放计算和建材碳汇计算，最终得到总的建筑碳排放。

第五模块是计算得出建筑物全生命周期单位面积年均碳排放。

图 10-15 对完整的碳排放计算软件常见系统架构进行了展示，可以进一步分析碳排放计算软件的系统层次，再结合相应技术架构的构建，最终形成完整的软件架构。

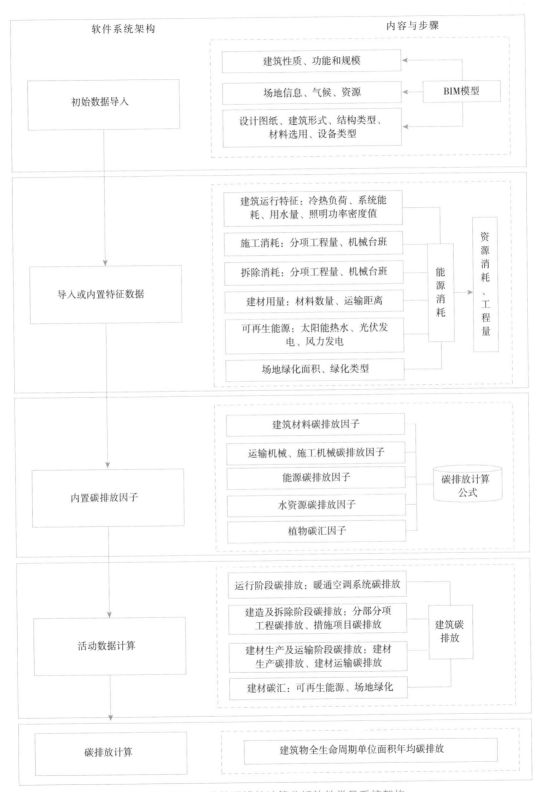

图 10-15　建筑碳排放计算分析软件常见系统架构

（2）软件系统层次

在软件的系统架构初步确定后，需要结合系统架构需求分析，具体全面地考虑建筑碳排放计算软件分析的系统层次，并针对每个层次的内容主体进行清晰地定位和阐述。在碳排放计算分析软件的系统层次分析时，可以结合结构化思维的面向整体、自上向下分类分析、逐步求精的思想，根据软件需求自上向下整理软件需求类型和需求元素，建筑碳排放计算分析软件的系统层次自下而上可分为数据录入（接入）层、数据处理层、服务层、应用层及用户页面层这5个主要层级，具体如图10-16所示。

①在数据录入（接入）层中，用户可以自动导入或是手动输入建筑相关数据。此外，可使用物联网技术，通过在施工现场或建筑物内设置数据传输设备，将总用电量、机电设备用电、施工电梯照明用电、分区域楼层施工用电等数据接入软件系统。

②在数据处理层中，可对碳排放计算分析相关数据进行汇聚、过滤、清洗、异构、存储等操作，最大程度上为用户提供相应的数据处理功能。

③在服务层中，应充分考虑服务注册中心、服务配置中心、统一认证服务、报表服务、日志采集服务、BIM引擎、工作流引擎和区块链引擎等软件关键服务，并同步进行设计。

④在应用层中，应包含建筑碳排放计算、BIM模型处理和准稳态能耗计算等建筑碳排放计算分析软件主要应用功能。在建筑碳排放计算中包括了建筑基本信息输入、运行阶段碳排放计算、建造阶段碳排放计算、拆除阶段碳排放计算、建材生产及运输阶段碳排放计算等功能；在BIM模型处理中应包括BIM模型导入、BIM模型游览、BIM模型数据读取和计算结果可视化等功能；在准稳态能耗计算中应包括数据导入、制冷与采暖能耗计算、生活热水能耗计算、照明和新风能耗计算等功能。

⑤在用户页面层中，应充分考虑建筑碳排放计算业务前台、业务管理后台、区块链后台和日志监控。

在明晰碳排放计算分析软件系统架构和系统层次之后，对建筑碳排放计算分析软件系统的各个模板进行关联，形成完整的软件架构。

碳排放计算软件的系统关联图如图10-17所示：碳排放计算分析软件系统分成互联网区和云区，两者通过DNS（Domain Name System，域名系统）域名解析、负载均衡（SLB）和DNS协议进行关联。SLB（Server Load Balancing，负载均衡）的主要作用是将工作负载分布到多个服务器上，来提高网站和软件的性能和可靠性，nginx（HTTP和反向代理web服务器）在一定程度上也可以发挥负载均衡的作用，但如果同时应采SLB+nginx，nginx还可以承担静态站点的HTTP任务，建筑碳排放计算分析软件可以应用SLB+nginx模式，将系统服务、底层服务、建筑全生命周期中的各个阶段碳排放计算

图 10-16　碳排放计算软件系统层次

和客户端勾连起来。在数据库的选用上，建筑碳排放计算分析软件可以选用 MySQL 数据库、Redis 数据库等；在分布式服务框架的选用上，建筑碳排放计算分析软件可以选用 Dubbo（开源分布式服务框架）；在消息队列的选取上，建筑碳排放计算分析软件可以选用 MQ（Message Queue，消息队列）。

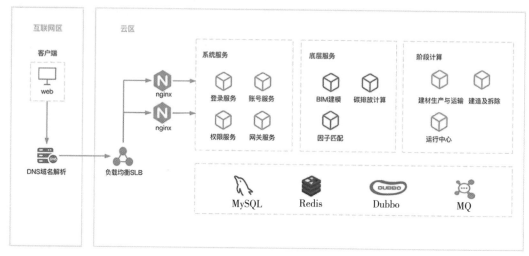

图 10-17　碳排放计算软件系统关联图

（3）软件技术架构

一个完整的软件架构不仅需要明晰的系统架构和系统层次，也需要完整的技术架构。

在建筑碳排放计算分析软件中，技术架构的构建是建立在系统架构的基础上，再通过技术架构图的形式表达出来。

在技术架构构建之初，需要明确技术与功能之间的关系。如技术与功能的交互需要从需求出发，通过数据的收集、处理以及相应的规则处理，从而实现相应的功能需求。

通过数据处理，可以得到初步的技术架构模型，可通过研发支撑使业务层、容器层、中间层、网关和云都能够正常使用履行自己的功能，从而使整体的业务效果得到一定的保障。

在初步的技术架构模型的基础上，通过进一步地细化功能与技术之间的关系，如图 10-18 所示，从而得到完整的建筑碳排放计算分析软件技术架构图：首先明确手机端和 PC 端录入的用户和建筑碳排放相关数据通过负载均衡（SLB）和 DNS 协议关联到前端和应用层，再使用 JWT（JSON Web Token，基于 Token 的认证授权机制）来传输用户和建筑碳排放相关的数据和信息，保证信息的高效和安全性，并通过 Nacos（Dynamic Naming and Configuration Service，服务注册与配置中心）实现注册服务列表、获取服务列表和获取配置的功能，最后将应用层的数据上链到区块链中。在应用层的板块中：应用层的板块可以将 Redis 数据库作为缓存集群，采用 MySQL 数据库作为关系型数据库，并具备读写分离的功能；同时在消息队列的处理上选用 Kafka 分布式流式计算平台；在搜索和日志中心的板块选用 Elasticsearch 基础服务中心、Logstash 服务器端数据处理管

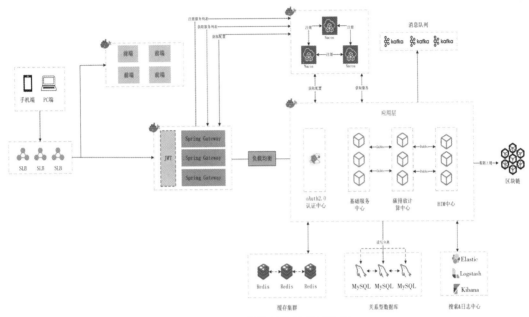

图 10-18　软件总体技术架构图

道和 Kibana 开源分析及可视化平台，从这三者的关系来说，Elasticsearch、Logstash 和
Kibana 又被称为大数据日志处理组件"ELK"，Kibana 是一个开源日志分析及可视化平台，
使用它可以对存储在 Elasticsearch 索引中的数据进行高效的搜索、可视化、分析等各种
操作，有助于处理建筑碳排放软件应用层中大量的基础信息，Logstash 可以对 CSV 文件
进行解析并将内容采集到 Elasticsearch 中，同时运用 Logstash 和 Elasticsearch 可以实现
DSpace 日志统计，不需要修改 DSpace 源代码，组件安装部署简单，实现人机互动式查
询统计，统计结果快速且实时，建筑碳排放计算分析结果呈现形式多样化，有利于查询
建筑碳排放软件应用层中大量的基础信息，例如碳排放因子等；基础服务中心、碳排放
计算中心和 BIM 中心以 Dubbo 这种开源分布式框架进行构造，可以有助于后续建筑碳
排放计算分析软件的功能提升和服务升级。

## 10.3.2　软件数据库架构

（1）数据库架构设计

一般来说数据库的架构设计步骤有需求分析、概念结构设计、逻辑结构设计、物理
结构设计、实施阶段和运行维护，如图 10-19 所示，结合建筑碳排放计算分析软件的实
际功能需求得到具体的数据库架构设计图，在不同设计阶段的每个步骤都有相应的数据
和处理框图。

图 10-19　建筑碳排放计算分析软件数据库架构设计图

1）需求分析

一般来说，需求分析都是数据库架构的前提步骤，是独立于任何数据库管理系统的。在建筑碳排放计算分析软件数据库的需求分析上，首先收集建筑碳排放计算分析的需求信息，了解清楚用户对建筑碳排放计算分析的实际需求，与用户达成共识，再分析、整理和表达需求信息，形成建筑碳排放计算分析的需求说明书。

2）概念结构设计

在大部分的数据概念结构设计中，目前应用最普遍的是实体关系（E-R）模型，它将现实世界的信息结构统一用属性、实体以及它们之间的联系来描述，E-R 数据模型采用了 3 个基本概念：实体、联系和属性。

建筑碳排放计算分析软件共有用户、项目和阶段三个主要实体，项目被用户所拥有，且项目处于由不同子阶段组成的阶段之中。生产阶段、运输阶段、建造阶段、拆除阶段和运行阶段这五个子阶段是对阶段细化分解后的二级阶段，存在于项目全生命周期的整个过程中，对于项目的开展起重要支撑作用。通过 E–R 图（图 10-20）能够清楚展示出碳排放计算分析软件数据库的概念模型。

图 10-20　建筑碳排放计算分析软件数据库 E–R 图

3）逻辑结构设计

在 E–R 图设计完成后，需要将 E–R 模型转换为数据库管理系统所支持的数据模型，并对其进行优化。该阶段作为概念结构设计和物理结构设计之间衔接的逻辑结构设计。

在 E–R 模型的基础上，设计得到建筑碳排放计算分析软件数据库的逻辑结构，如图 10-21 所示：将概念模型向特定 DBMS（Database Management System，数据管理系统）支持下的数据模型转换，每一个矩形方框记录着模块和存储的信息，且在模块之间用有向箭头进行对接表示模块之间的关系，这些关系的呈现最终成为后续软件开发工作的基础。

4）物理结构设计

根据前文设计的建筑碳排放计算分析软件数据库系统的逻辑结构，考虑到建筑碳排放计算分析的相关数据特征，从而为逻辑结构设计选取一个最适合应用环境的物理结构，包括存储的数据库和每个数据库存储的对应数据信息。如图 10-22 所示，考虑到建

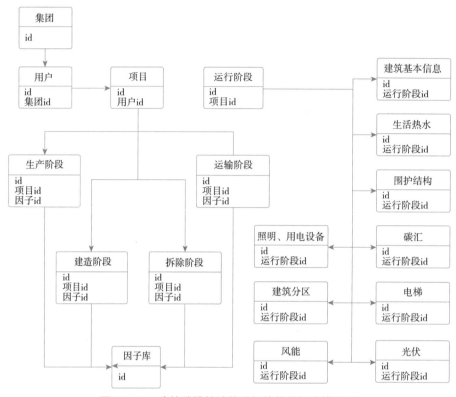

图 10-21　建筑碳排放计算分析软件数据库模型图

筑碳排放计算分析相关的数据特征，建筑碳排放计算分析软件使用的数据库有 MySQL、Redis 和 Elasticsearch 三种类型的数据库，MySQL 用于存储全部数据；Redis 储存访问频率较高的基础数据；Elasticsearch 存储碳排放因子库等数据。

5）数据库实施

在物理架构建立完成之后，就可以根据逻辑结构设计和物理结构设计，构建数据库，编写与调试应用程序，组织数据入库并进行试运行。

建筑碳排放计算分析软件数据库运行的主要工作，包括功能测试和性能测试两部分，功能测试主要分析建筑碳排放计算分析软件数据库是否满足应用程序的各种功能；性能测试则是分析建筑碳排放计算分析软件数据库是否符合设计目标。

6）数据库运行和维护

数据库经过试运行后即可投入正式运行，在运行过程中必须不断对其进行评估、调整与修改。建筑碳排放计算分析软件运行和维护阶段包括：建筑碳排放计算分析相关数据库的转储与恢复、数据库的安全性维护、完整性控制、检测并改善数据库的性能和数据库的重组和重构等工作。

图 10-22　数据库类型和存储主体

（2）数据库架构分析

在建筑碳排放计算分析软件数据库的物理架构中主要应用的有 MySQL、Redis 和 Elasticsearch 3 种类型的数据库，针对这 3 种不同类型的数据库，以下逐一进行介绍。

1）MySQL 数据库

MySQL 是一款安全、跨平台、高效的，并与 PHP、Java 等主流编程语言紧密结合的数据库系统。目前 MySQL 被广泛地应用在 Internet 上的中小型网站中。由于其体积小、速度快、总体拥有成本低，尤其是开放源码这一特点，使得很多公司都采用 MySQL 数据库以降低成本。

建筑碳排放计算分析软件可以将网站的内容存储在 MySQL 数据库中；然后使用 PHP 通过 SQL 查询获取这些内容并以 HTML 格式输出到浏览器中显示，或者将用户在表单中输出的数据，通过在 PHP 程序中执行 SQL 查询，将数据保存在 MySQL 数据库中，也可以在 PHP 脚本中接受用户在网页上的其他相关操作再通过 SQL 查询对数据库中存储的网站内容进行管理。

2）Redis 数据库

Redis 全称 Remote Dictionary Server（即远程字典服务），它是一个基于内存实现的键值型非关系（NoSQL）数据库。

Redis 用来缓存一些经常被访问的热点数据，或者需要耗费大量资源的内容，通过把这些内容放到 Redis 中，可以让应用程序快速地读取它们。在建筑碳排放计算分析软件中，建筑基本信息需要经常被访问，并且在创建首页的过程中会消耗较多资源，此时就可以使用 Redis 将整个首页缓存起来，从而降低网站的压力，减少页面访问的延迟时间。

在软件的架构中，主从模式（Master-Slave）是使用较多的一种架构。主（Master）和从（Slave）分别部署在不同的服务器上，当主节点服务器写入数据时，同时也会将数据同步至从节点服务器，通常情况下，主节点负责写入数据，而从节点负责读取数据。在建筑碳排放计算分析软件的 Redis 数据库中，合理地利用主从模式能够大幅度提升数据库的运行效率。

3）Elasticsearch

Elasticsearch 是一个实时的分布式存储、搜索、分析的引擎。

在建筑碳排放计算分析软件中，系统可以从指定的文件夹中自动搜索 ".xlsx" 或 ".xls" 格式的文件，如：建材碳排放因子、能源碳排放因子、交通运输碳排放因子、机械设备碳排放因子，并将 Excel 表格中的信息导入系统中，Elasticsearch 也可以存储从数据源头抽取到的数据信息。另外，在计算阶段，用户也可以导入实际工程的工程量清单信息进行碳排放量计算。

## 本章小结

本章梳理了国内外常见的建筑碳排放计算分析分析软件及相关研发背景，以美国 BEES、德国 GaBi、荷兰 SimaPro、中国东禾建筑碳排放计算分析软件及 PKPM-CES 建筑碳排放计算分析软件为例，分别介绍其软件功能、数据库等方面内容；随后对建筑碳排放计算分析软件常使用的敏捷开发模式进行了阐述，并对软件的需求分析、系统设计、编码、测试及系统维护这 5 个主要阶段进行了描述；同时也对建筑碳排放计算分析软件应包含的用户管理模块、业务管理模块、数据管理模块及系统管理模块这 4 类主要功能模块进行了详细介绍。之后，从软件系统架构、软件系统层次及软件技术架构三方面提供了一个完整的建筑碳排放计算分析软件架构的建立方法。最后，提出了适应于建筑碳排放计算分析软件的数据库架构设计与分析思路。

# 第 11 章

# 基于 BIM 技术的建筑碳排放
# 计算与管理平台设计

## 本章导读

　　建筑具有建设周期长、项目体量大、环境因素复杂等特点，会为建筑全生命周期碳排放的量化工作带来困难。随着建筑行业的产业升级与技术手段的不断更新，信息化正成为建筑领域的发展趋势之一，BIM 技术的出现为建设项目碳排放计算提供了解决方案。本章旨在以 BIM 技术为基础，结合关于建设项目全生命周期碳排放计量的相关理论的分析与研究，对一个基于 BIM 技术的建筑碳排放计算和管理平台进行介绍。首先简单列出 BIM 的相关技术理论，接下来结合具体案例详细解释基于 BIM 技术的建筑碳排放的计算参数集成过程，最后展示基于 BIM 技术的碳排放计算与管理平台的设计原理和实操过程。

本章主要内容及逻辑关系如图 11-1 所示。

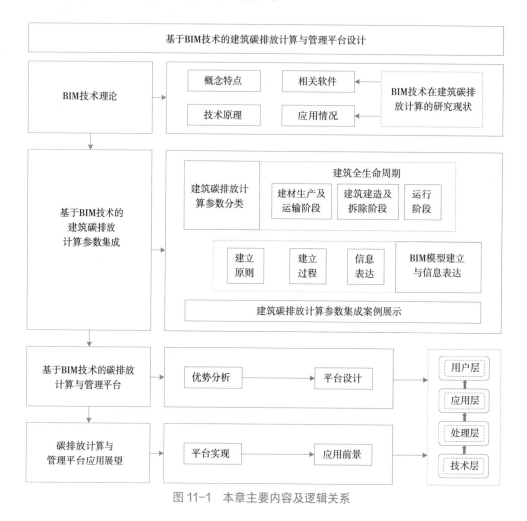

图 11-1　本章主要内容及逻辑关系

# 11.1　BIM 技术理论

## 11.1.1　BIM 的概念和技术原理

（1）BIM 的概念

BIM（Building Information Modeling）是建筑信息模型的简称，BIM 技术是虚拟建模技术、可视化技术和数字化技术的综合，其提供了信息交流共享的计算机平台，可对建设项目全生命周期的全部信息进行高效管理，增加项目收益。BIM 技术具有以下几点优势：

　　1）信息完备性。BIM 技术包含了建设项目从设计到拆除的全部信息，不同于 CAD 只是简单表示建筑构件，BIM 技术包括建筑结构的几何关系、建筑构件的形状尺寸等空间信息，以及建筑材料的数量、性能等物理信息。项目的各参与方能对建筑进行协同设计，在全生命周期内补充信息，并实现信息共享。

　　2）对象参数化。BIM 模型在构建的过程中明确了模型的几何参数及约束要点，以数字化的参数表示基本建筑构件。参数化表示在能耗分析和工程造价方面价值明显，通过统计建材、设备的工程量可以进行项目成本的概预算，通过模拟建设项目的能耗可以分析建筑的绿色化程度，进行建筑方案的对比和优化。

　　3）可视化 3D 模型。2D 模型的平面化展示效果不理想，基于 BIM 技术的 3D 模型能更好地展示建筑模型的多变形式和复杂造型。可视化技术能帮助项目各参与方更清晰地形成对建筑的认知和理解，有助于他们对项目进行更详细地沟通和交流。

　　4）导出成果的多元化。建设项目信息库是根据特定的规则构建的，各种形式的信息成果都能导出。如 BIM 模型可直接导出：平面图、立面图、剖面图、材料设备清单、工程量清单、管线综合布置图、碰撞检测报告等文档或表格形式的数据输出成果，有利于进行方案的比较分析和优化修改。

　　（2）BIM 的技术原理

　　BIM 技术最关键的应用是实现信息的表达、交流和共享。BIM 软件种类繁多，品牌、专业、功能不同的软件具有不同的数据格式，信息不能进行直接交流。国际上定义了规范化数据的表达和交流标准来解决这个问题，主要包括以下 3 个技术，如图 11-2 所示。

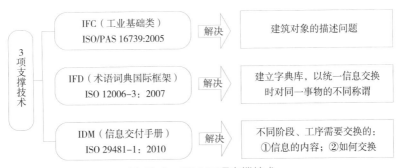

图 11-2　BIM 三项支撑技术

　　1）IFC

　　IFC（Industry Foundation Classes）标准编制的目的是给建筑业提供一个贯穿整个建筑决策、施工运营等全过程且不依靠任何系统的数据标准，以实现建筑工程各个阶段间信息交换与共享。IFC 标准提供了建筑项目全过程中对建筑构件、空间关系或组织等信息进行描述和定义的规范，其使用形式化的数据规范语言 EXPRESS 来描述建筑产品数据。

现阶段 IFC 标准体系主要由数据存储 IFC 标准、流程与交付标准 IDM（Information Delivery Manual）和数据信息模型视图 MVD（Model View Definition）三大标准构成，数据存储字典 IFD（International Framework for Dictionaries）辅助实现。

IFC 标准定义了建筑构件的几何信息与非几何属性，还有这些构件间是如何关联的。其架构包括 4 个层次：核心层、共享层、领域层以及资源层，提供了建筑全生命周期中对象和过程等的一系列定义。2014 年发行的正式版 IFC4 标准的层次架构如图 11-3 所示。

不过，当 IFC 标准付诸实践后会发现，只有完整的数据结构而不能恰好地表达信息并不能够完美地解决工程项目信息共享与交互的问题。这时就急需以 IFC 标准为基础，建立可靠的信息交付方法，对工程信息的交付过程给出清晰的定义，包括交付需求的定义，以及交付数据模型定义。

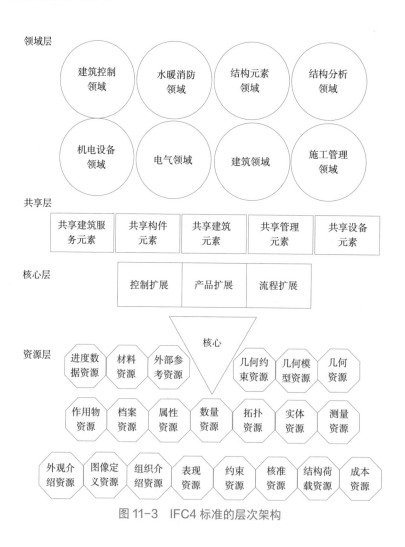

图 11-3　IFC4 标准的层次架构

2）IDM

IDM 是一种对建筑信息交互实际的工作流程和所需交互的信息进行定义的标准。IDM 的完整技术架构由流程图、交付需求、功能部件、商业规则和有效性测试 5 部分组成，其核心组件是流程图、交付需求和商业规则。

IDM 对建筑全生命周期过程中的各个工程阶段进行了明确的划分，同时详细定义了每个工程节点各专业人员所需的交流信息。IDM 的目标在于使得针对全生命周期某一特定阶段的信息需求标准化，并将需求提供给软件商，与公开的数据标准（IFC）映射，最终形成解决方案。IDM 标准的制定，将使 IFC 标准真正得到落实，并使得交互性能够实现并创造价值。而此时交互性的价值将不仅是自动交换，更大的利益在于完善工作流程。

### 11.1.2　BIM 相关软件和应用介绍

（1）BIM 相关软件介绍

BIM 的概念不等同于 BIM 软件，但软件是 BIM 应用的主要形式。通过一系列 BIM 相关软件可实现对建设项目的全生命周期的控制，包括建筑和结构设计、可持续分析、造价管理、模型检查管理、维护管理、可视化分析。将 BIM 软件根据应用的专业或方向来分类，如图 11-4 所示。

结合图 11-4 的 BIM 软件分类，表 11-1 列举了当今市场上应用广泛的一些 BIM 软件，主要突出软件的专业用途。

BIM 软件的技术特点主要有以下

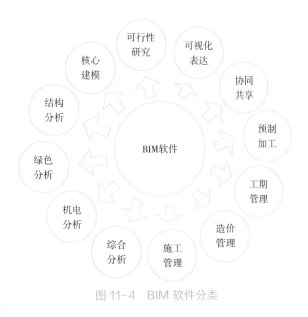

图 11-4　BIM 软件分类

几点：第一，模型的基本元素是建筑构件，构件都由数字化的形式表示和保存，以实现数据共享；第二，数据传输接口多样，支持 IFC 和 XML 等语言；第三，支持多样化的模型成果输出，可实现 3D 甚至动画展示，简单直观。而在绿色节能分析方面常用的 BIM 软件有 Ecotect Analysis、Green Building Studio、PKPM 等。

1）Ecotect Analysis

Ecotect Analysis 是一款具有三维可视化的模拟分析软件，可以处理复杂的形体模型。

常用的 BIM 软件及用途汇总 表 11-1

| 产品名称 | 厂家名称 | 可行性研究 | 核心建模 | 绿色 | 结构 | 机电 | 综合 | 预制加工 | 施工管理 | 造价管理 | 工期管理 | 协同共享 | 可视化表达 |
|---|---|---|---|---|---|---|---|---|---|---|---|---|---|
| | | | | 分析 | | | | | | | | | |
| Sketchup | Trimble | ● | | | | | | | | | | | |
| Rhino+GH | Robert McNeel | ● | ● | | | | | ● | | | | | |
| Revit | Autodesk | ● | ● | | | | | ● | | | | | |
| Digital Project | Gehry Technologies | ● | ● | | | | | | ● | | | | |
| CATIA | Dassault System | ● | ● | | | | | ● | | | | | |
| Tekla Structures | Tekla | ● | | | | | | ● | | | | | |
| Bentley | Bentley | ● | | | | | | | | | | | |
| Vasari | Autodesk | | | ● | | | | | | | | | |
| Green Building Studio | Autodesk | | | ● | | | | | | | | | |
| Ecotect | Autodesk | | | ● | | | | | | | | | |
| Simulation CFD | Autodesk | | | ● | | | | | | | | | |
| PKPM | 中国建筑科学研究院 | | | | ● | | | | | | ● | | |
| EnergyPlus | US Deparment of Energy | | | ● | | | | | | | | | |
| IES | IES | | | ● | | | | | | | | | |
| SAP | CSI | | | | ● | | | | | | | | |
| ETABS | CSI | | | | ● | | | | | | | | |
| 鸿业 | 鸿业 | | | | | ● | | | | | | | |
| 博超 | 博超 | | | | | ● | | | | | | | |
| ANSYS | ANSYS | | | | | | ● | | | | | | |
| Inventor | Autodesk | | | | | | | ● | | | | | |
| Naviswork | Autodesk | | | | | | | | ● | | ● | ● | ● |
| ProjectWise | Bentley | | | | | | | | ● | | ● | ● | |
| Solibri Model Check | Solibri | | | | | | | | ● | | | | |
| RIB itwo | RIB | | | | | | | | | ● | | | |
| Project | Microsoft | | | | | | | | | | ● | | |
| Primavera Project Planner | 上海普华科技发展有限公司 | | | | | | | | | | ● | | |
| Vault | Autodesk | | | | | | | | | | | ● | |
| SharePoint | Microsoft | | | | | | | | | | | ● | |
| ENOVIA | Dassault System | | | | | | | | | | | ● | |
| 3ds MAX | Autodesk | | | | | | | | | | | | ● |

软件覆盖了所有设计阶段需要的性能模拟和分析，包括日照与遮挡分析、太阳辐射与太阳能利用、光环境、热环境、声环境、可视化分析等。相比其他绿色建筑分析软件，Ecotect 可以与 Revit 实现单项的无缝对接，避免重复建模且模型数据兼容性强。此外，软件的分析结果可以通过图表呈现，可视化效果丰富。

2）Green Building Studio

Green Building Studio 是建立在云建筑资源能耗和碳排放量基础上的分析软件。将模型导出 gbXML 格式后上传到 GBS 服务器中，可以进行多种分析，如建筑整体能量、气象数据、碳排放量、水的使用和消耗等。但是该软件具有一定的局限性，如建筑出现不适合程序中的现有选项，得到的分析结果可能不精准。

3）PKPM

PKPM 软件是国内第一个基于《绿色建筑评价标准》GB/T 50378—2019 的绿色分析软件，分为节能和模拟两大类。节能软件数据库中包含了许多材料信息、各地的气象信息、节能规范以及评价方法。当前无论国内外，关于节能的设计软件都是作为一种评价指标来应用，相比之下，PKPM 软件不仅是一个计算软件，而且还是一个可以为设计师提供完整解决措施的系统。

（2）BIM 技术的应用现状

BIM 技术贯穿工程项目的全生命周期，尤其是复杂工程要求工程质量高，施工时间短，建设成本低时，BIM 技术更能凸显其优势。在项目全生命周期内 BIM 技术的应用如图 11-5 所示。

BIM 技术发源于美国，而后得到英国、芬兰、瑞典、日本、澳大利亚、中国等国家的认可和应用。现阶段，美国超过 50% 的设计单位、建筑企业、咨询单位等都应用 BIM 技术。各国也都提出了一系列的战略，如美国的 3D-4D-BIM 战略、新加坡的《新加坡 BIM 导则》、英国的《BIM 标准》、挪威的《BIM 交付手册》等，来倡导 BIM 技术在本国内的推广。BIM 技术在国外有广泛的应用，具体到某一项目，BIM 的决策流程如图 11-6 所示。

我国从 2003 年开始正式展开对 BIM 技术的相关研究，纵观我国建筑业的发展，BIM 在建筑业信息化的应用中并非独立的存在，BIM 技术以其数字化、可视化、模拟性的突出优点，打通了技术信息化和管理信息化之间的界限，实现工程建设各方信息的有效集成和共享。目前，BIM 技术在我国建筑行业的位置如图 11-7 所示。

目前基于 BIM 技术的建筑碳排放计算、评估、分析的研究涉及多个国家和地区，如美国、英国、韩国、马来西亚、德国、加拿大以及中国。从建筑类型来看，目前的研

图 11-5　BIM 技术在项目全生命周期的应用

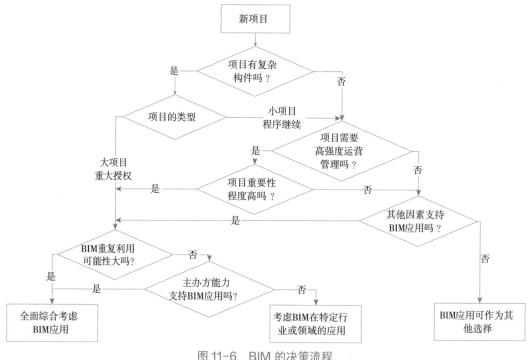

图 11-6　BIM 的决策流程

究涉及住宅、公寓、办公楼、天文台、火车站、博物馆等,但是对于医疗建筑却较少涉及。从使用的 BIM 软件来看,主要分为建模与分析两个部分。Autodesk Revit 是最常用的建模软件,此外也有研究采用 ArchiCAD 建立 3D CAD 图像,而国内研究中也有采用广联达 Glondon 来构建模型。在相关研究中,有学者通过 BIM 模型统计建材工程量,从而计算各阶段碳排放,大多数学者则是将 BIM 模型导入绿色建筑分析软件中,进行能耗及碳排放的模拟与计算。

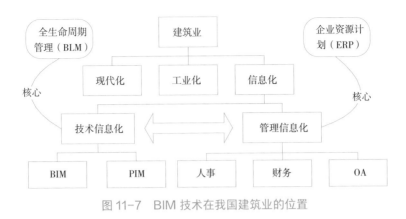

图 11-7　BIM 技术在我国建筑业的位置

# 11.2　基于 BIM 技术的建筑碳排放计算参数集成

BIM 技术自提出后在全球范围内得到业界的广泛认可，也成为我国推动建筑工业化发展的关键技术之一。BIM 技术通过建立建筑工程三维模型，将建筑设计、施工、运营直到拆除阶段的信息整合在三维模型信息数据库中，实现建筑全生命周期信息共享，为决策提供可靠依据，并衍生出各类 BIM 软件。例如，BIM 能耗分析软件的应用流程主要包括，将 BIM 三维模型转为标准化格式，如 IFC 文件，导入到能耗分析软件中，软件提取能耗分析所需参数，如项目地理信息、气候、环境、人员数量、围护结构特征等，最终计算得到建筑全年总能耗、逐月采暖/制冷最大负荷等结果。

从以上过程可以看出，开发基于 BIM 技术的应用首先需要明确应用中的计算所需信息如何在 BIM 模型信息数据库中进行表达、存储和提取。而开发基于 BIM 技术的建筑碳排放计算功能，需要将碳排放计算参数表示成 BIM 模型参数，再利用明细统计表或 IFC 解析器等从 BIM 模型中统计得到参数值,最后输入碳排放计算公式得到最终结果。

本节首先归纳整理建筑全生命周期碳排放计算需要的计算参数，其次以 Autodesk Revit 软件为例，介绍 BIM 模型的建立原则与过程，及 BIM 信息的典型表达方式，最后，将碳排放计算参数集成到 Revit 模型中，展示一个完整的集成过程。

## 11.2.1　建筑碳排放计算参数分类

根据《建筑碳排放计算标准》GB/T 51366—2019，建筑全生命周期碳排放计算分为 3 个阶段的计算，分别是建材生产及运输阶段（第 5 章）、建造及拆除阶段（第 6 章）和运行阶段（第 7 章），基本计算原理是每一阶段所消耗的资源数量与其对应的二氧碳排放因子的乘积,将 3 个阶段的碳排放量进行汇总,得到建筑全生命周期的碳排放量。下面介绍 3 个阶段资源消耗的计算参数。

建筑全生命周期,即建材生产及运输阶段、建造及拆除阶段和运行阶段,每一阶段所消耗的资源数量计算完成后,需要乘上对应的二氧化碳排放因子,才能计算出碳排放量。建材生产阶段,不同种类不同规格的建材有不同的碳排放因子;建材运输阶段,不同运输方式类别有不同的碳排放因子。建造及拆除阶段的资源消耗是机械台班的能源用量,即汽油、柴油、电,分别对应汽油、柴油、电的碳排放因子。运行阶段的资源消耗以耗电为主,对应电力碳排放因子。以上碳排放因子组成了碳排放因子库,计算时,直接查询因子库即可得到相应碳排放因子。因子库的构建参见本书第 3 章。

(1)建材生产及运输阶段

建材碳排放包含建材生产及运输阶段的碳排放,计算参数见表 11-2。其中,生产节点的计算参数与机械台班的参数类似,即分部分项工程量是对 BIM 模型中对应的构件统计得到的,分部分项工程的材料消耗量是将构件挂接定额信息得到。

建材生产及运输阶段资源消耗计算参数　　　　　表 11-2

| 计算范围 | 参数名 | 说明 |
|---|---|---|
| 建材生产 | 分部分项工程量 | 建材所属的分部分项工程,也是定额或清单中对应的项目 |
| | 建材消耗量 | 单位分部分项工程消耗材料数量 |
| | 建材名 | |
| | 规格 | |
| | 单位 | 建材计量单位 |
| 建材运输 | 建材名 | |
| | 数量 | |
| | 运输方式 | 运输所用交通工具及型号 |
| | 运输距离 | |

(2)建造及拆除阶段

建筑建造阶段的碳排放包括各分部分项工程施工产生的碳排放和各项措施项目实施过程产生的碳排放,拆除阶段的碳排放包括人工拆除和机械拆除产生的碳排放。建造阶段的计算参数见表 11-3,包括:第 $i$ 个分部分项工程量、第 $i$ 个项目单位工程量第 $j$ 种施工机械台班消耗量、第 $i$ 个项目第 $j$ 种施工机械台班的能源用量(kW·h/ 台班)、第 $i$ 个措施项目的工程量、第 $i$ 个措施项目单位工程量第 $j$ 种施工机械台班消耗量、第

$i$ 个措施项目第 $j$ 种施工机械台班的能源用量（kW·h/ 台班）。计算参数还包括了机械的名称、规格。措施项目包括脚手架工程、混凝土模板及支架、垂直运输、建筑物超高、施工排水及降水。拆除阶段的碳排放计算参数与建造阶段类似，不同之处在于拆除阶段的分部分项指的是拆除项目的分部分项。

建造阶段资源消耗计算参数　　　　　　　　　　表 11-3

| 参数名 | 说明 |
| --- | --- |
| 工程量 | 分为分部分项工程量和措施项目工程量 |
| 施工机械台班消耗量 | 完成单位工程量需要消耗的机械台班 |
| 施工机械台班的能源用量 | 单位台班消耗的能源 |
| 施工机械名称 | |
| 施工机械规格 | |

建造及拆除阶段的计算参数值有不同的来源。分部分项工程量是对 BIM 模型中对应的构件统计得到的，分部分项工程的机械台班消耗量是将构件挂接定额信息得到的，施工机械台班的能源用量来自能耗定额或由机械厂家提供。措施项目中，脚手架工程的工程量是对 BIM 模型中的脚手架统计得到的；模板及支架的工程量是根据支设模板构件的体积计算得到的；垂直运输的工程量根据建筑面积计算得到的；建筑物超高的工程量根据建筑面积计算；施工降排水工程量根据降排水方式不同而变化，如井点降水统计井点根数，人工挖土方排水统计挖土体积，潜水泵排水按日历天数计算；以上工程量对应的机械台班消耗量从挂接的定额中得到。

（3）运行阶段

运行阶段碳排放计算范围包括暖通空调、生活热水、照明及电梯、可再生能源和建筑碳汇系统，涉及的计算参数如表 11-4 所示。按照计算参数相关的建筑元素，将表 11-4 中的参数进行分类，如图 11-8 所示。

运行阶段资源消耗计算参数　　　　　　　　　　表 11-4

| 计算范围 | 参数名 | 说明 |
| --- | --- | --- |
| 暖通空调 | 单位面积暖通采暖耗电量（kW·h/m²） | 按照冬季室内热环境设计标准和设定的计算条件，计算出的单位建筑面积采暖设备每年所要消耗的电能 |
| | 建筑面积（m²） | |
| | 单位面积空调制冷耗电量（kW·h/m²） | 按照夏季室内热环境设计标准和设定的计算条件，计算出的单位建筑面积空调设备每年所要消耗的电能 |

| 计算范围 | 参数名 | 说明 |
|---|---|---|
| 暖通空调 | 制冷剂的全球变暖潜值 GWP | 释放 1g 制冷剂具有与释放 GWPg 二氧化碳相同的全球变暖效应 |
| | 制冷剂充注量（kg/ 台） | 一台制冷设备充注的制冷剂质量 |
| | 设备使用寿命 | |
| 生活热水系统 | 热水定额 | 参见《热水用水定额》 |
| | 用水计量单位数 | 人数或床位数 |
| | 生活热水输配效率 | 包括热水系统的输配能耗、管道热损失、生活热水二次循环或储存的热损失 |
| | 生活热水系统热源年平均效率 | 热能设备热效率 |
| 照明 | 房间类型 | 参见《建筑照明设计标准》GB 50034—2013 的房间或场所 |
| | 房间面积（m²） | |
| | 照明时间（h） | 房间每月照明小时数 |
| | 照明功率密度（W/m²） | 限值参见《建筑照明设计标准》GB 50034—2013 |
| 电梯 | 电梯速度（m/s） | |
| | 电梯载重量（kg） | |
| | 运行时间（h/ 天） | |
| | 特定能量消耗 [mW·h/（kg·m）] | 在一个特定行程周期内的运行需求除以额定负载和运行距离 |
| | 待机能耗（W/h） | |
| | 待机时间（h/ 天） | |
| | 电梯台数 | |
| 可再生能源系统 | 太阳集热器面积（m²） | |
| | 集热器平均集热效率 | 取值要求参见《建筑给水排水设计标准》GB 50015—2019 |
| | 管路和储热装置的热损失率 | |
| | 太阳集热器采光面上的年平均太阳辐照量 [MJ/（m²·a）] | 参考气象资料 |
| | 光伏系统光伏面板净面积（m²） | |
| | 光伏电池的转换效率 | |
| | 光伏系统的损失效率 | |
| | 光伏电池表面的年太阳辐射照度 [kW·h/（m²·a）] | 参考气象资料 |

## 11.2.2 BIM 模型建立与信息表达

### （1）BIM 模型建立原则

与二维图纸相比，三维模型更能解决"可计算"深层次应用问题，BIM 模型分为多种，不同阶段不同用途的模型对所建立模型的总体要求和精细度也存在差异，缺乏 BIM 建模标准的情况下，一般先建立三维模型再考虑应用，但在实际应用中往往存在参数不

运行阶段计算参数

- 与整个项目有关：单位面积暖通采暖耗电量、单位面积空调制冷耗电量、年太阳辐射照度、建筑面积
- 与空调设备有关：制冷剂的全球变暖潜值、制冷剂充注量、设备使用寿命
- 与房间有关：热水定额、用水计量单位数、房间面积
- 与生活热水设备有关：生活热水输配效率、生活热水系统热源年平均效率
- 与电梯有关：电梯速度、电梯载重量、运行时间、特定能量消耗、待机能耗、待机时间、电梯台数
- 与太阳集热器有关：太阳集热器面积、集热器平均集热效率、管路和储热装置的热损失率
- 与光伏面板有关：光伏系统光伏面板净面积、光伏电池的转换效率、光伏系统的损失效率

图 11-8　运行阶段计算参数按相关元素分类

完整、模型与要求不匹配等情况。因此，在建立三维模型前应明确所需模型的用途、要求和模型精细度，转变思想，从而保证 BIM 模型功能作用的充分发挥。

1）总体要求

总体要求指建立不分阶段、不分用途的三维模型，由于针对范围较广，所以总体要求较少，但任何模型必须满足总体要求，主要包含以下几点：原点一致 [ 一般采用（0，0，0）作为原点 ]、模型精度较低、可适用文字等信息加以说明、模型中任一构件的任何几何和非几何信息均应是唯一且能够辨识的。

2）模型精细度

BIM 三维模型建立前需要定义模型的精细程度和用途，根据模型的精细程度分为概念模型、初步设计模型、施工模型、运营模型 5 类，根据模型用途分为设计模型、施工模型、进度模型、成本模型等。我国在《建筑设计信息模型交付标准》中指出为使国际交流更加顺畅，仍沿用国际常用的标准进行等级划分，具体见表 11-5。

由于建立的三维模型主要用于建筑全生命周期碳排放计算，在模型建立过程中应满足对模型工程量和碳排放计算参数提取等的要求，一般主要用于方案设计、初步设计和施工图设计阶段，因此在建模过程中可以选择 LOD200 或 LOD300，保证数据的可对比性。

3）模型建立及各专业协同

市场上三维建模软件种类繁多，本章依据建筑工程特点选用以 Autodesk Revit 为核心建模平台，其在民用建筑市场借助 AutoCAD 的天然优势，成为民建工程中市场占有率最高的建模平台。

按照建筑工程各专业模型精细度要求，依据 Revit Architecture 和 Revit Structure 各专业特点和适用范围，分别建立建筑工程的建筑和结构模型，其中 Architecture 注重整个模型的建立，包括墙、建筑柱、门、窗等；Structure 注重结构构件模型的建立，包括结

模型精细度划分及阶段用途　　　　　　　　表 11-5

| 等级 | 简称 | 适用阶段 | 阶段用途 |
|---|---|---|---|
| 100 级精细度 | LOD100 | 勘察 / 概念化阶段 | 项目可行性研究 |
| | | | 项目用地许可 |
| 200 级精细度 | LOD200 | 方案设计 | 建筑防范评审报批 |
| | | | 设计概算 |
| 300 级精细度 | LOD300 | 初步设计 / 施工图设计 | 专项评审报批 |
| | | | 节能初步评估 |
| | | | 建筑造价控制 |
| | | | 建筑工程施工许可 |
| | | | 施工招标投标计划 |
| 400 级精细度 | LOD400 | 虚拟建造 / 产品预付 / 采购 / 验收 / 交付 | 施工预演 |
| | | | 集中采购 |
| | | | 施工阶段造价控制 |
| 500 级精细度 | LOD500 | 结算 | 施工结算 |

资料来源：袁荣丽（2019）。

构柱、梁、桁架、钢筋等。通过 Revit 软件建立建筑工程各专业模型，需要各专业之间进行整合，通常以协同设计方式进行整合，协同方式主要有 Revit 链接模型和工作集两种方式，相比之下，使用工作集协同的方式比 Revit 链接更加方便。使用链接进入的模型无法自动修改，只能返回源文件中进行修改再重新链接，若进行多次优化设计，则会产生多次修改并链接，无法实现 BIM 的快速优化功能；但使用以"工作集"为基础的模型协同共享方式，是将不同的设计共同上传至云文件，在一个整体的文件中反映问题，从而进行专业修改，再上传至云文件，提高了各专业之间的工作效率，能够进行实时信息共享。采用工作集的方式协同主要包含以下 4 大步骤：各专业本地文件创建、对不同专业的工作权限进行定义、图元借用、模型成果同步。采用工作集方式进行模型协同建立应用方案如图 11-9 所示。

（2）建筑模型建立过程

本节以建筑模型为例，展示模型在 Autodesk Revit 建模平台的 Revit Architecture 软件中的建立过程。

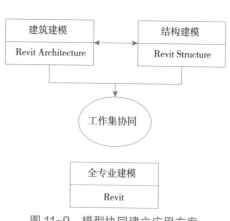

图 11-9　模型协同建立应用方案
资料来源：袁荣丽（2019）。

　　Revit Architecture 是一款三维参数化建筑设计软件，是有效创建信息化建筑模型（BIM）的设计工具。Revit Architecture 打破了传统的二维设计中平立剖视图各自独立互不相关的协作模式。它以三维设计为基础理念，直接采用建筑师熟悉的墙体、门窗、楼板、楼梯、屋顶等构件作为命令对象，快速创建出项目的三维虚拟 BIM 建筑模型，而且在创建三维建筑模型的同时自动生成所有的平面、立面、剖面、统计表等视图，从而节省了大量的绘制与处理图纸的时间，让建筑师的精力能真正放在设计上而不是绘图上。

　　由于所有的平面、立面、剖面、透视、节点等视图都是三维虚拟建筑的某角度视点的真实反映，而不再是互不关联的二维点、线等图元（图 11-10），所以当用户在任意一个视图中修改设计时，其他所有的视图都会自动更新，而无须人为手动检查更新。因此在设计初期就可以自动避免因为绘图带来的人为设计错误，大大减少了建筑设计和施工期间由于图纸错误引起的设计变更和返工，提高了设计和施工的质量与效率。

　　建筑模型建立的方法与过程如图 11-11 所示。

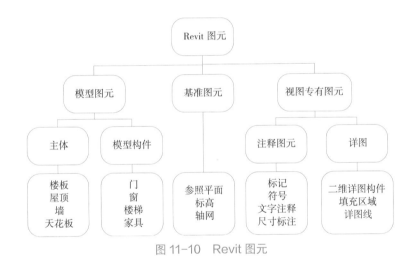

图 11-10　Revit 图元

　　1）分析数据

　　在数据分析阶段，熟悉二维图纸，对图纸上的每一体量进行分析，了解每一体量属性，为构件属性设置提供数据。

　　2）创建族库族分类和构件

　　属性设置是建模的关键环节，Revit 软件中，信息模型的墙体、门窗、尺寸等基本图形单元为图元，所有图元都以"族"的方式创建和调用。同一族中不同形状的构件可分为不同类型，同一类型尺寸不同的构件为实例，本阶段主要是将不同的门、窗、楼梯添加到 Revit 族里。根据二维图纸，画出每一层的墙体，分出外墙、内墙、剪力墙和标

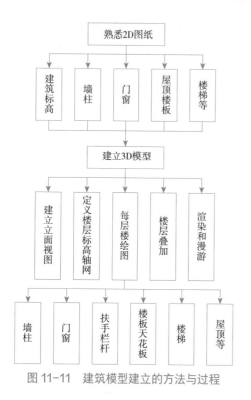

图 11-11　建筑模型建立的方法与过程

准墙等，注意每一道墙的厚度，画出墙的基点等。画完墙后就可以在墙体上添加门窗，由于建筑物的门窗较多，所以工作量较大，需一点点对应画出。每添加一个新的门或窗都需要补充到 Revit 族里，这样的族可以下次继续使用。添加门窗时一定要在墙上，如果没有墙，则不能实现其命令。随后可以对建筑物的柱、梁、楼地板等进行添加，注意结构柱、结构梁和非结构柱、梁。然后可以根据图纸上对楼梯的要求在每一层画出楼梯，设置阶数、高度等，添加扶手设置好搭接。楼梯画好之后再在楼梯处留出洞口，并可以使用复制粘贴的功能在每层相同位置挖出楼板，自动生成洞口。墙建模、柱建模、楼梯建模如图 11-12 所示。

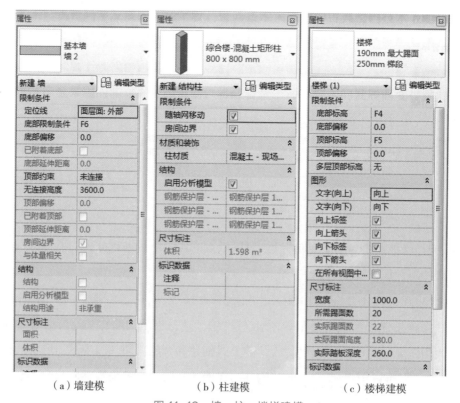

（a）墙建模　　　　　　　（b）柱建模　　　　　　　（c）楼梯建模

图 11-12　墙、柱、楼梯建模

3）建立模型

使用 Revit 现有的通用项目模板创建模型项目，在轴网中对每个构件的插入位置进行定位后，从上至下逐个载入族类型，并进行构件实例属性的修改和添加。

（3）BIM 模型信息表达

作为一种信息数据库，BIM 模型描述了建筑物的几何信息和非几何信息。几何信息表示空间几何特征，如长、宽、高等，还包括位置、方向、体积、面积等；非几何信息包括类别、材料及其属性、管理信息、物理属性等。下面以 Revit 为例，说明信息的表达方式。

1）图元分类

Revit 对模型中的图元的分类有 4 个层次，自上而下分别为类别、族、族类型和族实例。类别是以建筑构件性质为基础进行归类，内置在 Revit 中，不可更改。类别可分为模型类别和注释类别。模型类别包括构成建筑模型的图元，如专用设备、墙、地形、家具、房间、灯具、电气装置、项目信息等，共 80 项；注释类别包括文字、尺寸标注和标记，共 136 项。类别下一级是族，同一类别下，根据形状，使用方式等，区分不同族。如图 11-13 所示，墙类别下，分为叠层墙、基本墙、幕墙等。族的下一层是族类型，通过族的参数区分不同类型之间的差异，如基本墙族可以依据用途、材质、厚度等参数分为常规 -140mm 砌体、常规 -200mm 实心等族类型。将一个族类型插入到项目中后，生成的图元是一个族实例。

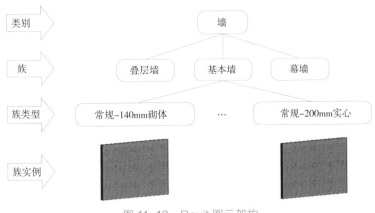

图 11-13　Revit 图元架构

2）参数

Revit 的参数用来展示和控制元素的信息和属性。根据影响范围不同，参数可以分为类型参数和实例参数。对于族类型参数，相同族类型的每个实例都具有相同的参数值，而实例参数的值只与当前实例有关，不影响其他实例。当需要向 Revit 添加自定义参数时，根据参数使用范围不同，添加方式可以分为添加项目参数和添加共享参数。两种参数的区别在于，项目参数只能在当前项目中起作用，而共享参数将参数保存在文本文档中，可以被多个项目使用。

下面分别介绍族参数、项目参数和共享参数的创建过程。

①族参数（图 11-14）

新建族，选择族样板，在族编辑器中，"创建"选项卡的"属性"面板，打开"族类别和族参数"对话框，指定类别；创建族参数，需要在"属性"面板中打开"族类型"对话框，通过点击"参数"下的"添加"，打开"参数属性"对话框；输入参数名称，选择参数类型，明确是类型参数还是实例参数。

（a）族类别和族参数　　　　（b）族类型　　　　（c）参数属性

图 11-14　族参数创建过程

②项目参数（图 11-15）

创建项目参数，在 Revit 项目中通过"管理"选项卡的"设置"面板点击"项目参数"，在对话框中点击"添加"，打开"参数属性"对话框；该对话框与族参数的相似，最大的区别是，出现了"类别"选项，选择要应用此参数的图元类别，可以多选；确定类别之后，该类别下的族实例中，都会出现该参数。

③共享参数（图 11-16）

创建共享参数，在 Revit 项目中通过"管理"选项卡的"设置"面板点击"共享参数"。可以创建共享参数文件，或者打开已有的共享参数文件；之后，新建参数组，或选择已有的参数组，新建参数；共享参数创建完成之后，可以被添加到族或项目中；在族文件中，"参数属性"对话框中，"参数类型"选择"共享参数"，默认打开"共享参数"中

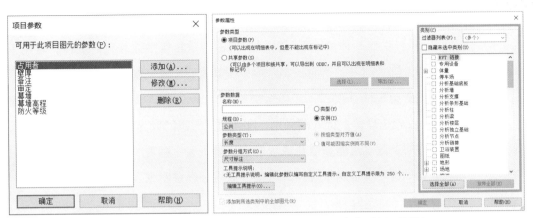

（a）"项目参数"对话框　　　　　　　　（b）"参数属性"对话框

图 11-15　项目参数创建过程

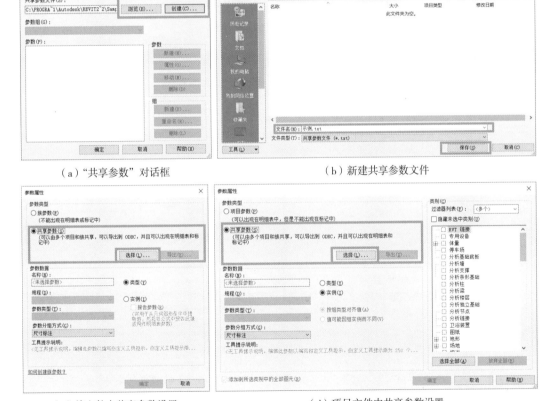

（a）"共享参数"对话框　　　　　　　　（b）新建共享参数文件

（c）族文件中共享参数设置　　　　　　（d）项目文件中共享参数设置

图 11-16　共享参数创建过程

的共享参数文件，从中选择需要的共享参数；在项目文件中，通过"项目参数"的"参数属性"对话框选择"共享参数"，同样，默认打开"共享参数"中的共享参数文件，从中选择需要的共享参数，同时，需要为共享参数设置类别。

3）明细表

明细表是 Revit 提供的一种统计工具，提取构件的数量等参数并进行统计，常用于工程量统计和材料采购管理等。下面主要介绍"明细表 / 数量"和"材质提取"。

①明细表 / 数量（图 11-17）

创建明细表，首先选择需要统计的类别，该类别下的实例成为待统计的对象；其次，添加待统计的构件的参数，这些参数将成为明细表的表头；接着，设置过滤器，通过对参数值的关系运算，进一步限制带统计的对象；最后，设置明细表的格式和外观。

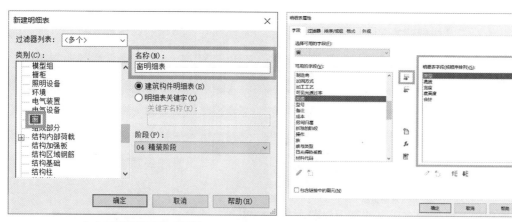

（a）"新建明细表"对话框　　　　（b）添加待统计构件参数

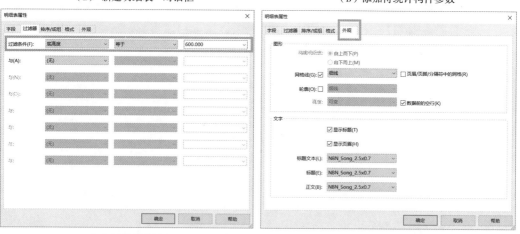

（c）过滤器设置　　　　（d）外观设置

图 11-17　明细表创建过程

②材质提取（图 11-18）

材质提取明细表统计构件的材质信息，如材质名、面积、体积等。创建明细表，首先选择待统计的构件所属类别；随后，确定待统计构件的参数以及材质相关的参数，这些参数会出现在明细表表头中；最后，对明细表进行排序、成组或格式操作。

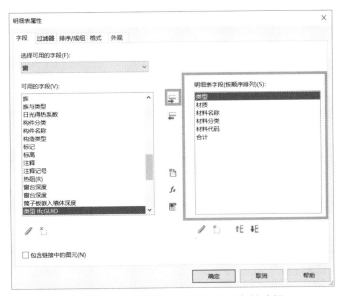

图 11-18　材质提取明细表待统计参数选择

### 11.2.3　建筑碳排放计算参数集成案例展示

在 Revit 软件中，碳排放计算参数可以以共享参数或项目参数的方式添加到 Revit 模型中成为属性。模型属性的创建可以在建模过程中或是模型建成后进行。在模型属性创建成功后，根据具体建筑项目内容对这些属性赋值，从而完成碳排放计算参数值在建筑模型上的集成。

本节主要介绍如何采用添加共享参数的方法，在 BIM 模型中创建建筑碳排放计算所需要的参数属性。

（1）建立共享参数文件

存放碳排放相关参数的 txt 文件，其示例如图 11-19 所示。

（2）导入共享参数文件（图 11-20）

①下载"碳排放相关参数 .txt"到本地。

②点击管理选项卡下的"共享参数"，弹出的对话框点击"浏览"命令，找到本地的"碳排放相关参数 .txt"。

（3）添加"建筑信息"组

①点击管理选项卡下的"项目参数"命令，弹出的对话框点击"添加"，在"参数属性"对话框中点击"共享参数"，再点击"选择（L）…"按钮，如图 11-21 所示。

②在"参数组"的下拉菜单中选择"建筑信息"，在"参数"列表中选择"建筑类型"，点击"确定"按钮，如图 11-22 所示。

```
# This is a Revit shared parameter file.
# Do not edit manually.
*META    VERSION MINVERSION
META     2       1
*GROUP   ID      NAME
GROUP    1       生活热水信息
GROUP    3       照明信息
GROUP    4       电梯信息
GROUP    5       建材
GROUP    6       建筑信息
GROUP    7       太阳能热水信息
GROUP    8       光伏发电
GROUP    9       暖通空调信息
GROUP    10      施工机械
```

| *PARAM | GUID | NAME | DATATYPE | DATACATEGORY | GROUP | VISIBLE | DESCRIPTION | USERMODIFIABLE | HIDEWHENNOVALUE |
|---|---|---|---|---|---|---|---|---|---|
| PARAM | 0bb60801-5cd0-477e-8ea7-319893f633f9 | 用户单位 | TEXT | | 1 | 1 | | 1 | 0 |
| PARAM | fb8b6c03-c474-405a-960d-13f1d289c04f | 运行时间 | NUMBER | | 4 | 1 | | 1 | 0 |
| PARAM | 0d989505-c7d1-4da8-8360-22387645a6a2 | 项目名称 | TEXT | | 6 | 1 | | 1 | 0 |
| PARAM | e09c790a-5184-4f4f-a51d-d8f2a5e1692e | 太阳能热利用面积 | AREA | | 7 | 1 | | 1 | 0 |
| PARAM | 0118660e-f850-45ec-a53c-c016c491e207 | 建筑楼层：地上 | INTEGER | | 6 | 1 | | 1 | 0 |
| PARAM | 94516a18-b90d-4709-9f5a-7ee5926e2e71 | 台班数量 | NUMBER | | 10 | 1 | | 1 | 0 |
| PARAM | 48a5591f-43b7-4860-b2f4-3e01e44b620 | 结构类型 | TEXT | | 6 | 1 | | 1 | 0 |
| PARAM | ca58c826-466f-4b5f-b193-8d382b599513 | 施工机械规格型号 | TEXT | | 10 | 1 | | 1 | 0 |
| PARAM | 7c7cb52e-d580-4f3a-8cb4-f848de2daaba | 运输方式 | TEXT | | 5 | 1 | | 1 | 0 |
| PARAM | 422e0037-3ed4-4cde-82eb-4a85d6809874 | 光伏系统转换效率 | NUMBER | | 8 | 1 | | 1 | 0 |
| PARAM | 4234f43a-8927-465b-b10d-52051cb1d076 | 照明功率密度 | NUMBER | | 3 | 1 | | 1 | 0 |
| PARAM | 10a1db3c-2142-4fbc-8a7b-e7b855ee6d02 | 空调/供冷量性能等级 | NUMBER | | 4 | 1 | | 1 | 0 |
| PARAM | 09ff3e41-2fab-488b-b1e4-0ec11bfe3fae | 建筑位置 | TEXT | | 6 | 1 | | 1 | 0 |
| PARAM | c0fc814a-fb17-48b5-831b-fb09c2573353 | 设备全平均效率 | NUMBER | | 1 | 1 | | 1 | 0 |
| PARAM | 853ab24c-36bf-4b9a-98d1-1ea791688959 | 待机时间 | NUMBER | | 4 | 1 | | 1 | 0 |
| PARAM | 0d58d350-dc35-426d-a91d-26bfba48f688 | 制冷剂类型(GWP) | TEXT | | 9 | 1 | | 1 | 0 |
| PARAM | 66034e52-0939-40c1-bf05-9df1855c03a7 | 设计阶段 | TEXT | | 6 | 1 | | 1 | 0 |
| PARAM | f71c995b-b5de-4631-b651-4d80a709d251 | 建筑楼层：地下 | INTEGER | | 6 | 1 | | 1 | 0 |
| PARAM | 3fe49b5f-0a39-4a2c-93b1-a7bdabb8bc21 | 单位面积暖通耗电量(Kw.h/m²) | NUMBER | | 9 | 1 | | 1 | 1 |
| PARAM | 33ad8264-5935-4ae8-9449-bb4b9ee32fff | 建材规格型号 | TEXT | | 5 | 1 | | 1 | 0 |
| PARAM | cc55a87d-d75b-45df-a993-560044d0ea64 | 管路和储热装置的热损失率 | NUMBER | | 7 | 1 | | 1 | 0 |
| PARAM | a964917f-2351-4315-a656-fe0353b7f7d7 | 运行能量性能等级 | NUMBER | | 4 | 1 | | 1 | 0 |
| PARAM | 566f1683-4d1c-43c9-abb2-e0a615a1ec5c | 设计使用年限 | NUMBER | | 6 | 1 | | 1 | 0 |
| PARAM | 3adff28a-b663-44e0-9c72-60d60028152c | 电梯速度 | NUMBER | | 4 | 1 | | 1 | 0 |
| PARAM | 758e7d8b-649a-450c-9d60-81eeff60cb49 | 建材名称 | TEXT | | 5 | 1 | | 1 | 0 |
| PARAM | a8f65692-5cac-48ce-bcaf-fba02bdb9369 | 光伏板太阳能接受辐照方向 | TEXT | | 8 | 1 | | 1 | 0 |
| PARAM | b51e6393-81b5-45da-a9b1-dfeeb1a1bcd8 | 施工机械名称 | TEXT | | 10 | 1 | | 1 | 0 |
| PARAM | b89c9593-bb77-4d96-bc11-d34f36e3d230 | 光伏系统光伏面板净面积 | AREA | | 8 | 1 | | 1 | 0 |
| PARAM | b5a2699e-a830-455f-8c29-201cf850743b | 月照明小时数 | NUMBER | | 3 | 1 | | 1 | 0 |
| PARAM | 19bfaea3-b4c9-495e-b636-1d3406b650c4 | 单位面积空调冷耗电量(Kw.h/m²) | NUMBER | | 9 | 1 | | 1 | 1 |
| PARAM | 73d1c9a8-d31a-4852-b0f3-41903f9e25fd | 太阳能接受辐照方向 | TEXT | | 7 | 1 | | 1 | 0 |
| PARAM | 03e29aa9-d92c-4582-91b4-ffbc50ecaa91 | 集热器平均效率 | NUMBER | | 7 | 1 | | 1 | 0 |
| PARAM | 7013f1a9-2f84-4359-ae6e-77cc8edce8fe | 电梯载重量 | LENGTH | | 4 | 1 | | 1 | 0 |
| PARAM | 2762daaa-f02a-4ddc-870a-802f3a508213 | 充注量(Kg/台) | NUMBER | | 9 | 1 | | 1 | 0 |
| PARAM | b3a7c8ab-6495-47e9-83ea-ecd6e2421ddd | 用户数量 | INTEGER | | 1 | 1 | | 1 | 0 |
| PARAM | 8602b5ad-a7e3-44c0-85e2-c9904d44dbbf | 集热器平均集热效率 | NUMBER | | 7 | 1 | | 1 | 0 |
| PARAM | c29b89bb-1a5e-4346-854e-855e519673e3 | 设备使用年限 | NUMBER | | 1 | 1 | | 1 | 0 |
| PARAM | 2eef0ee2-c070-47ad-ba56-c03fa4be73b1 | 电梯使用强度 | TEXT | | 4 | 1 | | 1 | 0 |
| PARAM | a7ee1ae4-703c-4b84-bb10-61bf120facc9 | 光伏电池转换效率 | NUMBER | | 8 | 1 | | 1 | 0 |
| PARAM | 723550e9-e7cb-4aae-a5b5-e82759d1fedc | 房间类型 | TEXT | | 1 | 1 | | 1 | 0 |
| PARAM | f114cfea-7090-4183-b8f4-d44dc7402dfb | 运输距离 | LENGTH | | 5 | 1 | | 1 | 0 |
| PARAM | b91091f0-52bf-40c0-9f16-d3af708a208e | 绿化面积 | AREA | | 6 | 1 | | 1 | 0 |
| PARAM | 833772f1-3fe7-4cc0-ad6d-a20612cbf20 | 管网输配效率 | NUMBER | | 6 | 1 | | 1 | 0 |
| PARAM | 8efd69f8-b7ce-4724-bf61-5faa4d402580 | 建筑面积 | AREA | | 6 | 1 | | 1 | 0 |
| PARAM | e06b0efb-9052-46dc-a7e3-d062fa225db2 | 建筑类型 | TEXT | | 6 | 1 | | 1 | 0 |
| PARAM | 6281bdfd-8bf0-407e-8847-5ba681a245d0 | 生活热水输配效率 | NUMBER | | 7 | 1 | | 1 | 0 |

图 11-19　碳排放相关参数示例

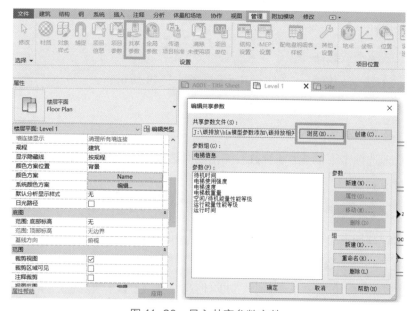

图 11-20　导入共享参数文件

图 11-21　添加项目参数

③在"参数属性"对话框中选择"实例",在"过滤器列表"的下拉菜单中选择"建筑",在"类别"选项中选择"项目信息",最后点击"确定",如图 11-23 所示。

④"建筑信息"中的其他参数,可以遵循①~③的步骤。

（4）添加"生活热水"组

①点击管理选项卡下的"项目参数"命令,弹出的对话框点击"添加",在"参数属性"对话框中,点击"共享参数",再点击"选择（L）…"按钮。

②在"参数组"的下拉菜单中选择"生活热水",在"参数"列表中选择"房间类型",点击"确定"按钮。

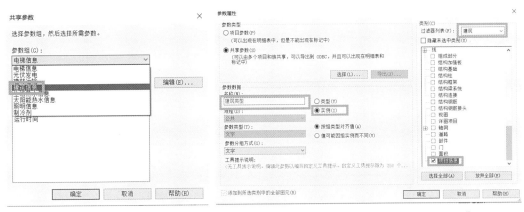

图 11-22　选择参数组及参数　　　　图 11-23　确定参数属性为"项目信息"

③在"参数属性"对话框中选择"实例",在"过滤器列表"的下拉菜单中选择"建筑",在"类别"选项中选择"房间",最后点击"确定"。

④"生活热水"中的其他参数,可以遵循①~③的步骤。

（5）添加"暖通空调信息"组

①点击管理选项卡下的"项目参数"命令,弹出的对话框点击"添加",在"参数属性"对话框中点击"共享参数",再点击"选择（L）…"按钮。

②在"参数组"的下拉菜单中选择"暖通空调信息",在"参数"列表中选择"充注量（kg/台）",点击"确定"按钮。

③在"参数属性"对话框中,选择"实例",在"过滤器列表"的下拉菜单中选择"机械",在"类别"选项中选择"机械设备",最后点击"确定"。注意,如果用户的暖通空调设备类别不是机械设备,而是常规模型,则需要将"常规模型"也点选上。类别可以在族文件的"族类别"中设置以及查阅,如图11-24所示。

④"暖通空调信息"中的其他参数,可以遵循①~③的步骤。

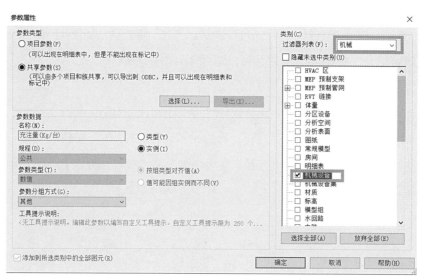

图11-24　确定参数属性为"机械设备"

（6）添加"照明信息"组

与"生活热水"组一致。

（7）添加"电梯信息"组

①点击管理选项卡下的"项目参数"命令,弹出的对话框点击"添加"。

②在"参数属性"对话框中点击"共享参数",再点击"选择（L）…"按钮。

③在"参数组"的下拉菜单中选择"电梯信息",在"参数"列表中选择"待机时

间"，点击"确定"按钮。

④在"参数属性"对话框中选择"实例"，在"过滤器列表"的下拉菜单中选择"建筑"，在"类别"选项中选择"专用设备"，最后点击"确定"。注意，如果用户的电梯类别不是专用设备，而是其他类别，则需要点选对应的类别，具体参照本节（5）中的步骤③。

⑤"电梯信息"中的其他参数，可以遵循①~④的步骤。

（8）添加"太阳能热水信息"组

①点击管理选项卡下的"项目参数"命令，弹出的对话框点击"添加"，在"参数属性"对话框中点击"共享参数"，再点击"选择（L）…"按钮。

②在"参数组"的下拉菜单中选择"太阳能热水信息"，在"参数"列表中选择"管路和储热装置的热损失率"，点击"确定"按钮。

③在"参数属性"对话框中选择"实例"，在"过滤器列表"的下拉菜单中选择"机械"，在"类别"选项中选择"机械设备"，最后点击"确定"。注意，如果用户的太阳能集热器类别不是机械设备，而是其他类别，则需要点选对应的类别，具体参照本节（5）中的步骤③。

④"太阳能热水信息"中的其他参数，可以遵循①~③的步骤。

（9）添加"光伏发电"组

与"太阳能热水信息"组步骤一致。

（10）添加"施工机械"组

①点击管理选项卡下的"项目参数"命令，弹出的对话框点击"添加"，在"参数属性"对话框中点击"共享参数"，再点击"选择（L）…"按钮。

②在"参数组"的下拉菜单中选择"施工机械"，在"参数"列表中选择"施工机械规格型号"，点击"确定"按钮。

③在"参数属性"对话框中选择"实例"，在"过滤器列表"的下拉菜单中选择"机械"，在"类别"选项中选择"机械设备"，最后点击"确定"。注意，如果用户的施工机械类别不是机械设备，而是其他类别，则需要点选对应的类别，具体参照本节（5）中的步骤③。

④"施工机械"中的其他参数，可以遵循①~③的步骤。

（11）添加"建材"组

①点击管理选项卡下的"项目参数"命令，弹出的对话框点击"添加"，在"参数属性"对话框中点击"共享参数"，再点击"选择（L）…"按钮。

②在"参数组"的下拉菜单中选择"建材",在"参数"列表中选择"建材规格型号",点击"确定"按钮。

③在"参数属性"对话框中选择"实例",在"过滤器列表"的下拉菜单中选择"建筑",在"类别"选项中选择"材质",最后点击"确定"。

④"建材"中的其他参数,可以遵循①~③的步骤。

# 11.3 基于BIM技术的碳排放计算与管理平台

本节基于前面章节所建立的碳排放计算公式模型对建筑碳排放进行计算,结合当下碳排放计算要求和信息化发展需求,构建相关平台来更好地实现对碳排放的计算和管理。从平台开发角度,确定基于BIM技术的碳排放计算与管理平台的整体结构体系,遵从平台设计原则,设计平台的总体框架、平台的功能模块以及平台的BIM接口,并进行对应的平台开发,将平台的应用功能落地,实现标准化、数字化、可视化的建筑碳排放计算及管理。

## 11.3.1 优势分析

（1）适应信息化发展趋势

当前,建筑行业BIM技术迅速发展,带动着整个行业信息化的发展,未来BIM技术将会贯穿于建筑全生命周期各个阶段。基于BIM技术的建筑碳排放的量化,主要通过提取BIM三维模型中的有效数据进行碳足迹计算的方式完成,并结合所建立的模型进行平台应用开发,适应当前行业信息化的发展以及行业未来的发展趋势。

（2）健全优化碳排放因子库

基于排放系数法的建筑碳排放计算需要依赖完备的碳排放因子数据。具有中国本土化、数据相对完整、可以实现快速查询等功能的建筑全生命周期碳排放因子库可以克服当前碳排放度量工作中排放因子针对性差、时效性差、地域性差等问题。碳排放因子库的建立健全、因子库与BIM平台的互联互通是当下实现建筑碳排放计算自动化、精准化、智能化的关键。

（3）实现碳排放快速计算

建筑全生命周期碳排放是一个难以量化的数据,要实现快速计算更为量化碳足迹增加了困难。在工程设计阶段,通过初步设计量化碳排放进行建筑优化设计,可能会存在多次优化，但设计阶段周期较短，如果进行手工计算，会耽误设计周期，造成设计工作无法在规定的时间内完成，产生延期，以致工程整体进度产生延误；而平台的协同优势能够实现建筑碳排放的快速计算，保证工程进度。

## 11.3.2　平台设计

（1）设计原则

1）安全可靠性原则

本平台是建筑碳排放进行计算与分析的一个操作平台，基于 BIM 技术的建筑碳排放计算与分析平台可运用至建筑的各个阶段，每个阶段均存在招标投标、设计、采购、施工等相关的数据，这些数据在工程建设之前具有高度的保密性，尤其是在招标投标、设计阶段，这些数据不能随便泄露，因此要求本平台设计具有高度的安全可靠性。

2）实用性原则

平台开发是为更好地服务于项目，并非提高项目的成本，因此，在平台开发阶段，应充分考虑平台应用的成本，在满足应用需求的前提下，尽量降低开发成本，保证应用平台能够提高建设效率。此外，在应用过程中，应提供较为友好的应用界面，建立平台和用户交互的友好环境，平台应满足可定制、易上手操作、易调整的原则。

3）健壮性原则

平台能够有效提高物化碳足迹计算效率，且具有一定的鲁棒性，在导入模型参数时，能够保证数据导入的准确性，若导入有误，平台可以识别出并采用合理的处理方式，保证平台不出现崩溃、死机的情况，提高平台的稳定性。

4）易维护原则

平台在运行过程中，难免由于需求分析不完善，导致用户使用出现问题，此时，要求平台在开发阶段考虑易维护原则。在不当操作或平台出现错误等情况下，开发人员能够快速地进行系统维护，保证用户的使用。

5）可参与性原则

大多数操作软件或应用平台以能够满足用户基本操作需求为基础进行开发，用户只需点击相应的按钮即可完成操作，无法调动用户的积极参与性。本平台在开发前，应充分考虑用户的参与感，在保证用户的正常使用情况下，使用户能更多地参与到所做的工作中，提高用户的积极性。

（2）框架设计

根据平台的需求分析和设计原则，对平台的框架进行设计，平台总体框架分为 4 层，从下往上分别是技术层、处理层、应用层以及用户层，如图 11-25 所示。

用户层表示本平台可以在手机、平板电脑、台式电脑等可视化终端设备上进行操作；应用层表示本平台中包含的功能模块；处理层是平台内置的计算系统，能够按照需求进行计算；技术层表示平台开发过程中所用到的相关计算机技术。4 个层面综合完成平台的开发到应用。

（3）功能设置

本平台的功能模块包含开始认证模块、信息录入模块、数据配置模块、模型管理模块、参数显示模块和结果输出模块。

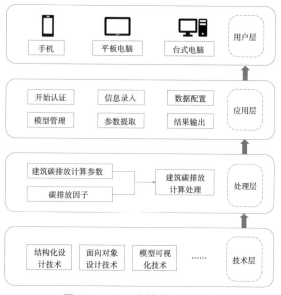

图 11-25　平台总体框架设计

1）开始认证模块：该模块中不涉及具体计算，比较简单，系统用户进行身份认证，需要输入用户名和密码完成登录，只有完成登录才可以对其他模块进行操作。

2）信息录入模块：该模块主要完成建筑信息的录入，包括项目名称、建筑位置、建筑类型、结构类型、设计使用年限、建设时间、建设单位、设计单位等。

3）数据配置模块：该模块主要通过表格导入方式将所需的材料碳排放因子和能源碳排放因子等数据存入平台，供后续碳排放因子计算调用。

4）模型管理模块：该模块主要完成已集成碳排放计算参数的建筑 BIM 模型的导入和可视化操作，包含模型导入和模型查看。模型导入指对新建的项目进行对应 BIM 模型文件的上传或更新。模型查看指用户可以根据自身需求在三维视图模式下对建筑模型进行可视化操作和信息查看。

5）参数显示模块：该模块主要从 BIM 模型中提取得到建筑碳排放计算参数，能够在建筑的建材生产、建材运输、建造、拆除、运行阶段分别显示相对应的参数。

6）结果输出模块：该模块是将计算得到的碳排放结果进行输出，并可以借助报表形式分类别进行可视化展示。计算结果包括建筑各阶段的总碳排放量、单位面积碳排放强度、平均每年碳排放强度等，报表分析可以实现各阶段的碳浓度比较，也可以就材料碳排放、施工机械碳排放、施工管理碳排放、运行设备碳排放等进行独立展示。

（4）平台接口设计

接口是连接 BIM 模型与平台的桥梁，平台的接口设计在于完整地导入 BIM 模型，一方面能够实现模型的可视化查看与操作，另一方面能够识别 BIM 模型导出的建筑碳排放计算参数，并与平台相结合，完成后续的消耗量统计和碳排放计算。由于模型的建立主要在 Revit 软件中完成，因此可以通过 Revit 的 API 开发实现模型在平台的导入与参数提取。

Revit 免费提供了开放的 API（Application Programming Interface，即应用程序编程接口），外部程序可通过 API 操纵访问 Revit，此外 Revit 还提供了 Add-in Manager 二次开发工具、Revit Lookup 程序调试工具，便于二次开发程序员对 Revit 进行开发。Revit 是基于 .NET 平台开发的 BIM 软件，理论上任何基于 .NET 平台的语言例如 C、C++、VB 都可以编程实现 Revit 的二次开发。图 11-26 表示的是 Revit API 中常用的类的继承关系，进行 Revit 相关功能的二次开发就要求必须搞清楚 API 所提供的类之间的继承关系，否则很难快速准确地调用相关的函数代码，实现预想的功能。

编写程序的难点在于 Revit API 提供了大量的类以及对应的属性，需要通过大量深入的研究才能找到所需要提取的参数对应的类和属性的逻辑关系，另外在编程过程中需要注意整个程序代码之间逻辑的正确性，这样才能保证程序的顺利运行。

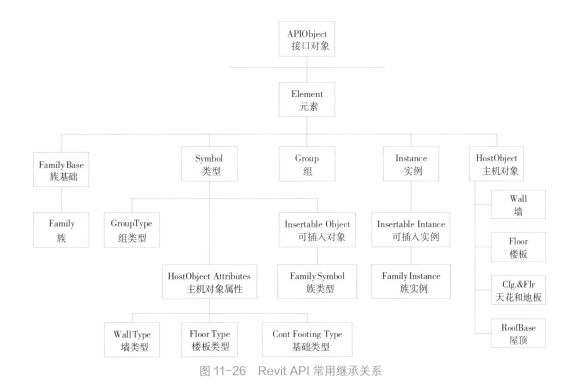

图 11-26　Revit API 常用继承关系

# 11.4 碳排放计算与管理平台应用展望

碳排放贯穿于建筑的全生命周期的多项活动，采用碳排放系数法计算碳排，信息量大，数据复杂，BIM 技术的最大优点就是其核心模型所包含的建筑信息的通用性，避免了数据的重复输入，加快分析速度。根据我国目前的情况来看，建筑全生命周期中 BIM 技术应用的深度不同，涉及的阶段和各参与方也会有所不同。应用过程中，完成同样的工作也可以使用不同的软件，不同的工作之间需要相互协调，实现模型的衔接与互用。在项目策划之初，就制定相应的 BIM 技术应用方案，确定参与部门及相应的应用软件，并为各部分之间的相互合作制定衔接标准，构建基于 BIM 技术的碳排放计算和管理平台，充分利用 BIM 技术的协同性，采用分析软件从模型中提取活动数据，设定计算程序，对建筑的碳排放进行度量和管理。

## 11.4.1 平台实现

结合 11.3.2 节中的相关内容，选择 B/S 作为平台结构模型，为展示 BIM 模型在碳排放计算中的应用特点，本节选取平台的"模型管理"功能进行相关的界面展示与操作说明。

（1）模型导入

通过"信息录入"功能完成建筑项目的创建后，可以针对每个具体项目上传关联的 BIM 模型，同一个建筑项目可以上传多个 BIM 模型。相关操作说明如下：

①首先在项目管理页面，点击"BIM 模型"，进入模型管理页面（图 11–27）。

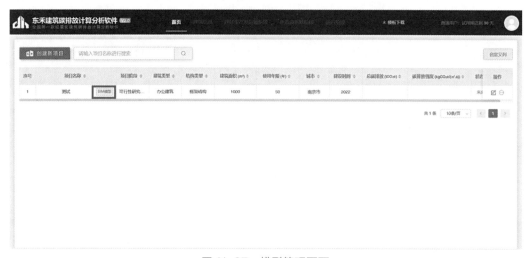

图 11–27　模型管理页面

②点击"创建新模型"按钮，上传"rvt"格式的 BIM 模型文件（图 11-28）。

③模型上传至平台后，需要进行转换从而实现可视化展示。若模型还未转换，则"转换状态"对应栏显示"未转换中"，需要等待模型转换；若模型转换完成，"转换状态"对应栏显示"已转换"，表示转换完成，可以对模型进行后续的操作（图 11-29）。

④在操作栏点击第一个标识按钮，进行"查看模型"操作，可以进入模型查看页面（图 11-30）。

⑤在操作栏点击第二个标识按钮，进行"模型信息"操作，可查看历次上传的 BIM 模型的更新状态及转换情况。若模型文件无法被正常转换，则会显示"转换失败"，需要用户检查模型文件是否受损或模型版本是否过于老旧（图 11-31）。

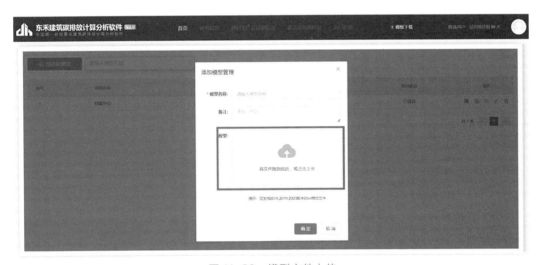

图 11-28　模型文件上传

图 11-29　模型转换

图 11-30　模型查看页面

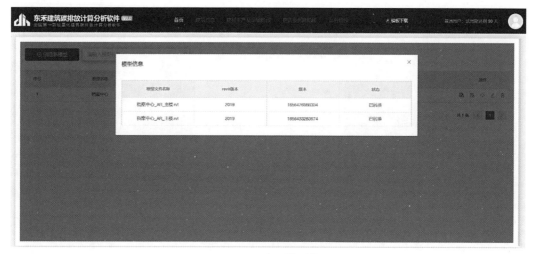

图 11-31　查看模型情况

⑥在操作栏点击第三个标识按钮，可进行模型版本的更新，重新上传转换（图 11-32）。在操作栏点击第四个标识按钮，可以编辑模型名称。在操作栏点击第五个标识按钮，可以删除模型文件。

（2）模型查看

在模型查看页面中，可以实现对模型的多种可视化操作。

①模型结构树（图 11-33）

可以依据 Revit 模型的层次结构，生成 BIM 结构树，展现模型的各层次信息。该模块支持通过结构树在模型中进行构件、楼层等的定位与聚焦。

②原始视图

点击如图 11-34 所示的"原始视图"按钮，可以将模型恢复到初始状态。

图 11-32　模型更新

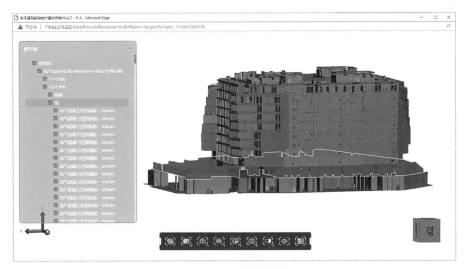

图 11-33　模型结构树

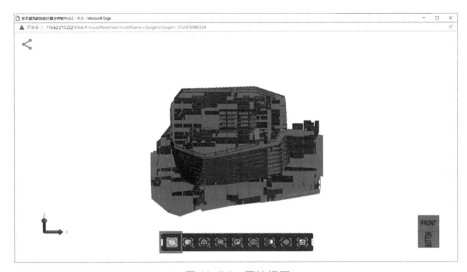

图 11-34　原始视图

③相机视角快速切换

点击如图 11-35 所示的"相机"按钮，可以快速切换模型的视角，包括左视图、右视图、上视图、下视图、前视图、后视图等。

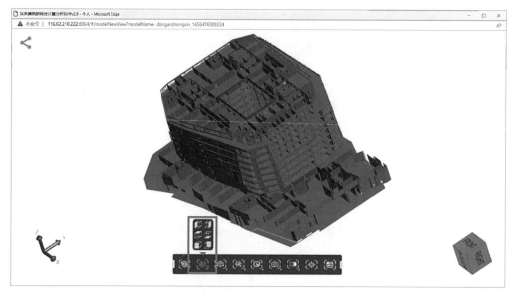

图 11-35　相机选项

④透视

点击如图 11-36 所示的"透视"按钮，可以对模型进行透视查看，该模块支持正交投影和平行投影两种透视模式。

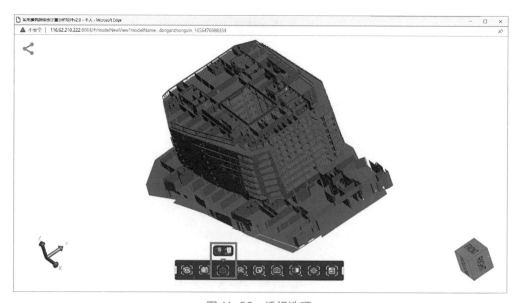

图 11-36　透视选项

⑤渲染

点击"渲染"按钮，可以对模型进行不同的渲染操作。该模块支持多种渲染模式，包括渲染 + 线框、渲染、线框（图 11-37）、隐藏线（图 11-38）等。

⑥拾取

点击"拾取"按钮，可以进行不同的拾取相关操作。该模块支持模型的选择、框选、文本、手绘和点点测量等功能。

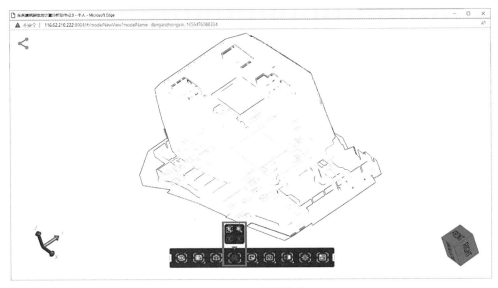

图 11-37　线框模式

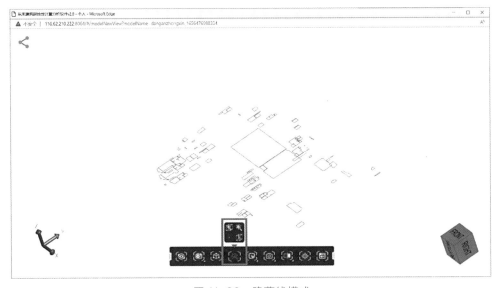

图 11-38　隐藏线模式

开启拾取模块中的"选择"功能，可以通过鼠标左键点选单个构件；通过按住 Ctrl 键 + 鼠标左键点选，可以进行构件多选（图 11-39）。

开启拾取模块中的"框选"功能，可以通过鼠标左键拖动进行框选（图 11-40）。

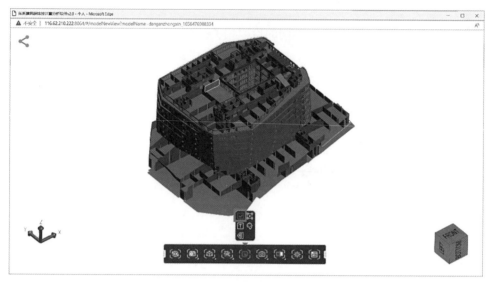

图 11-39　点选功能

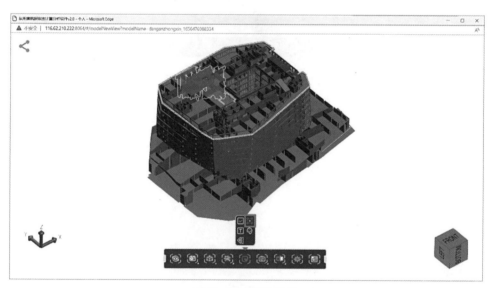

图 11-40　框选功能

完成构件点选或构件框选后，可以点击鼠标右键对这些构件进行进一步操作，包括隐藏、染色、隔离、透明等（图 11-41）。

"隐藏"操作如图 11-42 所示。

"染色"操作如图 11-43 所示。

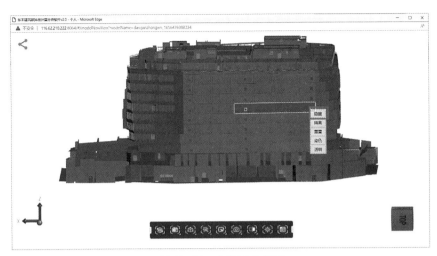

图 11-41　右键操作选项

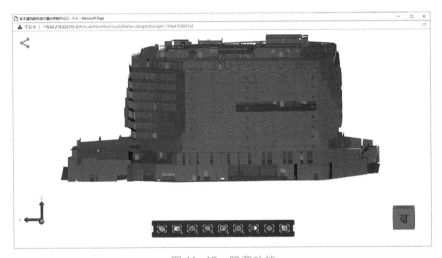

图 11-42　隐藏功能

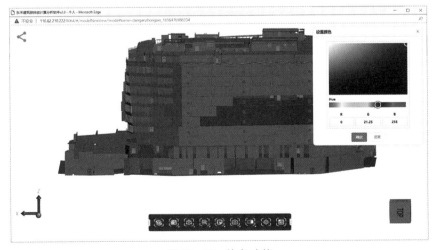

图 11-43　染色功能

"隔离"操作如图 11-44 所示。

开启拾取模块中的"文本"功能，可以在模型中添加文本标记（图 11-45 ）。

开启拾取模块中的"手绘"功能，可以通过鼠标左键在模型中手动绘制标注（图 11-46 ）。

开启拾取模块中的"点点测量"功能，可以通过鼠标左键在模型中选择两个点，测量两点之间的距离（图 11-47 ）。

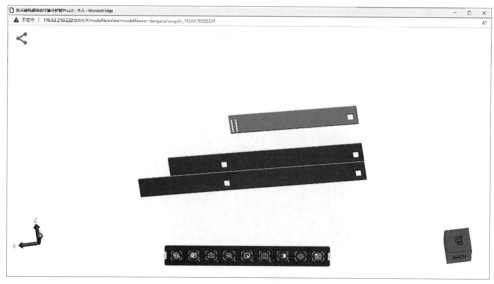

图 11-44　隔离功能

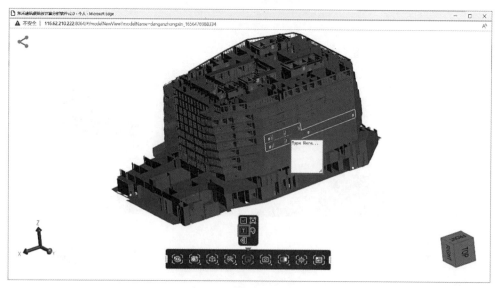

图 11-45　文本功能

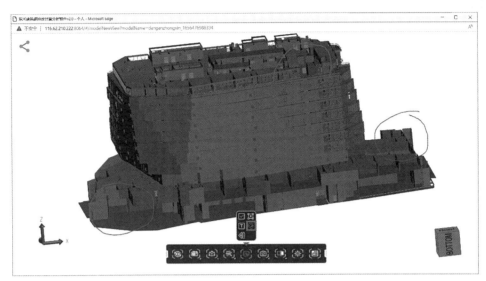

图 11-46　手绘功能

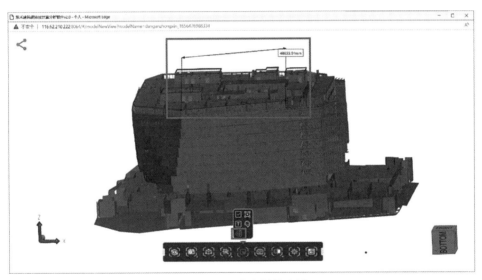

图 11-47　点点测量功能

⑦旋转相机

点击"旋转相机"按钮，进入相关操作，该模块支持 3 种模型展示功能，即自由旋转、转台和漫游。

默认情况下使用"自由旋转"功能，即模型能够进行 720° 旋转（图 11-48）。

开启旋转相机模块中的"转台"功能，可以支持模型 360° 旋转，但不支持 Z 轴上下翻转（图 11-49）。

开启旋转相机模块中的"漫游"功能（图 11-50），进入漫游状态，支持通过键盘控制前后左右移动、上下移动、视角左转、视角右转、俯角、仰角等。

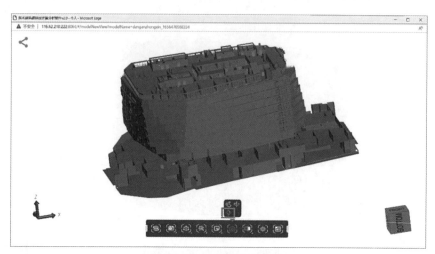

图 11-48　自由旋转功能

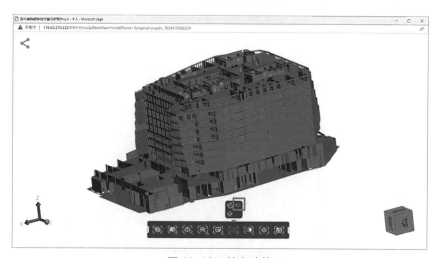

图 11-49　转台功能

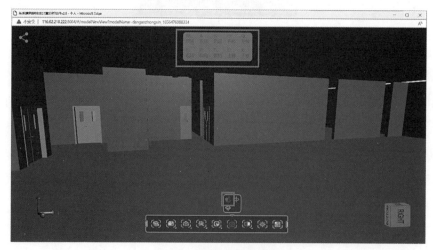

图 11-50　漫游功能

⑧剖切

点击如图 11-51 所示的"剖切"按钮,支持通过 $XYZ$ 三个方向的剖面对模型进行剖切,开启"剖面"功能,通过鼠标左键在模型上拖动剖切,可以调整剖面的位置。

⑨爆炸

点击如图 11-52 所示的"爆炸"按钮,开启爆炸功能,通过调整模型爆炸粒度,方便查看内部模型构件。

⑩ 属性查看

点击"属性查看"按钮,开启属性框,通过鼠标左键点选构件,即可在属性框查看构件的所有属性信息。

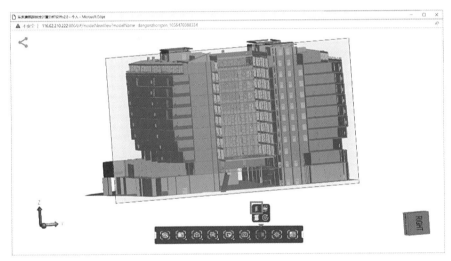

图 11-51　剖面功能

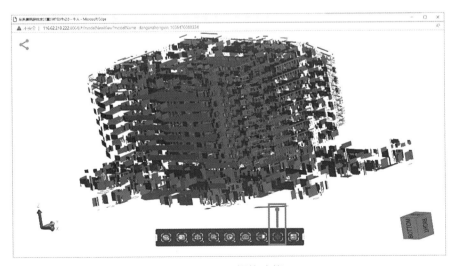

图 11-52　爆炸功能

## 11.4.2　应用前景

用户可以利用该平台完成一些碳排放计量可视化、碳排放计量清单速查等基本行为。但如何才能应用这些基本行为完成建设项目方案优化、达到降低建设项目全生命周期碳排放的目的，就需要研究人员将这一平台与其他信息技术与管理手段相结合，从而拓展出平台新的功能进而开发其应用潜力。

（1）结合城市建设要求审核低碳建筑设计

从信息化的发展趋势来看，由于建筑与城市具有非常直接的关系，BIM 技术与城市地理信息系统（GIS）也应当具有相互的关联性，碳排放计算与管理平台中 BIM 模型的构建还应当以 GIS 作为策划和设计的依据：一方面获取 BIM 技术所需的相关环境信息，如自然气候条件、物资供应商的位置等；另一方面建筑的发展需要符合城市的要求，GIS 中对城市建筑的限定可以提供建筑物碳排放的目标设定值，此外还可以设定建筑物的能耗、容积率等相关信息，智慧城市与智慧建筑的信息系统具有更好的互补性。

（2）提升施工企业绿色施工技术水平

在工程项目实施之前，施工企业可以通过制定至少两种施工方案，进而应用碳排放计算和管理平台对不同施工方案的碳排放进行计量，作为施工方案比选的重要依据，选择合理的低碳施工方案。在工程建设过程中，施工企业可以应用碳排放计算与管理平台，在保证项目工期、进度以及投资的前提下，通过对建筑产品建造阶段碳排放的系统管理，减少施工现场作业对环境的负面影响，实现施工过程中节能、节水、节地、节材以及环境保护的目标。

（3）提升建筑企业成本与碳排放综合管理水平

碳排放计算与管理平台可与相关计价软件联合使用，碳排放计量体系基于工程量清单，与清单计价规则具有天然联系，可方便成本管理人员直接抽取查看某一项目编码对应的碳排放信息与成本信息，并以此为项目管理的依据。建筑企业可以通过建立建筑产品建造阶段碳排放信息与成本信息的联系进而提高企业管理碳排放的同时控制成本的能力，避免出现为减少碳排放而造成高额成本支出，从而通过碳排放计量模型与成本管理的结合找到建筑产品碳排放与成本之间的平衡点。

## 本章小结

　　本章介绍了 BIM 技术的相关理论背景，围绕建筑全生命周期阶段提出了基于 BIM 技术的建筑碳排放参数集成方式，包括建材生产及运输阶段、建造及拆除阶段和运行阶段等主要阶段。同时在此基础上构建基于 BIM 技术的碳排放计算与管理平台，从需求分析、平台设计、平台实现等多角度对其进行介绍与展示，并对平台在碳排放协同控制与综合管理等方面的应用潜力与前景进行了展望，助力建设项目方案优化与碳减排工作的稳步推进。

# 第 12 章

# 基于区块链的建筑碳排放
# 计算及碳交易软件

## 本章导读

随着碳市场的建立和逐步完善，碳核算要求更加精准、覆盖范围更广。由于建筑的强行业属性、复杂的上下游关系与传统粗放式的管理模式，建筑碳排放的真实性、合规性与效益性难以掌握。在2022年3月，生态环境部公开了某机构碳排放报告数据弄虚作假等典型问题案例，并指出"准确可靠的数据是碳排放权交易市场有效规范运行的生命线"，由此可知碳交易数据真实可信的重要性。区块链技术提供正确、公开透明、可追溯、不可篡改和去中心化的数据和声誉记录，解决信息不对称、信息传递不及时等问题，保证碳排放及碳交易数据质量。本章将从区块链技术理论、基于区块链的建筑碳排放计算软件设计、基于区块链的建筑碳交易软件设计，以及典型案例4个方面来介绍区块链在建筑碳排放及碳交易中的重要作用。

本章主要内容及逻辑关系如图 12-1 所示。

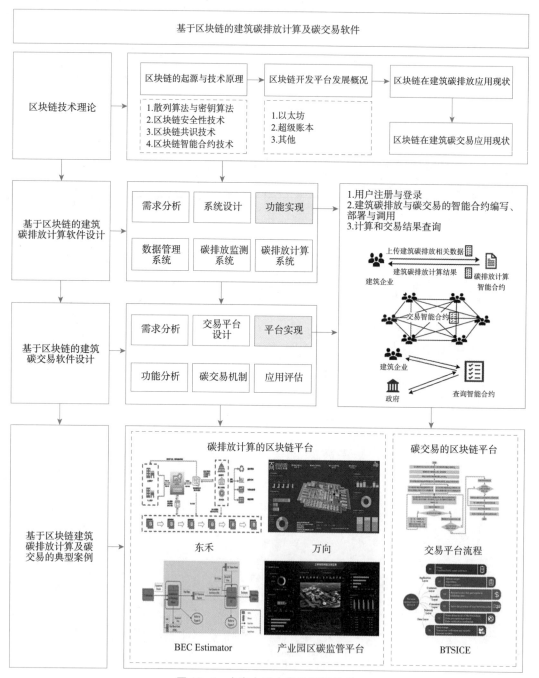

图 12-1　本章主要内容及逻辑关系

# 12.1　区块链技术理论

区块链自比特币诞生之后，经历了大量的技术和应用的创新，目前已经被应用于政务、金融、民生、供应链等众多领域，覆盖的社会群体越来越广，已经逐步成为改变生产关系、构建信任社会的基础技术。因此将区块链技术融入建筑碳中和过程中，能够加速我国实现碳中和的进程。本部分以区块链的起源和平台发展为起点，详细介绍区块链技术原理，同时讲述区块链在碳排放交易产业的发展概况，最后展望在该领域区块链技术的前景。

## 12.1.1　区块链起源与技术原理

2008 年 11 月中本聪（Satoshi Nakamoto）最先提出了比特币的概念，并发表了论文"比特币：一种点对点的电子现金系统"。在比特币运行期间，有大量黑客无数次尝试攻克比特币系统，然而神奇的是这样一个"三无"系统（无中央管理服务器，无任何负责的主体，无外部信用背书）近 10 年来一直都稳定运行，竟然没有发生过重大事故。这一点无疑展示了比特币系统背后技术的完备性和可靠性。越来越多人对其背后的区块链技术进行探索和发展，希望将这样一个去中心化的稳定系统应用到各行业之中。

工信部指导发布的《中国区块链技术和应用发展白皮书 2016》对区块链进行了定义：狭义来讲，区块链是一种按照时间顺序，将数据区块以顺序相连的方式组合成的一种链式数据结构，并以密码学方式保证不可篡改和不可伪造的分布式账本；广义来讲，区块链技术是利用块链式数据结构来验证和存储数据、利用分布式节点共识算法生成和更新数据、利用密码学的方式保证数据传输和访问的安全性、利用自动化脚本代码组成智能合约，进行编程和操作数据的一种全新的分布式基础架构与计算范式。区块链"去中心化"或"多中心"的颠覆性设计思想，结合其数据不可篡改、透明、可追溯、合约自动执行等强大功能，足以掀起一股新的技术风暴。本小节主要探讨区块链的原理、关键技术及作用。

### （1）哈希函数与密钥算法

哈希函数是一类数学函数，它可以在有限、合理的时间内将任意长度的信息压缩为固定长度的二进制码，该函数的输出值称为哈希值。哈希算法在哈希函数的基础上构造，是实现数据完整性和实体认证、构成多种密码体制和协议的安全保证。比特币系统中存在两个密码学哈希函数：RIPEMD160 和 SHA-256。其中，RIPEMD160 主要用于生成比特币地址；而 SHA-256 在比特币中使用最为广泛。如果把区块链比作一座大厦的话，哈希算法就是这座大厦的基础之一，共识机制的挖矿过程，就是一个不断进行哈希计算的过程；用得到的哈希值去碰撞目标值，达到目标要求后碰撞成功，获得创造新区块的机会。

密钥算法被视为现代密码学发展过程中的一个里程碑，主要包括对称加密算法和非对称加密算法。用于区块链的主要是非对称加密算法，它需要两个密钥：公钥和私钥。公钥与私钥是一对密钥，用公钥加密的数据，只有用对应的私钥才能解密；私钥加密的数据，只有用对应的公钥才能解密。加密和解密使用的是两个不同的密钥，因此，这种算法叫作非对称密码算法。区块链中所使用的公钥密码算法是椭圆曲线算法，每个用户都拥有一对密钥，一个公开，另一个则私有。通过椭圆曲线算法，用户可以用自己的私钥对交易信息进行签名，而别的用户可以利用公钥对签名进行验证。用户的公钥在比特币系统中常用来识别不同的用户，构造用户的比特币地址。

（2）区块链安全性技术

区块链安全性技术包括安全加/解密以及抗量子安全两个部分，由于当前对通信保密的大量需求，发送方和接收方对信息进行加/解密处理已经成为信息化时代必不可少的关键要素。从密码学发展的角度来看，密码技术大致分为古典密码技术、近代密码技术和现代密码技术。其中，古典密码技术与近代密码技术被称为传统密码技术。区块链使用的加密方式属于现代密码技术中的非对称密码体制。

区块链广泛采用的非对称密码机制，将随着量子计算技术的发展而变得脆弱。量子计算技术对区块链底层密码机制带来了不可回避的威胁。因此对于区块链安全技术而言，如何提供其抗量子技术显得越发的重要。

（3）区块链共识技术

区块链通过全民记账来解决信任问题，但是所有节点都参与记录数据，那么最终以谁的哪个记录为准，这就需要一套机制来进行控制。在传统的中心化系统中，因为有权威的中心节点支持，因此可采用中心节点记录的数据为准，其他节点仅简单复制中心节点的数据即可，很容易达成共识。然而在区块链这样的去中心化系统中，并不存在中心权威节点，所有节点都是对等地参与到共识过程之中。因此，区块链系统的记账一致性问题，或者说共识问题，是一个十分关键的问题，它关系着整个区块链系统的正确性和安全性。

当前区块链系统的共识算法有许多种，主要可以归为如下四大类：（1）工作量证明（Proof of Work，PoW）类的共识算法；（2）凭证类共识算法（Proot of Stake，PoS）；

（3）拜占庭容错（Byzantine Fault Tolerance，BFT）类算法；（4）结合可信执行环境的共识算法。

（4）区块链智能合约技术

区块链从最初单一数字货币应用，至今融入各个领域，智能合约是不可或缺的。在金融、政务服务、供应链、游戏等各种类别的应用，几乎都是以智能合约的形式，运行在不同的区块链平台上。

一个基于区块链的智能合约需要包括事务处理机制、数据存储机制以及完备的状态机制，用于接收和处理各种条件。并且事务的触发、处理及数据保存都必须在链上进行。当满足这些触发条件后，智能合约即根据预设逻辑，读取相应数据并进行计算，最后将计算结果永久保存在链式结构中。智能合约在区块链中的运行逻辑如图 12-2 所示。

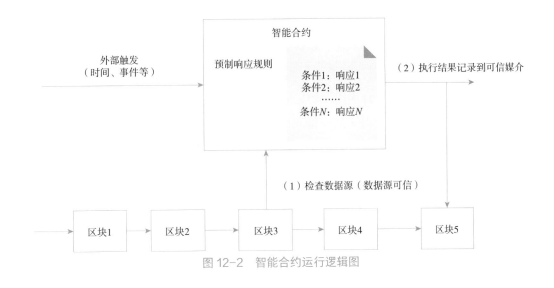

图 12-2　智能合约运行逻辑图

（5）区块链网络

区块链网络可分为 3 类：完全开放、任何人都可以参与的公有链，由联盟管理者授权的半分布式联盟链和由管理者严格控制的私有链，其在访问权限、写入和读取区块链上的数据方面具有不同的特征。公有链遵循零访问控制机制，所有交易记录都在网络上公开；联盟链对部分用户限制访问权限，帮助组织以公共或私人模式进行沟通，以实现安全和可追溯的运营；私有链遵循许可访问控制机制，通过验证节点的证书，只允许经过授权的节点进入区块链。表 12-1 对 3 类区块链的访问环境、访问权限机制、优劣势和应用进行了对比，可以发现联盟链在交易速度、安全性等方面都优于公有链和私有链。

区块链网络对比 表 12-1

| | 公有链 | 联盟链 | 私有链 |
|---|---|---|---|
| 访问环境 | 公共环境<br>最宽松<br>完全分散式 | 联盟环境<br>有限制<br>部分分散式 | 私有环境<br>限制最严格<br>写入权限集中 |
| 访问权限机制 | 无许可<br>（匿名，可能是恶意的） | 已许可<br>（已识别、受信任） | 完全隔离<br>（已识别、受信任） |
| 优势 | 低准入门槛、全披露 | 快速交易、适用范围广、高安全度 | 交易成本低 |
| 劣势 | 生产量低、交易速度慢 | 节点性能要求高 | 权力中心化、易于操作 |
| 应用 | 比特币和以太坊 | 应用于多个组织网络组成的环境<br>银行、金融机构的联盟等 | 适合机构或组织内部使用，主要用于单个公司的数据库管理、审计等 |

## 12.1.2 区块链开发平台发展概况

目前，国内外主流的区块链开发平台有 Ethereum（以太坊）、Hyperledger Fabric（超级账本）、FISCO BCOS、R3 Corda 、EOS、华为区块链、腾讯区块链、百度超级链以及蚂蚁区块链等，表 12-2 是各区块链开发平台的对比。

当前最为流行的开发平台为以太坊、超级账本以及华为区块链。以太坊利用 Solidity 语言创建区块链平台，并且以太坊开发平台处于世界领先地位，其主要特点：公有链为主；共识协议以 PoW 和 PoA 为主；支持智能合约开发，开源。超级账本是由 Linux 基金会在 2015 年发起创建的一个提供分布式账本，主要是以受众为企业的开源性项目，其主要特点：模块化设计，组件可替换；ID 管理可替换；运行于 Docker 的智能合约。中国华为从 2015 年开始研发区块链，2016 年加入超级账本联盟，2018 年 4 月华为云区块链服务上线公测，同年 11 月正式商用，其主要特点：采用 Kafka 共识算法、PBFT 算法、基于 Kafka/Zookeeper 的高速共识算法以及 PBFT 快速拜占庭容错算法；支持部署智能合约；平台部署费用较高。

区块链开发平台对比 表 12-2

| 平台 | 特点 |
|---|---|
| Ethereum | 公有链为主；共识协议以 PoW 和 PoA 为主；支持智能合约开发，开源 |
| Hyperledger Fabric | 模块化设计，组件可替换；ID 管理可替换；运行于 Docker 的智能合约 |
| R3 Corda | 没有全局账本，由公证人（Notaries）来解决交易的多重支付问题；只有交易的参与者和公证人才能看到交易 |
| FISCO BCOS | 去除了代币逻辑，保留 Gas 控制逻辑；加入了对国家密码局认定的商用密码的支持；适用于金融行业且平台完全开源、免费 |

| 平台 | 特点 |
| --- | --- |
| EOS | 具有更强的扩展性，能够支持更快的交易处理速度；目前交易暂不收取手续费 |
| 华为区块链 | 采用 Kafka 共识算法、PBFT 算法、基于 Kafka/Zookeeper 的高速共识算法以及 PBFT 快速拜占庭容错算法；支持部署智能合约；平台部署费用较高 |
| 腾讯区块链 | 拥有可视化的服务交付和可视化的服务度量；暂不支持智能合约的部署 |
| 百度超级链 | 支持可插拔共识；开发成本较高 |
| 蚂蚁区块链 | 联盟链为主，支持 PBFT 共识机制；支持对称加密的方式上链数据；平台共识机制不可替换，平台收费 |

### 12.1.3　区块链技术在建筑碳排放中的应用现状

随着政策的提出、完善，区块链在行业中的应用也越来越成熟与适用，各国都在加大对区块链产业的战略布局。从近两年来看，全球大约有 20 个国家针对区块链产业发展及监管发布了一系列的政策法规以及发展战略。全球区块链产业政策的发展主要集中在 3 个区域，即中国、北美和欧洲，这 3 个区域成为区块链产业的发展高地。

本小节首先分析了当前全球对区块链的相关政策与标准，明确建筑碳排放适用区块链技术的前提。然后对于区块链赋能双碳进行说明，最后探讨区块链在建筑碳排放的应用前景。

（1）全球区块链政策与标准

1）国内政策与标准

工业和信息化部、中央网络安全和信息化委员会办公室联合发布了《关于加快推动区块链技术应用和产业发展的指导意见》。明确在 2025 年，区块链产业综合实力达到世界先进水平，产业初具规模。区块链应用渗透到经济社会多个领域，在产品溯源、数据流通、供应链管理等领域培育一批知名产品，形成场景化示范应用；培育 3~5 家具有国际竞争力的骨干企业和一批创新引领型企业，打造 3~5 个区块链产业发展集聚区。区块链标准体系初步建立，形成支撑产业发展的专业人才队伍，区块链产业生态基本完善。区块链有效支撑制造强国、网络强国、数字中国战略，为推进国家治理体系和治理能力现代化发挥重要作用。在 2030 年，区块链产业综合实力持续提升，产业规模进一步壮大；区块链与互联网、大数据、人工智能等新一代信息技术深度融合，在各领域实现普遍应用，培育形成若干具有国际领先水平的企业和产业集群，产业生态体系趋于完善。区块链成为建设制造强国和网络强国，发展数字经济，实现国家治理体系和治理能力现代化的重要支撑。

2）国外政策与标准

美国的相关政策与标准主要由美国证券交易委员会（SEC）、商品期货交易委员会（CFTC）等多个机构联合推动实施，其对虚拟货币的态度代表了美国的整体立场。2018年1月SEC和CFTC在《关于对虚拟货币采取措施的联合声明》中提到，不论是以虚拟货币、代币还是其他名义开展的违法违规行为，SEC和CFTC都要进行穿透分析，判定其业务实质并依法采取监管措施。2018年2月，CFTC在虚拟货币及区块链监管讨论会议上宣布成立虚拟货币委员会和区块链委员会，前者重点关注虚拟货币行业，后者则加强区块链技术在金融领域的应用。2019年，SEC发布了指导方针，帮助确定数字货币的证券合法性，并对欺诈性加密资产交易网站、加密行业发布了多则警告。

英国金融管理局（FCA）在2016年率先提出监管沙盒（Regulatory Sandbox）这一概念并实施了沙盒计划。监管沙盒提供了一个安全环境，允许金融科技公新产品、服务以及商业模式进入其中，旨在促进英国金融科技的有效竞争、鼓励企业创新、保障消费者权益。监管沙盒的推出，对于控制包括区块链在内的金融科技领域监管新型风险，持续鼓励技术创新，具有重要的意义。

（2）区块链赋能碳达峰和碳中和

随着全球主要经济产业全面复工复产，碳排放量相比于上一年有所增加。建筑业作为碳排放大户，一直存在资源消耗大、污染排放高、建造方式粗放等问题，随着我国城镇化水平不断提升，建筑生产过程中的碳排放也在不断攀升。

中金研究院将实现碳中和路径概括为"碳中和之路 = 碳定价 + 技术进步 + 社会治理"。在操作层面，我国实现碳中和的路径可概括为：两个轮子驱动（政府和市场协同作用），两大领域发力（减排与消纳并举发展），一个核心抓手（以碳价格、碳交易与碳税等政策为抓手）。

碳排放治理过程复杂且繁重，不仅需要建立一个具有高效和公信力的体系，对外还需要推动企业实行减碳技术升级和个人碳观念的树立与实施。为满足碳排放治理一系列的需求框架，区块链不失为一个恰当的信息技术。作为新型信息处理技术，区块链在信任建立、价值表示和信任传递方面有不可取代的优势，目前已经在跨行业协作、社会经济发展中展现出其价值和生命力。

区块链技术特征可以服务于双碳场景下的生产过程改造、管理模式创新、供应链和产业链多环节优化，促进参与主体之间的可信协作。具体表现在以下几方面：

1）区块链可以构建实时、可信的碳监管环境。

2）区块链赋能产业转型升级，优化生产流程，促进碳减排，提升能源效率。

3）区块链可以构建高效的碳交易平台和市场。

（3）建筑碳排放区块链应用前景

1）建筑碳排放区块链应用价值

将区块链技术融入碳中和预警过程中，能够加速我国实现碳中和的进程。其中，时间戳技术有助于碳信息追溯，共识机制解决了信任风险，非对称性加密技术预防了信息被滥用，智能合约提供了技术基础。

目前，中国仍处于工业化阶段，碳中和这项任务尤为紧迫，需要在未来认真规划，以制定出具有中国特有的绿色增长方式。国家及各地政府的积极倡导、我国信息基础设施的不断完善以及能源的不断发展，无不为区块链技术应用于碳中和实现过程提供了机遇。

区块链技术 + 低碳经济是实现双碳计划的重要措施，首先区块链与低碳经济具有极强的契合度，区块链技术可以改善碳交易信息透明度，其次部署到碳交易的智能合约可以显著提高交易效率，最后基于区块链的特性，可以保证交易的真实性与安全性，碳排放交易平台对于区块链技术具有高度适配性。

2）建筑行业双碳目标导向的区块链应用发展趋势

随着大数据时代的到来，碳中和目标的实现过程呈现出智能化、科技化的新特点。区块链作为新科技革命中的一项创新性技术，在实现碳中和目标中扮演着重要的角色。

## 12.1.4　区块链技术在建筑碳交易中的应用现状

联合国气候变化框架公约（UNFCCC）最先提出了"联合"减排政策的具体实施机制，包括联合履行（Joint Implementation，JI）、清洁发展机制（Clean Development Mechanism，CDM）和排放交易（Emission Trading，ET），统称为碳排放交易机制，其中排放交易的具体措施有碳排放权交易和碳税。基于我国国情和建筑业特点，本章主要介绍碳排放权交易，以下简称碳交易。基于区块链的碳交易可以定义为将全过程拆解为碳排放数据管理、碳排放权交易机制以及碳排放监管机制三大流程。

（1）碳排放数据管理

对于区块链技术下碳排放数据管理体系而言，核定碳排放信息是最为核心的部分，由于碳交易市场涉及诸多的环节以及海量的数据，政府部门必须为参与主体营造一个公平公正的环境，这样才能够促进碳交易活动的顺利开展。监管部门必须全面监测交易体系中的各类控排单位，结合实际情况采取合理的碳排放计算方式、强制性信息披露要求以及相应的惩罚措施。通过这类途径能够让碳排放参与主体有着更高的规范性，促进价格功能的充分发挥，推动市场稳定发展。然而建筑行业碳排放数据管理一直是痛点问题，国内对于碳排放数据管理的研究起步稍晚，大多侧重于配额分配方法的合理性分析。同时，碳排放数据的真实性和可靠性一直被公众所质疑，不透明的碳数据管理阻碍了碳交易市场的健康发展。因此区块链技术的介入，对数据真实性提供了保障。

具体而言，碳排放信息监测与核定机制主要有以下几个方面：基于区块链的权威性注册和结算平台、构建监测与核定研究机构。根据国家质量认证相关要求，在采集原始数据的同时，应记录采集时的图像、视频、签章等证据，保证数据源头的可信和有效。针对我国各行业各企业信息化程度差异较大的现状，"双碳"数据管理平台支持多种采集方式，包括手工录入、对接企业生产运营管理系统、对接企业 IoT 设备上报等。其次，链上数据完整存证。对每一笔原始数据、核算数据，以及真实性、合规性证据等打包记录数字摘要，上链存证，便于未来验证、追溯、审计，防止数据流转过程中被篡改。最后，区块链技术在碳排放数据监管的应用，实现确定碳排放权的许可配额以及交易历史数据追踪的效果。碳排放数据管理的机制如图 12-3 所示。

（2）碳交易机制

碳交易机制，凭借实施难度小，理论可操作性强等特点，已受到众多环境经济学家和实践者的推崇，成为全球影响最大的碳排放管理机制。碳交易是指政府合理设定一定时间内的温室气体排放总量（配额总量），按一定标准将配额分配给管制对象，并允许

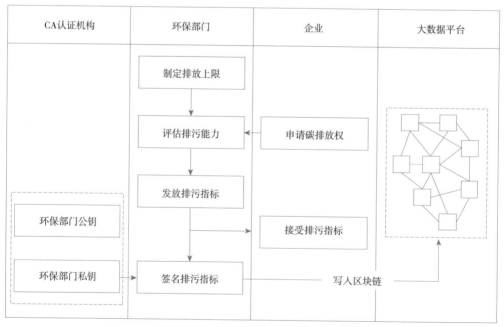

图 12-3　建筑碳排放数据管理机制

管制对象或投资主体在特定场所进行配额交易，以确保管制对象在履约期届满时可通过自身努力或购买配额实现减排义务的制度。碳交易以污染者付费为理念，将碳排放权进行价格化处理，同时也通过赋予市场卖出额外配额的方式奖励积极减排的主体。区块链技术通过提供不可变且透明的许可证和声誉记录，支持碳排放的量化与数据质量的保证。将交易规则整合到区块链环境的算法中，促进碳交易政策的实施。

碳交易机制是在实现碳排放数据全过程监管的基础上，侧重于交易的平台效果。

碳交易机制有 3 个重要环节：

1）确定碳排放权配额：确定碳排放权配额关键是需要解决两个问题：一是如何确定排放配额的具体数值；二是如何将配额数据永久记录并为后续的碳排放监控提供核对依据。前者需要由环保部门根据法律、规章等制度性条款并结合自身经验，确定某个企业的具体排放额度，而后者则需要通过区块链技术完成数据的记录并永远保存，同时依赖区块链的技术特性防止数据被篡改、删除等。

2）碳排放权许可交易：在获得碳排放权配额后，就可以自行决定是否参与到市场交易。可以选择在市场上买进排放权来解决企业碳排放配额不足的问题；或者将多余的排放指标转让给有需要的其他企业。在碳排放权交易领域需要解决的核心问题是如何有效地降低参与者的交易成本，同时还要记录交易过程数据和结果数据；避免交易参与者的抵赖行为，并可以为后续的碳排放监控提供动态的监测数据。

3）交易历史数据追踪：当交易双方企业对某次交易产生纠纷，或环保部门对企业执行监管时，能否追溯到真实有效的历史交易信息，将对解决纠纷或提供合规性证明至关重要。

（3）碳排放监管机制

根据碳排放权交易的操作流程上来看，监管主要包括碳减排监管和碳交易监管两个阶段，前者主要包含配额的分配、减排主体排放监测、第三方核证等主要环节的监管，后者则主要针对市场交易行为、配额及减排量的履约抵消监管等。

因此结合区块链的监管也可以分为两大类：一类是对区块链本身的监管；另一类是利用区块链来实施对其他领域的监管。实现碳排放监管机制，针对数据管理和交易机制，其监管机制是综合上述两类的监管，碳排放监管机制流程如图 12-4 所示。

建筑碳排放权交易的前提是产权明晰准确，这是建立在对建筑主体碳排放进行有效监测的基础上的。为了收集准确的能耗及碳排放数据，减排建筑需要根据建筑用能特点安装传感器，建立起自身的监测制度，以及定期对建筑能耗和碳排放进行统计及汇报，与此同时也需要承担起相应的监测成本，但是仅仅依靠企业独立进行碳排放监

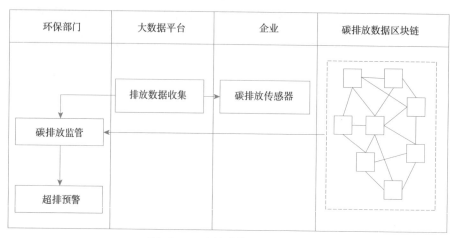

图 12-4　建筑碳排放监管机制

测和报告是不够的。对于目前的建筑节能领域而言，政府监管力量薄弱很大程度上是由于政府、建筑主体、公众之间的信息不对称造成的，政府获取的数据有限且真实度有待考量，使得政府在做出节能规划及相关决策时会显得极为被动。也正因为如此，区块链提供的不可篡改特性能够有效解决信息不对称问题，解决政府、建筑主体、公众三方信任问题。

## 12.2　基于区块链的建筑碳排放计算软件设计

碳排放计算对于碳减排有着十分重要的指导意义。确定碳排放量是减少碳排放行为的第一步，它能够帮助企业辨识自己在产品生命周期中主要的温室气体排放过程，从而利于制定有效的碳减排方案。同时，根据碳排放计算的分析结果，可以预测拟采用的减排措施会对目前的温室气体排放情况的影响，进而实现对不同拟减排措施的择优与改进。建筑业是产生碳排放的重点领域之一，有效降低建筑领域产业链的碳排放将是助力实现碳中和极为重要的一环。但是，目前建筑业存在碳排放数据体量巨大、碳排放计算程序复杂、碳排放监管不到位等问题，这都严重阻碍了建筑业中碳排放计算的进一步发展。区块链技术以其独特的优势，包括去中心化、信任机制、共享账本、信息可追溯、智能合约等，可以为建筑业碳排放数据的存储、计算的自动化、监管的有效提供全新的思路与参考。因此，本小节针对基于区块链的建筑碳排放计算软件进行了介绍，其内部构成如图 12-5 所示。

### 12.2.1　基于区块链的建筑碳排放计算软件需求分析

目前我国在整个碳排放数据管理、计算和监管过程中，仍存在信息不透明、数据篡改、真实度低等问题，导致数据信息可能需要在不同的机构重复性进行认证背书，这对人力物力等资源均造成了一定程度的浪费。而碳排放计算数据真实可靠性低的问题也进一步阻碍了后

图 12-5　建筑碳排放计算软件中的区块链平台设计

续碳交易市场的发展。引入区块链技术，构建基于区块链的建筑碳排放计算软件，保证碳排放计算分析的真实可靠与不可篡改，并通过区块链技术特有的智能合约、精准溯源等功能创新碳排放计算分析的业务流程。同时，软件最后自动生成建筑碳排放计算分析报告，可以明晰地展示建筑全生命周期各阶段活动数据及碳排放量。

建筑碳排放计算过程涵盖建筑材料生产及运输、建造施工、建造运行以及建筑拆除处置 4 个阶段，各环节关联度高，不同阶段的碳排放计算方式不同，且在整个建筑碳排放计算过程中，涉及的数据体量大、流动过程较多。此外，对主体协同化、集成化作业要求较高，而构建一个统一的平台可以很好地解决上述碳排放计算中的问题。将该平台的主要使用者划分为政府部门、开发商或建设单位、运营商和建筑拆除与分拣企业，基于平台统筹协调各方需求，分析各方需求如表 12-3 所示。

主要用户需求分析 表 12-3

| 用户 | 协同方 | 职责 | 需求 |
| --- | --- | --- | --- |
| 政府部门 | 开发商或建设单位 | 项目的审批和监管 | 审批与监管、数据管理 |
| 开发商或建设单位 | 设计单位、材料供应商、构件生产商、施工企业 | 负责项目的规划及施工建设 | 碳排放量计算、数据管理及维护、监管 |
| 运营商 | 开发商或建设单位、消费者 | 项目日常数据运营收集 | 碳排放量计算、数据管理及维护 |
| 建筑拆除与分拣企业 | 运营商 | 负责建筑后期拆除 | |

软件的需求分析是软件开发的基础和大纲。基于上述需求分析，本章将考虑平台的安全性、实用性、高效性和易操作性等原则，设计基于区块链的建筑碳排放计算软件，力求整合建筑碳排放计算过程，保证碳排放数据的真实性，实现以下功能：

（1）设计并实现基于区块链的碳排放数据管理模块，保证碳排放数据的安全存储功能。

（2）设计并实现基于区块链的碳排放计算模块，实现建筑全生命周期碳排放计算的自动化功能。

（3）设计并实现基于区块链的碳排放监管模块，提供透明高效的建筑碳排放计算的全过程监管功能。

本章中的软件主要分为如下3个模块：①基于区块链的碳排放数据管理模块，②基于区块链的碳排放计算模块，③基于区块链的碳排放监管模块。三个模块的关联在于，碳排放计算系统在完成碳排放量的自动计算之后，通过碳排放监管系统对整个过程中的碳排放进行监管，并根据计算的碳排放量数据和相关交易记录做出评估。而在以上两个过程中产生的数据都将在碳排放数据管理系统中进行存储与管理，这是前两个系统的底层数据支撑。

### 12.2.2　基于区块链的建筑碳排放计算软件系统设计

（1）基于区块链的碳排放数据管理系统

从本质上来说，区块链是一种信任机制的技术支撑，是为了解决数据可信及共享问题而产生的，它与数据有着天然的联系。区块链是一个分散的系统，主要由6层组成：数据层、网络层、共识层、激励层、合约层和应用层，数据的收集、验证和操作主要在数据层和网络层内进行。区块链的数据结构包括两个主要的组成部分：有序的区块头组成的链和默克尔树形式保存的交易数据。数据区块是区块链的基本元素，区块的物理存储形式可以是文件，也可以是数据库。

"双碳"背景下碳排放数据的管理面临诸多困难：由于企业存在数据造假、数据采集不规范、数据记录缺失等问题，碳排放数据的真实性有偏差；大多数企业不能完全达到温室气体核算方法与报告指南等规范性文件中的核算规范要求，致使碳排放数据不符合规范；同时，碳排放数据直接反映企业的生产情况，数据在流转的过程中可能存在非法使用、敏感信息泄露等风险，碳排放数据的安全性有待提升。建筑业的生命周期关联大，活动构成复杂，参与人员众多，随着建筑业的不断发展，能源消耗和碳排放也在不断增加，建筑材料生产及运输、建造施工、建造运行以及建筑拆除处置均会产生海量的碳排放数据，因此对于数据的管理绝非是一件容易的事情。通过区块链技术，可以验证建筑材料生产及运输、建造施工、建造运行以及建筑拆除处置4个阶段数据采集的真实合规性，保证数据存储、共享的安全性，确保数据输出的可靠性与不可篡改性。

1）数据采集

在数据采集时，根据国家质量认证相关要求，记录采集时的图像、视频、签章等证据，保证数据源头的可信和有效。针对各企业信息化程度差异较大的现状，支持多种采集方式，包括手工录入、对接企业生产运营管理系统、对接企业 IoT 设备上报等，可以增强信息透明度，降低信息采集成本。其次，链上数据完整存证，对每一笔原始数据、核算数据，以及真实性、合规性证据等打包记录数字摘要，上链存证，便于未来验证、追溯、审计，防止数据流转过程中被篡改。以区块链技术实时采集传输建筑全生命周期的碳排放数据，实现远程可视化碳排放总量申报、核查与大数据分析统计，可以避免现在碳排放总量人工纸介质申报与核查的低效率和人为主观因素的干扰。

2）数据存储、共享

在数据存储、共享时，采用分级加密、多级脱敏、主动授权校验、属性访问控制等安全手段，在数据存储、展示、流转全生命周期中防止企业敏感信息泄露，实现数据可信流转与企业隐私保护的均衡。区块链具有的去中心化、公开透明、不可篡改和可溯源等特征，使得存储在区块链上的数据也具有上述特征，但是对于大多数公有链来说，还未完全实现数据的分布式存储，其存储的成本是非常昂贵的。一种解决方案是使用星际文件系统（InterPlanetary File System，IPFS）结合以太坊来实现数据的分布式存储，可以充分利用以太坊去中心化、公开透明、不可篡改和可溯源的优势。

3）数据输出

在数据输出时，区块为数据的载体，对于每个交易结果都会完整地记录在区块中，利用哈希算法给予每个区块一个哈希标识，保证区块不被篡改。因此，区块链的价值就体现在对数据构造出了某种程度的"唯一性"。为保证数据安全查询与计算结果的安全可控，对于数据输出的结果，系统需对其进行合规性检查，避免不符合约束条件的数据流出。一般来说主要包括对关系和计算结果的合规性进行检查。对于关系的检查，主要是对最后输出关系属性 V 的值进行过滤，判断是否出现除 V 值以外的其他属性值，其次对比生成关系属性与查询的关系属性结构是否一致。计算结果检查主要包含以下 3 个部分：①预期计算结果检查：数据需求方在发起计算的时候，要对预期的输出结果进行描述（或者由所选择的计算函数可知），将预期结果与输出结果进行对比。②原始数据检查：检查测试输出结果是否存在生成数据集的原始数据，间接判断计算函数是否包含原始数据的输出。③输出计算结果检查：对比测试数据生成的计算结果属性与实际数据生成的计算结果属性是否一致。

（2）基于区块链的碳排放计算系统

建筑在其建造活动和相关材料生产过程中会产生大量的温室气体，为了采取正确的措施减少建筑碳排放，准确量化建筑的碳排放尤为重要。建筑生命周期碳排放主要分为隐含碳和运行碳两个部分。隐含碳是指在产品或服务的生产阶段排放的碳，其中包括原材料采购、运输、建筑材料加工和制造、材料现场配送、现场组装、现场分解和处置所产生的碳排放，而运行碳是指建筑物运行阶段产生的碳排放。

1）我国碳排放计算系统存在的主要问题

①基于理论推算而非基于实际排放数据

忽略了我国在不同地区、不同发展水平的企业的碳排放差异，不利于以双碳工作为抓手促进各地区生态文明建设和高质量发展。

②静态核算

忽略了我国企业生产装备工艺更新改造、产能更新换代、产能规模变化等发展变化情况对实际碳排放总量的影响，不利于以降碳脱碳为抓手促进各企业工艺技术创新和高质量发展。

③人工、纸介质方式的核算

企业靠人工随时收集碳排放总量的数据和佐证材料并定期报政府碳排放核算部门，政府碳排放核算部门要对数量庞大的企业碳排放总量申报报告及佐证材料进行逐一现场核查，碳排放核算和核查环节多、数据资料多，工作量大，效率低，且容易掺入人为主观因素，难以在碳申报、碳核查等环节根除碳数据造假和碳核算腐败，难以真正实现公平公正、公开透明的碳治理。

2）碳排放计算系统主要功能分析

碳排放计算系统主要依靠智能合约来实现。目前，行业内尚未形成公认的智能合约定义。主要有两种说法：狭义的智能合约可以看作是运行在分布式账本上，预置规则、具有状态、条件响应的，可封装、验证、执行分布式节点复杂行为，完成信息交换、价值转移和资产管理的计算机程序；广义的智能合约则是无须中介、自我验证、自动执行合约条款的计算机交易协议。通过区块链技术的智能合约，可以将碳排放计算方法编译成代码以智能合约的形式部署在区块链上，用户可以输入建筑活动的相关数据，如材料生产过程中消耗的清单材料数量、燃料数量等，来调用智能合约函数，对隐含碳和运行碳排放进行计算，实现生产、建造、运营、拆除阶段的碳排放全部计算过程自动化。同时，可以运用国家发展改革委下发的行业企业温室气体核算方法与报告指南的核算方法，对燃料消耗量、发热量、燃烧工艺等原始数据自动核算单位热值含碳量、化石燃料排放量等数据，实现全部计算过程自动化，并留存审计存证。碳排放计算系统需要生成准确的隐含碳和运行碳估算（准确性），确保数据不可篡改的隐含碳和运行碳数据（安全性），透明的隐含碳和运行碳估算方法（公开性），在不泄露机密数据的情况下显示碳排放参与者（透明度），去除第三方参与估算隐含碳和运行碳（去中心化），等等。

（3）基于区块链的碳排放监管系统

利用前面的碳排放计算系统，使用区块链记录排放数据、配额、交易等信息，通过监管采集上传至区块链中的数据具有真实性和合规性，提供可视、可信、可靠的监管环境，对建筑物生产、建造、运营、拆除阶段的碳排放进行多方位监管，以此用来监控企业日常污染物排放是否在限定的范围之内，在发生"超排"等情况时能够及时发现并采取后续行动，使用区块链加物联网技术，能够在第一时间发现企业违法排污行为并触发预警机制，及时通知相关责任人。被监管企业需要在涉及碳排放的设施中安装传感器装置，它是一种可以在极短的周期内快速收集某种特定污染物的电子装置，能够感测到需要测量的信息，并能够将检测到的数据按照一定的规则进行变换，通过"模数转换器"变换为数字信号或其他形式并输出数据。排污设施中的这些传感器能够实时地监管企业的碳排放情况，并通过高速网络将这些数据实时传输到建筑碳排放软件中的区块链系统中，结合系统中大数据分析、辅助决策等功能。

通过产品生命周期评估（Life Cycle Assessment，LCA）、碳排放因子法等计算方法，对建筑的生产、建造、运营和拆除 4 个阶段进行量化分析，厘清各部分碳排放源及碳排放关键因子，并将结果保存到系统数据库中，使环保部门可以及时得到特定企业排污的第一手数据。利用这些实时信息就可以对企业的排放行为进行监控，及时发现企业是否存在违法排放的情况。监控系统会随时从碳排放数据区块链获取指定企业当前最新的交易情况，并利用企业交易后的排放额度与当前排放情况进行对比，以便及时发现可能存在的违法情况。如果发现风险会触发"超排预警"机制，通过排放日志存留、超排数据定量分析、短信通知相关监管责任人、自动通知排污企业等方式，第一时间发布风险信息并采取相关措施，达到实时监管及时处理的目标，实现从微观到宏观的多角度碳排放评估，进而有针对性地约束碳排放源的使用行为。

1）当前我国碳排放监管系统存在的主要问题

①制度缺乏可操作性

制度立法层面的原则规定居多，少有具体的实施方式。比如缺少对主管部门执法程序、纳入主体救济程序、主管部门复核方法的规定。以及试点地区建立有提交排放报告与核查报告的电子信息管理系统，方便主管部门对重要信息的监管，却由于缺乏具体的操作规范，实践中落实的效率大打折扣，对碳排放的整体性掌握不利。

②纳入主体缺乏积极性

各单位参与市场的意愿较低，减排及配额交易意识薄弱。许多企业、单位被强制纳入碳排放交易市场，各单位对新兴的市场减排体系感到陌生，加上初期法律法规的操作性不强，政府部门的宣传帮助不到位，导致许多企业甚至不知晓具体完整的操作程序，大大打击了企业、单位的参与积极性。甚至许多小企业和重工业企业由于减排成本和经济利益存在冲突，但碍于法规的强制力，认为能够完成"配额"任务即可，并无参与碳排放交易市场的积极性。

③监管主体履职不到位

管理体制上，《碳排放权交易管理办法（试行）》规定各省、自治区、直辖市的发展和改革委员会为省级碳排放交易主管部门，其他部门协同配合。然而，发展和改革委员会自身却是国家进行宏观调控的部门，没有对企业行为进行监管与干预的权力，因此发展和改革委员会不论从知识储备还是实际操作上都缺乏对纳入主体进行监管的能力。而地方试点的交易管理办法、核查机构管理办法、监督管理制度等规定对监管、报告与核查的主管机构也基本不再细分，明确规定碳排放交易主管工作主要由发展和改革委员会负责。但是，当行政部门有权力却无相应的制约与监督时，也容易出现暗箱操作、权力寻租等违规行为，降低法规政策的实施效果。此外，各试点对"其他相关部门"及其权责也未作明确规定，导致实际操作中各部门权责不明、互相推诿、管理冲突、工作效率低下。

2）碳排放监管系统主要功能分析

①确定碳排放权配额

确定合理碳排放权的许可配额，关键在于如何明确排放配额的具体数值，并长时间记录与储存配额数据信息，让碳排放监控管理工作能够有正确的数据支持。前者依赖相关环保部门按照各类法律规章制度对不同企业进行排放额度的有效界定，后者则依赖利用区块链技术来长时间记录与储存相关数据信息，并充分发挥区块链的作用，杜绝数据信息出现篡改、遗失的情况。在对碳排放权许可配额进行确定的过程中，CA认证机构、相关交易企业以及环保部门是其中的主体，通过多方密切配合才能够实现配额的有效确认。

②交易历史数据追踪

如果交易双方企业在交易过程中出现不同程度的纠纷，或者环保部门在开展监管工作的过程中，所追溯的历史交易信息是否真实有效，直接决定纠纷是否能够顺利解决或者所开具的证明是否符合规定。通过区块链技术的应用，其所具备的"链式储存结构"功能能够有效解决上述问题。区块链包含不同数量的节点，不同节点间有着紧密的联系，根据相应的业务需求，在节点中储存类别相同的业务信息。同时区块链头部还存在相应的指针数据，会将上一个区块 ID 内容直观呈现出来，多个区块节点互相连接，就呈现一条首尾相连的"数据链条"。通过对数据链条相关信息的查找，就能够实现对交易节点的精准定位，此时相关技术人员利用节点数据的读取就可以了解到交易的实际内容。由此得知，区块链技术的应用能够达成申请配额或者交易数据的精准定位，并且也能够根据数据链条来定位碳排放权的流转过程，这样一来就可以准确控制企业的排放额度。

③碳排放预警决策

碳排放预警决策机制是指对碳排放强度的实时状态进行监管，在碳排放强度超出规定标准值之前采取相应的预防措施，提前发出警告并启动相应的预防控制措施，来降低碳排放量以避免碳排放强度超标，或者是在碳排放强度超标时及时发现并采取相应的紧急措施，使之恢复到相对安全的状态。

在对建筑碳排放量进行实时计算后，通过智能合约将其实际碳排放量与预设碳排放量进行比对分析，如果超出预设碳排放量的一定比例，或者某一阶段的平均碳排放量与上一年相比明显上涨，则需要及时发出预警信息。以预警信息为基础对建筑碳排放计划进行适度的调整，防止建筑在生产、建造、运营、拆除的过程中出现碳排放量超出规定数值的情况。

④碳交易价格监管

虽然碳交易价格和供求之间有着直接的联系，市场能够自发对价格进行调节，但市场调节有一定的滞后性与盲目性，如果调节不当很容易引发市场混乱甚至崩溃。为了最大化地防止碳交易价格出现剧烈的波动，应当采取合理的措施来监管碳交易价格，制定完善的价格监管机制。根据国际碳交易市场的经验，我国可以采取政府预留配额、设置配额价格限制、配额跨期使用、配额抵消等一系列方法，形成一个完善的价格监管机制。

由于我国当前仍处于碳交易初步发展阶段，应当构建一个碳排放权储备与预支机制，避免碳价格波动过大对市场带来不利的影响。如果市场价格过高，那么政府部门会采取出售或拍卖所获取的收入来对部分配额进行配额回购。需要注意的是，不能随意动用政府碳排放权，要按照市场实际情况进行合理的配置，切忌给市场造成的干预过多，影响市场稳定运转。

设置配额价格限制，该机制中的这一功能与中央银行利用公开市场业务调节货币供应量有着异曲同工之妙，配额价格管制能够实现碳交易市场的稳定，主要是设置一定的价格区间激励企业减碳，以期稳定发挥碳交易机制的效力。这在我国试点省市尚属首次，也是全球碳市场的首例，有可能成为未来我国统一碳交易市场的政策设计。

### 12.2.3　基于区块链的建筑碳排放计算软件功能实现

区块链 1.0 时代以比特币为代表，虚拟货币的点对点交易使人们开始关注到区块链这一底层技术。而智能合约的实现则标志着区块链 2.0 时代的到来，虽然这一概念早在 1994 年就由尼克·萨博（Nick Szabo）提出，但直到区块链技术的出现，智能合约才能真正变得"智能"起来。维塔利克（Vitalik Buterin）最先看到智能合约和区块链技术结合起来的可能性，并以此创建了以太坊，使得区块链有了更多的去中心化应用场景。同时以太坊作为应用最广泛的公有链平台，允许各个节点加入网络，更能体现区块链的去中心化特性，实现各种去中心化应用。本节所描述的碳排放计算软件旨在利用区块链帮助建筑碳排放的各利益相关者进行建筑碳排放计算，使用公有链的好处是去中心化程度高、计算更安全可靠、过程更公开透明，因此为了更好地展示区块链技术与建筑碳排放计算结合的业务流程，本节选择将以太坊作为主要平台进行介绍。

（1）用户注册与登录

人们在日常生活中使用各种平台或系统时，如购物平台、交友平台、学校的教务系统等，都要先注册账户，设置密码，拥有能唯一对应用户身份的账户后，输入正确密码选择登录才能顺利进入平台或系统。传统的账户通常由中心化机构，也就是平台的拥有者进行统一管理，比如银行账户由银行管理，游戏账户由游戏公司管理，相应地，账户信息也存储在这些机构的中心化系统中，账户安全需要靠机构来维护。区块链作为去中心化的分布式账本，其账户的安全可靠性不依靠任何中央系统，而是由密码学来提供保障，涉及的主要的密码学知识包括非对称加密、哈希函数、数字签名等。

比特币中的 UTXO 记账模型，其账户本质上只是比特币数量的一个存储而已，不包括其他内容。而以太坊中的账户系统与传统软件的更相似，类型包括外部账户（由人控制）和合约账户（由合约代码控制），地址形式都是一个 20 字节的十六进制码。其中外部账户也可以称为用户账户，在基于区块链的建筑碳排放计算软件中，用户指的就是建筑碳排放的利益相关者，包括业主、设计人员、承包商、政府部门等，用户账户则是在建筑碳排放计算软件上注册的账户，拥有这个账户，各单位才可以进入区块链系统，进行建筑碳排放计算。合约账户指的是部署在以太坊上，储存了智能合约代码的账户，不需要用户注册。用户账户可以通过向含有智能合约代码的合约账户发送交易以此来调用相应的智能合约函数，从而实现合约中包括的功能。

在用户注册形成用户账户后，会通过非对称加密算法生成一对密钥，包括公钥和私钥，它们可以互相加解密。公钥用来生成用户账户的地址，私钥的作用则是确保是由特定用户账户发出的交易，公钥作为账户的地址是公开的，但是为了保证账户的安全性，私钥被用户注册时设置的密码所保护。即用户注册时，生成的密钥对被编码在一个钥匙文件里，这个文件被保存在以太坊节点数据目录 data 的子目录 keystore 中，格式为 .json，可以用文本浏览器直接打开阅读，但是私钥被用户自行设置的密码所加密，因此想要盗取这个账户，必须同时拥有这个钥匙文件和用户的密码。这样的形式使得与传统的软件账户相比，账户的安全性和发出交易的可靠性大大提升。用户使用时不需要输入私钥，直接通过设置的密码登录即可。也就是说，基于区块链系统的碳排放计算软件内的账户不需要第三方机构的背书，账户的安全由区块链的分布式结构保证，而不依靠任何第三方，这使得建筑的碳排放计算更加公开透明，杜绝碳排放结果的欺诈现象。

（2）建筑碳排放计算

基于区块链的建筑碳排放计算主要依靠智能合约来实现，具体又涉及合约的编写、编译、部署和调用等过程，为了更清楚地进行展示，以下将按照使用智能合约的逻辑顺序分为 4 个部分展开。

1）智能合约代码的编写

要在区块链上实现建筑碳排放的自动计算，离不开智能合约。而智能合约本质上就是一段代码，因此要利用区块链技术实现建筑碳排放计算的第一步，就是将建筑碳排放计算方法，如前面章节介绍的排放因子法、投入产出法等编译成代码。目前以太坊智能合约的编写支持 4 种编程语言，分别是 Solidity、Serpent、Mutan 和 LLL，但目前使用较多的是 Solidity，因其语法与 JavaScript 类似，有过计算机基础的人更容易掌握。用代码进行计算与使用计算器所进行的普通公式运算不同，代码语言的好处就在于能通过精密严谨的逻辑语句实现更高级的功能，且运行速度较快。对于建筑碳排放的计算，可分为隐含碳和运营碳的计算。以目前国内应用最广泛的建筑碳排放计算方法——排放因子法为例，它的基本方程要求输入在建筑全生命周期中产生温室气体排放的生产或消费活动的活动量，如不同燃料类型的消耗量、使用的电等能源的数量，并输入相应的单位排放活动所产生的温室气体排放系数，这两个输入值的乘积就是该建筑活动产生的碳排放量。在整个建筑全生命周期中，可能产生碳排放的环节包括建筑材料的生产及运输阶段、施工阶段、运营阶段以及拆除阶段。将排放因子法的碳排放计算公式以 Solidity 语言写进智能合约后，调用合约，输入某一建筑活动的相关数据，如消耗的燃料和能源数量，代码便会自动调用排放因子数据库并按照公式进行运算，从而得到这一建筑活动所产生的碳排放量，并输出结果。

2）智能合约的编译与部署

把智能合约部署在以太坊网络前需要使用 Solidity 的命令行编译器 solc 把源码编译成 EVM——以太坊虚拟机，执行交易或合约代码的引擎——二进制码。编译完成后，就应将其部署在区块链上，目的是方便其他账户的调用，在这里指的是有建筑碳排放计算需求的相关单位。部署智能合约的过程就相当于为日常使用的软件添加功能，目的都是为了实现某种功能。外部账户向"0"地址发送一笔带有智能合约代码的交易，这一步可以由碳排放计算软件的管理者或者开发者来执行，会产生智能合约的地址，这样就生成了合约账户，智能合约就算是部署成功了。不同于外部账户的公私钥结合管理，合约账户不受私钥管理，只由合约的发布账户管理。

3）智能合约的调用

以太坊中的账户分为外部账户和合约账户，其最大的区别在于合约账户携带智能合约代码，而外部账户不携带。而调用智能合约的过程，其实就是外部账户向合约账户发起交易的过程，这就显示出了以太坊区别于比特币的地方，也是与智能合约结合的特色之处。过去的比特币系统中的交易只能实现虚拟货币价值的转移，区块链技术的应用场景单一，而以太坊上的交易除了实现账户之间以太币（以太坊上的虚拟货币）的转移，还能实现智能合约的执行。在以太坊上，外部账户之间可以发送交易，外部账户也可以向合约账户发送交易，这笔交易会触发合约账户中携带的智能合约代码，调用合约内部的函数，执行各种逻辑语句，甚至可以使该智能合约向其他合约账户发送交易，但需要注意的是，在没有外部账户的参与下，合约账户是不会主动发送交易的。为了保证交易的可靠性，账户在发送交易时要进行数字签名。向合约账户发送的交易内容主要包括接收交易的地址（部署合约时，接收地址为"0"），交易发送者的数字签名作用是确认交易的发出者，以及一个不限制大小的字节数组，作为交易的附加信息，如合约参数等。对于建筑碳排放计算智能合约来说，建筑单位拥有以太坊上的外部账户以后，直接向写有智能合约的合约账户发送带有数字签名的交易，确定交易的发出方，并在发送的交易中添加调用函数所需参数，如某一建筑活动消耗的燃料数量等，进行碳排放计算。合约账户收到这一交易后，会对数据进行解码，在代码中找到对应函数的入口，再将相应参数传入，执行写入智能合约中的碳排放因子法函数，得到建筑活动的碳排放结果。

综上所述，可以将以上基于区块链的碳计算流程简单概括为：把写有建筑碳排放计算方法的智能合约以合约账户的形式部署在区块链上，注册成功的业主、承包商以及其他角色拥有了区块链系统的外部账户，向合约账户发送交易，交易内容携带合约参数，调用建筑碳排放计算合约函数，代码执行，输出碳排放计算结果。

（3）建筑碳排放监管与数据管理

上述介绍的碳排放智能合约能够计算建筑碳排放结果，除此之外，区块链平台还能实现对计算结果以及相关文件的查询功能。建筑碳排放的利益相关者，如政府，需要对建筑生命周期的碳排放结果进行查询，以确定碳配额数量的分发；建筑企业也需要对排放结果以及相关文件进行审计，因此查询功能是必不可少的。在之前的小节提到过"调用合约实质上是在区块链上发起一次交易"，因此每次的建筑碳排放计算结果都作为链上交易被打包进了区块，根据区块链的链式结构，保证其不可篡改并可追溯，实现了区块链平台的查询功能。在查询的过程中有智能合约的参与，因此这一部分的流程也包括合约代码的编写、编译、部署和调用，可参阅前面内容，这里就不再赘述。除了结果的查询外，建筑碳排放计算相关文件的存储也可以使用该区块链平台来实现。在计算建筑碳排放时，因为涉及建筑生命周期的全过程，与碳排放有关的信息量很大，可能还需要以图片、文本的形式存储作为以后审计的存证，如工程量清单、设计文件、施工图纸等，因此考虑如何在基于区块链的碳排放计算软件中实现这一功能是非常必要的。

区块链的本质是去中心化的分布式账本技术，具有"记账"的功能，然而在比特币系统中，每个区块内存有限，限制了上传文件的大小，而 IPFS 与区块链的结合能完美解决这一问题。IPFS 是基于内容寻址的、点对点的、开放源码的、全球分布的文件系统，可用于存储和共享大量的文件，具有高吞吐量。虽然区块链无法存储大量数据，但可以通过在链上存储文件的哈希值，而不是文件本身来解决这一问题。每次将建筑碳排放计算相关数据和文件上传到 IPFS 都会产生一个哈希值，将这个哈希值存储在智能合约中，用于访问该文件。而用户在上传后需要对建筑碳排放数据和文件进行修改时，可以重新上传修改后的文件，这时会生成新的哈希值，以保证每次读取的文件都是最新的。这保证了存储在 IPFS 上的与建筑碳排放有关的数据具有安全可靠、不可篡改、可追溯等特点。

## 12.3　基于区块链的建筑碳交易软件设计

建立碳交易市场是国家减排政策的重要环节。但与其他产业相比，处于能源消耗终端的建筑领域碳减排有其固有特点，相较于在生产阶段通过产量和投资等的调节，建筑业更关注碳排放存量的减少，这就需要建筑生命周期的各环节都要提供合规、合理的数据。将建筑碳交易规则整合到区块链环境的算法中，能够提供可靠的数据保证和声誉记录，促进碳交易政策的实施。本节将从建筑碳交易应用区块链的可行性分析入手，确定建筑碳交易机制的具体技术需求；从而设计交易平台的理论结构，根据以上研究实现建筑碳交易的区块链应用，最后对建筑碳交易平台进行多准则评估，量化其应用效果，为建筑碳交易的改进与创新提供参考。本节的主要内容逻辑关系如图12-6所示。

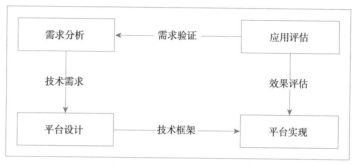

图12-6　建筑碳交易软件主要内容

### 12.3.1　基于区块链的建筑碳交易需求分析

需求分析是保证建筑碳交易机制合理性和实用性的基础。需求分析可以分成非功能性需求和功能性需求两个方面。本小节将从用户和功能两个角度，针对建筑碳交易的参与方以及碳交易主要特征，进行需求分析。

（1）用户需求

1）身份认证的准确性

参与碳交易的用户通常有监管机构、交易所、控排企业等，这些市场主体共同构成一个交易平台，以温室气体的总量控制为目标，将碳排放权作为可以在市场上流通和交易的商品，允许企业自由买卖。但目前的碳交易仍建立在中心化运行机制的基础上，参与方的资格审查、碳数据等容易受人为因素和中心节点性能的影响，增加了用户信息上链的审核难度，从而影响交易身份认证的准确性和安全性。

2）配额认证与交易合规

配额交易最重要的需求是交易信息的透明化。我国碳交易市场中普遍存在信息不对称的情况，主要体现在环保主管部门和相关机构对于企业碳配额计算、分配机制等规定不够明确，导致众多企业对自身碳排放配置不了解，在市场交易过程中很难确定具体的交易内容、数量和预估金额，使企业在碳排放市场上处于被动地位。同时，交易过程中的"市场错配"情况也是由于各企业间存在信息不对称，这就很容易导致交易过程中发生错配竞争对手，或者双方企业错配成交量和成交价格。此外，还存在使用行政方法影响碳排放交易市场的情况，比如：有的部门制定关于碳交易产品的价格控制措施，导致交易品真实的市场价格难以体现等。

（2）功能需求

1）简单的交易流程和交易撮合机制

建筑行业的交易主体不同于其他行业，包含的数量比较多，同时在地点上也分散在全国各地。这种特点有利于碳交易空间的形成，但这也造成了各类参与方的资质、资产、认知水平等参差不齐。简单的市场参与方式与交易撮合更有利于碳交易机制的市场推广。同时为了避免人为的恶意扰乱市场，一套可以自动匹配买卖双方的交易撮合机制能够提供有效的帮助，参与方也可以避免恶意竞争带来的损失。

2）严格的交易执行保证

目前的碳排放市场上仍存在信息不透明现象和腐败行为等不利于交易的因素，损害碳交易双方的权益。控制交易市场运作所需的立法仍然有限，对于违约行为的惩罚机制也较为欠缺。目前的解决方案仍停留在制定尽可能完美的合同。制定一套能够自动执行并统一交易规则的交易机制迫在眉睫。

针对以上需求，区块链技术可以增加系统的完整性，消除对中介机构的需求，并允许更简单、更直观的交易渠道。此外，在国家持续推进能源领域数字化转型背景下，加强我国建筑行业数字技术融合创新及应用对实现碳中和目标具有重要战略意义。相较于传统的需求侧资源交易平台，结合区块链的交易平台有 3 个显著的优点：

①区块链技术允许多用户处于一个去中心化、无需信任的市场环境中，用户对交易信息的访问不受限制，保证了信息的透明性，降低了交易管理成本。

②区块链技术能够降低资源不确定性带来的风险，如市场成员可以随时上线参与交易，因为在每个交易时段，当且仅当用户处于联网状态时才可以参与到交易中，实时在线使得两个交易周期之间的数据变化可以被及时掌握。

③区块链技术通过提供不可变和透明的许可和声誉记录，支持政策中的检测、报告、核查（MRV）机制。同时将交易规则集成到交易算法，可以支持基于声誉的交易系统，设计激励机制促进企业减排行为。

### 12.3.2　基于区块链的建筑碳交易平台设计

（1）碳排放交易系统主要功能分析

1）身份认证

申请注册碳交易会员的用户需要在建筑碳交易系统上注册一个账户，每个账户对应一个节点，系统自动为每个节点生成一个75字节的身份代码，身份代码由用户类型、公钥及组织机构代码构成。每个节点具有一对公钥和私钥，用该节点私钥（公钥）加密的数据只能由该节点的公钥（私钥）解开，因此公钥和私钥可用于信息加密和数字签名。节点的私钥是由系统中的随机数发生器随机生成的，公钥则由私钥通过Secp256k1算法得到。私钥相当于一个公司的私章，只有使用私钥才能对该节点的配额进行买卖。通过节点的私钥可以推算出节点的公钥，但是从公钥却无法推算出私钥，而且系统中的随机数发生器能够生成 $2^{256}$ 个私钥，因此很难发生遍历系统中的私钥来获取某节点私钥的情况，保证了用户数据的安全性。政府节点在收到信息后用自己的私钥对申请资料解密并审核其有效性，然后将审核结果用自己的私钥签名提交给交易管理系统。交易管理系统利用政府的公钥对信息进行解密，确保信息是由政府节点发出的，然后根据审核结果将通过身份认证的节点的身份代码加盖时间戳记录在区块链中，而未通过的节点将会被注销账户。

2）配额认证

交易系统上的每个节点都具有一个"钱包"，用于存储该节点的公钥、私钥和配额，配额数量由钱包中的配额输入和输出决定。钱包的地址是由公钥通过一系列的计算得到的，首先将公钥用RIPEMD算法处理得到公钥的哈希值，再对该哈希值进行两次哈希运算，取其运算结果的前4位连在公钥哈希值的末尾，并在公钥哈希值的前面加上版本号进行编码，最终得到该节点的钱包地址。政府节点根据分配结果为各个建筑业企业节点的钱包创建一个输入，然后将所有的输入记录在一个新的区块中，并向全网广播。全网对政府节点创建的区块进行验证，验证通过后新区块连接到区块链上，此时建筑业企业才真正拥有配额的所有权。

3）配额交易

在配额交易中当卖家收到买家的付款后，卖家需要把配额转移到买家的钱包。在基于区块链的建筑碳交易平台上，所有权的转移以交易单作为载体，由输入和输出构成。交易单可以有多个输入，输入规定了需要转移的配额的来源，每个节点交易的配额都是由该节点的前一次交易得来，前一次交易的输出就是此次交易的输入。每个交易最多有两个不同的输出，分别用于支付和找零，因为每次输出时需要将配额全部转移，除了将用于交易的配额输出到目标钱包地址外，交易后如果有剩下的配额，也要以未花费的交易输出（UTXO）的方式输出到自己的钱包地址供下次交易使用。卖家将自己前一次交易中的一个 UTXO 作为此次交易的输入，转移到买家和自己的钱包地址的配额作为输出创建一个交易单，然后对交易的输入和买家的公钥进行哈希计算得到一个哈希值，最后用自己的私钥加密生成签名附加在配额的末尾。

（2）基于区块链的建筑碳排放交易机制

1）交易主体

碳交易机制中存在两种交易方式：主动参与和被动参与。选择主动参与的买方或卖方积极地寻找报价或出价，以满足他们的需求，并完成交易过程，而被动参与的买方或卖方会在系统中发布买卖要约并等待交易，然后主动参与者可以自主选择他们的要约。

因此交易系统中存在 4 种重要的交易角色：

主动买家：主动搜索碳排放权报价；

主动卖家：积极寻找碳排放权报价；

被动买家：发布碳排放权报价，等待主动卖家；

被动卖家：发布碳排放权报价，等待主动买家。

2）建筑碳交易流程

现阶段基于区块链的去中心化交易模式设计主要可以分为以下两类：一类是参与市场的主体间进行自主双边交易，另一类是利用虚拟中介进行集中撮合。二者的主要区别在于是否通过中介达成交易。表 12-4 对两种交易模式进行了比较。图 12-7 介绍了基于区块链的建筑业碳排放交易的典型过程。

两种交易模式比较　　　　　　　表 12-4

| 交易阶段 | 双边交易 | 集中撮合 |
| --- | --- | --- |
| 信息发布阶段 | 参与方通过网站或者应用程序注册账户，双方在应用层达成交易意向（包括成交价格、时间、成交量等） | 参与方通过网站或者应用程序注册账户，该阶段无需达成交易意向 |
| 信息上传阶段 | 买卖双方通过区块链客户端（如 Mist 浏览器、Metamask 钱包等）上传信息至区块链平台，写入上一阶段已达成的交易意向信息，并缴纳保证金 | 买卖双方通过区块链客户端（如 Mist 浏览器、Metamask 钱包等）上传信息至区块链平台，双方报价上传至智能合约，进行交易撮合，生成交易合同，交易双方确认并缴纳保证金 |
| 结算阶段 | 平台接收到买卖双方的履约信息后，对交易进行结算，资金由买方向卖方自动转移 | 平台接收到买卖双方的履约信息后，对交易进行结算，资金由买方向卖方自动转移 |
| 信息存储阶段 | 记录交易内容，为后续交易提供参考 | 记录交易内容，为后续交易提供参考 |

资料来源：赵盛楠（2020）。

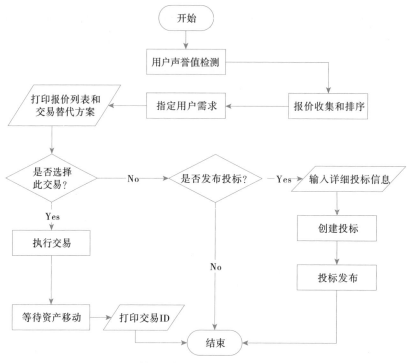

图12-7　基于区块链的建筑业碳交易典型过程

资料来源：Khamila, et al.（2018）。

### 12.3.3　基于区块链的建筑碳交易平台实现

当前，除了数字货币，区块链技术还促进了其他实物商品和资产所有权的点对点价值转移，在碳交易机制下，碳排放权作为一种具有货币价值的所有权，其交易过程自然也可以用区块链技术来实现。由于碳交易机制由政府推行，在前面小节已提到碳配额的分配与认证均需要政府参与，因此为了促进合规交易，这里的建筑碳交易选择使用联盟链，而常用的联盟链平台是超级账本。联盟链由若干机构，如建筑企业、政府共同参与维护、管理区块链系统，可以实现碳交易这一特定的业务需求，保证交易过程的合规性和交易结果的公开透明，同时与公有链相比交易速度更快。

目前的碳交易存在不公开透明，容易出现腐败问题，而利用区块链与智能合约的特点能帮助改善这些问题。表12-5展示了基于拍卖的碳排放交易的智能合约算法中的函数。第一个函数$f_{initialisation}$，要求输入卖方（seller）的以太坊账户地址$id_u$，选择出售的碳排放权数量$s_u$，卖方规定的拍卖持续时间t，卖方可接受的最低报价$b_{min}$，当前的最高竞价$b_{highest}$，当前$b_{min}$与$b_{highest}$相等，这是因为在执行这个函数时，拍卖尚未开始，因此底价就是最高价，最后输出所有卖方提交的报价（offer）。第二个函数$f_{matching}$是为了给每个买方都匹配到最优的报价方案，主要满足两个条件，一是 offer 能提供买方所需要的碳排放权数量，二是选择所有报价中最低的价格，即数量能满足需求且报价最低的方案将被优先提供给买方，$u_v*$ 表示满足这两个要求的报价集合。第三个函数是 $f_{bidding}$，$t_{now}$ 指的是执行函数时的时间，$b_v*$ 指的是买方愿意出的竞价，$m_v$ 是买方账户的余额，执行该函数需要满足 3 个条件，一是目前的时间尚未超出卖方规定的拍卖时间，即 $t_{now} \leqslant t$，二是买方的竞价在目前所有的竞价中是最高的，三是买方账户余额足够支付其竞价，即 $b_{highest} < b_v* \cdot s_u \leqslant m_v$。当满足这些条件时，函数将会输出目前的最高报价 $b_{highest}*$，表达式为 $b_{highest}* = f_{bid}(t_{now}, b_v*, m_v)$。一直到拍卖结束前，所有的竞价都通过智能合约进行冻结，这意味着买方不能将竞价撤回他们自己的账户。第四个函数是 $f_{withdrawal}$，当拍卖结束时，即满足 $t_{now} > t$ 时，竞价最高的买方 $v*$ 赢得拍卖，而剩下的拍卖失败的买方将会通过调用 $f_{withdrawal}$ 函数撤回自己的竞价，撤回以后账户余额会发生变化，如式（12-1）所示，因为在报出竞价时，为了确保支付时有足够的余额，在拍卖成交前，各买方需要先将自己的竞价交出，类似于定金。

$$m_v* = f_{withdrawal}(t_{now}, b_v*, m_v) = m_v + b_v* \cdot s_u \qquad (12\text{-}1)$$

式中　$m_v*$——买方撤回竞价以后的余额；

　　　$m_v$——买方账户余额；

　　　$b_v*$——买方竞价；

　　　$s_u$——碳排放权数量。

第五个函数是 $f_{pay}$，最后支付的环节，拍卖结束后，即当 $t_{now} > t$ 时，一旦碳排放权确认进入了买方的账户，拍卖成功的竞价将通过智能合约函数自动进入卖方的账户，$m_u$ 是卖方账户的初始余额，支付后的余额计算公式如式（12-2）所示，卖方 $u$ 的账户余额更新为 $m_u*$。

$$m_u* = f_{pay}(t_{now}, b_{highest}*, m_u) = m_u + b_{highest}* \cdot s_u \qquad (12\text{-}2)$$

式中　$b_{highest}*$——交易成功时的拍卖价；

　　　$m_u*$——交易成功后的卖方余额；

　　　$m_u$——卖方账户初始余额；

　　　$s_u$——碳排放权数量。

在这 5 个函数都执行结束后，交易完成。

碳交易机制的目的是促进企业的减排行为，因此除了利用区块链技术进行建筑碳排放权的交易，还能将信誉系统整合到区块链中，信誉好的建筑企业，在区块链系统中将拥有交易的优先权，激励建筑企业进行碳减排。

碳排放权交易智能合约　　　　　　　　　　　　表 12-5

| 基于拍卖的碳交易智能合约函数算法 |
|---|

1： **function：initialisation** $f_{init}$（ ）

2： Input：$id_u$，$s_u$，t，$b_{min}$，$b_{highest}$

3： Output：$O_u$

4： **function：matching** $f_{match}$（ ）

5： for $v \in V$

6：　　find optimal offers combination $u_v^*$

7： end for

8： **function：bidding** $f_{bid}$（ ）

9： Input：$t_{now}$，$b_v^*$，$m_v$

10： require $t_{now} \leqq t$，$b_{min} \leqq b_{highest} < b_v^* \cdot s_u \leqq m_v$

11：　　submit bids and update the highest bidding price

12： end

13： Output：$b_{highest}^*$

14： **function：withdrawal** $f_{withdrawal}$（ ）

15： Input：$t_{now}$，$b_v^*$，$m_v$

16： require $t_{now} > t$，$v \in V$，$v \neq v^*$

17：　　unsuccessful buyers withdraw their bids

18： end

19： Output：$m_v^*$

20： **function：pay-to-seller** $f_{pay}$（ ）

21： Input：$t_{now}$，$b_v^*$，$m_u$

22： require $t_{now} > t$，$v = v^*$

23：　　pay the deposited highest bid to seller

24： end

25： Output：$m_u^*$

要将信誉系统融合进区块链中，可以使用外部账户调用合约账户，再通过合约账户调用另一个合约账户的方法，这需要编写两个智能合约。第一个是建筑企业信誉值计算的智能合约，将信誉值的计算公式编译成代码，部署到区块链上，形成合约账户，注册后的建筑企业用户输入信誉值计算公式所需要的参数，通过发送交易给合约账户，调用合约函数，自动生成该建筑企业对应的信誉值并输出，记录在区块链上。第二个是碳交易智能合约，除了要包括交易的合约外，还需要在合约中加入调用信誉值计算合约的代码，在执行交易合约代码前，必须先执行信誉值计算代码，返回信誉值后，对信誉值进行排序，根据排序决定交易顺序，信誉值大的将优先进行交易。

关于信誉系统与区块链的结合，国外的学者已经进行了相应的研究。首先卖方的销售合约函数如表 12-6 所示，j 表示卖方编号，$S_j$ 表示第 j 位卖方，$S[j].q$ 表示第 j 位卖方所拥有的碳排放权数量，$S[j].e$ 表示其所设定的碳排放权的单价，u 是卖方能接受的单价的调整值，为了防止垄断现象出现，$S[j].e$ 必须介于 $l_l$ 与 $l_u$ 区间之间，其中 $l_u$ 是系统规定的单价的最高值加上最高值与最低值之间的差，$l_l$ 则是最低值减去差之后的结果，只有在这个范围内，卖方的报价才能被认为是有效的。$S[j].p$ 是第 $j$ 位卖方的优先值，在确认报价有效之后，为了鼓励碳排放权的交易，卖方的优先值就等于卖方所拥有的碳排放权数量，也就是说，对于卖方来说，所拥有的碳排放权数量越多，其在交易中处于越有利的地位。

卖方销售智能合约 表 12-6

| 基于信誉值的碳交易卖方销售智能合约算法 |
| --- |
| **Input**：Selling bid（$S[j].q$，$S[j].e$，u）of $S_j$ |
| **Output**：Priority assigned to the valid bid |
| *Initialisation*： |
| 1： **if** $l_l \leqq S[j].e \leqq l_u$ |
| 2： **then** |
| 3： 　Mark bid as a valid |
| 4： 　$S[j].p = S[j].q$ |
| 5： **else** |
| 6： 　Mark bid as an invalid and discard it |
| 7： **end if** |

除了针对卖方的计算优先值的智能合约，买方也有相应的智能合约，如表 12-7 所示。$i$ 代表买方的编号，$B_i$ 表示第 $i$ 位买方，$B[i].d$ 表示买方 $i$ 所需要的碳排放权数量，$B[j].e$ 是买方对于碳排放权的理想单价，$v$ 则是买方能接受的单价调整值。同卖方单价一样，买方所提供的理想竞价也必须在 $l_l$ 与 $l_u$ 之间，才能被判定为有效的竞价。为了促进减排行为，买方的优先值将根据名誉值来确定，首先计算买方的碳排放权需求变化率，即：

$$C = （ B[i].old_d - B[i].new_d ）/ B[i].old_d \qquad （12-3）$$

式中　$B[i].old_d$——第 $i$ 位买方过去的碳排放权需求量；

　　　$B[i].new_d$——第 $i$ 位买方现在的碳排放权需求量；

　　　$C$——碳排放权需求变化率。

随后计算 $X$，即碳排放权需求变化率与清洁能源使用占比的乘积，计算公式如式（12-4）所示：

$$X=C \cdot P \qquad （12-4）$$

式中　$X$——碳排放权需求变化率与清洁能源使用占比的乘积；

　　　$C$——碳排放权需求变化率；

　　　$P$——清洁能源占比。

而买方名誉值的计算如式（12-5）所示：

$$reputation_{score} = 1/ \left( 1+e^{-X} \right) \quad\quad\quad (12-5)$$

式中 $reputation_{score}$——买方名誉值。

从式（12-5）中可以看出，买方企业使用清洁能源的占比越大，对碳排放权的需求量增长越多——这都说明企业积极参与减排的行为，相应地买方的名誉值越大，在进行交易时拥有优先权，能以最低的价格购买碳排放权，能看到所有的卖方报价。

买方购买智能合约　　　　　　　　　　　　　　　　表 12-7

| 基于信誉值的碳交易买方购买智能合约算法 |
|---|
| **Input**：Buying bid（B[i].d，B[i].e，v）of B$_i$ |
| **Output**：Priority assigned to the valid bid |
|    *Initialisation*： |
| 1：  **if** $l_l \le$ B[i].e $\le l_u$ |
| 2：  **then** |
| 3：    Mark bid as a valid |
| 4：    C =（B[i].old$_d$ − B[i].new$_d$）/ B[i].old$_d$ |
| 5：    X = C * B[i].clean$_p$ |
| 6：    B[j].p = 1/（1+e$^{-X}$） |
| 7：  **else** |
| 8：    Mark bid as an invalid and discard it |
| 9：  **end if** |

在买方和卖方的报价都确认有效并计算了各自的名誉值后，基于拍卖的交易就可以通过智能合约进行了，具体的智能合约算法如表12-8所示。交易智能合约的输入是经过验证确认有效后的卖方与买方报价，首先要将这些报价按照提前计算的优先值进行排序。先确认买方的优先值大于零，即B[i].p > 0，接着按照从大到小的顺序排序，如果买方优先值相等，则比较相等买方的碳排放权需求量，需求量越小的买方说明减排工作做得越好，因此为了鼓励减排，在其他条件相同的情况下，交易时需求量小的买方优先。而如果卖方有同样的优先值，则卖方提出的单价即S[j].e越小的越优先，因此在该碳交易机制中，卖方所提供的碳排放权数量越多、单价越低，在交易中就越占优势。将买方报价B[i].x与卖方报价S[j].e进行对比，如果买方报价高于卖方报价，即B[i].x > S[j].e，则生成集合A，其中包括所有符合该条件的卖方，而这集合A只针对第i位买方而言，因为买方i优先值靠前，需要先考虑。集合A生成后，后续就是交易的过程，碳排放权从卖方名下转移到买方名下，B[i].CC和A[k].CC分别代表买方i账户中和集合A中卖方k账户下的碳排放权数量，同样地，交易金额也从买方名下转移到卖方名下，B[i].cash和A[k].cash分别代表买方i账户中和集合A中卖方k账户下的金额数量。当买方i的需求被满足后，再由优先值排序位于i之后的一位买方进行挑选，生成另一

**基于信誉值的碳排放权交易智能合约算法**

**Input**：Valid selling and buying bids

**Output**：Carbon credit allocation to winner buyers and transfer to winner sellers

1：　sort all valid selling bids according to the priority

2：　sort all valid buying bids according to the priority

3：　**for** each auction iteration **do**

4：　　**for** each buyer（B[i] =1 to B[i] = m）**do**

5：　　　**while**（B[i].p > 0）**do**

6：　　　　**if**（B[i].p = B[i+1].p）**then**

7：　　　　　**if**（B[i].d > B[i+1].d）**then**

8：　　　　　　swap（B[i]，B[i+1]）

9：　　　　　end if

10：　　　　end if

11：　　　end while

12：　　　**for** each seller（S[j] =1 to S[j] = n）**do**

13：　　　　**while**（B[i].d ! = 0）**do**

14：　　　　　**if** B[i].x > S[j].e **then**

15：　　　　　　A ← S[j].c

16：　　　　　end if

17：　　　　end while

18：　　　　$j ++$

19：　　　end for

20：　　　repeat

21：　　　　**if**（A ≠ 0）**then**

22：　　　　　**for** each seller（k = 1 to k = 1）**do**

23：　　　　　　Assign maximum tokens A[k] → B[i]

24：　　　　　　B[i].CC = B[i].CC + A[k].q

25：　　　　　　A[k].CC = A[k].CC − A[k].q

26：　　　　　　B[i].cash = B[i].cash −（A[k].e * A[k].q）

27：　　　　　　A[k].cash = A[k].cash +（A[k].e * A[k].q）

28：　　　　　　$k ++$

29：　　　　　end for

30：　　　　end if

31：　　　until（B[i].d == Ø ‖ S[j].q == Ø）

32：　　　$i ++$

33：　　end for

34：　　**for** all unsold bids **do**

35：　　　B[i].e = B[i].e + B[i].v

36：　　　Y ← Y ∪ B[i]

37：　　　S[j].e = S[j].e − S[j].u

38：　　　Z ← Z ∪ S[j]

39：　　end for

40：　　**for** Next iteration **do**

41：　　　B ← Y

42：　　　S ← Z

43：　　end for

44：　end for

个集合 A*，重复同样的过程。在一轮拍卖结束后，如果买方的需求依然没有得到满足，则要求调整报价，用原报价加上调整值 v，参与下一轮拍卖；同样地，如果卖方没有卖出，则用原报价减去调整值 u，参与到下一轮拍卖中，重复进行上述过程，一直到所有的碳交易成功或买方们的需求被满足。这样的交易智能合约算法既能够阻止价格垄断，也能激励碳交易双方采取减排行为，因为这样在基于区块链的交易系统中更能占据有利地位。

以上所列的区块链平台上的智能合约算法可以帮助建筑企业实现碳交易的透明性、安全性并实现反垄断反腐败，并通过信誉系统对企业的减排行为起到一定的激励作用。

## 12.3.4　基于区块链的建筑碳交易平台应用评估

区块链并不是离散的创新活动，而是全行业范围内的技术创新变革。因此将区块链作为建筑碳交易机制的实现技术，将会给现有的交易市场带来重大变化。然而，区块链新兴技术的涌现与建筑业碳交易落后的发展现状之间的"鸿沟"制约了建筑碳交易的区块链技术革新。多准则分析（Multi-criteria Analysis）作为一种辅助决策的方法，通过各类指标的量化结果，直观地展示出将区块链技术应用在建筑碳交易平台的情况，判断区块链与建筑碳交易的契合度，进而确定区块链技术应用于建筑碳交易机制的切入点，促进建筑碳交易的革新与升级。此外要厘清的是，本章的多准则分析是为了定量分析区块链技术与建筑碳交易的契合度，因此该评估是一个事前评估，而不适用于评价已经将区块链技术应用于建筑碳交易后的情况。下面将对多准则分析法的相关内容进行介绍。

多准则分析是由 Konidari 和 Mavrakis 提出的一种对环境或气候变化政策的评估方法。可以用来描述任何结构化的方法，以确定备选方案的总体偏好，实现多个预期目标。这种方法的优势在于它可以同时兼顾存在不同单位（Non-commensurable）准则的分析。此外，该方法将各类准则统一量纲后，从宏观整体的角度进行整合分析的体系化过程，也减少了决策者的主观判断对决策形成偏见的可能性。因此成为基于区块链的建筑碳交易平台接受度较高的政策工具评价方法。

（1）多准则分析步骤

多准则分析的 4 个步骤如下：

1）创建一组具有多个子标准的指标；

2）通过分析层次来计算每个指标和子指标的权重系数；

3）使用多属性理论或简单的多属性排序技术对每个子标准进行评分；

4）计算和评估总分。

（2）多准则分析工具的要求

一个合适的评价工具还应该满足以下要求：

1）促进政策制定者从国内承诺、优先事项和整合能力 3 个方面综合考虑，选择最合适的方案；

2）评价体系长期有效，其综合排名结果能够帮助政策制定者做出长期决策；

3）提供全面性分析，预测弱点，帮助政策制定者对其做出正确的调整以提高绩效；

4）能够对 2008~2012 年京都议定书承诺期，特别是后期的新政策进行评估；

5）允许政策制定者对单一气候改进方案进行评估而不受其他正在推行的政策的影响；

6）易于理解和操作，不需要详细了解其方法背景；

7）为决策者提供可比较的评估结果。

（3）区块链应用于建筑碳交易的关键指标

建筑碳交易包括跨部门和多层次的协调与合作，多准则分析明确考虑了需要评估的一系列维度，适合建筑碳交易的复杂性、非线性等特征。环境绩效、实施可行性和政治可接受度，这些是评价建筑碳交易的关键指标，如表 12-9 所示。

关键评价指标　　　　　　　　　　　　　　　　表 12-9

| 一级指标 | 二级指标 |
| --- | --- |
| 环境绩效 | 对减少温室气体排放的直接贡献 |
| | 对环境的间接影响 |
| 政治可接受度 | 静态成本效率 |
| | 动态成本效率 |
| | 竞争力 |
| | 公平性 |
| | 灵活性 |
| | 不合规程度 |
| 实施可行性 | 实施的网络容量 |
| | 行政可行性 |
| | 财务可行性 |

（4）常用的多准则评价方法

多准则评价可以通过各种技术实现，如层次分析法、偏好序列结构法等。近年来，为了解决决策过程中出现的不确定性和复杂性，学者们提出了将多准则分析与模糊逻辑理论相结合的新方法，如模糊层次分析法。表 12-10 对常用的定量评价方法进行了总结。

建筑碳交易的区块链应用定量评价方法 表 12-10

| 方法 | 优点 | 缺点 |
|---|---|---|
| 层次分析法（AHP） | 可以由专家组进行两两比较<br>可以采用问卷形式纳入配对比较程序<br>估计决策因素的权重，并构建考虑中变量的排名<br>可以整合多种研究方法<br>大量软件（通常可用且免费）支持所选方法的计算 | 考虑更多元素时，保持成对比较的一致性可能会出现问题 |
| 模糊层次分析法（Fuzzy AHP） | 考虑不确定信息<br>在常规电子表格中执行计算<br>可以与其他方法整合<br>支持复杂多准则分析和模糊集的软件开发 | 更耗时（与 AHP 相比）<br>更复杂的算法（与 AHP 相比） |
| 决策实验室分析法（DEMATEL） | 根据相互依赖性在决策因素层面进行分析<br>相对简单的算法（与 AHP 方法相比）<br>小组分析，估计权重<br>以因果图的形式可视化结果 | 评估阶段主观性太强<br>该方法的经典版本不假设因素的权重 |
| 偏好序列结构法（PROMETHEE） | 同时考虑定量和定性标准<br>根据后续决策标准考虑变量差异的大小<br>可以与其他方法整合<br>能够在 Visual PROMETHEE 程序中执行分析，该程序支持计算，并提供所获得结果的各种可视化功能（可在学术版或商业版中获得）<br>公开提供 PROMETHEE 数据库 | 需要使用其他方法确定因素权重<br>需要选择偏好函数、偏好的选择、等价阈值 |
| 折中排序法（VIKOR） | 在常规电子表格中执行计算<br>基于定量数据<br>可与其他方法集成<br>考虑到许多相互冲突的标准，定义一个折中的解决方案 | 需要使用其他方法确定因素权重 |
| 理想点法（TOPSIS） | 在常规电子表格中执行计算<br>基于定量数据<br>识别模式和反模式<br>具有与其他方法整合的可能性 | 需要使用其他方法确定因素权重 |

# 12.4 基于区块链建筑碳排放计算及碳交易平台的典型案例

当前区块链技术在建筑碳排放计算以及碳交易方面已经有初步的尝试，有些应用案例已经取得了一定的成效。因此，本节从区块链用于建筑碳排放计算和区块链用于建筑碳交易两个方面，详细介绍区块链技术典型的实际应用以及学者提出的理论应用框架，以供建筑碳排放计算和碳交易研究参考，如图 12-8 所示。

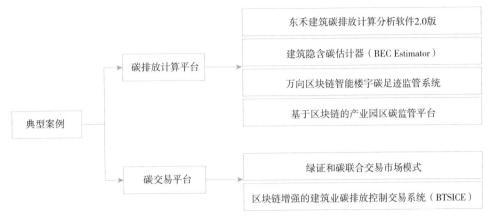

图 12-8　典型案例主要内容

## 12.4.1　基于区块链的建筑碳排放计算平台

（1）东禾建筑碳排放计算分析软件 2.0 版

东禾软件 2.0 版引入区块链技术，保证碳排放计算分析的真实可靠与不可篡改，并采用准稳态模拟思路计算建筑运行能耗和相应的碳排放，提升了计算结果的精细度。加入区块链技术后，数据录入和数据处理的业务流程也发生了改变，这部分内容详见第 13 章。

（2）建筑隐含碳估计器（BEC Estimator）

Rodrigo 等人提出建筑隐含碳估计器来捕获建筑过程中隐含碳的排放。该系统考虑了与排水管安装有关的项目，为系统边界开发了建筑隐含碳估计器的数据流程，有助于捕获使用建筑隐含碳估计器估算隐含碳排放所需的所有细节。

承包商和建筑客户是与排水管安装相关项目中涉及的两个主要实体。承包商将用于安装排水管的设备的详细信息输入 BEC 估计员。BEC 估计员使用输入的数据估算与排水管道安装相关的隐含碳，并向建筑客户发布隐含碳估算。

关于排水管安装，可按照以下步骤，进行隐含碳的计算：

排水管安装包括从施工现场到施工结束的过程。

两个过程，过程 1：安装排水管道；过程 2：估计隐含碳排放量。

三个数据存储，分别为 D1：燃料燃烧率（FBRs），D2：隐含碳排放因子，D3：隐含碳数据存储，这些数据存储是在分布式分类账中存储数据的区块链数据库。

两个基本功能：①输入相关数据以估算隐含碳排放数据；②查看隐含碳排放数据。

建筑行业的主要利益相关者包括投资者、建筑客户、土地开发商、承包商、分包商、供应商、运输 / 物流供应商、制造商和原材料开采商。每个实体都包含几个属性，例如，实体投资者，由投资者 ID、姓名、地址、电话号码、传真号码和电子邮件等属性组成，每个涉众之间都有关系，在区块链计算系统中，与住房发展项目有关的建造过程中造成隐含碳排放的利益相关方。

（3）万向区块链智能楼宇碳足迹监管系统

针对国内"双碳"目标与 ESG[（Environmental（环境）、Social（社会）、Governance（公司治理）] 企业评价体系，"万碳居"以企业、商业地产、产业园区、住宅物业等碳排放集中性场所为应用场景，实现了数字化、可视化、智能化的企业碳中和数据统一平台管理以及数据可视化。

通过"万碳居"，企业碳排放数据全程可追溯，并可多维度验证碳排放数据准确性。"万碳居"可提前编写智能合约、设置基础值，并基于实时数据，不断检查偏差值指标，如发现偏差值过大情况，即可通知相关负责人排查原因、记录问题原因，并进一步调整碳足迹监管模型和企业双碳路径，从而实现碳足迹捕捉、反馈、调整的闭环。

通过区块链、物联网、隐私计算、知识图谱等技术的融合，"万碳居"能够可视化实时监管楼宇碳排放数据，一目了然，并通过物联网区块链技术打造的可信数据底座实现数据闭环。

"万碳居"是集物联网、隐私计算等多种数字化技术的大成者，通过隐私计算帮助企业在确保数据安全的前提下披露环境相关数据；通过物联网模组，实时采集碳排放数据并上链，从而令数据原生在区块链上，完全免去了人工环节，实现数据闭环，真正形成可信数字底座，从而进一步帮助企业立足精准可信数据，根据总碳排量，购买减碳量，高效达成"零碳楼宇""零碳园区"的目标，履行社会责任。万向区块链智能楼宇碳足迹监管系统如图 12-9 所示。

（4）基于区块链的产业园区碳监管平台

现存碳交易市场存在碳排放监管计量数据不准确、信息不透明、政府监督管理力度不足、碳排放源难于监管和控制、运行成本高、管理效率低、商业信息机密与环境信息公开的矛盾，造成国家碳交易市场不活跃，以及区域、国家、国际碳交易平台对接不顺畅的问题。本质原因是碳监管过程中碳排放数据"难采集、难追溯、难核算"，更深层次是碳监管的整体聚合能力还需进一步提升，区块链的透明连接、价值可信、不可篡改及信息可追溯等特性可完美解决碳排放计量数据不准确、碳排放核算体系不完善、信息不对称及数据不可追溯的难题。

针对上述问题，打造连接"政府、企业、核查机构、咨询机构、监管机构"的碳数据监管分析平台，通过碳排放数据的监管、汇总、分析和报告，帮助政府掌握园区碳排放数据和碳排放结构，为区域实现低碳发展战略提供量化决策依据及管理措施，通过碳

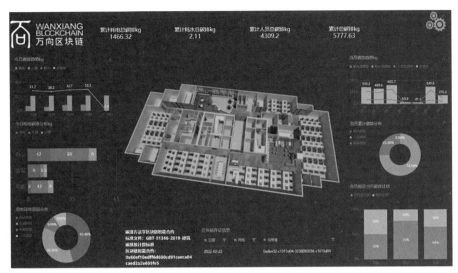

图 12-9  万向区块链智能楼宇碳足迹监管系统

资产交易服务，盘活园区企业碳资产，助力实现园区碳中和。

碳监管系统碳排放数据采集同时包括核算法和在线监管法，根据行业的不同和核算数据的不同选择相应的核算方法进行数据采集核算，自动生成相应的碳排放报告。企业进行申报，提交碳排放数据及数据证据（证据包括但不限于采购发票、贸易合同等），根据企业申报数据，通过与政府相关数据进行交叉验证核验企业报送数据的真实性，然后根据碳排放核算模型进行碳排放核算生成企业碳排放报告，第三方核查机构对企业碳排放报告进行核查，生成三方权威核查报告。考虑数据安全、数据隐私、数据获取复杂等因素，数据获取方式设计以企业申报为主，申报数据链上加密存储，数据真实性以核验企业证据数据，通过数据加密推送给政府相关部门进行数据交叉验证为辅（数据核验与否不影响核心业务流程），最后三方核查机构进行核验，企业进行确权。

信息数据申报遵循"企业一套表"制度，实现"原始记录、统计台账、统计报表"的数据收集流程，将报送单位的数据自下而上地提供给监管平台，避免企业重复收集和填报统计资料，便于对数据进行统一管理。目前的实际应用成果主要有正泰物联网园区碳监管平台。

### 12.4.2  基于区块链的碳交易平台

（1）绿证和碳联合交易市场模式

根据市场交易机制与竞价机制，市场监管者部署智能合约到区块链网络中作为绿证与碳排放权公共智能合约来使用。发电企业作为市场主体需要注册既定结构体的节点账户。若交易主体认可该智能合约，则通过合约地址调用合约，用于市场主体之间的交易与价值转移。基于智能合约的绿证和碳排放联合交易步骤如下：

1）在联合市场配额制定周期开启前，政府及监管部门对参与联合交易市场的各产消者制定绿证和碳排放配额；各市场主体在区块链网络中注册账户，网络返回各个用户唯一的公钥与私钥；监管部门根据市场机制与竞价机制制定智能合约框架。

2）通过资质审查的可再生能源发电公司经过智能电表对上网绿电计量后获得相应数量的绿证；智能电表记录各产消者的实际碳排放量；各产消者根据自身需求向网络中密封申报绿证与碳排放权报价信息，包含交易量和价格。

3）参与者通过访问地址调用智能合约，制定包括交易对象、截止时间、合约自动执行的条件等，并用各自私钥进行签名，以保证合约的有效性，合约基于 CDA 机制对各产消者的报价进行撮合匹配。

4）执行的合约通过 P2P 的方式在区域能源网络中广播，最新的合约将集中打包为区块传播到交易市场网络中。

5）通过共识机制验证的合约在区块链网络传播并存入区块链，交易节点通过客户端接口调用此前得到网络认可的合约，节点会将此合约先保存到内存中。当交易开始后，发送请求，启动状态机对出清合约执行匹配出清操作，结算合约再根据每笔交易的具体细节进行转账操作，在规定时间内经部分节点验证后达成一致，智能合约执行完成。

6）联合交易市场配额制定周期结束前，对各产消者在周期内的绿证与碳排放权的数量进行结算，超出配额部分的绿证可抵消超出配额部分的碳排放。记录各产消者绿证与碳排放权的数量，作为下一周期配额制定的依据。

（2）区块链增强的建筑业碳排放控制交易系统（BTSICE）

目前的碳交易系统通常由一个管理所有数据的权威机构管理，这虽然简化了管理，但导致了交易不透明和交易效率低等问题。在建筑行业中，研究人员通常对项目整个生命周期的碳排放进行评估。但大多只专注于运行阶段的碳控制，其持续时间超过 50 年，而针对 2~3 年碳集中排放的物化阶段设计的碳交易系统并不多，现有的系统仍然需要扩大和改进。因此，Shu 等人提出了一种新型的区块链增强的建筑业碳排放控制交易系统（BTSICE），该系统可以在典型项目的物化阶段处理碳排放。

BTSICE 由两个交互系统组成：区块链增强建设产品交易系统（BPTS）和区块链增强排放交易系统（BETS）。

1）数据层：在 BPTS 中，不仅包含建筑产品买卖双方之间的交易信息，还包含建筑产品生产企业公开的各种建筑产品的详细信息；BETS 中的数据是买家和卖家之间碳限额交易的信息。

2）网络层：提议者监控和接收系统中的所有信息。在接收到其他节点的信息后，从数据结构、语法规范化、数字签名等方面对信息的有效性进行系统的验证。验证数据后，提案人将在一段时间内将数据打包成块，发送到当前系统。

3）共识层：委托的权益证明机制（DPoS），DPoS 中的提议者是由参与节点偶尔选举的。因此，DPoS 中提案人的确定速度比工作量证明机制（PoW）中要快。这有助于减少能源消耗，使 BTSICE 更有效率。

4）激励层：在提议者验证和打包信息后，将收到来自其他节点的佣金，表彰他们对系统数据安全的贡献。这可以吸引更多的非政府组织参与系统数据的验证，吸引更多的节点参与矿工节点的运动。

5）合约层：智能合约（SC）在 BPTS 和 BETS 中具有 3 种主要功能，即信息收集者、可信任第三方和信用银行的维护者。

6）应用层：当用户使用去中心化应用程序（DApp）时，DApp 会在后端调用SC。同时，SC 在区块链中进行信息交换，最终将操作结果返回给 DApp。基于 BPTS 和BETS 的 DApp 功能应包括但不限于建筑产品交易、碳额度交易、各种信息查询等。

BPTS 系统中涉及的各方包括制造商、买方（主要是承包商）、验证人员和技术部门。制造商负责建筑产品的生产，是体系中的"卖家"。承包商负责建筑工作，是系统中的"买家"。验证器负责验证数据。技术部门需要对 BPTS 进行日常维护。BPTS 具有以下优势：首先，在区块链的帮助下，承包商和建筑产品制造商可以在整个系统中实现便捷的点对点交易；其次，由于区块链的性质，提议的系统非常透明；最后，SC 可以自动处理系统中所有参与者的请求，使该系统可以高效运行。

BETS 是强制性的碳交易系统，政府要求参与其中的实体减少碳排放。参与者包括碳配额的买家和卖家、验证者和技术部门。在博弈中，承包商和制造商都可能是碳限额的卖家和买家。实体默认为轻节点，但当它们有足够的存储能力时，可以升级为全节点。制造商的所有生产线和承包商的所有设备都连接到物联网上，物联网设备上传所消耗的资源。BETS 中的验证器是验证实时事务信息、将其打包成块并广播的提议者。最后，技术部门在 BETS 中的职责与 BPTS 中的职责相同。此外，BETS 项目的技术部门需要对碳排放额度进行初始分配，监测碳排放数据，逐步完善行业碳排放标准。这样，技术部门可以为高碳排放参与者提供更有效的建议。

## 本章小结

　　本章全面介绍了区块链的相关概念以及其在建筑碳排放和碳交易中的应用，说明了区块链技术对于建筑碳排放和碳交易的应用优势；接着从需求分析出发，详细介绍了基于区块链的建筑碳排放计算软件和碳交易软件的平台设计与实现。对于建筑碳排放计算软件，其最重要的系统功能为数据管理、碳排放计算和碳排放监管；对于建筑碳交易软件，除了身份认证、配额认证与交易等的主要功能之外，碳交易机制的设计也是区块链技术应用的关键环节。除此之外，借由多准则分析来评估区块链这一新兴技术与建筑碳交易的契合度及其应用的切入点，促进建筑碳交易软件的高效应用。最后介绍建筑碳排放计算与碳交易平台典型案例，以呈现建筑业碳排放计算与碳交易区块链应用的最新进展。

# 第 13 章

# 案例分析——东禾建筑碳排放计算分析软件

## 本章导读

在国家"双碳"目标及建筑低碳、零碳发展的大背景下，东南大学依托于优势学科及与低碳相关的先进技术研究中心和平台，依据《建筑碳排放计算标准》GB/T 51366—2019 自主研发了东禾建筑碳排放计算分析软件，有效解决了国内同类型建筑碳排放计算分析软件使用门槛高、覆盖周期不足、分析功能较弱等问题。本章详细介绍了东禾软件的基本情况，包括发展历程、主要版本、软件功能和软件特色亮点。之后以南京市某医院住院综合楼作为案例项目，展示了软件的操作流程及主要功能，并生成了对应的建筑碳排放计算分析报告。最后，对东禾建筑碳排放计算分析软件的研发方向及在行业和市场中的潜在应用前景进行了分析。

本章主要内容及逻辑关系如图 13-1 所示。

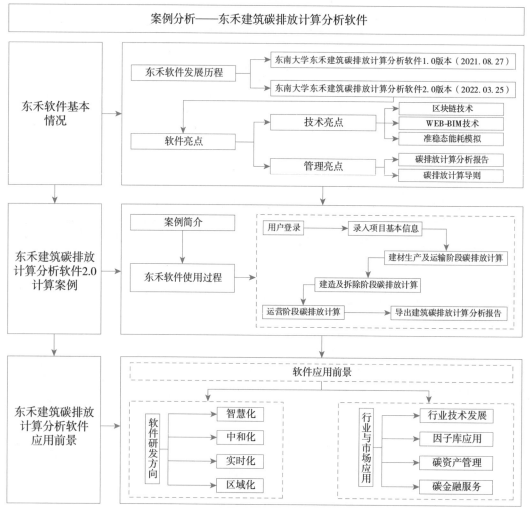

图 13-1　本章主要内容及逻辑关系

# 13.1　东禾软件基本情况

## 13.1.1　发展历程

为响应我国"碳达峰、碳中和"重大战略，东南大学紧跟《中共中央 国务院关于完整准确全面贯彻新发展理念做好碳达峰碳中和工作意见》《关于推动城乡建设绿色发展的意见》《建筑节能与可再生能源利用通用规范》GB 55015—2021 等政策及行业规范导向，依托于东南大学与中建集团"低碳建造先进技术联合研发中心"、东南大学长三角碳中和战略发展研究院、东南大学国家预应力工程技术研究中心、国家装配式建筑产业基地、低碳型建筑环境与设备节能教育部工程研究中心、东南大学和英国伯明翰大学共同倡议发起的碳中和世界大学联盟、智慧建造与运维国家地方联合工程研究中心及东南大学土木工程、建筑学、计算机科学与技术等传统优势学科等一系列的平台、科研和技术支撑，打造了全国第一款轻量化建筑碳排放计算分析专用软件——"东南大学东禾建筑碳排放计算分析软件"。

东禾建筑碳排放计算分析软件采用敏捷开发模式进行软件开发，自 2021 年起，先后发布了"东南大学东禾建筑碳排放计算分析软件 1.0 版本"和"东南大学东禾建筑碳排放计算分析软件 2.0 版本"。

（1）东南大学东禾建筑碳排放计算分析软件 1.0 版本

东南大学东禾建筑碳排放计算分析软件 1.0 版本于 2021 年 8 月 27 日通过线上直播与线下发布会相结合的方式正式向公众发布。

国内绿色低碳建筑方面的软件尚处于起步阶段，尽管建筑节能、绿建分析相关的软件逐渐增多，也有个别国产软件将建筑碳排放计算作为一个模块，但是这些建筑碳排放计算相关的国产软件基本上都要基于国外电脑端建模软件的二次开发，存在被"卡脖子"的风险。此外，这些软件的安装包和基础性建模软件通常较为庞大，可能大小超过 1 个 G，使用门槛较高，也往往主要针对运营等阶段，覆盖周期短，分析功能较弱。因此，开发具有我国自主知识产权的轻量化建筑碳排放计算分析软件具有显著的紧迫性和开创性。作为国家"力争 2030 年前实现碳达峰，2060 年前实现碳中和"这一重大战略决策背景下的前瞻性科技成果，东禾软件依据国家标准《建筑碳排放计算标准》GB/T 51366—2019 自主设计并开发，开发团队通过分析国内外建筑碳排放计算分析软件领域存在的专用工具少、分析功能弱、使用门槛高、覆盖周期短等痛点，有针对性地将轻量化、便捷性、可追溯、全周期的理念引入了软件设计中。在编制过程中，研发团队注重用户思维，使得该软件不需要提前安装庞大、复杂的建筑、结构、机电等建模软件，可以直接按照给定模板录入建筑基本信息，以及建材生产和运输、建造、运行、拆除等阶段的能源消耗、资源消耗和废弃物排放信息，也可以将主流的建筑工程消耗量计算、绿建能耗分析等商用软件结果直接导入，轻量化和专用性特征明显。而且，该软件不仅适用多建筑类型、多气候区域，也可根据不同阶段，提供估算、精算等不同颗粒度的碳排放计算结果，有效支撑工程咨询、设计、施工、房地产开发与经营等不同类型用户的建筑碳排放动态核算与碳减排智能决策。目前，该软件的手机端、平板端、小程序端、Web 端均已获得国家版权局颁发的计算机软件著作权登记证书。

（2）东南大学东禾建筑碳排放计算分析软件 2.0 版本

2022 年 3 月 25 日，"东禾建筑碳排放计算分析软件 2.0 版本"正式对外发布。

相较于 1.0 版，2.0 版除了将碳排放因子库的容量提升了一个数量级外，还对软件架构（图 13-2）和建筑碳排放计算分析功能进行了升级。

图 13-2　东禾建筑碳排放计算分析软件 2.0 版本软件架构图

计算分析功能的重大升级体现在五个方面：一是引入区块链技术，保证碳排放计算分析的真实可靠与不可篡改，并通过区块链技术特有的智能合约、精准溯源等功能创新碳排放计算分析的业务流程；二是采用准稳态模拟思路计算建筑运行能耗和相应的碳排放，提升计算结果的精细度；三是引入 Web-BIM 技术，在网页端进行可视化的建筑碳排放计算分析，构建 BIM 模型解析一步到位、结果可循可视的碳排放计算分析新模式；四是可自动生成建筑碳排放计算分析报告，明晰展示建筑全生命周期各阶段活动数据及碳排放量，数据客观完整，分析功能强，图表展示直观；五是推出《民用建筑碳排放计算导则》，精准支撑《建筑碳排放计算标准》GB/T 51366—2019 和《建筑节能与可再生能源利用通用规范》GB 55015—2021，提供可适应建筑全生命周期不同阶段的碳排放预测、估算、精算和核算等功能，满足不同类型用户的差异化碳排放计算分析需求。

### 13.1.2　软件亮点

东禾建筑碳排放计算分析软件具有轻量化、便捷性、可追溯、全周期等特点和优势。软件无需下载，无需安装，进入软件网页输入用户账号信息即可登录使用；同时，软件支持多源数据，用户无需进行 CAD 或者 BIM 建模；使用东禾软件可追溯排放源头，明确责任主体，并有针对性地进行改进优化；软件还完全覆盖建筑全生命周期各阶段活动数据及碳排放量计算。

此外，东禾建筑碳排放计算分析软件相较于同类型软件具有五大亮点，包括 3 种技术亮点和 2 种管理亮点。技术亮点包含区块链技术、Web–BIM 技术和准稳态能耗模拟。管理亮点则体现在碳排放计算分析报告和碳排放计算导则上。

（1）技术亮点

1）区块链技术

自 2021 年 7 月全国碳排放权交易市场开市以来，国内碳市场已形成基本运行框架，碳市场常态交易机制日趋完善、碳金融产品种类逐步拓宽。然而，也出现了一系列排放数据与碳排放报告造假案。国家生态环境部通过先后公布了几个碳排放报告弄虚作假问题典型案例，警示各利益相关者务必坚决遵守国家碳排放计算、报告的相关标准规范，警惕虚报、瞒报、弄虚作假等违法违规行为。

根据先前的反面案例，当前碳排放交易市场常见的作假行为有以下几种表现：

①篡改报告日期、时间、编号等数据；

②制作虚假样本送检；

③工作程序不合规，核查履职不到位，核查结论失实；

④第三方分析研究机构伙同作假，更难检验。

上述多种类型问题的屡次发生，也暴露出了当前各行业中碳核算结果精确度不足、碳核算标准边界模糊的两大问题。

为了更好地保证碳排放数据计算的真实可靠，软件开发团队创新性地将区块链技术引入了东禾建筑碳排放计算分析软件 2.0 版本中，软件也具备了如下 3 个技术特点：

①智能合约按照国家碳排放计算标准自动精准执行；

②源数据不可篡改，碳排放计算结果真实可信；

③源数据、计算结果等数据全程留痕，可进行精准溯源。

同时在加入区块链技术后，软件数据录入和数据处理的业务流程也相应地发生了改变。无论企业用户还是个人用户，在使用东禾建筑碳排放计算分析软件 2.0 版本对选定的建筑项目进行碳排放计算时，录入的源头数据都会记录在软件底层区块链上。录入的各项数据根据其数据类型分类，会使用提前录入的国家标准碳排放计算公式的智能合约进行自动、高效、准确的计算。所录入的源头数据和输出的碳排放计算结果、碳排放分析报告，都将在区块链上全程记录并且这些数据都是不可篡改的，发生故障或进行第三方审查时，可以通过区块链进行数据追溯，发现源头。图 13-3 为东禾软件业务流程图。

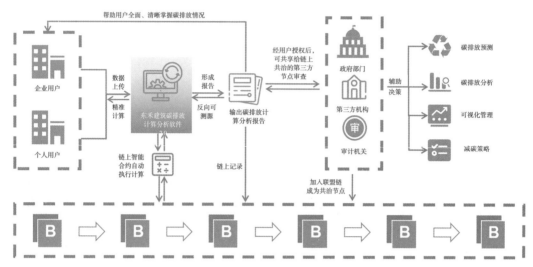

图 13-3　东禾软件业务流程图

以某大型建筑集团用户为例（图 13-4），该企业旗下拥有涉及多种业务类别的众多子公司和子项目，需要对其进行大量、多样的碳排放计算。通过东禾建筑碳排放计算分析软件 2.0 版本，该集团用户可以申请成为底层区块链中的治理节点，利用联盟链内置共识机制可以通过签名、投票等方式来对数据的运行及流转进行有效的监督和治理。集团内部通过设置主管理员账户，可以依据业务需求，设置多个项目窗口和子管理员账号，分层级给予数据权限，保障数据隐私，主管理员具备可随时查看、监督项目进度和数据结果的操作权限。在碳排放计算完成后，系统将生成可视化的整体碳排放报告，以

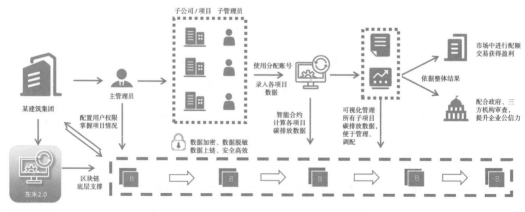

图 13-4　某建筑集团东禾软件使用案例

便集团用户全局把控企业碳排放，也能够作为面对政府监管、面对碳排放交易市场的可信凭证。

另外，引入了区块链技术的东禾建筑碳排放计算分析软件也可服务于政府部门，能起到加强监管、辅助决策的作用。地方有关部门在成为链上治理、监督节点后，可以查看数据上链、数据计算和结果输出的全过程，随时督促、随时检查。当出现数据错误情况时，也可以及时溯源，提醒相关部门立刻做出相应整改。此外，通过区块链技术的加密，能够保证数据协同过程中的安全可信。前述举措充分体现出技术创新对政府监管的促进作用，也能够帮助各利益相关者更好地实现国家"双碳"目标。

2）Web-BIM 技术

BIM 建筑信息模型技术与建筑业低能耗、低污染、可持续化的发展需求相契合，因此，目前国家正大力倡导在建筑行业中推广应用 BIM 技术，近年来 BIM 技术也已在建筑业的信息化发展进程中发挥了积极的促进作用。在建筑碳排放计算方面，BIM 技术可以将建筑信息库与建筑材料碳排放量等数据结合于软件内以计算碳排放量，并提出优化解决方案。

东禾 2.0 BIM 版（图 13-5）是基于网页端协同的建筑碳排放计算与管理的新模式，是在智慧管理框架下，依托三维可视化技术，运用数字基础资源、多维信息采集、协同工作模式、信息智能交付、信息化测算分析等手段，依据建筑全生命周期碳排放测算标准量化建筑碳排放计算指标并深度解析 BIM 模型，建设开放共享的信息化平台，构建基于模型解析一步到位、碳排放计算可循可视的建筑碳排放计算管理新模式。

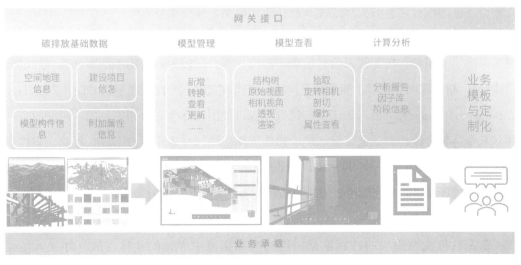

图 13-5　BIM 平台集成框架

东禾 2.0 BIM 版平台具有碳排放数据完整继承和模型轻量化快速加载这两大核心能力。在数据解析方面，平台支持多版本如 2018、2019、2020 等 Revit 源文件格式，模型几何信息属性如面积、体积等，附加信息如材质、型号等可以在平台得到完整解析和继承。在模型轻量化显示方面，平台配备了具有自主知识产权研发的轻量化显示引擎，支持从本地读取模型，支持 PC 端与移动端多端操作。

在平台的框架设计方面，东禾 2.0 BIM 版平台为企业提供从基础数据采集、模型操作、计算分析到业务定制服务的一体化解决方案，基础数据包括 BIM 模型提供的项目信息、构件信息、地理信息和附加属性信息；模型操作包括模型管理、模型查看和分析报告 3 个主要方面，为用户进一步直观查看模型、信息提取和计算结果汇总提供便捷的操作；最终东禾 2.0 BIM 版平台可以进一步结合企业或者项目的特色需求，开发多种场景下的定制化版本，满足企业的多种业务特色，为企业客户提供更加完备的 BIM 技术支撑下的建筑碳排放计算与管理新模式。

3）准稳态能耗模拟

现阶段的建筑节能评估工具可以按照模拟的方式、功能和适用范围分为 3 种：动态模拟评估工具、经验模型评估工具以及准稳态模拟评估工具。

①动态模拟评估工具是指采用动态能耗模拟软件，基于物理模型，对建筑能耗进行动态的全周期模拟，其得到的模拟结果准确度高，可用于详细的建模设计，但是其需要采集的数据要求较高，建模费时，且对使用者有较高的要求。

②经验模型评估工具是采用标准及评估体系，对既有建筑和库存数据进行基准测试。该方法可用于设计阶段作为参考，但其模拟结果的准确性较低，较难用于节能改造评估，且需要大量的现有建筑的实际性能参数和能耗数据，较难实现。

③准稳态模拟评估工具结合了以上 2 种工具的优势，既考虑了建筑的物理模型，同时也考虑了易用性，所需输入信息较少，建模花费时间较短。适用于能源计算，如供暖负荷计算，制冷需求计算等。准稳态工具的典型代表有国际上比较通用的 Edge（Excellence in Design for Greater Efficiency）工具，是世界银行集团国际金融公司推出的一种能效资产评估及绿色建筑设计和认证工具。东禾软件能耗模块同样采用准稳态模拟思路，软件中采用的单位时间步长为一个月，输入数据包括气象数据、室内参数、围护结构参数等，采用此方法还可以通过选取较长的时间步长的方法来减小稳态计算方法可能导致的误差，从而保证计算结果的正确性。

东禾软件能耗模块的计算依据采用标准和规范中规定的计算方法，并加入了模型校准的算法。模块主要业务逻辑分为模型输入、冷热负荷计算、系统能耗计算和模型输出 4 大部分（图 13-6）。模块根据输入的室内温度设定、人员排班、天气、能源等数据，按设定的时间步长，如日、月等，进行日照得热、导热、通风散热等冷热负荷的计算，同时计算系统能耗，最终得到各系统一次能源消耗量和建筑总能耗。此外，在模块计算过程中，规定了参数上下限范围，通过迭代求解得到最优结果，对模型进行校准。

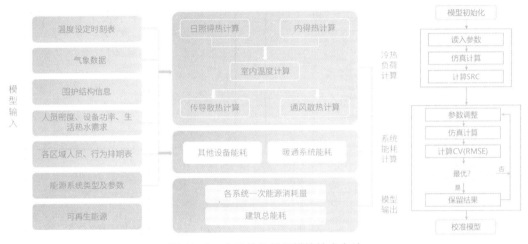

图 13-6　东禾软件能耗模块技术方法

（2）管理亮点

1）碳排放计算分析报告

用户使用东禾建筑碳排放计算分析软件对项目进行碳排放计算后，可导出对应的建筑碳排放计算分析报告书（图 13-7），明晰展示建筑全生命周期各阶段活动数据及碳排放量，数据客观完整，建筑全生命周期碳排放总量构成图可直观展现各阶段碳排放占比，分析报告书中也包含单位面积碳排放强度、平均每年碳排放强度等数据分析图表。建筑碳排放分析报告书具有唯一编码。同时，软件测试第三方评价报告也获得了 CQC 权威认证。

2）碳排放计算导则

东禾建筑碳排放计算分析软件内嵌的碳排放计算导则主要依据《建筑碳排放计算标准》GB/T 51366—2019 进行设计，采取碳排放因子法作为基本计算方法。在可行性研究阶段及方案设计阶段，通过合理预估混凝土、钢材、砌块等主要建材的消耗量，并结合项目投资方案及节能设计标准，对建材生产与运输阶段、建造与拆除阶段和运行阶段的碳排放进行估算；在初步设计及其他阶段，基于工程造价概算清单、工程造价预决算文

（a）                                        （b）

图 13-7　东禾建筑碳排放计算分析报告书

件、建材采购文件、供应商清单、使用空间面积、人员信息、设备使用信息等文件或数据信息，对建材生产与运输阶段、建造与拆除阶段和运行阶段的碳排放进行计算。东禾建筑碳排放计算分析软件为建筑行业各利益相关者及软件用户提供了建材生产及运输、建造、运行和拆除等建筑全生命周期主要阶段的碳排放计算导则（图 13-8）。

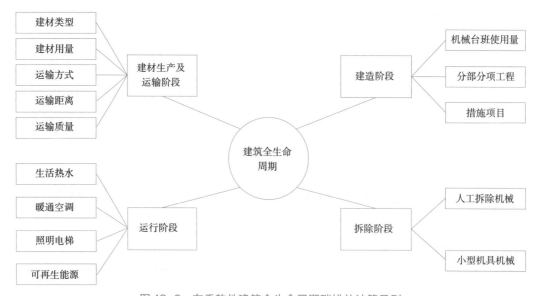

图 13-8　东禾软件建筑全生命周期碳排放计算导则

## 13.2　东禾建筑碳排放计算分析软件 2.0 计算案例

### 13.2.1　案例简介

选取南京市江宁区某医院住院综合楼作为案例项目，该项目总建筑面积 51 878.33m²，建筑类型为医疗建筑，结构类型为框架结构。项目建设时间为 2022 年，设计使用年限 50 年。建筑物共计 16 层，其中，地上 15 层，地下 1 层。

### 13.2.2　东禾软件使用过程

（1）用户登录

用户通过东禾软件官网进入东禾建筑碳排放计算分析软件网页端界面（图 13-9）。

选取"密码登录"或"短信登录"方式（图 13-10），正确输入对应的账号、手机号及密码后即可进入软件首页。

用户首次登录软件首页后，会弹出"查看用户手册"弹窗。点选"下次不再弹出"选项后，用户使用手册不会再伴随用户登录而在首页弹出，但仍可在用户管理模块中查找并阅读用户使用手册（图 13-11）。

用户使用手册（图 13-12）中详细介绍了东禾建筑碳排放计算分析软件的操作流

图 13-9　软件网页端界面

东禾建筑碳排放计算分析软件

登录

密码登录　　短信登录

手机号/登录名

密码

登录

忘记密码？　　　　　　　免费注册

图 13-10　软件登录界面

取消　　　查看用户手册

☐ 下次不再弹出

图 13-11　查看用户手册

程，用户可依据指南内容，通过录入建筑项目详细信息、建材生产及运输阶段、建造及拆除阶段、运营阶段的相关数据进行建筑全生命周期各主要阶段的碳排放量及碳排放强度计算。此外，用户也可查看 BIM 模块使用手册，其中涵盖 BIM 平台的环境配置建议、BIM 模型查看与操作说明及 BIM 模型管理。

图 13-12　用户使用手册界面

（2）录入项目基本信息

用户在项目列表可进行新项目的创建（图 13-13），并能够对已有项目进行编辑、修改、查看报告、增加阶段、复制项目、导出表格及删除项目等操作。

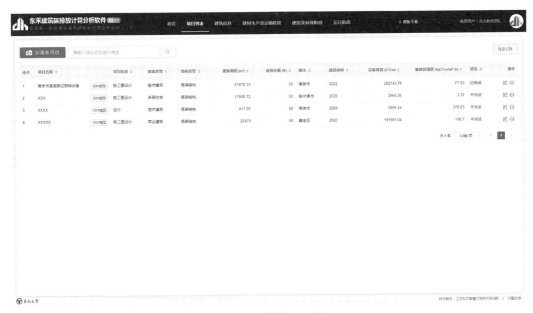

图 13-13　创建项目界面

　　点击"创建新项目"按钮,导入该案例中南京市某医院住院综合楼相关的项目名称、建筑位置、建筑类型、结构类型、设计使用年限、建筑面积、建筑楼层、绿化面积及建设时间等详细的建筑基础信息(图 13-14)。此外,用户可选择需要进行计算的项目阶段及计算标准。

图 13-14　录入建筑信息

考虑到各主要阶段涉及数据量较大，软件提供智能导入功能（图 13-15），用户可直接导入东禾软件格式的数据表格，同时，软件也支持其他格式的数据导入，如广联达格式。这一功能也充分体现了东禾建筑碳排放计算分析软件的便捷性与兼容性。

图 13-15　智能导入功能

（3）建材生产阶段碳排放计算

用户点击"新增"按钮，将案例项目在建材生产阶段涉及的 1 316 种建材及其对应的完整名称、规格型号、单位及实际用量数据，分别手动输入或智能导入到软件中。如图 13-16 所示，以 C50 预拌混凝土 /C50 预拌混凝土（泵送）这类材料为例，手动输入其所属类别、材料名称及实际用量。随后保存该条数据并以此类推进行其他类材料数据新增的操作。

录入该阶段应包含的全部种类材料数据信息后，点击"计算当前阶段"按钮，软件即刻显示案例项目建材生产阶段总碳排放量、平均每年碳排放强度、单位面积碳排放强度、单位面积平均每年碳排放强度的计算结果（图 13-17）。

图 13-16　新增 C50 预拌混凝土材料信息

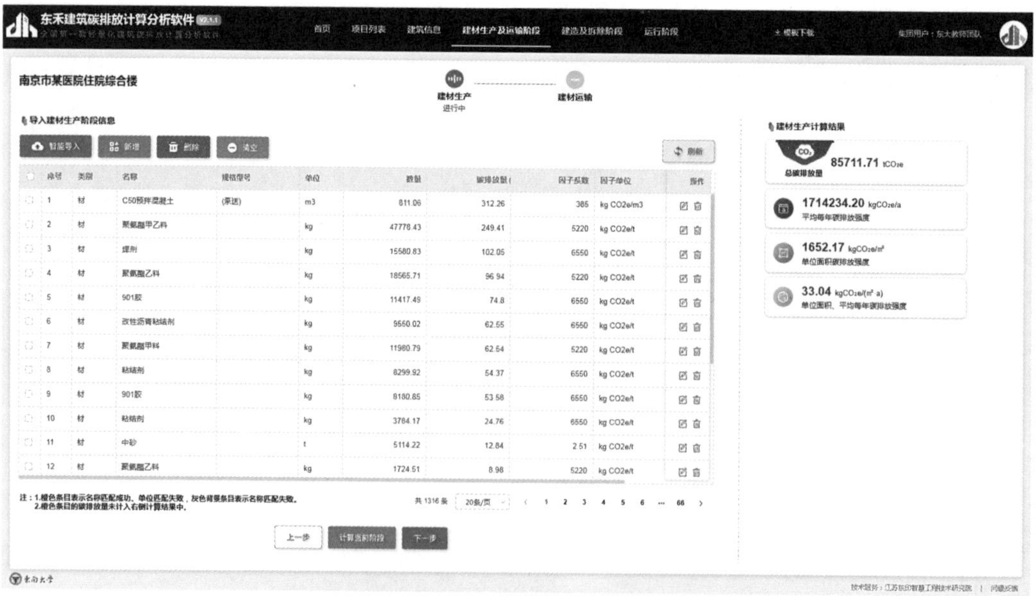

图 13-17　建材生产阶段碳排放计算

（4）建材运输阶段碳排放计算

用户点击"新增"按钮，将案例项目在建材运输阶段涉及的 74 类建材及其对应的完整名称、规格型号、单位、实际用量、运输方式及运输距离数据，分别手动输入或智能导入到软件中。如图 13-18 所示，以合金钢钻头 20mm 这类材料为例，手动输入其所属类别、材料名称及实际用量等数据。随后保存该条数据并以此类推进行其他类材料数据新增的操作。

录入该阶段应包含的全部种类材料数据信息后，点击"计算当前阶段"按钮，软件即刻显示建材运输阶段总碳排放量、平均每年碳排放强度、单位面积碳排放强度、单位面积平均每年碳排放强度的计算结果（图 13-19）。

（5）建造阶段碳排放计算

在建造阶段中，重复用户在建材生产及运输阶段进行的操作，使用软件即可计算该阶段的总碳排放量、平均每年碳排放强度、单位面积碳排放强度及单位面积平均每年碳排放强度（图 13-20）。

图 13-18　新增合金钢钻头 20mm 材料信息

图 13-19　建材运输阶段碳排放计算

图 13-20　建造阶段碳排放计算

　　在运行阶段，用户应分别录入补充建筑基本信息、建筑功能分区、照明与用电设备、热水及太阳能热水器、电梯、采暖空调系统、通风系统、建筑可再生能源系统及建筑碳汇这几个主要板块中对应的需求数据，进行案例项目运行阶段碳排放计算（图 13-21）。

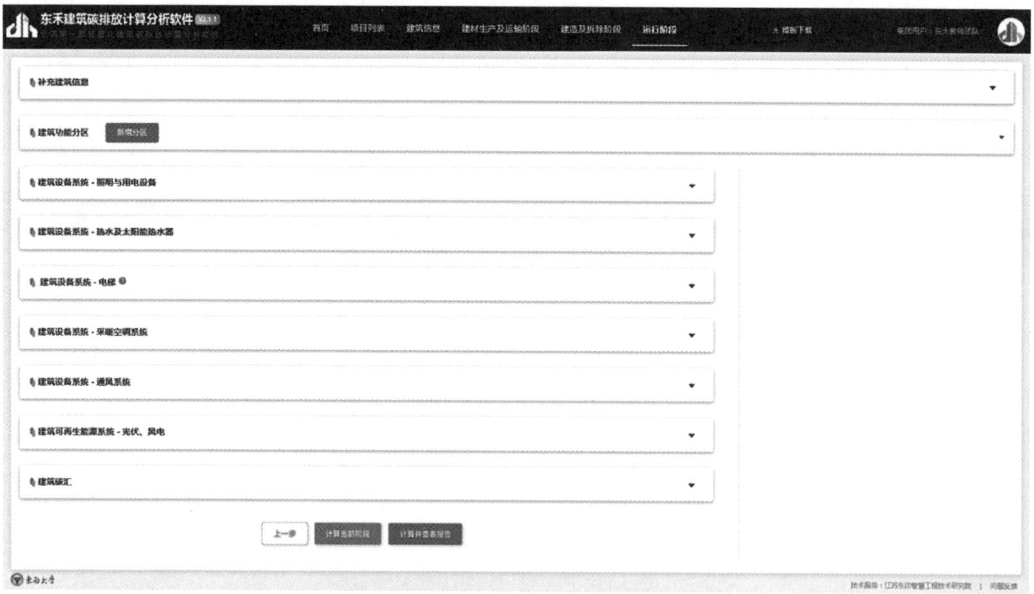

图 13-21　运行阶段碳排放计算

　　以采暖空调系统和通风系统为例。采暖空调系统中，用户录入供暖形式、供热系统性能参数 COP、制冷形式、满负载下制冷系统 ERR 和 100%、75%、50% 和 25% 这 4种负载下的性能折损系数及这 4 种情景下的使用时间占比；通风系统中，用户需分别录入通风类型、机械通风送风风量、热回收类型、一次回风比例、是否无人时采用自然通风、自然通风时窗户全开面积、自然通风时下悬窗打开角度和建筑空气渗漏量等必须录入软件的数据及风机功率系统和风机风量控制系数等可选择性录入的数据（图 13-22）。

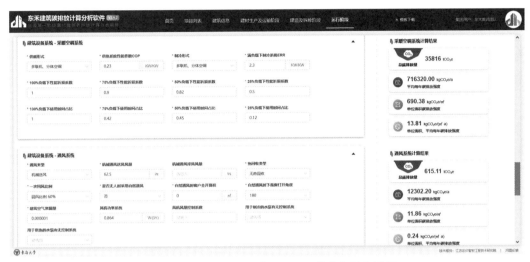

图 13-22 采暖空调系统及通风系统数据录入界面

录入该阶段应包含的全部种类材料数据信息后，点击"计算当前阶段"按钮，软件即刻显示运营阶段总碳排放量、平均每年碳排放强度、单位面积碳排放强度、单位面积平均每年碳排放强度的计算结果。随后点击"计算并查看报告"按钮（图 13-23）。

用户也可选择导出的报告的格式，软件提供"pdf 格式"和"word 格式"两种类型的分析报告（图 13-24）。

图 13-23 计算并查看报告按钮          图 13-24 导出报告格式选择

在输入该案例需计算的各阶段相关数据后，计算并导出的碳排放计算分析报告如图 13-25 所示。

报告中涵盖建筑项目基础信息、建筑概况和编制依据，同时也提供了建筑生命周期中建材生产及运输、建造及拆除、运营等主要阶段的碳排放计算分析。

此外，用户录入的源头数据和输出的碳排放计算结果、碳排放分析报告也将被记录在区块链上，用于应对第三方和监管部门的审查要求，精准定位，找到问题源头。东禾软件目前包含4个链上节点（图13-26）。

（a）建筑碳排放计算分析报告封面　（b）建筑碳排放计算分析报告内容（1）（c）建筑碳排放计算分析报告内容（2）

（d）建筑碳排放计算分析报告内容（3）　　（e）建筑碳排放计算分析报告内容（4）

图 13-25　南京市某医院住院综合楼建筑碳排放计算分析报告

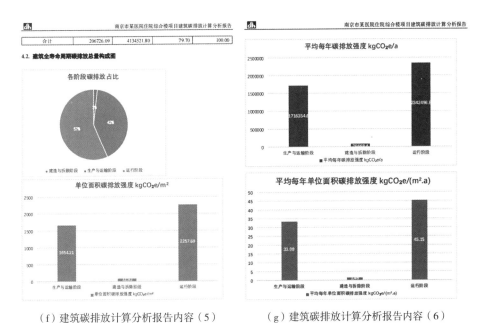

（f）建筑碳排放计算分析报告内容（5）　　　　（g）建筑碳排放计算分析报告内容（6）

图 13-25　南京市某医院住院综合楼建筑碳排放计算分析报告（续）

图 13-26　东禾建筑碳排放计算分析软件区块链概览

# 13.3 软件应用前景

### 13.3.1 软件研发方向

软件开发团队在软件的计划和筹备阶段，开展了充分的调研和准备工作，紧跟政策导向，了解市场需求，深挖行业痛点，将智慧化、中和化、实时化、区域化等主要应用方向作为软件特点和创新点融入软件设计当中。

（1）智慧化

软件开发团队进一步把 Web–BIM 技术和人工智能 AI 技术引入软件之中，用户可借助这两种先进技术的支撑进行全生命周期碳排放量的智能计算，对不同阶段的设计方案进行比选，并对其对应的减碳潜力进行分析，对设计、施工和运行提出优化策略。

（2）中和化

软件开发团队将碳汇这一吸收或抵消二氧化碳排放的要素纳入建筑碳排放计算分析中，助力碳中和重大战略的实现，也为企业实施碳减排工作、预估碳达峰时间及开展碳交易提供决策建议。

（3）实时化

软件团队将开展碳排放实时监测系统的开发，基于实时数据与端口，用户可以实时计算并监控建材生产及运输、建造、运行和拆除等建筑全生命周期主要阶段产生的碳排放量。

（4）区域化

软件开发团队通过不断地迭代升级，将核算对象从单体建筑物逐步拓展至基础设施，进而扩大至园区、城市等不同尺度的区域。此外，还计划开发并发布针对装配式建筑、道路、桥梁、隧道等不同建筑类型的软件版本。通过对软件功能的逐步完善，使其能够为更多受众提供建筑碳排放计算和分析服务。

### 13.3.2 行业与市场应用

东禾建筑碳排放计算分析软件相较于国内同类型软件产品的开发起步较早，同时，依托智慧建造与运维国家地方联合工程研究中心及东南大学多个优势学科（如土木工程、建筑学、计算机科学与工程等）等一系列平台和科研支持，软件具备了较为全面的建筑碳排放计算分析功能，自 2021 年 1.0 版发布以来，在业内获得了较高的关注度和认可度。因此，软件具有优秀的发展潜力和广阔的市场应用前景，具体表现在行业技术发展、因子库应用、碳资产管理及碳金融服务这 4 个方面。

（1）行业技术发展

结合碳排放数据及通过东禾建筑碳排放计算分析软件计算生成的分析报告，针对工艺、技术等方面转型升级提出合理建议。同时，鼓励建筑行业内企业提高资源利用率，通过采取有效的技术措施，控制低碳或零碳生产成本。

（2）因子库应用

东禾建筑碳排放计算分析软件的碳排放因子库中涵盖多种建筑材料、建筑机械的碳排放因子数据，能够为建筑上下游产业开展碳减排工作，进行碳排放量核算及探究企业"碳达峰碳中和"路径提供技术支撑。同时，结合实际案例实践经验，通过实际收集和分析材料、燃料、电力、资源消耗、交通运输、机械设备的碳排放数据，不断更新完善软件内的碳排放因子数据库。

（3）碳资产管理

基于碳排放数据和历史交易信息，通过接入可信赖的第三方认证或审计系统，进行碳排放权认证、配额核算和申诉等操作。

（4）碳金融服务

碳排放计算在碳资产管理和碳交易中发挥着重要作用。基于碳排放数据，对碳排放进行预测，东禾建筑碳排放计算分析软件可服务于碳期货、碳掉期、碳期权、碳债券及碳基金等各类碳金融市场交易工具。

## 本章小结

本章全面介绍了东禾建筑碳排放计算分析软件的发展历程及主要版本，并对东禾建筑碳排放计算分析软件 2.0 版本的技术亮点和管理亮点进行了详细的阐述。以南京市江宁区某医院住宅综合楼为案例，按照软件实操流程讲解了软件的主要功能。最后，指出了东禾建筑碳排放计算分析软件下一阶段的研发方向，并归纳了其在建筑行业中对于实施更有效的低碳零碳举措的促进作用以及在碳金融、碳交易体系中的应用潜力。

# 参考文献
REFERENCE

[1] 赵荣钦，黄贤金，钟太洋. 中国不同产业空间的碳排放强度与碳足迹分析 [J]. 地理学报，2010，9：1048-1057.

[2] 罗智星. 建筑生命周期二氧化碳排放计算方法与减排策略研究 [D]. 西安：西安建筑科技大学，2016.

[3] 李蕊. 面向设计阶段的建筑生命周期碳排放计算方法研究及工具开发 [D]. 南京：东南大学，2013.

[4] 张孝存. 建筑碳排放量化分析计算与低碳建筑结构评价方法研究 [D]. 哈尔滨：哈尔滨工业大学，2018.

[5] 张铮燕. 考虑碳排放的我国建筑业全生命周期能源效率研究 [D]. 天津：天津大学，2016.

[6] ISO. ISO 14040：2006 Environmental management：life cycle assessment；principles and framework [S/OL]. 2nd ed. Switzerland：ISO，2006：20 [2022-04-27]. https：//www.iso.org/standard/37456.html.

[7] ISO. ISO 14064-1：2006 Greenhouse gases — Part 1：Specification with guidance at the organization level for quantification and reporting of greenhouse gas emissions and removals [S/OL]. 1st ed. Switzerland：ISO，2006：20 [2022-04-27]. https：//www.iso.org/standard/38381.html.

[8] ISO. ISO 14064-1：2018 Greenhouse gases – Part 1：Specification with guidance at the organization level for quantification and reporting of greenhouse gas emissions and removals [S/OL]. 2nd ed. Switzerland：ISO，2018：47 [2022-04-27]. https：//www.iso.org/standard/66453.html.

[9] ISO. ISO 14064-2：2019 Greenhouse gases — Part 2：Specification with guidance at the project level for quantification，monitoring and reporting of greenhouse gas emission reductions or removal enhancements [S/OL]. 2nd ed. Switzerland：ISO，2019a：26 [2022-04-27]. https：//www.iso.org/standard/66454.html.

[10] ISO. ISO 14064-3：2019 Greenhouse gases— Part 3：Specification with guidance for the verification and validation of greenhouse gas statements [S/OL]. 2nd ed. Switzerland：ISO，2019b：54 [2022-04-27]. https：//www.iso.org/standard/66455.html.

[11] World Resources Institute and World Business Council for Sustainable Development（WRI & WBCSD）. The greenhouse gas protocol：a corporate accounting and reporting standard [S/OL]. Revised ed. The United States of America：WRI & WBCSD，2013 [2022-04-27]. https：//files.wri.org/d8/s3fs-public/pdf/ghg_protocol_2004.pdf.

[12] BSI. PAS 2050：2011 Specification for the assessment of the life cycle greenhouse gas emissions of goods and services [S]. The United Kingdom：BSI，2011：45.

[13] BSI. PAS 2060：2014 Specification for the demonstration of carbon neutrality [S]. The United Kingdom：BSI，2014：40.

[14] DAKWALE V A，RALEGAONKAR R V. Review of carbon emission through buildings：threats，causes and solution [J]. International Journal of Low-Carbon Technologies，2012，7（2）：143-148.

[15] 中华人民共和国住房和城乡建设部 . 建筑碳排放计算标准：GB/T 51366—2019 [S]. 北京：中国建筑工业出版社，2019.

[16] 王霞 . 住宅建筑生命周期碳排放研究 [D]. 天津：天津大学，2012.

[17] YOU F，HU D，ZHANG H，GUO Z，ZHAO Y，WANG B. Carbon emissions in the life cycle of urban building system in China—A case study of residential buildings [J]. Ecological Complexity，2011，8（2）：201-212.

[18] 中国建筑节能协会 . 中国建筑能耗研究报告 2020 [J]. 建筑节能（中英文），2021，49（02）：1-6.

[19] 罗平滢 . 建筑施工碳排放因子研究 [D]. 广州：广东工业大学，2016.

[20] 朱成章 . 能源排放系数（EF）：化石能源利用与 $CO_2$ 排放量的关系 [J]. 大众用电，2008，4：15.

[21] ZHANG X，SHEN L，ZHANG L. Life cycle assessment of the air emissions during building construction process：a case study in Hong Kong [J]. Renewable Sustainable Energy Reviews，2013，17：160-169.

[22] 刘松玉，李晨 . 氧化镁活性对碳化固化效果影响研究 [J]. 岩土工程学报，2015，37（01）：148-155.

[23] 王亮，刘松玉，蔡光华，唐昊陵 . 活性 MgO 碳化固化土的渗透特性研究 [J]. 岩土工程学报，2018，40（05）：953-959.

[24] 盛冈实，张友海，横関康祐，吉冈一郎 . "$CO_2$-SUICOM" ——$CO_2$ 负排放新型环保混凝土 [J]. 混凝土世界，2014，05：35-39.

[25] 王维兴 . 钢铁工业各工序 $CO_2$ 排放分析，如何科学计算排放量？ [N/OL]. 2018 [2022-10-25]. https：//www.sohu.com/a/244902909_754864.

[26] PENG C. Calculation of a building's life cycle carbon emissions based on Ecotect and building information modeling [J]. Journal of Cleaner Production，2016，112：453-465.

[27] 中国汽车技术研究中心 . 中国汽车低碳行动计划报告（2021）[R]. 中国：中国汽车技术研究中心，2021.

[28] 天龙 . 中国卡车燃油消耗及二氧化碳排放研究 [D]. 北京：清华大学，2013.

[29] 李林涛，陈昭文，曹越，魏峥，齐泽伟，宋业辉 . 大型办公建筑运行能耗特点统计分析 [J]. 建设科技，2022，Z1：31-35+9.

[30] BASBAGILL J，FLAGER F，LEPECH M，et al. Application of life-cycle assessment to early stage building design for reduced embodied environmental impacts [J]. Building and Environment，2013，60：81-92.

[31] 李怀，于震，吴剑林，徐伟 . 某近零能耗办公建筑 4 年运行能耗数据分析 [J]. 建筑科学,2021,37（04）：1-8.

[32] 李以通，李晓萍，邱兰兰 . 公共建筑运行能耗特征分析及能耗指标 [J]. 建筑节能（中英文），2021，49（09）：31-34.

[33] 张晓厚 . 北京市民用建筑运行能耗预测研究 [D]. 北京：首都经济贸易大学，2018.

[34] 侯磊 . 高寒高海拔地区超低能耗建筑负荷特性及运行能耗研究 [D]. 北京：北方工业大学，2021.

[35] 梁虹 . 寒冷地区绿色建筑运行性能的影响因素及能耗预测研究 [D]. 北京：北方工业大学，2021.

[36] 张智慧，尚春静，钱坤 . 建筑生命周期碳排放评价 [J]. 建筑经济，2010，02：44-46.

[37] 王波 . 基于生命周期评价的深圳市建筑垃圾处理模式研究 [D]. 武汉：华中科技大学，2012.

[38] 欧阳磊 . 基于碳排放视角的拆除建筑废弃物管理过程研究 [D]. 深圳：深圳大学，2016.

[39] BUCHANAN A H，HONEY B G. Energy and carbon dioxide implications of building construction [J]. Energy and Buildings，1994，20（3）：205-217.

[40] GUSTAVSSON L，JOELSSON A，SATHRE R. Life cycle primary energy use and carbon emission of an eight-storey wood-framed apartment building [J]. Energy and buildings，2010，42（2）：230-242.

[41] 刘科 . 夏热冬冷地区高大空间公共建筑低碳设计研究 [D]. 南京：东南大学，2021.

[42] 中国电力企业联合会 . 中国电力行业年度发展报告 2021[M]. 北京：中国建材工业出版社，2021.

[43] CAMPBELL L，TOOLEN J，GRUBERT D，NAPP G. Compendium of greenhouse gas emissions methodologies for the natural gas and oil industry [R/OL]. The United States of America：American Petroleum Institute（API），2021 [2022-04-27]. https://www.api.org/-/media/Files/Policy/ESG/GHG/2021-API-GHG-Compendium-110921.pdf?la=en&hash=4B6E056EC663A4DE6133ED2A6F2F9865D7D33FA9.

[44] 胡永飞，张海滨 . 外购热力导致的间接温室气体排放量计算方法 [J]. 中外能源，2014，19（03）：96-100.

[45] 天津市生态环境局 . 碳盘查中外购电力 / 热力排放因子的缺省值 [EB/ OL]. 中国：北方网，2021 [2022-10-25]. http://zw.enorth.com.cn/gov_open/4403088.html.

[46] 上海市生态环境局 . 上海市生态环境局关于调整本市温室气体排放核算指南相关排放因子数值的通知 [EB/ OL]. 中国：上海市生态环境局，2022 [2022-10-25]. https://www.shanghai.gov.cn/gwk/search/content/ec12e83686d2441b979fb1ec838bcbb7.

[47] 刘晴靓，王如菲，马军 . 碳中和愿景下城市供水面临的挑战、安全保障对策与技术研究进展 [J]. 给水排水，2022，58（01）：1-12.

[48] 翁晓姚 . 碳达峰与碳中和目标下供水企业绿色低碳发展的思考 [J]. 净水技术，2022,41（05）：1-4+13.

[49] 殷荣强 . 上海自来水制水单位产品电耗限额研究 [J]. 城市公用事业，2012，26（03）：25-29+68.

[50] 黄潮松，汪盛，焦峰，曹举胜 . 施工现场水资源回收利用循环系统研究 [J]. 施工技术，2014，43（06）：92-95.

[51] 虞良伟 . 空气源热泵原理及应用 [J]. 价值工程，2018，37（32）：153-155.

[52] 卢博林 . 加大建筑废弃物减排利用 实现社会自然 "和谐双赢"[N/OL]. 深圳：深圳商报，2009 [2022-10-25]. https://www.solidwaste.com.cn/news/176825.html.

[53] IPCC. 2006 IPCC guidelines for national greenhouse gas inventories [S/OL]. Switzerland：IPCC，2006 [2022-04-27]. https://www.ipcc-nggip.iges.or.jp/public/2006gl/.

[54] 广东省住房和城乡建设厅.广东省住房和城乡建设厅关于印发《建筑碳排放计算导则（试行）》的通知 [EB/OL].广东：广东省住房和城乡建设厅，2022 [2022-05-23]. http：//zfcxjst.gd.gov.cn/gkmlpt/content/3/3803/mpost_3803751.html#1422.

[55] 翁许凤.基于碳汇理念下的城市景观生态设计应用研究 [D].天津：天津大学，2012.

[56] SHAFIQUE M，XUE X，LUO X. An overview of carbon sequestration of green roofs in urban areas [J]. Urban Forestry & Urban Greening，2020，47：126515.

[57] 详解：海洋固碳方式——发展海洋低碳技术，挖掘海洋固碳潜力 [N/OL].经济日报，2017 [2022-07-07]. https：//www.sohu.com/a/161828984_726570.

[58] 高坤山.藻类光合固碳的研究技术与解析方法 [J].海洋科学，1999，（06）：37-41.

[59] 温瑞.养殖贝类固碳计量与价格核算及对策研究 [D].厦门：自然资源部第三海洋研究所，2021.

[60] 中华人民共和国发展和改革委员会.关于发布《高耗能行业重点领域节能降碳改造升级实施指南（2022年版）》的通知 [EB/OL].北京：中华人民共和国国家发展和改革委员会，2022 [2022-07-07]. https：//www.ndrc.gov.cn/xwdt/ztzl/ghnhyjnjdgzsj/zcwj/202202/t20220217_1315689_ext.html.

[61] 蔡博峰，朱松丽，于胜民，等.《IPCC 2006年国家温室气体清单指南2019修订版》解读 [J].环境工程，2019，37（8）：1-11.

[62] 全国碳排放管理标准化技术委员会.工业企业温室气体排放核算和报告通则：GB/T 32150—2015 [S].北京：中国标准出版社，2015.

[63] 沈镭，赵建安，王礼茂，等.中国水泥生产过程碳排放因子测算与评估 [J].科学通报，2016，61（26）：2926-2938.

[64] 李晋梅，尹靖宇，武庆涛，等.水泥行业碳排放计算依据对比及实例分析 [J].中国水泥，2017，（8）：83-86.

[65] 洪大剑，王振阳.《中国水泥生产企业温室气体排放核算方法与报告指南（试行）》解析 [J].质量与认证，2017，（6）：50-53.

[66] Mahasenan N，Smith S，Humphreys K. The cement industry and global climate change：current and potential future cement industry $CO_2$ emissions [C]. Greenhouse Gas Control Technologies – 6th International Conference，2003，II：995-1000.

[67] 刘立涛，张艳，沈镭，等.水泥生产的碳排放因子研究进展 [J].资源科学，2014，36（1）：110-119.

[68] 尚雁雯.装配式叠合板生产阶段能耗及碳排放季节性差异研究 [D].北京：北方工业大学，2019.

[69] 黄展华.混合动力客车快速能耗测定方法及仪器的研究 [D].泉州：华侨大学，2013.

[70] 张磊庆，罗鑫，尹如法.推土机燃油消耗测试方法探讨 [J].建筑机械化，2015，36（9）：27-29.

[71] 黄兵兵.广东省典型路面工程施工阶段碳排放量影响因素研究 [D].广州：广东工业大学，2021.

[72] 王晓光.油耗监测技术在矿用自卸卡车上的应用 [J].机电信息，2017，27：75-76.

[73] 中华人民共和国发展和改革委员会.中国发电企业温室气体排放核算方法与报告指南（试行）[Z].2013.

[74] 肖旭东.绿色建筑生命周期碳排放及生命周期成本研究 [D].北京：北京交通大学，2021.

[75] 魏晨辉. 黑龙江流域景观与气候驱动的植物多样性和碳汇变化研究 [D]. 北京：中国科学院大学（中国科学院东北地理与农业生态研究所），2021.

[76] 何英. 森林固碳估算方法综述 [J]. 世界林业研究，2005，（1）：22–27.

[77] 蔡云，周炆涛. 森林生态系统固碳估算方法研究进展 [J]. 绿色科技，2020，（18）：48–50.

[78] 广东省住房和城乡建设厅. 建筑碳排放计算导则（试行）[S]. 2021.

[79] 徐伟，邹瑜，张婧，等. GB 55015—2021《建筑节能与可再生能源利用通用规范》标准解读 [J]. 建筑科学，2022，38（2）：1–6.

[80] 聂梅生，秦佑国，江亿. 中国绿色低碳住区技术评估手册 [M]. 北京：中国建筑工业出版社，2011.

[81] Ecoinvent. Ecoinvent Database[EB/OL]. 2022 [2022–10–27]. https：//Ecoinvent.org/the-Ecoinvent-database/.

[82] TAKANO A，WINTER S，HUGHES M，et al. Comparison of life cycle assessment databases：a case study on building assessment[J]. Building and Environment，2014，79：20–30.

[83] WEIDEMA B P，BAUER C，HISCHIER R，MUTEL C，NEMECEK T，et al. Overview and methodology—data quality guideline for the ecoinvent database version 3[EB/OL]. 2013 [2022–10–27]. https：//ecoinvent.org/wp–content/uploads/2021/09/dataqualityguideline_ecoinvent_3_20130506.pdf.

[84] Sphera. Applications[EB/OL]. 2022 [2022–10–27]. https：//gabi.sphera.com/international/solutions/.

[85] Sphera. Databases[EB/OL]. 2022 [2022–10–27]. https：//gabi.sphera.com/malaysia/databases/.

[86] BAITZ M，COLODEL C M，KUPFER T，PFIEGER J，SCHULLER O，et al. GaBi Database and modeling principles 2012，version 6.0. PE international[EB/OL]. 2012 [2022–10–27]. http：//gabi–6–lci–documentation.gabi–software.com/xml–data/external_docs/GaBiModellingPrinciples.pdf.

[87] KEITI. Korea LC DB Overview[EB/OL]. 2015 [2022–10–27]. https://www. greenproduct.go.kr/epd/eng/lci/lciIntro00.do.

[88] MICHAEL D. U.S. Life cycle inventory database roadmap[EB/OL]. 2009 [2022–10–27]. https：//www.nrel.gov/docs/fy09osti/45153.pdf.

[89] NREL. U.S. Life cycle inventory database[EB/OL]. 2012 [2022–10–27]. https://www.nrel.gov/lci/.

[90] NREL. Data and tools[EB/OL]. 2022 [2022–10–27]. https：//www.nrel.gov/research/data–tools.html.

[91] SUSTAINABLE MATERIALS INSTITUTE. U.S. LCI database project development guidelines[EB/OL]. 2003 [2022–10–27]. https：//www.nrel.gov/docs/fy03osti/33807.pdf.

[92] 亿科环境科技. 中国生命周期基础数据库 CLCD 简介 [EB/OL]. 2017 [2022–10–27]. https://www.ike-global.com/#/products-2/chinese-lca-database-clcd.

[93] 刘夏璐，王洪涛，陈建，等. 中国生命周期参考数据库的建立方法与基础模型 [J]. 环境科学学报，2010，30（10）：2136–2144.

[94] 王洪涛. CLCD 数据库与 LCA 案例研究 [EB/OL]. 2012 [2022–10–27]. https://blog.sciencenet.cn/blog-509598-569286.html.

[95] 单钰理. 中国碳排放数据库（China Emission Accounts and Datasets）简介 [EB/OL]. 2016 [2022–10–27]. http：//www.tanjiaoyi.com/article–16388–1.html.

[96] CEADs. 中国碳核算数据库数据下载 [EB/OL]. 2022 [2022-10-27]. https：//www.ceads.net.cn/data/.

[97] SHAN Y，LIU J，LIU Z，et al. New provincial $CO_2$ emission inventories in China based on apparent energy consumption data and updated emission factors[J]. Applied Energy，2016，184：742-750.

[98] SHAN Y，GUAN D，ZHENG H，et al. China $CO_2$ emission accounts 1997-2015[J]. Scientific Data，2018，5（1）：1-14.

[99] LIU Z，GUAN D，WEI W，et al. Reduced carbon emission estimates from fossil fuel combustion and cement production in China[J]. Nature，2015，524（7565）：335-338.

[100] 生态环境部环境规划院. 中国产品全生命周期温室气体排放系数集（2022）[EB/OL]. 2022 [2022-10-27]. http://www.caep.org.cn/sy/tdftzhyjzx/zxdt/202201/t20220105_966202.shtml.

[101] 崔鹏. 建筑物生命周期碳排放因子库构建及应用研究 [D]. 南京：东南大学，2015.

[102] 姚亚锋，张蓓. 建筑工程项目管理 [M]. 北京：北京理工大学出版社，2020.

[103] KURIAN R，KULKARNI K S，RAMANI P V，et al. Estimation of carbon footprint of residential building in warm humid climate of india through BIM[J]. Energies，2021，14（14）：4237.

[104] 仓玉洁，罗智星. 工程设计中不同阶段建筑建材物化碳排放核算方法研究 [J]. 城市建筑，2019，16（26）：33-35.

[105] 仓玉洁. 建筑物化阶段碳排放核算方法研究 [D]. 西安：西安建筑科技大学，2018.

[106] 王豫婉. 面向设计初期的建筑碳排放预测理论框架 [J]. 工程造价管理，2022，1：27-33.

[107] LUO Z，YANG L，LIU J. Embodied carbon emissions of office building：a case study of China's 78 office buildings [J]. Building and environment，2015，95：365-371.

[108] 张又升. 建筑物生命周期二氧化碳减量评估 [D]. 台南：成功大学，2002.

[109] 黄志甲，赵玲玲，张婷，刘钊. 住宅建筑生命周期 $CO_2$ 排放的核算方法 [J]. 土木建筑与环境工程，2011，33（S2）：103-105.

[110] 王晨杨. 长三角地区办公建筑全生命周期碳排放研究 [D]. 南京：东南大学，2016.

[111] 燕艳. 浙江省建筑全生命周期能耗和 $CO_2$ 排放评价研究 [D]. 杭州：浙江大学，2011.

[112] 罗智星，仓玉洁，杨柳，王逸群. 面向设计全过程的建筑物化碳排放计算方法研究 [J]. 建筑科学，2021，37（12）：1-7+43.

[113] 王上. 典型住宅建筑全生命周期碳排放计算模型及案例研究 [D]. 成都：西南交通大学，2014.

[114] 王幼松，杨馨，闫辉，张雁，李剑锋. 基于全生命周期的建筑碳排放测算——以广州某校园办公楼改扩建项目为例 [J]. 工程管理学报，2017，31（03）：19-24.

[115] 曾旭东，秦媛媛. 设计初期实现低碳建筑设计方法的探索 [J]. 新建筑，2010，（4）：116-119.

[116] 中国建筑材料联合会. 中国建筑材料工业碳排放报告（2020 年度）[J]. 建筑，2021，08：21-23.

[117] 张锁江. 低碳零碳建材是实现碳中和的关键 [J]. 可持续发展经济导刊，2022，04：24-25.

[118] 朱维娜. 建筑物化碳排放与技术进步关联方法及机理研究 [D]. 北京：清华大学，2020.

[119] 赵春红，贾松林. 建设工程造价管理 [M]. 北京：北京理工大学出版社，2018.

[120] 吴淑艺，赖芨宇，孙晓丹. 基于工程量清单的建筑施工阶段碳排放计算——以福建省为例 [J]. 工程管理学报，2016，30（3）：53-58.

[121] 曹毅. 某建筑施工项目现场材料管理案例研究 [D]. 昆明：昆明理工大学，2015.

[122] 王玉. 工业化预制装配建筑的全生命周期碳排放研究 [D]. 南京：东南大学，2016.

[123] 王宽. 建造阶段碳排放量对建筑全生命周期碳排放量的影响分析 [J]. 建设科技，2022，Z1：27–30.

[124] 刘彦青，梁敏，刘志宏. 建筑施工技术 [M]. 3 版. 北京：北京理工大学出版社，2018.

[125] 贡小雷. 建筑拆解及材料再利用技术研究 [D]. 天津：天津大学，2010.

[126] 郭正兴. 土木工程施工 [M]. 3 版. 南京：东南大学出版社，2020.

[127] 赵思聪. 基于建筑使用寿命的拆除废弃物估算方法及管理对策研究 [D]. 深圳：深圳大学，2019.

[128] 欧阳磊. 基于碳排放视角的拆除建筑废弃物管理过程研究 [D]. 深圳：深圳大学，2016.

[129] 项目综合报告编写组.《中国长期低碳发展战略与转型路径研究》综合报告 [J]. 中国人口·资源与环境，2020，30（11）：1–25.

[130] 蔡伟光. 2021 中国建筑能耗与碳排放研究报告：省级建筑碳达峰形势评估 [R]. 重庆：中国建筑节能协会能耗统计专委会，2021.

[131] 任志勇. 基于 LCA 的建筑能源系统碳排放核算研究 [D]. 大连：大连理工大学，2014.

[132] 中华人民共和国住房和城乡建设部. 建筑节能与可再生能源利用通用规范：GB 55015—2021 [S]. 北京：中国建筑工业出版社，2021.

[133] 中华人民共和国住房和城乡建设部. 民用建筑节水设计标准：GB 50555—2010 [S]. 北京：中国建筑工业出版社，2010.

[134] AL–RABGHI O M，HITTLE D C. Energy simulation in buildings：overview and BLAST example [J]. Energy conversion and Management，2001，42（13）：1623–1635.

[135] WINKELMANN F，BIRDSALL B，BUHL W，et al. DOE–2 supplement：version 2.1 E [R]. CA（United States）：Lawrence Berkeley Lab.，1993.

[136] HIRAI Y. A model of human associative processor（HASP）[J]. IEEE Transactions on Systems，Man，and Cybernetics，1983，（5）：851–857.

[137] YAN D，ZHOU X，AN J，et al. DeST 3.0：A new–generation building performance simulation platform [J]. Building Simulation，2022，15（11）：1849–1868.

[138] CRAWLEY D B，LAWRIE L K，WINKELMANN F C，et al. EnergyPlus：creating a new–generation building energy simulation program [J]. Energy and buildings，2001，33（4）：319–31.

[139] 潘毅群，等. 实用建筑能耗模拟手册 [M]. 北京：中国建筑工业出版社，2013.

[140] BROWN R，WEBBER C，KOOMEY J G. Status and future directions of the ENERGY STAR program [J]. Energy，2002，27（5）：505–520.

[141] EPA. About energy star impacts 2021 [EB/OL]. 2022 [2022–06–18]. https：//www.energystar.gov/about/origins_mission/impacts.

[142] 潘毅群，吴刚，HARTKOPF V. 建筑全能耗分析软件 Energy Plus 及其应用 [J]. 暖通空调，2004，34（9）：2–7.

[143] CRAWLEY D，PEDERSEN C，WINKELMANN F，et al. Beyond DOE–2 and BLAST：energyplus, the new generation energy simulation program [C]. Proceedings of the 1998 ACEEE Summer Study on Energy

Efficiency in Buildings，Asilomar，Pacific Grove，California，F，1998.

[144] GARG V，MATHUR J，BHATIA A. Building energy simulation：a workbook using designbuilder™ [M]. CRC Press，2020.

[145] HIMEUR Y，ALSALEMI A，BENSAALI F，et al. The emergence of hybrid edge-cloud computing for energy efficiency in buildings [C]. Proceedings of the Proceedings of SAI Intelligent Systems Conference，F，2021. Springer.

[146] 安然 . 大型公共建筑能耗分项计量系统分析 [J]. 四川建材，2011，37（6）：9-10.

[147] 陈世伟 . 大型公共建筑能耗分项计量及其功能研究 [J]. 建筑工程技术与设计，2015，13：1995.

[148] 黄诗雯 . 基于物联网的大型公共建筑能耗监测与后评价研究 [D]. 沈阳：沈阳工业大学，2021.

[149] WANG S，YAN C，XIAO F. Quantitative energy performance assessment methods for existing buildings [J]. Energy and Buildings，2012，55：873-888.

[150] YAN C. Energy performance assessment and diagnosis for information poor buildings [D]. Hong Kong；The Hong Kong：Polytechnic University，2013.

[151] YAN C，WANG S，XIAO F. A simplified energy performance assessment method for existing buildings based on energy bill disaggregation [J]. Energy and Buildings，2012，55：563-574.

[152] 罗佳宁 . 建筑工业化视野下的建筑构成秩序的产品化研究 [D]. 南京：东南大学，2018.

[153] 张诺 . 装配式建筑产品的碳排放计量方法初探 [D]. 南京：东南大学，2018.

[154] 张宏，张军军，丛勐，罗佳宁，张莹莹，王海宁，印江，冯世虎 . 一种基于构件分类和组合的建筑协同构建系统和方法 [P]. 江苏：CN106156408A，2016-11-23.

[155] 刘博宇. 住宅节约化设计与碳减排研究 [D]. 上海：同济大学，2008.

[156] 李启明，欧晓星 . 低碳建筑概念及其发展分析 [J]. 建筑经济，2010，（2）：41-43.

[157] 佘洁卿，张云波，祁神军 . 夏热冬暖地区公共建筑全生命周期碳排放特征及减排策略研究——以厦门市为例 [J]. 建筑科学，2014，30（2）：13-18.

[158] 汪静 . 中国城市住区生命周期 $CO_2$ 排放量计算与分析 [D]. 北京：清华大学，2009.

[159] GUSTAVSSON L，JOELSSON A，SATHRE R. Life cycle primary energy use and carbon emission ofan eight-story wood-framed apartment building[J]. Energy and Buildings，2010，42（2）：230-242.

[160] COLE R J. Energy and greenhouse gas emissions associated with the construction of alternative structural systems[J]. Building and Environment，1999，34（3）：335-348.

[161] 董蕾 . 集成建筑生命周期能耗及 $CO_2$ 排放研究 [D]. 天津：天津大学，2012.

[162] 李静，刘燕 . 基于全生命周期的建筑工程碳排放计算模型 [J]. 工程管理学报，2015，29（4）：12-16.

[163] GERILLA G P，Teknomo K，Hokao K. An environmental assessment of wood and steel reinforced concrete housing construction[J]. Building and Environment，2007，42（7）：2778-2784.

[164] BRIBIAN I Z，USON A A，SCARPELLINI S. Life cycle assessment in buildings：state-of-the-art and simplified LCA methodology as a complement for building certification[J]. Building and Environment，2009，44（12）：2510-2520.

[165] 于萍，陈效逑，马禄义 . 住宅建筑生命周期碳排放研究综述 [J]. 建筑科学，2011，27（4）：9-12.

[166] 肖旭东 . 绿色建筑生命周期碳排放及生命周期成本研究 [D]. 北京：北京交通大学，2021.

[167] 杨志光，王志霞 . 室内装饰装修工程中空气质量影响因素及控制措施 [J]. 工程质量，2018，36（5）：80-83.

[168] 崔鹏，李德智，金常忠 . 发达国家建筑业低碳发展成熟经验 [J]. 建筑，2019，（23）：56-59.

[169] 李德智，崔鹏，欧晓星 . 国内外建筑物生命周期碳排放度量进展 [J]. 现代管理科学，2014（7）：109-111.

[170] 潘毅群，梁育民，朱明亚 . 碳中和目标背景下的建筑碳排放计算模型研究综述 [J]. 暖通空调，2021，51（07）：37-48.

[171] National Institute of Standards and Technology.BEES[EB/OL].（2020-11-23）[2022-05-25]. https：//www.nist.gov/services-resources/software/bees.

[172] Lippiatt BC. BEES 2.0-Building for Environmental and Economic Sustainability Technical Manual and User Guide[EB/OL].（2000-06-01）[2022-05-30]. https：//www.nist.gov/publications/bees-20-building-environmental-and-economic-sustainability-technical-manual-and-user.

[173] 金栖凤 . GaBi 软件在环境影响评价中的应用 [D]. 苏州：苏州科技学院，2015.

[174] Sphera. GaBi 简介 [EB/OL].[2022/06/01]. https：//gabi.sphera.com/china/index/.

[175] PE International.GaBi 可持续性产品发展表现 [EB/OL].（2012-09）[2022-06-01].https：//gabi.sphera.com/uploads/media/GaBi_Suite_Flyer_Chinese.pdf.

[176] 李蕊，石邢 . 三种建筑全生命周期碳排放计算软件比较研究 [C]// 中国建筑学会建筑物理分会，内蒙古工业大学 . 建筑·节能与物理环境 第 11 届全国物学术会议论文集 . 北京：中国建筑工业出版社，2012：50-53.

[177] GOEDKOOP M，OELE M，LEIJTING J，et al.Introduction to LCA with SimaPro[EB /OL].（2016-01-01）[2022-06-01].http：//www.pre-sustainability.com/download/SimaPro8IntroductionToLCA.pdf.

[178] HERRMANN IT，MOLTESEN A. Does it matter which Life Cycle Assessment（LCA）tool you choose?—A comparative assessment of SimaPro and GaBi[J]. Journal of Cleaner Production，2015，86：163-169.

[179] 刘依明，刘念雄 . 基于 SimaPro、BEES 和 AIJ-LCA & LCW 的建筑生命周期评估工具研究 [J]. 建筑节能（中英文），2021，（6）：14-20.

[180] SimaPro. Meet the developer：PRé Sustainability[EB/OL].[2022-06-02].https：//simapro.com/about/about-pre/#：~：text=It%20all%20started，vision%20a%20reality.

[181] SimaPro.Licenses[EB/OL]. [2022-06-02]. https：//simapro.com/licences/#/business.

[182] 构力学堂 . 建筑碳排放基础知识及 V3 版碳排放模拟软件应用 [EB/OL].（2021-11-08）[2022-06-05]. https：//edu.pkpm.cn/detail/v_6188c2ece4b09b5fe0b15089/3.

[183] PKPM. 绿建与节能系列软件 V3.3 新功能简介 [EB/OL].（2021-06-25）[2022-06-05].https：//www.pkpm.cn/index.php?m=content&c=index&a=show&catid=73&id=572.

[184] PKPM 构力科技 . 中国信通院联合构力科技等伙伴发布碳达峰碳中和管理与服务平台 [EB/OL].（2021-12-22）[2022-06-05].https：//www.pkpm.cn/news/detail?id=321.

[185] 罗孟华，李军，黄益辉．瀑布模型在软件开发中的应用及其局限性 [J]．才智，2009，（9）：251.

[186] 于丽．基于敏捷开发模式的软件架构设计 [J]．电脑知识与技术，2016，（6）：91–94.

[187] 赵向梅．基于敏捷技术的敏捷开发辨析与应用研究 [J]．中外交流，2019，26（16）：33.

[188] 赵向梅．基于敏捷开发方法的软件架构设计研究与实践 [J]．现代科学仪器，2019，（2）：145–147.

[189] 李逆，吴艳阳．敏捷开发中的软件测试研究 [J]．软件导刊，2016，15（4）：16–19.

[190] 赵学军，武岳，刘振晗．计算机技术与人工智能基础 [M]．北京：北京邮电大学出版社，2020.

[191] 赖均，陶春梅，刘兆宏，等．软件工程 [M]．北京：清华大学出版社，2016.

[192] 郑人杰，马素霞，等．软件工程概论 [M]．北京：机械工业出版社，2020.

[193] 黄敏珍．CMMI、敏捷开发和 DevOps 在项目管理实践中的应用 [J]．项目管理技术，2020，18（9）：91–95.

[194] 雷敏，姚志林．软件项目实训 [M]．北京：国防工业出版社，2010.

[195] 刘佩贤．Web Services 体系结构和应用研究 [D]．北京：北京化工大学，2008.

[196] 马晓星，刘譞哲，谢冰，等．软件开发方法发展回顾与展望 [J]．软件学报，2019，30（1）：3–21.

[197] 常莉．基于用户角色权限在 OA 系统中的应用 [J]．信息通信，2014（9）：90.

[198] 张海藩，牟永敏．软件工程导论 [M]．北京：清华大学出版社，2013.

[199] 魏晋强．软件测试技术及应用研究 [M]．北京：中国原子能出版社，2021.

[200] 廖华强，李昊昱．系统软件架构的重要性 [J]．数码世界，2017，11（307）.

[201] ABBOTT M L，FISHER M T．架构真经：互联网技术架构的设计原则 [M]．2 版．北京：机械工业出版社，2017.

[202] 曾亚飞．基于 Elasticsearch 的分布式智能搜索引擎的研究与实现 [D]．重庆：重庆大学，2016.

[203] 丁志坚．基于 Redis 的云数据库的研究与实现 [D]．成都：电子科技大学，2021.

[204] 林英建．数据库逻辑设计性能优化关键技术研究 [J]．计算机技术与发展，2013，23（12）：74–77+81.

[205] 姚攀，马玉鹏，徐春香．基于 ELK 的日志分析系统研究及应用 [J]．计算机工程与设计，2018，39（7）：2090–2095.

[206] 陈和．运用开源软件 Logstash 和 ElasticSearch 实现 DSpace 日志实时统计分析 [J]．现代图书情报技术，2015，（5）：88–93.

[207] 刘纬．软件工程 [M]．武汉：武汉大学出版社，2020.

[208] 葛晨，李洋．结构化思维在软件需求分析和描述中的应用 [J]．电子技术与软件工程，2017，（17）：76–78.

[209] [美] Abraham Silberschatz，等．数据库系统概念 [M]．6 版．杨东青，李红燕，等译．北京：机械工业出版社，2012.

[210] 李广智．数据库设计在网站开发中的实施情况分析 [J]．电子技术与软件工程，2021，（05）：156–157.

[211] 李艳杰．MySQL 数据库下存储过程的设计与应用 [J]．信息技术与信息化，2021，（01）：96–97.

[212] 李栋．Redis 内存数据库在电力交易中的研究与应用 [D]．大连：大连理工大学，2018.

[213] 韩雅丽. 分布式 Redis 高可用集群的设计与实现 [D]. 南京：南京大学，2019.

[214] Redis. Redis 中文网 [EB/OL]. [2022–06–02]. https：//www.redis.net.cn/.

[215] Elastic.Elasticsearch：官方分布式搜索和分析引擎 [EB/OL]. [2022–06–02]. https：//www.elastic.co/cn/elasticsearch/.

[216] 沈进波. 基于 SOA 技术架构的多并发异构业务系统中台技术设计 [J]. 电子技术与软件工程，2019，（08）：168–171.

[217] 付丹丹，祝裕璞，苏丹. 云存储技术架构与结构模型分析 [J]. 信息通信，2014，（05）：86.

[218] 苏莉娜. 基于分布式数据库的大数据平台动态页面数据生成技术 [J]. 微型电脑应用，2021，37（06）：194–197.

[219] 张璐璐. 基于 SQL 的动静态数据库运行维护的研究 [J]. 电子技术与软件工程，2014，（08）：214–215.

[220] 王华兴. 数据库配置与备份在运行维护中的实际应用 [J]. 科技与创新，2015，（11）：79+81.

[221] NIBS. United States National Building Information Modeling Standard [S]. New York：Building SMART，2007.

[222] 卢锟. 基于建筑信息模型的生命周期碳排放和生命周期成本的整合研究与案例分析 [D]. 合肥：合肥工业大学，2021.

[223] 袁荣丽. 基于 BIM 的建筑物化碳足迹计算模型研究 [D]. 西安：西安理工大学，2019.

[224] 武昊. 基于 BIM 技术的建筑产品物化阶段的碳排放计量研究 [D]. 哈尔滨：哈尔滨工业大学，2015.

[225] 欧晓星. 低碳建筑设计评估与优化研究 [D]. 南京：东南大学，2016.

[226] AJIT M，CHIRAG M，VYJAYANTHI C. A permissioned blockchain enabled trustworthy and incentivized emission trading system[J]. Journal of cleaner production，2020，349：131274.

[227] SADAWI A A，MADANI B，SABOOR S，et al. A comprehensive hierarchical blockchain system for carbon emission trading utilizing blockchain of things and smart contract[J]. Technological forecasting and social change，2021，173：121124.

[228] ALSABBAGH M，SIU YL，GUEHNEMANN A，et al. Integrated approach to the assessment of $CO_2$ e–mitigation measures for the road passenger transport sector in Bahrain [J]. Renewable and sustainable energy reviews，2017，71：203–215.

[229] AMNEH H，ABDULSALAM A，KHALID A，et al. Environmental impacts cost assessment model of residential building using an artificial neural network[J]. Engineering construction and architectural management，2020，28（10）：3190–3215.

[230] CLÒ S，BATTLES S，ZOPPOLI P. Policy options to improve the effectiveness of the eu emissions trading system：a multi–criteria analysis [J]. Energy policy，2013，57：477–490.

[231] FRIZZO–BARKER J，CHOW–WHITE P A，ADAMS P R，et al. Blockchain as a disruptive technology for business：A systematic review[J]. International journal of information management. 2020，51：102029.

[232] HU Z，DU Y，RAO C，et al. Delegated proof of reputation consensus mechanism for blockchain–enabled distributed carbon emission trading system[J]. IEEE access，2020，8：214932–214944.

[233] HUA W, JIANG J, SUN H, et al. A blockchain based peer-to-peer trading framework integrating energy and carbon markets[J]. Applied energy, 2020, 279: 115539.

[234] JAVID RJ, NEJAT A, HAYHOE K. Selection of $CO_2$ mitigation strategies for road transportation in the united states using a multi-criteria approach [J]. Renewable and sustainable energy reviews. 2014, 38: 960-972.

[235] KHAQQI K N, SIKORSKI J J, HADINOTO K, et al. Incorporating seller/buyer reputation-based system in blockchain-enabled emission trading application[J]. Applied energy, 2018, 209: 8-19.

[236] LI W, WANG L, LI Y, et al. A blockchain-based emissions trading system for the road transport sector: policy design and evaluation[J]. Climate policy, 2021, 21 (3): 337-352.

[237] YANG L. The blockchain: State-of-the-art and research challenges[J]. Journal of industrial information integration, 2019, 15: 80-90.

[238] MA X, HO W, JI P, et al. Contract design with information asymmetry in a supply chain under an emissions trading mechanism[J]. Decision sciences, 2017, 49 (1): 121-153.

[239] MAO D, HAO Z, WANG F. Novel automatic food trading system using consortium blockchain[J]. Arabian journal for science and engineering, 2019, 44 (4): 3439-3455.

[240] SHANG M, DONG R, FU Y, et al. Research on carbon emission driving factors of China's provincial construction industry[J]. IOP conference series: Earth and environmental science, 2018, 128 (1): 012148.

[241] SUN M, ZHANG J. Research on the application of block chain big data platform in the construction of new smart city for low carbon emission and green environment[J]. Computer communications, 2020, 149: 332-342.

[242] NAKAMOTO S. Bitcoin: A peer-to-peer electronic cash system [EB/OL]. White paper, 2008 [2022-10-27]. https//www.ussc.gov/sites/ default/files /pdf/ training/annual-national-training-seminar/2018/Emerging_Tech_Bitcoin_Crypto.pdf.

[243] NATHAN J, JACOBS B. Blockchain consortium networks: Adding security and trust in financial services[J]. Journal of corporate accounting & finance, 2020, 31 (2): 29-33.

[244] NIZAMUDDIN N, SALAH K, AZAD M A, et al. Decentralized document version control using ethereum blockchain and IPFS[J]. Computers & electrical engineering, 2019, 76: 183-197.

[245] POPI K, DIMITRIOS M. A multi-criteria evaluation method for climate change mitigation policy instruments[J]. Energy policy, 2007, 35 (12): 6235-6257.

[246] POPIOLEK N, THAIS F. Multi-criteria analysis of innovation policies in favour of solar mobility in France by 2030[J]. Energy policy, 2016, 97: 202-219.

[247] RODRIGO M, PERERA S, SENARATNE S, et al. Potential application of blockchain technology for embodied carbon estimating in construction supply chains[J]. Buildings, 2020, 10 (8): 140.

[248] SHANNON C E. Communication theory of secrecy systems[J]. Bell System Technical Journal, 1949, 28 (4): 656-715.

[249] SHU Z，LIU W，FU B，et al. Blockchain-enhanced trading systems for construction industry to control carbon emissions[J]. Clean technologies and environmental policy，2022，1-20.

[250] ZHU Y，RIAD K，GUO R. New instant confirmation mechanism based on interactive incontestable signature in consortium blockchain[J]. Frontiers of computer science，2019，13（6）：1182-1197.

[251] 陈晓红，胡东滨，曹文治，等. 数字技术助推我国能源行业碳中和目标实现的路径探析 [J]. 中国科学院院刊，2021，36（09）：1019-1029.

[252] 崔树银，陆奕，常啸. 考虑信用评分机制的电力碳排放交易区块链模型 [J]. 电力建设，2019，40（1）：104-111.

[253] 丹尼尔·德雷舍. 区块链基础知识 25 讲 [M]. 北京：人民邮电出版社，2018.

[254] 邓琳. 我国碳排放交易监测、报告与核查制度立法完善研究 [D]. 福州：福州大学，2018.

[255] 邓小鸿，王智强，李娟. 主流区块链共识算法对比研究 [J]. 计算机应用研究，2022，39（1）：1-8.

[256] 丁伟，王国成，许爱东，等. 能源区块链的关键技术及信息安全问题研究 [J]. 中国电机工程学报，2018，38（04）：1026-1034+1279.

[257] 董天一，戴嘉乐，黄禹铭. IPFS 原理与实践 [M]. 北京：机械工业出版社，2019.

[258] 冯昌森，谢方锐，文福拴，等. 基于智能合约的绿证和碳联合交易市场的设计与实现 [J]. 电力系统自动化，2021，45（23）：1-11.

[259] 高波. 大连市交通碳排放及预警模型的研究 [J]. 中国人民公安大学学报（自然科学版），2019，25（03）：73-78.

[260] 工业和信息化部，中央网络安全和信息化委员会办公室.《关于加快推动区块链技术应用和产业发展的指导意见》[EB/OL]. 2021 [2022-06-01]. https：//www.miit.gov.cn/jgsj/xxjsfzs/wjfb/art/2021/art_aac4af17ec1f4d9fadd5051015e3f42d.html.

[261] 郭珊珊. 供应链的可信溯源查询在区块链上的实现 [D]. 大连：大连海事大学，2017.

[262] 何继新，暴禹. 我国区块链政策的供给特征与逻辑：一个三维框架的量化分析 [J]. 天津行政学院学报，2021，23（3）：18-29.

[263] 冀宣齐. 基于区块链技术的碳金融市场发展模式初探 [J]. 价值工程，2019，38（7）：193-196.

[264] 郎芳. 区块链技术下智能合约之于合同的新诠释 [J]. 重庆大学学报（社会科学版），2021，27（5）：169-182.

[265] 李斌. 我国区块链技术的风险、监管困境与战略路径 ——来自美国监管策略的启示 [J]. 技术经济与管理研究，2020（1）：18-22.

[266] 李月寒，胡静，刘佳. 面向碳交易的上海市建筑运营维护阶段碳排放基准线研究 [J]. 环境与可持续发展，2019，44（3）：132-136.

[267] 连樱洹，林向义. 区块链技术应用于碳中和的机遇与挑战 [J]. 价值工程，2021，40（34）：185-187.

[268] 梁伟. 深入浅出区块链 [M]. 北京：电子工业出版社，2019.

[269] 林冠宏. 区块链以太坊 DApp 开发实战 [M]. 北京：清华大学出版社，2019.

[270] 刘亮，李斧头. 考虑零售商风险规避的生鲜供应链区块链技术投资决策及协调 [J]. 管理工程学报，2022，36（1）：159-171.

[271] 刘涛 . 区块链技术对碳交易价格机制的影响研究 [J]. 价格理论与实践，2020，（08）：54–57.

[272] 卢媛媛 . 我国建筑碳排放权交易框架构建研究 [D]. 重庆：重庆大学，2014.

[273] 吕飞，谢谦，戴铜 . 基于 GIS 的双目标多准则决策方法 [J]. 重庆大学学报，2021，44（07）：161–170.

[274] 马兆丰，高宏民，彭雪银，等 . 区块链技术开发指南 [M]. 北京：清华大学出版社，2021.

[275] 毛瀚宇，聂铁铮，申德荣 . 区块链即服务平台关键技术及发展综述 [J]. 计算机科学，2021，48（11）：4–11.

[276] 任宏，卢媛媛，蔡伟光，等 . 我国建筑领域碳排放权交易框架研究 [J]. 城市发展研究，2013，21（8）：70–76.

[277] 申立银，陈进道，严行，等 . 建筑生命周期物化碳计算方法比较分析 [J]. 建筑科学，2015，31（04）：89–95.

[278] 史蒂夫·霍伯曼 . 区块链重构规则 [M]. 北京：清华大学出版社，2021.

[279] 宋向南，卢昱杰，申立银 . 碳交易驱动下建筑业主最优碳减排决策研究 [J]. 运筹与管理，2021，30（12）：65–71.

[280] 孙恒丽 . 基于区块链技术的碳交易价格发现机制研究 [D]. 大连：东北财经大学，2018.

[281] 汪明月，刘宇，史文强，等 . 碳交易政策下低碳技术异地协同共享策略及减排收益研究 [J]. 系统工程理论与实践，2019，39（06）：1419–1434.

[282] 王蓓蓓，李雅超，赵盛楠，等 . 基于区块链的分布式能源交易关键技术 [J]. 电力系统自动化，2019，43（14）：53–64.

[283] 王浩伦，张发明，完颜晓盼，等 . 基于 q 阶 orthopair 模糊集和参考理想法的多准则决策方法 [J]. 中国管理科学，2020，1-9.

[284] 王欣，史钦锋，程杰 . 深入理解以太坊 [M]. 北京：机械工业出版社，2018.

[285] 文必龙，陈友良 . 基于区块链的企业数据共享模式研究 [J]. 计算机技术与发展，2021，31（01）：175–181.

[286] 武瑛，王为久 . 区块链技术在电子文件管理中的应用特点研究——国内外文档区块链项目比较分析 [J]. 档案管理，2021，（2）：37–39.

[287] 武岳，李军祥 . 区块链共识算法演进过程 [J]. 计算机应用研究，2020，37（7）：2097–2103.

[288] 肖明成 . 浅谈燃煤电厂碳排放实时监控及信息管理系统设计 [J]. 电子测试，2019（01）：111–112+96.

[289] 严振亚，李健 . 基于区块链技术的碳排放交易及监控机制研究 [J]. 企业经济，2020，39（6）：31–37.

[290] 杨望，彭珮，穆蓉 . 全球区块链产业竞争格局与中国创新战略 [J]. 财经问题研究，2020（9）：33–41.

[291] 杨增科，樊瑞果，石世英，等 . 基于 CIM+ 的装配式建筑产业链运行管理平台设计 [J]. 科技管理研究，2021，41（19）：121–126.

[292] 姚乐野，潘志博，李奕苇 . 多层级视角下区块链技术发展的专利情报实证分析 [J]. 科技管理研究，

2022，42（07）：171–180.

[293] 余久久 . 软件工程简明教程 [M]. 北京：清华大学出版社，2015.

[294] 袁婷 . "一带一路" 背景下中国企业海外铁路项目投资风险预警研究 [D]. 重庆：重庆大学，2020.

[295] 袁勇，王飞跃 . 区块链理论与方法 [M]. 北京：清华大学出版社，2019.

[296] 张宁，王毅，康重庆，等 . 能源互联网中的区块链技术：研究框架与典型应用初探 [J]. 中国电机工程学报，2016，36（15）：4011–4022.

[297] 张奕卉，闫树，魏凯 . 区块链技术助力数字碳中和的路径研究 [J]. 信息通信技术与政策，2022，（01）：81–83.

[298] 赵其刚，王红军，李天瑞，等 . 区块链原理与技术应用 [M]. 北京：人民邮电出版社，2020.

[299] 赵盛楠 . 考虑需求响应的可再生能源消纳机制及关键技术研究 [D]. 南京：东南大学，2020.

[300] 赵桐 . 基于区块链的 "双碳" 数据管理新模式探究 [J]. 中国金融电脑，2022，（03）：58–60.

[301] 中国大数据产业观察 . 2021 工业区块链案例集 [EB/OL].（2021–11–30）[2022–06–01]. http：//www.cbdio.com/BigData/2021–11/30/content_6167181.htm.

[302] 中华网 . 万向区块链推出智能楼宇碳足迹监测系统 "万碳居" 助力双碳目标达成 [EB/OL].（2022–02–22）[2022–06–01]. https：//hea.china.com/article/20220222/022022_1015218.html.

[303] 朱玮，吴云，杨波 . 区块链简史 [M]. 北京：中国金融出版社，2020.

[304] 朱岩，甘国华，邓迪，等 . 区块链关键技术中的安全性研究 [J]. 信息安全研究，2016，2（12）：1090–1097.

[305] 中金院 . 创新：不灭的火炬——科技与产业链发展研究报告 [M]，北京：中信出版社，2021.

[306] 张晓峰 . 基于 ElasticSearch 的智能搜索系统设计 [J]. 江苏通信，2021，37（03）：60–61+67.

[307] 石媛 . 寒冷地区三甲医院能耗分布与建筑布局节能设计研究 [D]. 西安：西安建筑科技大学，2020.

[308] 来嘉骏，庄智，周易凡 . 基于准稳态模型的建筑节能评估适应性研究 [J]. 建筑节能，2019，47（6）：73–76，101.